Object Relations in Psychoanalytic Theory

精神分析经典著作译丛

# 精神分析之客体关系理论

杰伊·R·格林伯格（Jay R. Greenberg）
斯蒂芬·A·米歇尔（Stephen A. Mitchell）◎著

王立涛◎译　郑禹◎审校

华东师范大学出版社
·上海·

**图书在版编目(CIP)数据**

精神分析之客体关系理论/(美)格林伯格,(美)米歇尔著;王立涛译. —上海:华东师范大学出版社,2018
(精神分析经典著作译丛)
ISBN 978-7-5675-8347-4

Ⅰ.①精… Ⅱ.①格…②米…③王… Ⅲ.①精神分析—研究 Ⅳ.①B84-065

中国版本图书馆 CIP 数据核字(2018)第 216912 号

本书由上海文化发展基金会图书出版专项基金资助出版

精神分析经典著作译丛
**精神分析之客体关系理论**

著　　者　杰伊·R·格林伯格(Jay R. Greenberg)
　　　　　斯蒂芬·A·米歇尔(Stephen A. Mitchell)
译　　者　王立涛
审　　校　郑　禹
策划编辑　彭呈军
特约编辑　汪建华
责任校对　王丽平
装帧设计　卢晓红

出版发行　华东师范大学出版社
社　　址　上海市中山北路 3663 号　邮编 200062
网　　址　www.ecnupress.com.cn
电　　话　021-60821666　行政传真 021-62572105
客服电话　021-62865537　门市(邮购)电话 021-62869887
地　　址　上海市中山北路 3663 号华东师范大学校内先锋路口
网　　店　http://hdsdcbs.tmall.com

印 刷 者　浙江临安曙光印务有限公司
开　　本　787 毫米×1092 毫米　1/16
印　　张　24.75
字　　数　426 千字
版　　次　2019 年 1 月第 1 版
印　　次　2024 年 10 月第 5 次
书　　号　ISBN 978-7-5675-8347-4/B·1157
定　　价　78.00 元

出 版 人　王　焰

上海市版权局著作权合同登记　图字:09－2015－945号

献给奥尔加(Olga)与玛格丽特(Margaret)

# 通过译著学习精神分析

## 通过译著来学习精神分析

绝大多数关于精神分析的经典著作都不是用中文写就的。这是中国人学习精神分析的一个阻碍。即使能用外语阅读这些经典文献，也需要比用母语阅读花费更多的时间，而且有时候理解起来未必准确。精神分析涉及人的内心深处，要对个体内在的宇宙进行描述，阅读相关的中文文献有时都很费劲，更不用说阅读外文文献了。因此，能用中文阅读精神分析的经典和前沿文献，成为很多学习者的心声。其实，这个心声的完整表述应该是：希望读到翻译质量高的精神分析文献。已有学者和出版社在这方面做出了很多努力，但仍然不够。有些书的翻译质量不尽如人意，有些想看的书没有被翻译出版。

和心理咨询的其他流派相比，精神分析的特点是源远流长、派别众多，其相关著作和文献颇丰，可谓汗牛充栋。用外语阅读本来就是一件困难的事情，而选择什么书来阅读使得这件事情更为困难。如果有人能够把重要的、基本的、经典的、前沿的精神分析文献翻译成中文，那该多好啊！如果中国读者能够没有语言障碍地汲取精神分析汪洋大海中的营养，那该多好啊！

CAPA翻译小组的成立就是为了达到这样的目标：选择好的精神分析著作，将其高质量地翻译成中文，由专业的出版社出版。好的书可能是那些经典的、历久弥新的书，也可能是那些前沿的、有创新意义的书。这需要慧眼人从众多书籍中把它们挑选出来。另外，翻译质量和出版社质量也需要有保证。为了实现这个目标，CAPA翻译小组应运而生，而第一批被精挑细选出的著作，经过漫长的、一千多天的工作，由译者精雕细琢地完成翻译，由出版社呈现在读者面前。下面简要介绍一下这个过程。

## CAPA 第一支翻译团队的诞生和第一批翻译书目的出版

既然这套丛书被冠以 CAPA 之名，那么首先需要介绍一下 CAPA。CAPA(China American Psychoanalytic Alliance，中美精神分析联盟)，是一个由美国职业精神分析师创建于 2006 年的跨国非营利机构，致力于在中国进行精神健康方面的发展和推广，为中国培养精神分析动力学方向的心理咨询师和心理治疗师，并为他们提供培训、督导以及受训者的个人治疗。CAPA 项目是国内目前少有的专业性、系统性、连续性非常强的专业培训项目。在中国心理咨询和心理治疗行业中，CAPA 的成员正在成长为注重专业素质和临床实践的重要专业力量①。

CAPA 翻译队伍的诞生具有一定的偶然性，但也有其必然性。作为 CAPA F 组的学员，我于 2013 年开始系统地学习精神分析。很快我发现每周阅读英文文献花了我太多时间，这对全职工作的我来说太奢侈，而其中一些已翻译成中文的阅读材料则让我节省了不少时间。我就写了一封邮件给 CAPA 主席 Elise，建议把更多的 CAPA 阅读文献翻译成中文。行动派的 Elise 马上提出可以成立一个翻译小组，并让我来负责这件事情。我和 Elise 通过邮件沟通了细节，确定了从人、书和出版社三个途径入手。

在人的方面，确定的基本原则是：译者必须通过挑选，这样才能确保译著的质量。第一步是于 2013 年 10 月在中国 CAPA 学员中招募有志于翻译精神分析文献的人。第二步为双盲选拔：所有报名者均须翻译一篇精神分析文献片段，翻译文稿匿名化并被统一编码，由四位精通中英双语的精神分析专业人士进行评审。这四位人士由 Elise 动用自己的人脉找到。最初的二十多位报名者中，有十六位最终完成了试译稿。四位评委每人审核四篇，有些评委逐字逐句地进行了修订，做了非常细致的工作。最终选取每一位评审评出的前两名，一共八位，组成正式的翻译小组。后来由于版权方要求 Anna Freud 的 *The Ego and the Mechanism of Defense* 必须直接从德文版翻译，临时吸收了一位德文翻译。第一批翻译小组的成员有九位，后来参与具体翻译工作的有七位：邓雪康、唐婷婷、王立涛、叶冬梅、殷一婷、张庆、吴江(德文)。后来由于有成员因个人事务无法参与翻译工作，因此又搬来"救兵"徐建琴。

在书的方面，我们先列出能找到的有中译本的精神分析著作清单，把这个清单发

① 更多具体信息可参看网站：http://www.capachina.org.cn

给了美国方面。在这个基础上，Elise 向 CAPA 老师征集推荐书单。考虑到中文版需要满足国内读者的需求，这个书单被发给 CAPA 学员，由他们选出自己认为最有价值、最想读的 10 本书。通过对两个书单被选择的顺序进行排序，对排序加权重，最终选择了排名前 20 位的书。这个书单确定后，提交给华东师范大学出版社，由他们联系中文翻译版权的相关事宜。最终共有 8 本书的中文翻译版权洽谈进展顺利，这形成了译丛第一批的 8 本书。

在出版社方面，我本人和华东师范大学出版社有多年的合作，了解他们的认真和专业性。我非常信任华东师范大学出版社教育心理分社社长彭呈军。他本人就是心理学专业毕业的，对市场和专业都非常了解。经过前期磋商，他对系列出版精神分析的丛书给予了肯定和重视，并欣然同意在前期就介入项目。后来出版社一直全程跟进所有的步骤，及时商量和沟通出现的问题。他们一直把出版质量放在首位。

CAPA 美国方面、中方译者、中方出版社三方携手工作是非常重要的。从最开始三方就奠定了共同合作的良好基调。2013 年 11 月 Elise 来上海，三方进行了第一次座谈。彭呈军和他们的版权负责人以及数位已报名的译者参加了会议。会上介绍和讨论了已有译著的情况、翻译小组的进展、未来的计划、工作原则等。翻译项目由雏形渐渐变得清晰、可操作起来。也是在这次会议上，有人提出能否在翻译的书上用“CAPA”的 logo。后来 CAPA 董事会同意在遴选的翻译书上用“CAPA”的 logo，每两年审核一次。出版社也提出了自己的期待和要求，并介绍了版权操作事宜、译稿体例、出版流程等。这次会议之后，翻译项目的推进更迅速了。这样的座谈会每年都有一次。

在这之后，张庆被推为翻译小组负责人，承担着大量的邮件往来和沟通事宜。她以高度的责任心，非常投入地工作。2015 年她由于过于忙碌而辞去职务，徐建琴勇挑重担，帮助做出版社和译者之间的桥梁，并开始第二支翻译队伍的招募、遴选，亦花费了大量时间和精力。

精神分析专业书籍的翻译难度，读者在阅读时自有体会。第一批译者知道自己代表 CAPA 的学术形象，所以翻译过程中兢兢业业，把翻译质量当作第一要务。目前的翻译进度其实晚于我们最初的计划，而出版社没有催促译者，原因之一就是出版社参与了整个翻译进程，了解译者们是多么努力和敬业，经常在专门组建的微信群里讨论一些专业的问题。翻译小组利用了团队的力量，每个译者翻译完之后，会请翻译团队里的人审校一遍，再请专家审校，力求做到精益求精。从 2013 年秋天至今，在第三个秋天才迎来丛书中第一本译著的出版，这本身说明了译者和出版社的慎重和潜心琢磨。期待这套丛书能够给大家充足的营养。

## 第一批被翻译的书：内容简介

以下列出译丛第一批的书名（在正式出版时，书名可能还会有变动）、作者、翻译主持人和内容简介，以飨读者。其内容由译者提供。

书名：心灵的母体（*The Matrix of the Mind：Object Relations and the Psychoanalytic Dialogue*）

作者：Thomas H. Ogden

翻译主持人：殷一婷

内容简介：本书对英国客体关系学派的重要代表人物，尤其是克莱因和温尼科特的理论贡献进行了阐述和创造性重新解读。特别讨论了克莱因提出的本能、幻想、偏执—分裂心位、抑郁心位等概念，并原创性地提出了心理深层结构的概念，偏执—分裂心位和抑郁心位作为不同存在状态的各自特性及其贯穿终生的辩证共存和动态发展；以及阐述了温尼科特提出的早期发展的三个阶段（主观性客体、过渡现象、完整客体关系阶段）中称职的母亲所起的关键作用、潜在空间等概念，明确指出母亲（母—婴实体）在婴儿的心理发展中所起的不可或缺的母体（matrix）作用。作者认为，克莱因和弗洛伊德重在描述心理内容、功能和结构，而温尼科特则将精神分析的探索扩展到对这些内容得以存在的心理—人际空间的发展进行研究。作者认为，正是心理—人际空间和它的心理内容（也即容器和所容物）这二者之间的辩证相互作用，构成了心灵的母体。此外，作者还梳理并创造性地解读了客体关系理论的发展脉络及其内涵。

书名：让我看见你——临床过程、创伤与解离（暂定）（*Standing in the Spaces-Essays on Clinical Process，Trauma and Dissociation*）

作者：Philip Bromberg

翻译主持人：邓雪康

内容简介：本书精选了作者20年里发表的18篇论文，在这些年里作者一直专注于解离过程在正常及病态心理功能中的作用及其在精神分析关系中的含义。作者发现大量的临床证据显示，自体是分散的，心理是持续转变的非线性意识状态过程，心理问题不仅是由压抑和内部心理冲突造成的，更重要的是由创伤和解离造成的。解离作为一种防御，即使是在相对正常的人格结构中也会把自体反思限制在安全的或自体存在所需的范围内，而在创伤严重的个体中，自体反思被严重削弱，使反思能力不至于彻底丧失而导致自体崩溃。分析师工作的一部分就是帮助重建自体解离部分之间的连接，为内在冲突及其解决办法的发展提供条件。

书名：婴幼儿的人际世界（*The Interpersonal World of the Infant*）

作者：Daniel N. Stern

翻译主持人：张庆

内容简介：本书作者是一位杰出的瑞士精神病学家和精神分析理论家，致力于婴幼儿心理发展的研究，在婴幼儿试验研究以及婴儿观察方面的工作中把精神分析与基于研究的发展模型联系起来，对当下的心理发展理论有重要的贡献。他著述颇丰，其中最受关注的就是本书。

本书首次出版于 1985 年，本中译版是基于初版 15 年后、作者补充了婴儿研究领域的新发现以及新的设想后所形成的第二版。本书从客体关系的角度，以自我感的发育为线索，集中讨论了婴儿早期（出生至 18 月龄）主观世界的发展过程。1985 年的第一版中即首次提出了层阶自我的理念，描述不同自我感（显现自我感、核心自我感、主观自我感和言语自我感）的发展模式；在第二版中，作者补充了对自我共在他人（self with other）、叙事性自我的论述及相关讨论。本书是早期心理发展领域的重要著作，建立在对大量详实的研究资料的分析与总结之上，是理解儿童心理或者生命更后期心理病理发生机制的重要文献。

书名：成熟过程与促进性环境（暂定）（*The Maturational Processes and the Facilitating Environment*）

作者：D. W. Winnicott

翻译主持人：唐婷婷

内容简介：本书是英国精神分析学家温尼科特的经典代表作，聚集了温尼科特关于情绪发展理论及其临床应用的 23 篇研究论文，一共分为两个主题。第一个主题是关于人类个体情绪发展的 8 个研究，第二个主题是关于情绪成熟理论及其临床技术使用的15个研究。在第一个主题中，温尼科特发现了在个体情绪成熟和发展早期，罪疚感的能力、独处的能力、担忧的能力和信赖的能力等基本情绪能力，它们是个体发展为一个自体(自我)统合整体的里程碑。这些基本能力发展的前提是养育环境(母亲)所提供的供养，温尼科特特别强调了早期母婴关系的质量(足够好的母亲)是提供足够好的养育性供养的基础，进而提出了母婴关系的理论，以及婴儿个体发展的方向是从一开始对养育环境的依赖，逐渐走向人格和精神的独立等一系列具有重要影响的观点。在第二个主题中，温尼科特更详尽地阐述了情绪成熟理论在精神分析临床中的运用，谈及了真假自体、反移情、精神分析的目标、儿童精神分析的训练等主题，其中他特别提出了对那些早期创伤的精神病性问题和反社会倾向青少年的治疗更加有效的方法。

温尼科特的这些工作对于精神分析性理论和技术的发展具有革命性和创造性的意义，他把精神分析关于人格发展理论的起源点和动力推向了生命最早期的母婴关系，以及在这个关系中的整合性倾向，这对于我们理解人类个体发展、人格及其病理学有着极大的帮助，也给心理治疗，尤其是精神分析性的心理治疗带来了极大的启发。

书名：自我与防御机制(*The Ego and the Mechanisms of Defense*)

作者：Anna Freud

翻译主持人：吴江

内容简介：《自我与防御机制》是安娜·弗洛伊德的经典著作，一经出版就广为流传，此书对精神分析的发展具有重要的作用。书中，安娜·弗洛伊德总结和发展了其父亲有关防御机制的理论。作为儿童精神分析的先驱，安娜·弗洛伊德使用了鲜活的儿童和青少年临床案例，讨论了个体面对内心痛苦时如何发展出适应性的防御方式，以及讨论了本能、幻想和防御机制的关系。书中详细阐述了两种防御机制：与攻击者认同和利他主义，对读者理解防御机制大有裨益。

书名：精神分析之客体关系理论(*Object Relations in Psychoanalytic Theory*)

作者：Jay R. Greenberg 和 Stephen A. Mitchell

翻译主持人：王立涛

内容简介：一百多年前，弗洛伊德创立了精神分析理论。其后的许多学者、精神分析师，对弗洛伊德的理论既有继承，也有批判与发展，并提出许多不同的精神分析理论，而这些理论之间存在对立统一的关系。“客体关系”包含个体与他人的关系，一直是精神分析临床实践的核心。理解客体关系理论的不同形式，有助于理解不同精神分析学派思想演变的各种倾向。作者在本书中以客体关系为主线，综述了弗洛伊德、沙利文、克莱因、费尔贝恩、温尼科特、冈特瑞普、雅各布森、马勒以及科胡特等人的理论。

书名：精神分析心理治疗实践导论（*Introduction to the Practice of Psychoanalytic Psychotherapy*）

作者：Alessandra Lemma

翻译主持人：徐建琴　任洁

内容简介：《精神分析心理治疗实践导论》是一本相当实用的精神分析学派心理治疗的教科书，立意明确，根基深厚，对新手治疗师有明确的指导，对资深从业者也相当具有启发性。

本书前三章讲理论，作者开宗明义地指出精神分析一点也不过时，21世纪的人类需要这门学科；然后概述了精神分析各流派的发展历程；重点讨论了患者的心理变化是如何发生的。作者在“心理变化的过程”这一章的论述可圈可点，她引用了大量神经科学以及认知心理学领域的最新研究发现，来说明心理治疗发生作用的原理，令人深思回味。

心理治疗技术一向是临床心理学家特别注重的内容，作者有着几十年带新手治疗师的经验，本书后面六章讲实操，为精神分析学派的从业人员提供了一步步的明确指导，并重点论述某些关键步骤，比如治疗设置和治疗师分析性的态度、对个案的评估以及如何建构个案、治疗过程中的无意识交流、防御与阻抗、移情与反移情以及收尾。

书名：向病人学习（*Learning from the Patients*）

作者：Patrick Casement

翻译主持人：叶冬梅

内容简介：在助人关系中，治疗师试图理解病人的无意识，病人也在解读并利用治疗师的无意识，甚至会利用治疗师的防御或错误。本书探索了助人关系的这种动力性，展示了尝试认同的使用，以及如何从病人的视角观察咨询师对咨询进程的影响；说明了如何使用内部督导和恰当的回应，使治疗师得以纠正最初的错误，甚至让病人有更多的获益。本书还介绍了更好地区分治疗中的促进因素和阻碍因素的方法，使咨询师避免陷入先入为主的循环。在作者看来，心理动力性治疗是为每个病人重建理论、发展治疗技术的过程。

作者用清晰易懂的语言，极为真实和坦诚地展示了自己的工作，这让广大读者可以针对他所描述的技术方法，形成属于自己的观点。本书适用于所有的助人职业，可以作为临床实习生、执业分析师和治疗师及其他助人从业者的宝贵培训材料。

严文华

2016 年 10 月于上海

# 一部精神分析客体关系发展的地图(代序)

童　俊

收到立涛医师寄来的《精神分析之客体关系理论》一书的中文译稿，内心感叹立涛在繁忙的日常临床工作中不知又熬了多少夜以及牺牲了多少个节假日，才将这部几乎贯穿整个精神分析客体关系理论的发展，包含无数晦涩难懂思想概念的理论书籍翻译得流畅易读。我阅读这部译文的过程既帮助我重温了这些精神分析前辈的重要思想，同时也体察到医者立涛近年来在专业上的突飞猛进，当然，他的英文是一如既往的好。

由于经典的元心理学经历了从弗洛伊德到柯恩伯格的融合策略，驱力的概念变成精神存留，但是实体早已消失。对那些对驱力模型保持忠诚的人来说，或者对于那些以客体关系占主导的人来说，临床上的客体关系中心性与理论上的驱力中心性之间的尴尬搭配一直是个困扰人的问题。

我最早接触到精神分析的客体关系理论是在 1996 年，当时我们医院早年赴美的精神分析的爱好者从美国波士顿介绍精神分析的客体关系学家来我院讲课数天，那些讲座直到今天在我的记忆中都如同精神分析理论中的一缕春风，那时，我知道了有一个叫费尔贝恩的精神分析家不同意弗洛伊德的心理模式的核心思想——“力比多追求本能快乐的满足”。费尔贝恩认为我们每个人的原始需求是寻找关系，这种需求比本能的满足更加迫切。这种精神分析的预测也在 1959 年著名心理学家哈罗的恒河猴实验中得到了证实。

因此，费尔贝恩认为人类心理的驱力实际上并不是快乐原则，而是与其他客体，比如与其他的人发生关系以及发生连接的基本需求。当时，客体关系理论无疑给我们所有听课者开启了学习精神分析的新窗口。

其实认为弗洛伊德的心理模式的核心思想是“力比多追求本能快乐的满足，是性驱力”既不厚道也不客观。弗洛伊德在他早年的论文中提到过，比如在“哀伤与抑郁”中，当个体能够去经历客体丧失时(能将客体体验为他者时)，也是从快乐原则的即时满足走向现实原则的延时满足，从动物人走向社会人的开始。这里就为客体关系留下了伏笔。

我看到在这本精神分析的客体关系理论中并没有否认这一点，它开门见山地提到："无论从哪点来看，精神分析都是一个人的创造。尽管西格蒙德·弗洛伊德开始借用了约瑟夫·布罗伊尔的方法，因其熟知神经学、生理学、哲学、心理学和进化论，从而影响了其思想的敏感性，他基本上通过独立工作发展了精神分析，十年之后，有类似想法的同事才加入他的行列。这个独自发展的过程使得精神分析在所有知识学科中显得卓尔不群，到弗洛伊德的著作'被发现'，并得到合作者之时，他的创造已经演变成了一个非常清晰的看法(虽然肯定不是最终的)。到1900年，弗洛伊德不仅创造了一个研究领域，而且也创造了一种询问方法和心理治疗方式。他有了众多发现，并提出一整套假设对此作出解释。"

"第一阶段：他研究情感和防御；第二阶段：他为驱力和结构模型牢牢地确立了位置；而在第三阶段：他致力于将关系概念整合到业已建立的驱力模型的结构中。这些改变经常始于对异议的回应，尤其是阿德勒和荣格。如果说弗洛伊德发明了驱力/结构模型，他在精神分析中也发明了理论和解的策略。"

在这里，我认为，如其说弗洛伊德是发展了和解的策略，倒不如说是弗洛伊德自己也认识到了关系的重要。在他谈到移情神经症时就非常清晰地描述道：此时，既往的神经症症状就不重要了，而是在医患之间的移情神经症中，在这种移情关系中。也就是说当医患联盟建立时，患者的情绪体验，幻想、爱与恨都与这个目前的客体密切相关。患者当初的症状只不过是这些压抑情感和幻想的变形，患者真正的冲突在于与内在重要的他人的关系中。在分析中，呈现在与目前这个父母替代品的分析师的关系中，这就是弗洛伊德称之的移情神经症。他早年因为认为自恋的人不能发展与他人的关系，不能产生移情，因而不适用于精神分析疗法。为此，他间接地强调了客体关系的重要性。

此处来描述弗洛伊德其实是有客体关系的概念的，不是要来证明其有多伟大，而是要能去看到一种新思想是开放在什么样的土壤上。

同时，弗洛伊德早期的两个伟大的合作者，后来的反对者阿德勒和荣格的早期著作，在其投身于各自独特的理论之路前，与最近的关系/结构模型理论家的著作有着惊人的相似之处。不能否认，这些人的论战启发了精神分析后继者们的思想火花。

在当今，说到精神分析的客体关系理论，克莱因的贡献无论用什么夸大的词语来形容都不为过。她开创的儿童精神分析，比早年弗洛伊德和荣格们从成年病人身上去臆断儿童期的发展要成熟和客观许多。在她刻苦的工作和包含对个人生活痛苦的体验和反省的过程中，对于客体的起源，克莱因建立了几种非常不同的构想，她所刻画的主宰情感生活的关系，如：偏执—分裂心位、嫉羡的作用、抑郁心位、投射性认同等等这些关系有力而深刻，是其对临床精神分析的最大贡献。

但显而易见的错误是克莱因将显著的情感因素归因于个体自己的内心，她没有考虑到的是，抑郁性焦虑与内疚在多大程度上源于父母实际的痛苦和困境，是在于父母人格和环境的缺陷。

同样，潜意识的修复幻想通常是以修复和转化父母的实际痛苦与缺陷的希望为中心的（"如果我成功了，我就救赎了我的父亲，弥补了他深深的个人失败感"，或者，"如果我保持为圣洁的人，我母亲的抑郁最终会消除，她就能够活下去"）。克莱因这样的错误被认为是太忠诚于驱力/结构模型，也就是过多强调了人的生物学属性，这些因素限制了她的思考。

而费尔贝恩与温尼科特则较少受驱力/结构模型的限制，他们扩展了克莱因关于儿童挣扎于其内在潜意识幻想产生的爱与恨的描述的可信性，将儿童对与生活抗争的真实父母的感觉与联系，也即真实环境的联系包括在内。

温尼科特特别强调了母亲提供"抱持性环境"对婴儿发展的重要性，在抱持中容纳并体验到婴儿："要是没有人给婴儿汇集其碎片样的体验，婴儿就开始一个带有缺陷的自我整合的任务"。在"错觉的时刻"中，婴儿的幻觉与母亲提供的客体就等同起来。婴儿体验自己是全能的，是所有创造的源泉；温尼科特认为，这种全能感就成为健康发展与自体坚固性的基础。科胡特后来也提出健康自体的基础在于持久体验到婴儿全能感的机会之中，尽管他不承认受到温尼科特思想的启发，但读者的眼睛是雪亮的。

温尼科特坚持认为不存在所谓婴儿这回事，有的只是哺乳的母婴。温尼科特宣称"脱离与母亲的功能关系来描述最早期的婴儿"是没有意义的（1962a, p. 57），而且将个体看作是"孤立的"也无法理解心理病理学（1971, p. 83—84）。尽管身体的抱持与照料对抱持性环境极其重要，在温尼科特看来，母婴之间的关系构成了复杂而相互之间的情感需要，而且本质上不是身体的需要。在这点上，科胡特的自体客体概念似乎也有温尼科特的影子。

温尼科特在这种思想上发展起来的一系列精神分析的洞察，诸如，过渡性客体和空间、抱持性环境、过得去的母亲、假性自体等等在今天深深地指导着临床实践。

在客体关系理论中，现实处在什么样的位置？如果不是变化不定和虚构的，就必须包括个体与外部现实之间关系的构建。现实是他人与事物存在的领域，与现实的联结就必须理解为从生命一开始就存在的。

现实由此成为精神分析客体关系理论的必要构成部分。不过，完全聚焦外在现实可能产生还原论的行为理论，而不是精神分析理论。精神分析区别于其他的心理学理论，在于其需要另外的解释概念来解释心理过程与体验的内在世界，与他人的关系通过这个内在世界进行调节，并发挥其影响力。弗洛伊德创立本能驱力的概念的目的就是发挥这种理论功能。

精神分析的发展过程中，长期以来一直承认现实在其人格和心理病理理论中的重要地位。但是，当弗洛伊德发现其病人报告的童年期的性诱惑是不真实的，他就放弃了对于真实事件的兴趣，而偏向基于幻想和内源性本能过程决定的解释性概念。精神生活被理解为源于驱力的需求，来源于幻想；心理结构在快乐原则的统治下，只是在驱力的逼迫下执行释放的功能。驱力及其地形领域、潜意识系统许多年来一直吸引着精神分析理论家的兴趣。意识作为其中的一个感觉器官在这个系统中具有有限的解释作用。人们对现实几乎没有兴趣，因为潜意识系统（以及在本能模型中的本我）被理解为心理结构中绝大部分不为外界察觉的那个部分。

随着结构模型的建立与完善，关于个体与现实的关系出现了新问题。在对潜意识防御与潜意识内疚感重要性的临床领悟下，弗洛伊德设想自我在总体的心理经济学中比以前发挥更加重要的作用。既然自我是与外界保持联系的那一部分心理结构，弗洛伊德开始提升其力量的重要性，相应地更加重视现实的作用。1926 年，内在危险情景被理解为源于外部现实，而且自我成熟（平行于力比多驱力的成熟决定因素）的具体方面被理解为可以塑造焦虑体验。1937 年，体质上的自我元素（平行于驱力的成熟决定因素，并独立于这些因素）被赋予决定防御方式的作用。相对本我的超强力量，自我正在增加力量。

可以说，精神分析发展到这个时段，相对于幻想，现实的重要性又一次得到了强调。安娜·弗洛伊德在这个方向上迈进了一大步，她的著作（1936）将自我描绘为具有强大的防御设施来处理与驱力的固有的战斗。

对自我增加的兴趣，以及对自我对抗人格其他部分的力量的评定，是一定程度上对现实的新的精神分析的兴趣。系统的儿童研究显示，外在世界，尤其是儿童环境内的成人世界，与之前的想象相比，更加直接而显著地影响儿童的发展。而且，与之前的推断相比，这种影响在早期发展阶段就很明显了，就是说，早于俄狄浦斯情结时期。

在这个方向上，哈特曼作出了深思熟虑的选择，把人作为生物学的有机体，并用这个观点来诠释弗洛伊德理论。哈特曼赞同弗洛伊德的生物学的观点。但他早在1927年就形成了自己的观点，认为在精神分析的思想中，“人的概念很像是由有机体的生物学概念构成的”。人类个体生来就会适应某种情景，适应“正常的可预期环境”。

像弗洛伊德一样，哈特曼的客体理论源于婴儿的生存需要，以及儿童保持生物学均衡的需要。他宣称：“弗洛伊德建立其神经症理论的基础不是‘专指人类的’，而是‘一般生物学的’，我们也许不能完全理解这一点具有多么重要的意义，因此对我们来说，动物与人之间的差别……是相对的。”

哈德曼认为“我们可以将母婴关系描述为生物学的关系，也可以将其描述为社会关系”。从这个意义上说，人类关系的作用本身必须总是继发性的；必须从属于其代表的生存条件。他人在儿童世界中个人特征相对于理论关注的核心来说是次要的。

对哈特曼来说，客体关系的“具体的人类”的方面，一定是从属于理论上的基本的“普通生物学的”概念。自我被赋予的新的解释力量及其功能，同时强调作为本能驱力的动机补给的适应性，与那些强调自我发展的具体的人类的方面相比，仍然处于生物学首要的框架内。而且，哈特曼强调生物学概念的解释的优先性，导致他相对低估了超我在心理经济学中的作用。

玛格丽特·马勒在哈特曼的概略性框架之上建构自己的理论，她强调现实关系的个人化的方面。“适应问题”在她的著作中专门被理解为对人类环境的妥协，这是哈特曼曾经考虑过的主题，但最终因为过于狭隘而被抛弃。对马勒来说，成功发展的标准不是俄狄浦斯情结解决后生殖器期首要性的建立。相反，她指的是发展的运动，从儿童—母亲这个共生母体的嵌入，发展为在一个可预测的，可以现实性地感知他人的世界中获得稳定的个体身份。她将这个过程命名为“分离—个体化”，或者称之为“心理的诞生”。

马勒的贡献在精神分析思想的历史上占据关键且自行矛盾的位置。她所描述的儿童沉浸在与母亲的共生性融合之中，然后逐渐地、犹豫不决地从这种融合发展为独立的自我，为一代精神分析家和开业者提供了关于童年基本挣扎的想象，与弗洛伊德的看法极为不同。她眼中的儿童不是一个与冲突性的驱力要求进行搏斗的生物，而是必须不断地调和其独立自主存在的渴望与同样强烈的、促使屈服并再次沉浸在他来自的包裹性融合之中的愿望。她的有关儿童正常的自闭期（无客体）、正常的共生期（前客体)、分化亚阶段、分离—个体化的第一个阶段(孵化),正式实践期、和解亚阶段等等在今天仍然指导着我们的临床工作。

弗洛伊德后的许多分析家们都在弗洛伊德的驱力结构理论和客体关系理论上寻找结合点,海因茨·科胡特是追求这种理论方法的非常重要且有影响力的代表。他在《自体的分析》一书中强调了驱力模型的连续性。但是,后来,科胡特在对自恋性人格障碍的临床工作中发现,驱力理论不能帮助理解这类病人,他开始吸收关系模式。对科胡特来说,儿童一出生就进入一个共情的、有回应的人类环境中;与他人的联结是其心理生存所必需的,如同氧气对其身体的存在一样。自体的开始出现在"婴儿内在潜能与[父母]对婴儿的期望趋向一致"之时。但是新生儿的自体是虚弱的、不定形的;这个自体随着时间的推移没有持久的结构或连续性,因此不能单独存在。这个自体需要他人的参与,来提供聚合感、恒常感与复原力。科胡特将这些他人,从婴儿的角度看还没有与自体分化,称之为"自体客体",因为这些他人客观上是分离的人,他们发挥的作用后来将由个体自己的心理结构来执行。

自体客体通过婴儿需要的共情的回应,为自体的逐渐发展提供了必要的体验,而且他还认为婴儿与自体客体之间的关系是心理发展与心理结构的基本要素。婴儿寻找两种与早年自体客体的基本关系,科胡特将这两种关系解释为表达基本的自恋需要,至此,科胡特完美地将客体关系理论纳入了他的理论体系。

在随后的发展中通过一个类似温尼科特的"过得去的母亲"的养育环境,个体利用科胡特称之为"转变内化作用",就形成永久性的心理结构。与温尼科特类似,自体障碍一般被理解为环境缺陷疾病;养育者没能让儿童建立并逐渐消融必要的自恋的自体客体结构,通过转变内化作用,在自体内产生健康的结构。

科胡特仍然保持着经典的驱力理论模式,1971 年,他将力比多能量分成两种分离而独立的领域,在经典驱力理论的框架内引入了理论与技术的创新:自恋力比多与客体力比多。(弗洛伊德认为只有一种力比多,一种有限的能量来源。)两种力比多均投注客体,但客体是有极大差别的。客体力比多投注"真的"客体,客体被体验为与主体是真正分离的。自恋力比多投注自体客体,客体被体验为自体的延伸,发挥镜映与理想化的功能。因此,是联结的性质,客体相对自体的位置,区分了这两种力比多。科胡特将弗洛伊德的力比多理论分成两个独立的发展线,一个导向客体爱的发展,另一个导向自体爱,或健康自恋的发展。科胡特在此保留了驱力理论,并通过限定概念模型在不同发展阶段的应用将这些模型混合在一起。这个策略在驱力模型传统中具有重要的发展史。我们已经看到马勒区分了以分离—个体化的早年冲突为中心的心理病理（对应于科胡特说的自体与自体客体之间的关系），和后来以性和攻击驱力与对此的防御（俄狄浦斯神经症）之间的冲突为中心的心理病理。柯恩伯格甚至进一步提出，早年客体关系的内在表征是驱力本身的基本单元，从而将马勒的图式推广为正常发展的大体原则。尽管必须从自体与他人之间关系的角度理解早年发展。这两种看法的含义是，一旦结构化已经达成，驱力模型是有适用性的。

但科胡特最大的问题是，强调驱力是解体的产物，似乎只是健康自恋受挫的结果。性与攻击的冲动不是基本的人类动机，而是扭曲的、解体的碎片。如果冲动是关系恶化的结果，你如何能同时并互补性地拥有冲动与关系？一个理论，将关系结构看作是原发性的，并将源于驱力的冲动看作是继发性的解体产物，无法补充将冲动看作关系基本单元的理论。

"每个精神分析师都要做出选择，是否要将驱力或关系的力量置于其理论的中心。一旦科胡特认为驱力紧随关系失败之后，他已经接受了关系模型的基本假设，他对互补性原则的使用就变成了只是对他自己所放弃的模型的致敬。"

科胡特将受制于经典精神分析的关于人类的观点描述为"一大堆没有安全驯服的驱力"，自体心理学没有否认这个有关人类观念的效力，怎么可能否定呢？这不仅是弗洛伊德的观念，而且也是如此众多的不同观点的观念，包括影响西方世界的基督教（讲述罪恶与救赎）的基本信念，达尔文进化论及其生物学应用（讲述从原始到进化成熟的发展）的观点。我认为精神分析离开了这种有关人性的假设就不成其为精神分析学。

当我们去看今年 BBC 的王牌节目《王朝》，观看黑猩猩的生活形态时，我们能认为作为人类的我们有多大程度的进化呢？

让我们将话题重回精神分析客体关系的发展史，桑德勒虽然明确表明自己是一个理论模型的编撰者与保护者，他既没有明确地脱离驱力理论的元心理学，也没有试图修正与扩展驱力概念以容纳他的贡献。相反，他尝试基本上原封不动地保留驱力模型，并增加关系模型的假设。即使是带着认真整合的努力。桑德勒指出，没有客体表征的建立，去谈客体的内化甚至是不可能的。父母只有被理解、感知并留下主观的印象之后，才能被"吸收"。不过，被保留为表征的不仅仅是客体。桑德勒认为，儿童发展各种表征，包括自己各个方面的表征，自己的身体、对驱力的压力和情感的体验。因此，自体与客体表征，从种种印象挑选而来，构成概念与持久意象的网络，一个为儿童的体验提供基本组织框架的"表征世界"。他认为客体关系依然是驱力的衍生物。桑德勒认为本我冲动通过体验与自体和客体表征联系在一起。冲动通过愿望被觉察，愿望通过满足的体验与各种自体和客体意象联系在一起。桑德勒认为，你永远不会看到驱力的目标只是简单地寻求满足。所有驱力的目标通过愿望寻求满足，所有愿望包含关于自体与他人之间具有“渴望互动”的幻想。客体关系发挥驱力满足的功能；所满足的不是简单的躯体的紧张，而是一种愿望，这个愿望由自体与他人的意象用特定的、幻想的关系结构联系在一起。因此，驱力满足，在桑德勒的体系中，天生就是与客体联结的。总而言之，找寻客体与找寻满足需要的客体本质上是一样的。

如同大多数想要整合驱力理论和关系理论的理论家一样，桑德勒也在平衡这两种理论上出现困难，后来，他更加靠近客体关系一些。

如果说克莱因与费尔贝恩很大程度上是在处理幻想，沙利文很大程度上停留在描述实际发生的事情，而桑德勒是将一部分的实际互动与关于潜意识幻想以及早年客体关系重复的假设联合在一起。

纵观客体关系的发展史，我认为每个人的贡献总是在吸收了前人思想的精华下。比如，雅各布森，在其令人信服的关于自体与客体世界互动的描绘中，为马勒的观察资料增加了理论的深度。她的思想为经典的理论增加了现象学水平的理论构建，使得她可以将自己与马勒的创新性的关系原则整合进驱力理论的框架中。最后，柯恩伯格将马勒和雅各布森的观点与梅兰妮·克莱因和费尔贝恩的观点混合在一起，使其形成以情感而非驱力代表人类动机基本来源的观点。随着情感在与他人关系中的实现，情感就成为驱力自身的基础，尽管一旦形成，驱力所发挥的作用就像在经典模型中的作用一样。柯恩伯格的理论保留了驱力/结构模型的语言，但其敏感性既与弗洛伊德最早的观点，也与关系模型的基本原则密切相关。

最后引用这本著作结尾：“（这本著作中）所讨论到的每一位理论家均信奉一种关于人类生活过程的动力性观点，认为我们的生命是由各种动机力量的复杂互动决定的，这些力量之间的互动可能是一致的，也有可能是冲突的。每一位都相信关于潜意识的概念（尽管沙利文对这个术语有点犹豫），赞同促进我们行动的许多或绝大部分动机在我们正常意识之外起作用。每一位都认为研究人类最有效方式是要通过认真的、合作的调查来界定精神分析情景。”“人类作为高度个体化与社会化生物的双重本质的自相矛盾，深深根植于我们的文明并且根深蒂固，不能简单地从这个或那个方向得到解决。更有可能的情况似乎是，驱力模型与关系模型会并存下去，经历持续的修正与转化，这两种关于人类体验观点之间丰富的相互作用，将会产生创造性的对话。我们希望，我们的努力将会有助于形成更加有意义的对话。”

我要说的是相对于生活的复杂性，对于个体生命的丰富性，不会有认为一个完美的理论家，我们永远在对人性和人类生活史的探索中。

（童俊：华中科技大学同济医学院第九临床学院精神病学教授，武汉市心理医院主任医师，IPA认证直接会员，中国精神分析专委会副主任委员）

# 序

写作此书的想法，源于我们讲授精神分析理论发展史的经历。我们二人讲授精神分析课程，遵循传统的教学模式：弗洛伊德、美国“自我心理学家”、沙利文、客体关系的“英国学派”等等。教学内容的这种划分方式有其优点，但这些理论体系的核心互不相容，基本假设有着潜在的混乱。这种划分可以使彼此保持清晰的分界，但也有其局限性。我们竭力帮助学生掌握不同精神分析理论出现的大背景，理解常见的概念化问题，每个传统的拥护者都找到了其独特的解决方案。这需要我们跳出某个特定理论框架的限制，比较不同的理论方法。

对教学理论所面临的挑战，有过诸多讨论，这些讨论表明我们对这些问题的反应是非常相似的。一方面，我们认为，如果丝毫不考虑沙利文对弗洛伊德复杂而常常又矛盾的反应，权当其方法完全自成一派，就无法教授沙利文的理论。另一方面，弗洛伊德最初模型的基本假设遭到人际关系学派、文化学派和客体关系学派的攻击，其忠诚的追随者对此作了错综复杂的理论修正，认识不到这一点，我们就无法充分理解对这些理论的修正。要全面理解弗洛伊德思想的演变，弄明白理论变化是为何变化，需要认真评估其早年拥护者发挥的挑战作用，这些拥护者最终成了弗洛伊德精神分析的反对者。

出于这些考虑，我们决定撰写这本书。要理解这些理论之间对立统一的矛盾，需要借助某种组织原则，我们在当今流行的“客体关系”概念中找到了这个原则，“客体关系”一词包含了人与他人的关系。这些关系，不论过去还是现在，一直是精神分析*临床实践*的核心，但对其冠以理论的名号，仍存有争议。我们认为，理解客体关系理论的不同形式，有助于我们理解不同精神分析学派思想演变的各种倾向。

本书的组织结构自然遵从这个目标。第一部分，首先探讨“客体关系”这个棘手的术语，概括了其在精神分析理论中的地位与本质。紧接着介绍了两位重量级人物，在这个领域，他们各自创建了具有重要意义的概念模型。我们认真分析了弗洛伊德早年创立精神分析理论的想法，他强调本能性驱力的能量推动了人类心理结构的内在活动。我们继续探讨弗洛伊德的后期著作。他将与外部现实互动的力量整合为一个心理结构，但本质上仍然受到驱力作用的控制。然后是沙利文，我们认为他具有创新精神，提出了另外一个理论框架——人际场域(interpersonal field)，研究自体的发展，意义重大。我们向大家展示了沙利文与驱力模型的彻底决裂，由此形成一种完全不同的、解决客体关系问题的方法，对于理论建构影响深远。

第二部分探讨英国客体关系学派的主要人物。涉及的每位作者均决定抛弃弗洛伊德驱力理论的某些重要内容。梅兰妮·克莱因的开创性工作，包括其对驱力概念意义的修正，起到了从驱力理论到后续方法的过渡作用。我们详细讨论了费尔贝恩的"人格的客体关系理论"，重点讨论他的理论与经典的驱力理论以及克莱因理论之间的分歧，所形成的模型与沙利文的模型非常一致。谈到温尼科特丰富而创新的著作，我们试图要澄清他对不同流派术语的微妙的混合使用，有些来自弗洛伊德和克莱因学派，有些则来自他研究母婴互动所提出的客体关系概念。我们评估了冈特瑞普对费尔贝恩理论体系的拓展，在一定程度上是对费尔贝恩工作的修正，或者说是对心理病理学的一个全新的和完全不同的方法。

第三部分介绍理论家的工作，他们通过弗洛伊德驱力理论提出的概念模型来处理客体关系。每一位作者仍然坚持驱力是理论的核心，但均试图修正其理论，来解释从客体关系研究中得到的资料。海因茨·哈特曼是继弗洛伊德之后最为优雅而全面的驱力理论家，他试图将精神分析变成一门普通心理学，人类需要适应和活在他人世界之中，他想将由此得出的理论思考整合到精神分析之中，我们从这个角度回顾了他的著作。我们接着探讨了伊迪思·雅各布森与玛格丽特·马勒作出的互补性贡献，二人均试图将驱力理论和从对母亲与儿童之间早期关系研究中得出的资料保持一致。雅各布森强调了关于严重成年病人临床工作中推导出的幻想的部分，而马勒的理论基本上源于严重儿童病患的研究，以及对正常儿童和母亲行为的直接观察。我们讨论了奥托·柯恩伯格，他将雅各布森和马勒的理论方法与从克莱因和费尔贝恩的著作输入的概念进行整合，试图保持其跟弗洛伊德的血统关系。

第四部分是对精神分析理论建构策略的更多思考。有些作者将不同的概念模型混合在一起，试图将其对连续性的关注与革新的兴趣保持一致。我们研究了海因茨·科胡特的各种策略，他是近期这个方法的最重要的支持者。就像约瑟夫·桑德勒一样，用一种不同的方式，努力遵循同样的理论策略，却遇到了困难，最终发现在精神分析思想中占主导地位的两种主要模型是不兼容的。在最后一章，我们探讨了这两种模型的影响和持久性，以及两者之间的基本分歧，认为两者是西方社会哲学大传统中两种另类趋势的表现。

本书一直是具有丰厚回报的合作的成果。四年前，我们发现我们计划撰写的是同一本书，接下来通过准备、对话和整合汇总成了一本书，很好地表达了我们的兴趣与理解。许多人对我们的著作作出了重要贡献。首先要提及的是威廉·阿兰森·怀特研究所的主任厄尔·文顿伯格博士。文顿伯格博士从最初就知道我们的项目，早期计划阶段的成功在很大程度上仰赖于他慷慨的鼓励。即使涉及他与我们观点不同的地方，他也一贯给予我们支持与帮助。

对于那些阅读了全部或部分原稿的人来说，特别值得一提的是默顿·吉尔博士和菲利普·布隆伯格博士。他们花费大量时间思考我们提出的问题，并给出非常有用而深刻的建议。给出有益意见的还有露丝·格林塔尔女士以及以下的诸位博士：詹姆斯·格罗特斯坦、戴维·哈勒、杰伊·瓦韦、琳达·马库斯、詹姆斯·梅尔泽、理查德·鲁宾斯、罗伯特·夏皮罗和布伦达·泰珀。

哈佛大学出版社主任亚瑟·罗森塔尔一直对我们的工作给予巨大支持。最近，安·路易斯·麦克劳克林以其无尽的幽默和敏锐的目光对原稿进行了编辑，找出了不当的句子。我们非常感谢他们在观点成书过程中所发挥的关键作用。

我们二人对以上各位满怀谢意，除此之外，对于那些在工作过程中与我们保持密切私人关系的朋友，还要单独致谢。

斯蒂芬·米歇尔：我要特别感谢约翰·舒穆勒和罗纳·班克博士，他们不辞辛劳，认真阅读不同的草稿，极大地改进了稿件质量，还有约瑟夫·勒维斯博士，对于他在本书漫长的撰写过程中所给予的鼓励与建议，我们深表谢意。我也要感谢我的妻子玛格丽特·布莱克，她对我写作此书有着深远的影响，难以言表。我的许多观点都是在与她对话中孕育形成的，除了表达深深谢意之外，难以区分这些观点是谁率先提出的，精神分析过程和精神动力性理论建构的精细复杂与丰富多彩，令我非常着迷，我庆幸有机会与她分享。

杰伊·格林伯格：我真的非常感谢我的妻子奥尔加·车赛卡博士，不管是从私人角度还是专业角度来看，我在本书中所做的一切都离不开她的贡献。她审慎地倾听我初具雏形的观点，总是亲切而宽厚地给出意见。这项任务经常令人心神困扰，她对我的个人支持才使得我能够写作此书。

# 简明目录

# 详细目录

主体与客体的对质、两者的相互融合、两者的同一，对现实与自我、命运与品格、事件的发生与肇始的神秘莫测的统一认识，总之对作为灵魂的产物的现实的奥妙的认识——我认为这种对质也许正是一切精神分析学知识的全部。

——托马斯·曼，《弗洛伊德与未来》

# 引言

精神分析理论的现状，因其复杂性与异质性，似乎总是令学生与临床医生感到不知所措。与过去的观念相比，精神分析治疗近来已成为治疗更广范围内病人的选择。新病人带来新的临床资料，反过来形成新的理论。结果造就了各种各样的理论立场，均具有截然不同的概念发展的路线以及独特的语言，令分析师怦然心动。各“学派”之间的交流是极少的。其拥护者为了使概念上的复杂性具有秩序，经常宣称某个立场才是“真正的精神分析”，导致与其他理论观点进行整合、综合与比较的尝试都显得没有必要。对这种情况的澄清颇费周章。 1

若令精神分析崩塌，就是将其局限于某个特定的理论或模式来阐释精神动力的内容，使其失去多样性，从而使精神分析成为一种不是那么重要的学科。由此造成的理论混乱与过早的终结，使许多临床工作者完全抛弃了正规的理论，转而全力以赴投身于他们认为的与每次分析相遇的唯一性，以及关于处理病人的实用性技术指点。这会使精神分析丧失持续九十年之久的理论与实践之间的令人激动的相互作用。

我们认为需要采取不是那么简化主义的、更加综合的方法。这种方法，类似于罗伊·沙菲尔(1979)所说的“比较精神分析”，可以提供一个概念的框架，竞争理论之间的混乱可以在其中得以澄清。比较精神分析有助于理论家和学习理论的学生明了集中与发散的重要领域，各种精神分析学派之间的隔离以及每个学派的内在复杂性使得这些领域模糊不清。通过总结关于许多临床问题的不同理论观点的含意，有助于临床医生的工作，从而为理论整合与实践提供结构。我们这本书就是致力于这些目标。 2

当前精神分析思想学派的多样性有着悠久的历史。在弗洛伊德提出其最初的主要理论观点之后的五十年中，这个领域最重要的运动可以称之为离心运动。弗洛伊德的本能驱力理论作为一个焦点，从中延伸出一个又一个的发散运动，每个运动都有其特定的方向。这些运动包括：荣格与阿德勒的早期的理论分离，兰科与费伦奇在19世纪20年代试图修正经典技术，以及弗洛姆、沙利文与霍尼在19世纪30年代和40

年代所建立与阐明的所谓新弗洛伊德学派。那些保留“弗洛伊德”称号的人经历了三个方向的分裂。有一些人固守弗洛伊德一生之中建立的理论，拒绝接受任何调整。而那些倾向于调和的人之中，则存在19世纪30年代发展起来的主要的思想观念的分裂，一部分人追随梅兰妮·克莱因，另一部分人则接受被称之为美国自我心理学的理论（由安娜·弗洛伊德与海因茨·哈特曼所创立）。这些主要的分歧还穿插着数不清的进一步的修正与改动，少有人注意，追随者为数不多。

过去的二十年中这种离心运动有所逆转。当代精神分析理论表面多样性之下集中着基本问题。比较当今理论家的著作，就像是观看不同风格与审美意识的画家对同一景色的不同描绘。最先映入眼帘的是不同的情感、颜色与色调。不过，近距离的端详，普遍景色的特征就会呈现出来：同样的村庄、同样的山与同样的树。日益增长的对人与人之间互动的重视构成了当今精神分析的普遍“景色”，也就是说，重视客体关系问题。我们之所以将客体关系作为一个普遍“问题”，是因为当前精神分析文献对精神分析的起源、意义以及主要的转变模式没有达成共识。尽管客体关系的临床核心地位实质上已被当前所有精神分析学派所接受，对于这种重要性的理解方式还是存在着巨大差异。实际上，处理客体关系问题的方法已经为任何特定理论设定了框架，从而决定了该理论的模型，并确定了相对于其他精神分析理论的位置。

为什么与他人关系的临床核心性为精神分析理论构建带来了问题？精神分析理论的早期发展是围绕驱力概念建立的。弗洛伊德的研究促使他考虑他认为的人类体验的“深度”，人类生物学本质所表现出的冲动，以及躯体产生的需求，这种需求为所有精神活动提供能量和目标。他不是认为与外界以及他人的关系不重要，而更重要、更急迫的似乎是其对驱力及其变迁的研究。在后期著作中，当弗洛伊德谈到“自我”问题以及自我与外界和他人的关系时，对于如何在其驱力理论中将那些过程与问题摆正位置，一点也不明确。客体关系必须得到解释；早期的驱力理论并没有自动地提供并包含客体关系起源、意义与命运。

存在两种处理客体关系问题的主要策略。第一种，最初为弗洛伊德所采用，本质上是保护性的，是延伸并应用其最初以驱力为基础的模型来容纳后期对客体关系的临床重视。在弗洛伊德的驱力理论中，人格与心理病理的所有方面在本质上被理解为一种驱力的功能、衍生物及其转化。因此，解决客体关系问题的同时，原封不动地保留驱力理论，需要将与他人的关系（以及个体对这些关系的内在表征）衍变为驱力自身的变迁。弗洛伊德及其后的理论家采用此种策略，在很大程度上是在与驱力释放的关系中理解客体的作用：客体可以抑制、促进驱力释放，或者成为驱力的目标。第二种，更为激进地处理客体关系的策略，是用根本不同的概念框架替换驱力理论，与他人的关系构成了精神生活的基本单位。与他人联结的特定模式的创建或再创建用以替代了驱力的释放，作为激发人类行为的力量。对这种策略最为清晰的表达来自哈里·斯塔 4 克·沙利文与W·R·D·费尔贝恩在19世纪40年代的工作。我们认为这两类理论家的理念是相容的，而且是能被整合在一起，看作是对驱力理论的重要的系统化的替代方案的。

当前精神分析理论的很多异质性与复杂性可以用这样的方法得到澄清，也就是将这些理解客体关系的竞争策略之间的辩证冲突作为起点，一种保留了最初的驱力理论，另一种用完全不同的模型替代了驱力理论。从对待这些模型的基本立场来看，对每位理论家的贡献就能得到最好的理解；从这个角度看，理论之间的相似与不同就会凸显出来。我们的目的是阐明支撑每个模型的原理，并将精神分析思想史上主要的理论家根据模型进行排位。*阐明客体关系极其重要的临床意义一直是精神分析思想史上首要的概念问题。每一位重要的精神分析作者必须自己阐明对这个问题的立场，而且其解决这个问题的方式决定了之后的理论构建的基本方法，并为其奠定了基础。*理解了处理这个问题的最重要的策略，以及支撑这些策略的这两种非常不同的概念模型，就有可能摆正主要的精神分析理论家彼此之间的位置，从而阐明其基本的相似与不同，而它们常常被较小的问题、精神分析的派别之争以及所使用语言的不同所掩盖。

对于精神分析思想史和客体关系问题，现存的对客体关系理论的评论，倾向于在这个或那个模型的范围内进行，与之相比，本书的视角是不同的，范围也更加广泛。驱力理论模型与调和策略的拥护者(Modell, 1968)，倾向于极力贬低那些更加激进的抛弃驱力理论的理论家的贡献；更加纯粹的创新模型与彻底决裂策略的拥护者(Guntrip, 1971)，则倾向于极力贬低那些驱力理论框架内的客体关系理论家的贡献。这两种理论构建的路线都是有意义的、成功的，可以理解为针对同样问题的不同方式的努力。

为了避免读者误解我们的意图，我们从一开始就澄清我们*没有*在做什么。我们没有提供关于所有精神分析思想的综合史，也没有提供理解所有精神分析理论的本质与结构的模型；我们没有在一般的科学理论范畴和专门的精神分析理论范畴考虑有效性与可证明性这个复杂的问题(见Suppe, 1977，在科学哲学范畴内讨论这些问题的广泛 5 的观点)。我们的目标是描述性的、分析性的。我们希望通过对关于一个普遍问题的不同观点的严谨的分析，提供一个脉络，借此可以穿过精神分析观点的迷宫，从而使读者更好地理解其潜在的结构，更容易理解这些观点。

比较精神分析并非没有风险。不同的精神分析理论学派源于不同的知识传统，建立在有着巨大差异的哲学和方法学的假设之上，并采用不同语言。每个理论都是一个复杂的概念网络，通过针对那个理论的内在进步发展而来，常常与其他的精神分析思想学派隔离开来。因此，人们一直在争论，不篡改每个理论的完整性，就不能对精神分析理论进行有意义的比较。对于截然不同的理论体系进行这种思路的分析和强迫性的、误导性的比较，以及还原性的肢解，当然会存在风险，对此需要牢记在心。

不过，对理论进行认真、有敬意的比较，不仅有可能，也是必要的。拒不接受综合与整合的方法有其自身的危险，也许麻烦更大。没有这些方法，精神分析可能会成为一个支离破碎的学科，学派之间呈现隔离与半隔离状态，导致这种隔离的不是由于巨大的观念差异，而是由于政治与友爱的传统。这样的过程会将精神分析构想，从一系列不断增长的临床与理论的探索和假设，转变为一系列宗教信仰式的思维岛。

而且，我们认为，对于不同理论的比较与整合的争论忽视了精神分析生活的现实状况。每一位分析师，即使是最僵化非理论主义者，至少在实质上算是一位理论家。你从病人那里听到的受到你对生活认识的影响；也会受到某种理论的影响，分析师本人对此可能清楚，也可能不甚明了，这种理论源自其所读（技术文献与非技术文献）、所见，及其生活经历。除了最严重的教条主义者，每一位分析师的临床实践都建立在理论基础之上，这个理论是许多信息来源的综合。我们希望，我们这种明晰的比较精神分析，能通过让临床医生提高对那些已付诸文字的特定理论的认识，来帮助他做好他实际上一直在做的工作。

# 第一部分

# 起源

# 1. 客体关系与精神分析模型

每个人的内心都有一个自己的世界，由其所见与所爱组成；他不断地回归这个世界，尽管他可能穿行而过，似乎栖身于另一个极为不同的世界。 9

——夏多勃里昂，《意大利之旅》

精神分析师的日常工作与病人和其他人的关系密切相关。像其他人一样，病人将大量时间用于谈论人。即使他们的联想有点脱离主流的社会交往，比如梦、幻想、症状，以及诸如此类的事情，总是会涉及其他人。而且，接受分析的病人也是在跟某个人谈话；他对那个听者的理解、他与听者的关系，都会影响他的交流。所有的精神分析理论都认识到了这一点。在弗洛伊德最早的驱力理论中(1905a)，驱力的客体(广义是指驱力指向的那个人)以及驱力的来源和目标，被视为驱力的基本特征之一。客体被认为是充满变数的元素，不是与生俱来或者一开始就与驱力连在一起的，但是至少可以说，没有隐含的客体，就不会有驱力需求的表达。就目前来说，我们是从心理学而非生理学的角度来理解驱力，通过驱力的变形及其指向的某个客体来认识驱力。从这个意义上讲，所有的精神分析知识必须从个体与他人的关系开始。

不过，你会发现，病人口中"人"的言谈举止，与别人眼中相同的人，不一定是相符合的。这个情形戏剧化地出现在最初对于安娜·O(Breuer & Freud, 1895)的精神分析治疗中。安娜·O的假孕，以及她认为布洛伊尔就像是她的情人而不是她的医生，最初并没有让布洛伊尔增进对人类互动的动力的进一步理解，反而让他过早地终止了对她的治疗。这个使命就落在了弗洛伊德头上，他勇敢面对传统上不能接受的现象，他对于安娜·O的反应的解释加深了我们对于人与人之间互动的理解。随后提出的移情理论，使得我们不可能继续认为病人所说的"客体"，跟外部世界中的"真实的人"一定是一一对应的。移情的概念表明，病人体验到的"客体"(可以是分析师、朋友、情人，甚至是父母)充其量是所涉及的实际的他人的修改版。人们不仅对实际的他人做 10

出反应，并与之互动，而且对待内在的他人，即对一个人的心理表象，也是如此。这个心理表象本身就具有影响个体情感状态和外在行为表现的力量。

这样的例子在临床实践中很常见，从技术层面和严格意义上来讲，是排除在移情之外的。例如，一位病人——一位独居的中年男士，一直在治疗中谈论他的羞耻感，因为他为了追求空洞的目标而荒废了许多年光阴。病人在治疗中谈到，他的侄女及其男友要在假期来看望他。为了迎接他们的到来，他一直忙于擦拭灯泡，清除墙上的指印，总之，是在准备迎接非常挑剔的、像父母一样的侵入者的突击检查。他的情绪与他所描述的准备情况是符合的；一想到客人会看到他居住的情形，他就感到担心，怯生生的、尴尬。在下一次治疗中，假期刚刚结束，他说这次拜访进行得出奇的好，除了一点，和他待在一起的“孩子们”都是“懒鬼”和“笨蛋”，只想整日躺在床上，陶醉在不受父母管控的自由之中。他的情感跟他描述的情景还是符合的。他的情感充满傲慢、轻蔑、优越感和苛责。

对于这个很普通的例子，令人惊讶的是，病人描述的他对客人的反应，跟其侄女与男友的“实际”的特点是不相干的。两次治疗中只有对关系的描述有一致性，那就是愤怒的、挑剔的、自视清高的父母与行为不端的、丢脸的孩子之间的关系。在第一次治疗中，客人被赋予父母的角色；第二次治疗中，病人又充当这个角色。我们可推测的是客人没能达到病人的期望，他们没能表现得像父母一样，这就引发了他对他们（包括他自己）感受的迅速的转变。不过，就目前的讨论目的而言，重要的是这个男人的关系模式，对其所说的对于他人的体验有着决定性影响，他的关系模式包括了一个他人的模板，通俗地讲，就是（关系模式）“就在他心里面”。实际他人的特征和这些内在映像对于不同个体的相对影响，差异非常大，但是他们的存在和作用在每个人身上都有不同程度的呈现。

11

这些有关他人心理表象的存在，具有“现实”人的某些特征，也具有某种触发个体产生行为反应的能力，然而确实又是“不同的”，对于任何心理动力性理论，都会引发极为重要的概念性问题。这些映像在精神分析文献中被冠以各种名称。不同的理论体系对其称谓各不相同，如“内在客体”、“错觉性他人”、“内摄体”、“化身”，以及“表象世界”等。其在心理经济学中的功能同样也有争议。其作用可以被理解为，对现实世界中人的一种期待性模糊映像；与个体体验到的“他”是谁密切关联；其作为迫害者，起到一种非常重要的内在第五纵队的作用；或者在应激与隔离时，发挥内在安全感与资源储备的作用。

对于这些内在映像的通常一致的看法是，它们构成了个体在生活中与重要人物内在关系的残留。在一定程度上，与他人的关键性交流留下了其标记；它们被“内化”，从而影响了随后的态度、反应、感知等。这个观察给精神分析理论家提出了一系列的难题，对许许多多当代理论的创立起到了指导作用。如内在客体的特征是如何与“真实”人物关联在一起的，过去和现在？内在客体是个体感知到的与他人全部关系的表象，还是对他人某些特征方面的表象？这些映像是在什么情况下被内化的？它们是通过什么机制成为个体内在世界的组成部分的？这些内在表象与随后跟外部世界中真实他人的关系是什么？内在客体如何在精神生活中发挥作用？存在不同类型的内在客体吗？不同环境和内化机制会导致不同类型的内在客体吗？

12

“客体关系理论”，从最为广泛的意义上讲，是指在精神分析范围内试图回答这些问题，也就是说，要直面可能令人困惑的观察，即人类同时活在外在与内在的世界之中，人类的关系介于极其流动的融合与最为死板的隔离之间。因此，客体关系理论指的是理论或理论的某些方面，意在探讨真实的、外在的他人与内在映像及关系残留之间的关系，以及这些残留对于心理功能的意义。过去几十年中，解决这些问题的方法形成了精神分析理论建构的重中之重。

“客体关系理论”的讨论是很复杂的，因为这个术语应用在许多不同的语境之中，有着不同的内涵与外延，导致了很多歧义与困惑。有些作者反对在广义上使用“客体关系理论”，认为有使其失去所有专门含义的危险，会使重要的理论争议之处模糊不清(Lichtenberg，1979)。他们宁愿将“客体关系理论”限用于特指某位理论家的著作。但是这种用法又造成了新问题，因为不止一种理论观点，经常是互不相容的观点使用了这个术语。这个术语经常用于专门描述梅兰妮·克莱因建立的理论方法，同样也常常用于W·R·D·费尔贝恩的理论，尽管两者所说的“客体”的性质、原型和内容极为不同。最近几年，奥托·柯恩伯格(1976)在他自己创立的理论中使用这个术语，他的理论结合了自我心理学与雅各布森以及马勒的理论观点，受到梅兰妮·克莱因著作中的术语和理论重点的影响。

还有一个问题，许多作者使用这个术语时暗含偏见和争论。冈特瑞普对比了费尔贝恩和温尼科特的“客体关系理论”和哈特曼的“机械的”心理学及美国的自我心理学家，结论是前者更好，因为“更人性化”。固守经典精神分析传统的理论学家将这个术语用作抨击别人的工具。指责其他的作者只关注心理学的表面(跟他人之间的行为)，失去了心理的深度。“客体关系理论”，在这些作者看来，就是暗含向行为主义让步的意思;这个现象在“驱力衍生物”的概念中有详尽的描写,指的是在个体体验中驱力的表现(Brenner, 1978)。另外一些理论学家,尤其是哈里·斯塔克·沙利文的追随者,将“客体关系”看作是妥协的、无用的术语(Witenberg, 1979)。他们认为客体关系是人际关系,但是这个术语允许其使用者宣告继续对驱力理论保持忠诚。

13

你可能会认为“客体关系理论”这个术语已经被滥用,变化太多,无望地与各种理论争执纠缠在一起,从而无法保证它能保留下去。因为其指称是如此不清楚,这种争论可能会持续,试图用一种理论方法解读客体关系就像是一个建立在流沙之上的项目。不过,因为这个术语在精神分析文献中的使用十分广泛,有必要用一套更为狭义的新术语作为替代,将精神分析文献中存在的讲不通的大量碎片翻译成一种新语言。简单地弃用这个术语,将会导致更加严重的后果,而不是减少混乱,尤其是这个项目的中心是要对各种不同理论传统进行阐述和比较。因此,我们总体上保留“客体关系”这个术语;重要的是,我们从一开始就提出*我们的*定义,对于我们讨论的不同的理论,我们重点关注的是这个术语的特定含义。

“客体关系”的概念部分源于弗洛伊德的驱力理论。弗洛伊德所说的“客体”是指力比多的客体(在后期理论中也指攻击驱力的客体)。从这个意义上讲,“客体”一词的双重意思在日常英语中是并行使用的,既指一个物,也指一个目标或对象。弗洛伊德说的客体*是*一个物,但不是*任意*的物;这个物是驱力的对象。因此,精神分析的“客体”不是学院心理学的“客体”,不是存在于时间与空间中的简单实体(Piaget, 1937)。在原先使用中,客体概念是与驱力理论紧密联系并建立在其基础之上的。尽管有这样的联系,有些精神分析理论家还是保留了“客体”和“客体关系”这两个术语,尽管从经典的弗洛伊德的观点看,他们完全抛弃了驱力的概念(Fairbairn, 1952; Guntrip, 1969)。还有一些理论家强调客体的地位,坚持认为他们处理客体关系问题的理论是驱力理论(Jacobson, 1964; Kernberg, 1976)。因而,这个术语,貌似有理论界定,并没有充分地将接受弗洛伊德理论与不接受弗洛伊德理论的那些理论区分开来。

因为有这样的含混不清,我们不采用狭义的客体关系的定义。谁的理论才是“真正”的客体关系的方法?这样的争论空洞乏味,给学习精神分析的学生带来无尽的困惑。在本书中,这个术语指的是个体与外在和内在(真实的和想象的)他人的互动,是其内在与外在客体世界之间的关系。我们认为这个术语只有在这样广义的使用下才有其功用。所有的精神分析理论都包含客体关系理论;需要且必须与个体的日常经历相关联。各种方法都注意观察个体与他人关系,因其对这种观察的处理不同,以及将

14

这些观察与经典的驱力理论整合程度的不同，方法就会不同。因此，我们对这个术语的使用，明确解除了假定“客体”和“客体关系”这两个术语与潜在驱力概念之间的关系。尽管源于驱力理论，我们认为，“客体”这个术语，只有与其起源分割开来，才能保持其理论用途：

1. 在精神分析历史中，该术语一直用于描述外部世界的真实他人，以及真实他人在内部世界的映像。这种双重含义便于描述每次分析治疗中“内在”与“外在”的交流（Modell，1968；Stierlin，1970）。

2. “客体”一词在平常使用中含义模糊，包含一系列特征。这很符合病人的体验，可以通过“客体”来推断其世界的样子，可以是活动的，也可以是静止的、良性的或是恶性的、生动的或是单调的，等等。这个术语的一般性意义表明，个体对他人体验的变化很大。

3. 尽管客体一词是笼统的，客体的概念还是可以明确观察到的。这也很符合病人的体验，他们看到与客体之间的互动，因为与外部世界的交流中有真实的体验。尽管从现象学上讲，病人体验到的“内在客体”感觉是实际存在的，我们使用该术语并不是指这些客体的物理上的存在。当然也不是指心理中的实体或小矮人（homunculi）。

4. 回到该术语的一般使用，客体，尽管有持久性，却是可以被篡改和修饰的。客体也可以被重塑、重印，被切成两半，被修复，甚至被破坏。这个含义很适合精神分析的心理内部运作的概念，这种运作可以作用于客体，许多病人报告的体验跟这些运作相符合。

## 精神分析理论的概念模型

精神分析，就其本质而言，是一门阐释性学科。精神分析的理论构建与临床资料是不断地相互滋养、辩证统一的。弗洛伊德根据病人提供的临床素材建立其理论；理论也反过来不断塑造和阐明新出现的临床资料。尽管精神分析师在实践中倾听病人时，会试图搁置其正规的理论预想，尽可能地接近病人体验的现象学，理论一定会在某个时点进入分析。精神分析实践是对病人生活的全面调查，其本质是假定病人对于自己的体验是有所缺失的。不管这个概念是压抑（弗洛伊德）、心不在焉（沙利文）、否认行为（沙菲尔）、自欺（弗洛姆）的结果，还是欺骗（萨特）的结果，其假设是病人的现实的某些显著方面，意义的某种重要的维度，在病人报告的自身体验中是缺失的，不管病人

15

是否觉察到(Ricoeur, 1970)。

精神分析理论提供可能的阐释,其目标是填充病人自我报告中缺失的维度。每个理论都从复杂的生活中选取某些方面或维度,将其理解为人类关注的中心,用于渲染病人经历中那些明显含混不清、变化多端的方面。这个维度提供阐释的内容,是意义的储备库,用于理解临床素材。精神分析理论中的基本概念变成了经纱与纬纱,用于编织人类的经历这块复杂的织锦。就精神分析过程本身而言,如果这项工作的推进丰富多彩、生机勃勃,那么宽泛的、潜在的理论原则就几乎是看不见的。分析师一旦通过最初的学徒阶段,就不会将理论放在脑海中,就不会积极主动地将理论作为意义的词典来使用。他不会连续在病人的话语与理论之间来回转换,一步一步地解读病人。他倾听病人报告经历,注意力飘忽不定。某些主题会凸显出来,某些部分不能整合在一起。他对病人的看法逐渐成形。病人生活中某些隐藏的过程以及对经历的交流就会呈现。分析师开始理解被省略的东西,这种觉察塑造了他有关可能的阐释性干预的想法。对于病人报告中明显省略的部分,分析师如何交流他对此的体验和理解,来丰富病人的理解?在整个过程中,诸如此类的理论概念可能会从分析师的思想中消失。然而,这些概念提供了看不见的背景、无形的框架,分析师在其中听到病人的故事。因此,精神分析理论的基本概念提供可能的阐释,通过增加其作为听众的敏感度来引导临床医生注意重要的、隐藏的意义维度。

*16*

把精神分析的特性描述为一门阐释性学科,会危及其可信度吗?并非如此。最近的科学哲学和科学历史的方法业已证明,所有科学学科都具有假设和阐释的特征,充分说明了精神分析理论的作用方式。最近几十年,西方科学哲学中占主导地位的对科学的理解,其理论基于彻底的经验主义,在本世纪是用逻辑实证主义的哲学理论来阐释的。在这个理解范畴中,近代的科学哲学家称之为"公认观点",假设好的理论与现实世界中的实际事件和过程存在一一对应的关系:事实是通过客观的观察建立的,无可辩驳;理论对事实作出不同的解释,基于此,作出可检验的预测;实验决定理论的真伪;通过中立观察的逐渐累积和假设的验证,科学得以进展;通过吸收早期的、非常局限的理论,科学的理解才变成更加宽广的、更加全面的理论。

19 世纪 50 年代和 60 年代,科学哲学和科学史的这种观点不断遭到批评,许多作者对此有极为不同的理解,他们均采用了名为"世界观"的分析(Suppe, 1977)。这种观点认为,科学不能表示为一条越来越接近"真理"的、没有断点的、由观点组成的直线。当代的科学哲学家非常熟悉当今的科学氛围,深受相对论、海森堡不确定性原理,以及量子物理的无限回归的影响，已经重新考虑科学与“客观”现实之间的关系。根据这个新观点，理论之外不存在纯粹的客观事实与观察。你的理论、你的理解、你的思维方式，决定了哪些可能被认为是事实，决定了你如何观察、观察什么。观察本身被理解为用来“负载理论”。该观点认为，科学必然产生于某个群体，他们使用共同的语言，理所当然地接受某些基本的、根本无法验证的前提。科学就这样在一个概念化的认识、一种世界观下运行。这种观点发展出很多不同的理论，一直以来，托马斯·库恩(1962)的贡献尤为突出，影响巨大，应用最广。他认为真理是不可知的；科学关注的是解决问题，科学观点的历史是由一系列模型，即“看待世界的方法”组成的(p. 4)，或多或少会有助于解决问题。这些很全面和有影响力的模型，或者范式，不是一定以之前的范式为前提，或者合并之前的范式。它们代表一系列替代的解决方案和宇宙画面，成形于片段的资料和概念。库恩认为那些被理解为范式的作用具有两个明显的特征：“他们的成就是空前的，足以持续吸引一群拥护者的注意力，使他们不再采取有竞争性的科学行为的模式。同时，又有足够宽泛的空间，将各种问题留待重新定义的实践者去解决。”(p. 10)在一段时间内，每个重大的范式形成观察和理论构建的框架，最终被新的构建和情景替代，形成对事物的不同看法，有助于解决不同的问题。特定时间内占主导地位的范式对科学行为都有巨大的影响。它决定了哪些材料会被采信为有意义的、真实的，什么样的方法才是有效的，科学家在与其研究对象的关系中处于什么样的位置。

库恩的工作中最为不可思议的是，他重点关注范式之间的过渡。如果科学是由一系列不连续的模型组成，你如何从一种范式转到下一种范式？这样的过渡有什么特点？他对这个过程的描绘，强调了科学观点的历史可能被认为具有更加“政治”的特点。范式，因为是从“真理”中得出的现实模型，激发的是忠诚。在一个范式的影响达到顶峰时期，几乎所有在某个领域的工作者都会受其影响。它提供公认的认识论的假设、方法论的方法，以及观察的范畴。顶峰时期一过，在范式认为合理的范围之外，新资料、新观点就开始出现。此时会呈现一系列不同的策略性选择。有人仍然对旧范式保持忠诚，拒不接受新的、不一致资料和概念的有效性。另外的策略，可以称之为和解，势必会尽量扩展旧范式的概念和范畴，以包容新的资料。某些时候会有效，取决于新资料的新颖性、旧范式的弹性，以及诠释者解释成因的技能。不过，有些时候，库恩认为“重组”是不可避免的，因为范式的转变对进一步的发展有“经济性”的必要性，也是必须的。然后，旧范式逐渐消退，新范式出现。

库恩以及其他支持者持有的世界观分析遭受了各种各样的批评。批评者一直认为库恩所说的“范式”太模糊，伸缩性太大，所以是无意义的（Masterman[1971]目录 23 种不同的用法）。人们认为他的科学观念，经过一系列的“革命”，适用于特定历史时期和科学学科，而不是其他的学科。总而言之，世界观分析支持者长期受到的指责是，太轻视理性在科学中的地位，没有重视客观合理的争论在不同理论选择中发挥的重要作用。因此，“公认观点”的基础是笃信科学的客观性，而世界观分析强调非客观的、推断性的特点，当代科学哲学家极力向着中间道路迈进。库恩对这些批评与建议的反应是修订其理论方法。在其后期著作中，他具体说明了这种客观标准，在理论选择中有一定的作用，他本人也不再使用“范式”这个词，认为其太宽泛、模糊，容易导致过于简单化和滥用[①]。

库恩提出，科学界常常持有许多种复杂的信念和“认知承诺”，这样巨大的信念阵列构成了一个“学科矩阵”（disciplinary matrix）。为了解释现象，学科矩阵使用的各种概念工具中有许多不同的模型。一些模型的作用是简单的类比，或者运用启发式的技巧——“A 的表现像 B，或者可以看作像 B”。其他模型在科学界的作用更为深入和广泛，提供基本的指引性框架和观点，成为“抽象信念的客体：身体的热量是其组成粒子的动能，或者，从非常抽象的角度来说，所有可以感知的现象是空虚中在质的方面表现为中性的原子的运动和互动的结果”（1977，p. 298）。精神分析就是围绕这样的模型来组织其理论架构；因此，说到精神分析理论中的模型，我们使用这个词汇所指的就是库恩描述的那种抽象观点。我们使用他的方法，不是一定将其作为对所有科学的一般解释，也不是进入复杂的哲学视角，去关注理论的客观性、主观性和实证性问题。我们认为，库恩对于科学观点发展的研究方法，以及他将模型定义为抽象的信念，非常适用于研究精神分析思想的历史，也适用于处理不同的理论构建策略。

19

精神分析理论的模型反映的是抽象的信念，因为其前提是建立在未经证实的四个基本问题的基础之上的。第一个问题是影响理论的许多其他方面，涉及分析的基本单元的方法。什么是主要的？什么是衍生的？构成体验的基本单元是驱力、愿望、价值、目标、与他人的关系、认同、选择、行动，还是其他？组成人格“结构”、模式和“材料”的

① 许多作者（Modell，1968；Lifton，1976；Levenson，1972）使用过库恩的“范式”概念来描述精神分析史上理论的基本转变。这些理论的分类极为不同，因为每位作者都以其独特的方式看待精神分析思想的基本“范式”。正是因为“范式”这个词的可伸缩性，促使库恩用一系列更加明确的概念，诸如“范例”、“模型”等来替代。

是什么？要将这个广义的基础解释清楚，就必须论证其他三个更为具体的、相互交叉的理论问题。第一，**动机**：人们想要的是什么？人类活动的主要的和潜在的目的是什么？第二，**发展**：从相对未成形的婴儿向相对模式化的成年人的转化过程中，决定性事件是什么？第三，**结构**：是什么赋予个体以独特性，并决定了个体生活中行为的规律性、生活事件与关系？过去事件与目前体验和行为的中介是什么？每个领域的概念都相互关联，相互作用，相互依存。总而言之，每个领域中对这些问题的处理方法形成一个大框架，产生临床假设和可能的解释。如果不同理论家的理论方法表现基本类似，我们就认为他们工作在相同的模型之内。如果精神分析理论处理这些问题的方式与先前的方法有本质的差别，我们就认为其以另外的模型运行①。

精神分析观点历来最主要的冲突，是最初的弗洛伊德的模型与另外的综合模型之间的对立统一关系，前者以本能的驱力为起点，后者肇始于费尔贝恩和沙利文的著作，单从个体与他人之间的关系演变出其结构。因此，我们将驱力/结构模型称为最初的模型，其他的观点称为关系/结构模型。由于这些模型对心理底层内容的抽象认识是不同的，我们选择了这些术语来阐明它们之间的差别。所有的精神分析理论都是以体现个体人格的、持续的、特征化的模式与功能为前提的。这些模式和功能组织体验，也是体验与后续行为反应之间的媒介。大多数理论家称之为“心理结构”，强调其一致性和时间连续性。（沙利文[1953]，要警惕像“结构”、替代“动力”这些概念中固有的具体化危险。）我们保留“结构”这个术语，要注意这个用法是一个“空间化”的比喻，不要只从其字面理解（Schafer, 1972）。我们对这个词的使用基于雷派波特（Rapaport）和劳伦斯·弗里德曼（Lawrence Friedman）提出的观点，前者将精神分析中的“结构”称之为“具有慢速变化”的构造（1967, p. 701），后者用“反应的稳定性”来描述结构（1978b, p. 180）。

20

---

① 我们使用的“模型”一词与 Gedo 和 Goldberg 在《心灵模型》（1973）中应用的“模型”非常不一样。他们区分了“模型”与“理论”，限定了前者的使用范围，用于指简单的“临床资料分类”。地形模型、结构模型、反射弧模型和客体关系理论，均视为解释不相关联的不同临床问题的工具。根据总体系统理论的原则，他们将精神功能的这些“亚系统”组织成一个整体的发展等级。其前提是这些都是纯中立的、观察性的分类，独立于任何更大的理论假设。我们不同意这种观点，我们对精神分析理论构建不同维度的分析证明这种观点是站不住脚的。描述精神分析思想的不同模型，不是简单的组织工具，而是反映现实的不同看法。无法将其合并成一个有意义的理论。

21

# 2. 西格蒙德·弗洛伊德：驱力/结构模型

> 弗洛伊德似乎是突然冲向源头(origins)，此时，谁能不为所动？他突然走出意识，迈进潜意识，从无处不在到无影无踪，就像一位技艺高超的探险者。他径直穿过睡眠之墙，我们听到他在梦之洞中喃喃自语。无法穿透者不是不能穿透，潜意识并非虚无一物。
>
> ——D·H·劳伦斯，《精神分析与潜意识》

无论从哪点来看，精神分析都是一个人的创造。尽管西格蒙德·弗洛伊德开始借用了约瑟夫·布罗伊尔的方法，因其熟知神经学、生理学、哲学、心理学和进化论，从而影响了其思想的敏感性，他基本上通过独立工作发展了精神分析，十年之后，有类似想法的同事才加入他的行列。这个独自发展的过程使得精神分析在所有知识学科中显得卓尔不群，到弗洛伊德的著作"被发现"，并得到合作者之时，他的创造已经演变成了一个非常清晰的看法(虽然肯定不是最终的)。到1900年，弗洛伊德不仅创造了一个研究领域，而且也创造了一种询问方法和心理治疗方式。他有了众多发现，并提出一整套假设对此作出解释。

弗洛伊德关于人类状况的基本看法具体体现在我们称之为驱力/结构模型之中。顾名思义，这个模型的核心概念是驱力观念。驱力，按照弗洛伊德使用最为广泛的定义，指的是介于精神与躯体之间的一个概念，是一个通过精神与身体的连接来影响精神的、内源性的刺激源。它是一个"要求心理工作的命令"，是心理装置(apparatus)的催化剂(1905a, 1915a)。弗洛伊德有时暗示要将驱力理解为一个类似生理学的数量级，在心理中机械地发挥力的作用。《科学心理学设计》(1895a)的明确意图，是想将心理学建立在支持其他自然科学的同样的唯物主义基础之上。弗洛伊德从来没有完全放弃这个意图，尽管在其后期著作中已经变成愿望目标，而非现实目标。他经常表达的愿望是将来有一天，他假设的心理结构会被解剖发现证实，他努力去创造精神装置

22

的形象化的表象(1923a, 1933),表明他认为精神存在于物理空间内。

弗洛伊德之后的绝大多数理论家采用驱力的这方面意思[①]。哈特曼和雷派波特,弗洛伊德最重要的两位解释者,在他们的著作中明确表示,他们将精神分析看作生物科学。它的目标是理解心理机制,解释人类的精神生活"如何运行"。哈特曼(1948)认为驱力的精神分析概念没有现象学的对应物,以此对这个方法进行了说明;对他来说,驱力并不比大脑过程更接近经验上的参照物。精神分析的元心理学(metapsychology)是要拆解心理机器,找出其内在运行的作用力和反作用力。

最近几年,这种对待弗洛伊德理论的方式引发了理论家们大量的批评,既有在驱力/结构模型下接受培训的理论家,也有不是这种出身的理论家。他们认为精神分析不是生物科学,本质上是阐释性的学科。因此,其建构必须处理人们在日常体验中赋予的意义。冈特瑞普(1971)、乔治·克莱因(1976)、吉尔(1976)、霍尔特(1976)、沙菲尔(1976)提出质疑,基于机械定义的驱力和驱力能量转化而来的结构之上的心理学,是否能充分达成精神分析的目标。他们认为驱力理论不能将建立在能量和结构概念基础上的心理学与意义心理学联系在一起,因此,不能完整解释人类的动机。这些批评家很大程度上是在哈特曼和雷派波特的模式下解读弗洛伊德,但他们抛弃了弗洛伊德理论架构中明显的生物学思维。沙菲尔(1972,1976)既指出了弗洛伊德将空间延伸加在精神结构上的倾向,也指出了这种方法固有的危险。霍尔特(1976)强调理论的生物学根源,从生理学角度批判能量概念。吉尔(1976)提出"元心理学不是心理学",弗洛伊德想要从生物学/机械学的意义上理解其元心理学概念,而不是心理学,这些概念缺乏任何心理学必须具有的涵义与意义。吉尔(1983)在其最近的阐述中指出:"目前元心理学是建立在一个不同于意义的(即力、能量和空间的自然科学)领域中的。因此,它与阐释性科学是相违背的。"

23

弗洛伊德的忠实追随者与批评者都忽视了驱力理论的基本歧义,我们理解理论模型用的框架强调并澄清了该歧义。在科学的范畴内,模型是一个全面的视角,用于囊括所有的现象。任何一位人类行为的观察者都会注意到,人类是在意义的基础上采取行动,将其自身的体验与周边的世界赋予意义。因此,假如驱力/结构模型是一个真正

---

① 尽管在标准版本中,斯特拉奇(1966)决定将德语词冲动(trieb)翻译为"本能",我们在本书中一般用"驱力"这个词。除了更接近字面的翻译,"驱力"指的是敖伦斯坦所谓的"一种突然涌现的,远未分化的'需要'"(1982, p. 416),而不是更加结构化的"本能"。为了与大多数的作者保持一致,我们使用"本能的驱力",偶尔指的是——也是传统意义上——"双本能"理论。

的模型，一定包含意义的理论。弗洛伊德所说的转化为结构的力、反作用力和能量，与其对人类体验的看法之间必定会有关联，也即“如何”与“为何”之间的关联。

弗洛伊德利用生物学的比喻建构了驱力/结构模型。对于一个身在19世纪晚期维也纳知识氛围中接受过医学培训的理论家，这是意料之中的。但是强调弗洛伊德的生物学隐喻，会模糊敏锐的心理学视野，导致我们看不到其本身就是关于意义的理论。因此，我们认为精神分析是自然科学还是阐释学科的区分是站不住脚的。弗洛伊德认为可以从机械论角度解释的那些原则也提供了阐释的推力；他的机械理论是关于意义的理论。从这个意义上说，驱力代表了弗洛伊德对于我们的主要情感的理解；代表了人类的原始欲望。从这个角度看，驱力不仅是心理的*机制*，而且是心理的*内容*。因为我们主要关注的是这些心理内容，我们在这本书中始终强调弗洛伊德理论的意义。这样做不是推翻或者诋毁其创造的自然科学的观点；这不是一个非此即彼的选择。

尽管弗洛伊德经常提到，他的目标是创立科学的心理学，他也强调将驱力理论看作意义理论的重要性。他认为“本我的力量表达的是个体生物生命的真正目的”，驱力的活动“导致了生命现象的整体多样性”（1940a，p. 148，149）。他在别的地方写道：“本能理论可以说是我们的神话。本能是神话实体，有着巨大的不确定性。”（1933，p. 95）弗洛伊德将心理地形理论称之为“假象”，赋予三个心理结构以日常之名——我（das Ich[I]）、它（das Es[it]）和我之上（das Uber-Ich[above-I]），而不是“赋予其装腔作势的希腊名字”，从而突出了结构模型的隐喻本质（1926b，pp. 194 - 195）。（标准版翻译成自我、本我和超我，就失去了这种隐喻的意味——贝特尔海姆[1982]和敖伦斯坦[1982]最近提出的观点。）他深知驱力概念的模糊不清状态，写道：“‘心理能量’和‘宣泄’的概念，以及将心理能量量化的看法，*已经成了我们的思维定式，因为我准备从哲学的角度排列心理病理的素材*。”（1905c，p. 147；斜体是我们加的）

24

从这个角度来看，驱力/结构模型的元心理学的表述是高度确定事件意义的——人际关系交流、情感、幻想等等。意义是由有效的驱力或者合成驱力，以及有效的防御精确决定的，源于情感需要与文明反压之间的冲突。在最初的“双本能”理论中，受到力比多驱力的控制，动机会转化为性（或快感）的意义，或者受到自我本能的控制，转化为自我保存。从弗洛伊德修订的观点看，意义是由生与死亡本能的涨落，以及二者之间复杂的相互作用决定的。

精神分析的驱力/结构模型源于弗洛伊德的著作，并在他的写作过程中得到进一步完善。这可能会掩盖这样一个事实：在这个过程中，弗洛伊德对其理论架构做了许多重要的改变。我们不是有意从其复杂多变的理论中提炼出“一种”弗洛伊德理论，因其有许多理论，而是要找到驱力/结构模型的精髓。有些基本原则，一经达成，弗洛伊德就从未改变过，在他的著作中随处可见，贯穿其整个职业生涯，关于人的本质和人类体验的基本构成，他秉持特定的观点。理论的其他要素（诸如认同的概念和现实原则），尽管我们知道，对精神分析也很重要，不是驱力/结构模型的固有成分，但我们会尽力去展示其符合情况，有时也会改变其本质特征。

25

弗洛伊德的理论建构可以分为三个阶段。第一个阶段，从19世纪80年代应用布罗伊尔的宣泄方法到1905年，他一直研究情感和防御的概念，在一定程度上，带有关系/结构模型的某些敏感性，有时与当代的观点有着惊人的相似之处（Rapaport，1958）。第二阶段始于他公开抛弃诱惑理论（Freud，1905a，1906）。1905年至1910年，他发展并建立了许多说明驱力/结构模型的概念；到1910年，通过这些从未改变过的概念，驱力/结构模型牢牢地确立了其位置。弗洛伊德的论文《心理功能的两个原则》开启了第三个阶段（1911a）。从此，他致力于将关系概念整合到业已建立的驱力模型的结构中。这些改变经常始于对异议的回应，尤其是阿德勒和荣格。如果说弗洛伊德发明了驱力/结构模型，他在精神分析中也发明了理论和解的策略，从和解策略的角度看，其职业生涯的第三阶段就很好理解了。

## 恒定性原则、情感理论和防御模型

弗洛伊德的模型中包含的观点，同时也是意义和机制的理论，只要我们思考一下其中一个最基本的假设——恒定性原则，就能得到检验。这个原则最初是布罗伊尔（他将其归功于弗洛伊德）在《癔症研究》（Breuer & Freud，1895）中表述的，弗洛伊德在其理论著作中再次提出，该原则认为心理结构的目标是尽可能将刺激保持在接近零的水平。静止令人愉悦，兴奋让人不舒服，因此，我们发起的任何行动（异体形成的或者自体形成的），最好是有利于降低刺激水平。

弗洛伊德对于恒定性原则的构想反映了现在已过时的神经学概念（神经系统试图消除所有紧张）和液压隐喻（心理结构就像被能量力量流所驱动的机器）的影响。恒定性原则并不是驱力模型中非常被人接受的要素。但如果以为这个原则是建立在生物学之上而没有心理学的内容，那就错了。实际上，尽管不完整，该原则也是关于人类意图的直接陈述，阐明了弗洛伊德如何利用其模型建立了心理学的阐释框架。简而言之，

26　恒定性原则表明，对人类来说，最重要的是要消除刺激对我们的影响。这个原则既依赖又强化了驱力/结构模型最基本的假设：从理论和临床的角度说，一个独立的个体确实可以看作是一个封闭的能量系统。这个系统内产生的紧张必须在系统中得到释放，如果一个渠道被阻塞，阻碍了紧张的释放，就必须找到另外一个渠道。人际关系模型更加"开放"的系统既不需要也不支持恒定性原则。

在《癔症研究》(Breuer & Freud, 1895)和《科学心理学设计》(Freud, 1895a)中，尽管二者的理论观点极为不同，均将人类行为理解为受恒定性原则的调节。脱离这个原则，《癔症研究》的观点都讲不通。由于外界环境的缘故，或者那些情感彼此冲突，或者受到心理高度珍视的诸如道德或伦理价值的影响，与事件相关联的这些情感得不到充分释放，事件就是致病性的。直接基于理论假设，《癔症研究》提出了治疗模式，即恢复被抑制的记忆，宣泄就成为可能。因为情感在事件发生时被压抑，得不到完全释放，就会一直发挥作用，加剧了由此产生的神经症症状，疾病也就不可避免了。

恒定性原则一直没有得到精神分析师的认可。它与我们许多观察的符合度不高，包括我们观察到人们经常需求兴奋状态，认为兴奋令人愉悦。弗洛伊德本人对自己的观点不是完全满意；他始终在调整恒定性原则在其理论中的地位。不过，有一点很清楚，静止倾向一直是主要的动机性力量，贯穿其理论观点的许多转变之中。

除了恒定性原则外，驱力/结构模型的全面发展还要求具备由心理结构来释放的兴奋源的特异性。这种特异性的发展经历了十五年临床和理论工作。单就恒定性原则而言，理论家有自由的空间去思考个体如何释放兴奋源。兴奋可以是内源性的或外源性的，可以是主动性的或反应性的，可以是基本驱力转换的结果，或者说，作为基本的刺激源，包括了人类的所有情感。尽管恒定性原则只是驱力/结构模型的要素之一，一经确立，在大约四十年时间里一直影响着弗洛伊德的理论建构。

27　在充分阐明驱力模型之前，我们所理解的恒定性原则要调节的心理的量，以及需要释放的刺激，均等同于情感。一个事件，怎么说都是一次人际交流，几乎可以唤起没完没了的各种反应。对于这样的交流，我们的反应可以是性兴奋，可以是愤怒，可以是恐惧，可以是愉悦，也可以是报复心，诸如此类。被唤起的情感的性质是由我们自己的人格和事件本身性质决定的。我们生活的特定文化，及其价值与标准，对于我们作出何种可以接受的情感，起着决定性作用。这反过来又决定了何种情感最有可能被卷入冲突之中，这种情感就得不到充分释放。触发这些情感的事件的记忆由此受制于压抑，就可能成为致病的力量。对于心理结构必须处理的刺激的基本特性，这个理论没有特指性。换言之，在这一点上，弗洛伊德认为不存在基本的情感，不存在决定人类本质的不可简化的力量。最为重要的是特定的人与人的相遇会产生什么。

弗洛伊德从一开始就区分了"现实性神经症"与"精神神经症"(1895b, 1895c)。他将前者，包括焦虑神经症和神经衰弱，归因于病人目前的性生活失调：对其机制的理解包括化学的性物质的堆积与随后的转化。将这个过程理解为生理性的；认为现实性神经症不是心理障碍。认为精神神经症容易接受精神分析治疗，因而是弗洛伊德理论兴趣的中心，不相容的想法与由此造成的情感释放失败就会产生冲突，由此导致精神神经症(1894，1896a)。冲突想法的内容没有特异性。弗洛伊德这个时期最主要的著作《癔症研究》，认为性欲是最易产生冲突的区域，因此，出现精神神经症的症状，但并不是说这是唯一的原因。对于创伤的定义，他说："不相容的想法，及其伴随物，后来被排斥，形成一个独立的心理团体，最初一定是与思维的主流有交流的。否则就不可能出现导致这种排斥的冲突。*可以描述为'创伤性的'正是这些时刻*"(Breuer & Freud，1895, p. 167；斜体是我们标记的)。在这个理论阶段，不相容与冲突，不管其来源如何，被认为是致病性的。

就在《癔症研究》出版不久之后发表的一系列论文中，弗洛伊德将早期诱惑的概念引入到他建立的精神神经症病因性的框架之中(1896a, 1896b, 1898)。早期发生一些事件，发生在青春期之前，"一定包括对生殖器的实际刺激"(1896a, p. 163)，是被压抑的记忆的核心，会被当前的经历唤起并产生症状。不过，尽管诱惑理论的创立使得性成了神经症过程的基本要素，并没有因此就说性是所有人类体验的驱动力。早期诱惑产生创伤性的体验，就是因为不成熟的性构造还不足以处理刺激产生的兴奋，不成熟的人格也不足以应对其相应的情感产物。性欲在早期理论中的地位纯粹是由实证性基础所达成的(尽管，不久之后，弗洛伊德就发现，精神神经症中必然有诱惑是一个错误的结论)。性欲远不止其在驱力/结构模型中的作用：驱动人类所有行为的力量。初期的驱力/结构模型不同于后来充分发展的模型，就在于对待动机内容，前者缺乏特异性。 *28*

## 愿望模型

在驱力/结构模型的发展过程中，《梦的解析》(Freud, 1900)是一个标志性转折点。在该书第七章的理论论述中，弗洛伊德首次提出了心理结构运作的广义模型。关于人类动力的内容，这个模型提出一个更加明确的说法，但仍然没有具体阐明驱力理论。

弗洛伊德开始就提出了恒定性原则，认为"（心理）结构最初的努力是尽可能地使自己远离刺激；因而其第一个结构遵循反射装置的计划，任何影响它的感觉刺激，通过运动通路立刻得到宣泄"（p. 565）。"生命的迫切要求"会干扰这种功能，弗洛伊德认为最初的要求就是"重要的躯体需要"。这就导致个体试图通过肌动活动释放兴奋，从而表达了情感。这种伴随早期肌动活动的释放不会长时间有效地发挥作用；如果要满足恒定性模型的要求，就需要有"满足的体验"。这种体验部分是一种特殊的知觉，对此的记忆就跟需要所导致的兴奋联系在一起。因此，下次产生需要时，为了重建最初的满足体验，心理结构会试图再投注（也就是再次唤起）知觉。弗洛伊德将要这样做的冲动称之为"愿望"，愿望的满足是知觉的再现。这样做的最初企图是通过知觉幻觉性再创造实现的，也就是后来梦所采取的机制。弗洛伊德认为愿望的满足体现在"有知觉的身份"的创造之中。有知觉的身份是指再建早期的满足性的*情景*，可以是现实的，也可以是幻想的。潜意识的内容，正如弗洛伊德在 1900 年提出的那样，完全是由愿望组成的。满足这些愿望的压力形成梦；可以在潜意识中发现所有梦的原动力。这个概念得到了很大的扩展，以至于所有心理活动的背后都能找到愿望。正如弗洛伊德所说："除了愿望，没有什么能让我们的精神结构运转起来。"（p. 567）

*29*

从机制的角度看，1900 年提出的愿望与后期理论中的驱力具有同等重要的地位。二者均创造了内在的紧张，在恒定性原则控制之下的心理机构体验到这种紧张，促使心理采取行动。如同驱力是后期理论中的原动力一样，愿望是这个转折期的原动力。如果说在后期模型中，被禁止的驱力的衍生物（特别是冲动）需要压抑，在早期理论中，被禁止体验得到满足的渴望也是被压抑的。两个概念的不同在于其内容，就是说，不同之处是两个模型的核心假设是不同的。

随着驱力模型的充分阐明，任何行动的内容都可以通过其背后驱力的性质进行全面说明（当然也包括对抗原始冲动的防御）。每个弗洛伊德的"双本能"理论都指向独立衍生的、不可减少的动机内容。在《癔症研究》中，它指的是具体的情形，而不是内源性刺激。弗洛伊德的模型转变可作如下概念化：最初的观点认为，情景起决定性作用，情感是从属的；在最终的构成中，驱力起决定性作用，而情景是从属的。

我们现在站在欣赏角度来看待《梦的解析》中模型的过渡性本质。愿望是重建*情景*的渴望，而之所以渴望这些情景，只是因为它们曾经满足了内在产生的需要。然而，需要本身相对内容来讲是非特异性的：弗洛伊德非常清楚地注意到，只有那些需要满足的最初的“生命的迫切要求”来源于重要的躯体需要。愿望模型为我们的诠释提供了巨大空间；我们可以非常自由地满足愿望的需要，可以是性的需要、破坏的需要、自我保存的需要，也可以是安全的需要、情感温暖的需要。与后来的模型不一样，这个构想并没有提供多少指导性。不过，相对于*某些*内部产生的需要，在渴望情景的重要性与事实的结合方面，它*过去*一度令人满意，它超越了早期的方法。 *30*

## 驱力/结构模型的出现

驱力的概念最初是在《性学三论》提出的，定义如下：

> 所谓“本能”，暂时可以理解为体内持续存在的刺激源的心理表象……因此，本能是介于心理与生理之间的边缘概念之一……可将其视为衡量心理活动的尺度。只有通过与身体来源及其目的的关系，才能将本能区分开来并赋予其具体的实质。本能源于器官的兴奋过程，其直接目的就是消除器官的刺激。（Freud，1905a，p. 168）

驱力是能量源，是心理结构的催化剂。随着《性学三论》的出版，弗洛伊德抛弃了早期愿望模型的不确定性。愿望的满足是力量通过心理与身体的联系作用于心理的功能。这些力量决定了人类的本质。弗洛伊德在其后生涯中始终强调驱力作为决定性动力的独一无二的地位。他多次描述了这个地位，宣称驱力是“对心理活动的要求”（1905a，1915a），是“所有行动的最终原因”（1940），“每个心理行为开始是潜意识的”（1912a）。

所有这些说法的基本意思是一样的。每一个说法都需要从人类每个行为起源追溯到最终的、不可约的、特质性本能的源头，不管这个行为是婴儿情感弥漫性的释放、神经症的症状、艺术家的创作，还是将人类结合成文明团体的社会结构的进化。

对驱力特定本质问题的回答，可以完整地说明驱力/结构模型的特点。弗洛伊德写道：

> 我们应该假设有什么本能以及有多少种本能？我们有极多的机会做任意选

择。只要符合主题需要，又不超出精神分析允许的范畴，那么没有任何理由反对一个人使用这样的概念，如游戏本能、破坏本能或合群本能。不仅如此，我们还应该问自己这样的问题，像这些……本能动机，是否从*根源*上可以做更进一步的切分，这样，只有原始本能——即不能再继续切分的——才具有重要性。我已经说过，这样的原始本能应该区分为两组：*自我或自我保存本能与性本能*。然而，这一设想并不具有必要的先决条件……它只是一种可用的假设，有用时才用。(1915a, p. 124)

31

这个说法成为驱力/结构模型的另一个重要推论。基于临床上分析移情神经症得到的证据，为了与其所说的"饥饿与爱的普遍区别"(1914a, p. 78)保持一致，弗洛伊德专门说明了心理活动要求的内容：我们认为其源于初级的、不可约的性驱力，以及同样是初级的，同样是不可约的自我保存的驱力。正如弗洛伊德在其后来著作中预言的那样，他修改"双本能"理论(1920)，以涵盖性与破坏驱力，但是从1905年(此时，性与自我保存驱力的概念第一次出现)开始，愿望概念的模糊性就充斥着一个初级的、非常具体的内容。

谈及儿童性欲的早期发展，弗洛伊德认为"性目的……在于运用外来刺激来摒除那种源自内心而存在于快感区的敏锐感，从而带来满足的感觉"(1905a, p. 184)。但是通过什么样的机制，婴儿才能感受到这些外部刺激的存在？弗洛伊德答道："这种满足必然曾经经历过，否则难以重复；我们可以设想，大自然对此一定有妥善安排，而不致使满足仅靠机遇。"(1905a, p. 184)我们在这个说法中看到了早期愿望概念的再现，推动"知觉身份"的建立，得以重新体验早期的满足感。然而，对于令人愉悦的内容的本质有着严格的定义：确实是通过刺激适当的性快感区，以满足*性*目的。就像早期的模型一样，这会允许兴奋有一定量的释放。但是现在这个量的本质已经具体化：是*力比多*的数量、性驱力的能量。从此以后在弗洛伊德的理论建构中，他解释推动精神结构活动的力量时，内容的具体化是不可或缺的。

32

弗洛伊德的驱力/结构模型的发展有赖于对旧的诱惑理论的抛弃，同时也坚定了他抛弃旧理论的决心。早在1897年，他就在实证的基础上得出了这个结论，并在给弗里斯的信中通报了此事(Freud, 1950，信件69)。他在《性学三论》中说道："很显然，要唤起儿童的性生活，不一定非要有诱惑；也可以自发产生，也可能是来自内部的原因。"(1905a, pp. 190 - 191)一旦假设性欲是由人类活动背后的内部力量所产生，诱惑就成了理论的残留物，童年*事件*的重要性就相应地减小了。这个改变，对于理解驱力/结构模型如何处理客体关系问题，具有极其重要的意义。

从起源看，驱力/结构模型是双驱力理论。性（力比多）驱力总是与另外一个独立衍生的驱力共同作用，或者相互冲突。然而，终其一生，弗洛伊德始终认为力比多驱力本质上比对立的驱力更加重要，就潜意识和神经症的产生而言，尤为如此（在大多数情况下，是其理论关注的中心）。即使在采用第二个"双本能"理论之后，弗洛伊德直接关注的重点仍然是性驱力的特征表现。攻击驱力，就像其之前指向自我保存的驱力一样，相对于力比多来说，并没有被赋予相应的发展阶段。而且，与自我本能缺少变迁相类似，弗洛伊德称："我们总是相信，在神经症中，它对抗的是力比多的需要，而不是其他的本能，自我捍卫着自己。"（1926a, p. 124）

驱力理论忽略的区域，自我保存本能的发展史（其功能转化为结构自我的时候，弗洛伊德对此作了一定的修正），以及攻击的发展史，都是当代精神分析理论建构的重要议题；对于一部分关系/结构模型的理论家来说，它们发挥了重要作用。然而，这些议题在弗洛伊德思想中的缺如降低了驱力/结构模型的确定性。早期模型的空白区域基本上被源于性本能的力量所填充，当然，这只代表了弗洛伊德冲突理论的一部分。

### 阻抗与压抑

18世纪90年代，弗洛伊德主要描绘了不相容观点之间的冲突状态。冲突产生他所说的"防御"（或者，当时对等的词"压抑"），他指的是有意不让某些观念被自己觉察，尽管在意识层面不想这样。不相容观念是承载着不愉快情感的观念；这些观念本身的性质并无特殊，与之相连的不愉快感通常是由情景决定的。弗洛伊德早期论文的要点就是关于防御动力过程的论述，以及对于不同防御机制产生不同精神神经症综合征的论述（Freud, 1894, 1895a, 1896a, 1896b, 1896c; Breuer & Freud, 1895）。

33

由此产生的问题是，什么使一个观念"不相容"，要产生防御的过程，这个观念必须与什么不相容。这个阶段，弗洛伊德对于这一点说得有点模糊。他对此最清楚的表述是《癔症研究》中对于露西小姐这个案例的讨论："压抑本身的基础可能只是一种不愉快的感觉，一种被压抑的观念和构成自我的占优势的许多观念之间的不相容。"（Breuer & Freud, 1895, p. 116）

产生压抑作用的力量是这样来的，占优势的许多观念处于优势地位，是一个连续的、有组织的"结构"（非技术性的意涵），通过其连续性和组织性，在心理经济学层面，获取巨大力量。占优势的许多观念十分强大，使得任何一个反对观念都无法加入其中，因此也就无法进入意识层面。不相容的观念被驱逐到潜意识之中，从而也阻碍了其情感迅速有效的释放，使这个观念发挥了致病作用。

这些占优势的观念是如何占据主导地位的呢？对于这一点，弗洛伊德在其建构理论的早期阶段几乎是未置一词，然而他的论点还是露出某些端倪。占据主导地位的就是我们今天所说的“正确观念”，是那些与我们所秉持的观念相吻合的观念。这些观念是被社会认可的，符合我们自身的价值、标准与道德观。弗洛伊德在后期著作中提出，压抑“源于自我的自尊”(1914a, p. 93)。除此以外，他对这些标准的发展史语焉不详：在其早期职业生涯中，这不是他兴趣的中心。

34 尽管价值与道德不是对抗不相容观念的唯一力量，弗洛伊德所举的绝大部分例子是从这个原型而来。在*特定情况下*、特定社会情境下，不相容观念就会不被容纳。我们使用《癔症研究》中的例子，比如复仇幻想，如果指向老板，就可能是不被容许的，在这个情况下，就会被压抑。在另外的情况下(这也取决于个体人格)，复仇情感可以通过尖刻言语，甚至是躯体攻击，得到即刻释放。强调了性欲对于神经症产生的重要性(在诱惑理论阐明之前，甚至在某种程度上也带到了诱惑理论之中)，因为在不恰当的社会情境下产生性感觉，或者性欲指向的人并不适合建立浪漫关系，就容易患神经症。一个人冲动的感觉与其必须遵从的社会结构之间的紧张关系产生了压抑。弗洛伊德在其职业生涯后期又采取了这个方法，尤其在超我的发展方面，但那是在其尝试一个非常不同的方法之后才这样做的。

对于早期的压抑理论来说，驱力/结构模型的出现使弗洛伊德处于不适境地。他在试图建构一个理论，认为人类的行为源于人类的生物学本质。受性欲控制的潜意识冲动被视为是促使心理运作的动力。弗洛伊德需要同样是天生的、种族发育决定的反作用力来对抗这些冲动。通过这样的对应，按照进化理论的原则，他将会创立真正的个体心理学。(对于弗洛伊德这种思想的讨论，见 Sulloway, 1979)

弗洛伊德描述了对其早期观点的修正后(包括抛弃创伤理论，以及修正的对压抑过程的看法)，宣称“偶然的影响已经被生来固有的因素所替代，*从纯心理学的角度说，‘防御’已经被机体的‘性压抑’所替代*”(1906, p. 278；斜体是我们标注的)。机体的某种东西在压抑中发挥作用的概念首见于1897年写给弗里斯的信中(Freud, 1905，信件75)。早在他决定发表这个概念之前，他将压抑力量的表现——厌恶、羞耻、反感等等，与抛弃婴儿式的性快感区联系在一起。这种发展在肛门的快感被厌恶所替代的事件中更为清晰。弗洛伊德将机体性压抑看作是个体发展的例子，以概括说明种族发展；个体都重复这个过程，人类在这个过程中为了适应直立行走的姿势而放弃了旧的快感，尤其是那些与嗅觉相关的感觉（1950，pp. 268 - 271）。

随着《性学三论》的出版，机体性压抑的概念被整合进了更加以临床为导向的发展框架。说到升华和反向形成，弗洛伊德认为被抛弃的冲动“本身看上去是错误的，也就是说，其始于快感区和源自本能，从个体发展的方向看，只能产生不愉快的情感。结果，他们唤起相反的心理力量（反应冲动），为有效地压制这种不愉快，建起心理的堤坝——厌恶、羞耻与道德”（1905a，p. 178）。 *35*

这是一个没有社会的道德。就像性驱力本身一样，是一种内生的力量。同样，诱惑被冲动所替代，社会限制也一样被内在的厌恶所替代。在《性学三论》的另一处，弗洛伊德写道：

> 从这些文明的孩子身上，人们得出的印象是，这些堤坝的建构是教育的结果，毫无疑问，教育确实对此起着作用。然而，事实上，这一发展是由*遗传所决定和固定的，有时在毫无教育的情况下也会发生*。如果教育顺应身体机能的发展，并使之变得更为清楚与深刻，那么，教育就会在合适的领域内发挥其功效。（Freud，1905a，pp. 177 - 178；斜体是我们标注的）

对于这个论断，我们看到的是最纯粹的驱力/结构模型。没有超我来调停社会的要求，没有自我在相互竞争的压力下作出决定，也没有现实原则来决定哪一个心理结构必须发挥作用。在后来的阐述中（Freud，1910a），即使是“自我本能”也会反对性欲的要求，这一点还没有提及。《性学三论》提到的第二组本能，不但不反对性欲，反而通过将力比多冲动导向外部的客体来助长性欲。这个阶段的冲突只是介于性欲功能与机体对此作出的反应之间。

尽管机体压抑理论在弗洛伊德的思想中保持重要地位的时间并不长，在介绍这个理论的同时，他对压抑理论做了进一步的修正，预示着终其一生的一系列的理论建构，也呈现出巩固驱力模型的倾向。他提出了一个框架，在这个框架中，性欲与压抑的过程有着更为直接的联系；弗洛伊德将此称为压抑的“推拉”理论。这个修正的方法不仅将当前因素，而且将婴儿式遗忘，作为某种特定压抑行为的解释。“推拉”理论在驱力模型原则的主要条文中得到了明确阐述，见于关于元心理学的五篇论文中。弗洛伊德是这样写的：

36

> 我们有理由假定有一种*原始压抑*，它是压抑的第一阶段，由被拒绝进入意识的本能的心理（或观念的）的表象组成。有了它才会出现*固着*，此后表象保持不变，而本能则附着其上……
>
> 压抑的第二阶段才是*固有压抑*，对压抑的表象的心理衍生物产生影响，或对与此有关的其他思路产生关联作用。基于这种关联，这些观念或思想具有同样被原始压抑的命运，因此，固有压抑便形成一种后压力……如果这两种力量不合作，如果被压抑的东西不随时准备接受被意识拒绝的东西，压抑的目的也就毫无意义了。（1915b，p. 148；斜体为原文标注）

从何种意义上说，压抑的“推拉”理论代表了向驱力模型的建立迈进了一步呢？在防御模型中，压抑完全是由特定情境下出现的观念的不相容所决定的。假设一组被压抑的观念促使人们去注意当前情境下产生的新观念，这样就弱化了新情境的重要性；面对新环境下单一的不相容已经不足以解释这种现象。当前情境产生的特殊情感的重要性，比之早先情境下的作用，已不是那么重要了。相反，标志个体人格结构的特殊固着业已被推进了解释系统的前景。

遭受“原始压抑”的观念不是随机的；而恰恰就是那些构成个体的婴儿式性欲的观念。童年的遗忘是对童年性发展的遗忘，该发展阶段的事件形成了弗洛伊德所说的“固着”。“推拉”理论认为，每个被压抑的行为背后，一定存在着一种与早年性欲的关联，压抑力量的特征就是专门对抗性冲动。这包括这些冲动的较远的衍生物，分析的功能就是要揭示每个压抑行为背后被禁止的性欲。同样，早期情感理论向过渡的愿望模型演变，最终演变为本能驱力理论，可以解释为向详细说明动机冲动内容的推进，因此，压抑理论的修正代表了针对反本能力量的增强的特异性。后期的反宣泄理论（1915b，1926a），将防御能量专门定义为从威胁性冲动本身所撤离的能量，发展了这个方法。

37

基于这些考虑，我们还没有一个概念可以完全替代防御模型的“占主导地位的观念”，一种能够执行压抑的力量。弗洛伊德在这一点上经常而迅速地改变其观点。在引入驱力/结构模型与开始进行整合之间，弗洛伊德几乎很少对反作用力本质进行正式讨论，弗洛伊德本人只是间接提到了这一点（1913a，p. 325）。不过，在看似漫不经心的评论中，他确实提出，他早期所说的自我保存的本能可能指的就是“自我本能”，因而在本能的定义中，用“占主导地位的观念”替代了自我认同。弗洛伊德在这篇文章中阐明“每个本能试图通过激活与目标一致的观念来保持其效能”的观点（1910a, p. 213），而且认为自我本能的目标是自我保存，专门对抗性本能的目标。在这个概念中，弗洛伊德完全是从本能角度定义冲突（冲动与压抑）的领域。这个视角也贯穿到元心理学的论文中，弗洛伊德在《潜意识》中宣称，不仅是性驱力的衍生物在潜意识中发挥作用，“而且统治我们自我的某些冲动也有作用，因此，有些东西形成了对被压抑内容的最强大的反对力量”（1915c, pp. 192－193）。

与驱力/结构模型的另一个基本假设——恒定性原则以及驱力的动机核心——不同，因为结构模型的出现，弗洛伊德对于压抑的观点有了最终的决定性改变，这个改变在某些方面使其回到了提出早期观点时的情感。在我们研究弗洛伊德后期的理论，并打下基础之前，我们必须暂缓对此的讨论。此刻，我们先来关注结构模型，该模型特别重视现实关系以及与育儿者的认同，这些育儿者也是社会价值的载体，将压抑的概念带回到动态画面，即为了符合社会的要求，尤其是要消除冲动引发内疚的倾向，个体需要放弃本能的要求。社会的要求重新得到了在防御模型中所赋予的角色：代表了对抗冲动释放的主要力量。

## 客体的本质与形成

讨论弗洛伊德处理客体关系的方法，我们必须区分客体在心理功能中发挥的作用与客体的本质，包括客体形成的观点。因为不能作出区分，或者不能遵循这种区分，已经造成了很多混乱，包括模糊了核心的理论差异。 *38*

随着驱力理论的引进，同早期防御模型相比，社会影响对于个体对待冲动态度的塑造作用极度降低。这意味着弱化了客体关系的重要性。从驱力模型的引进到结构模型的建立期间，与他人关系的理论地位跌至低谷。

结构模型带来对客体关系的心理衍生物的新的重视。弗洛伊德对于认同的介绍，与育儿者早期关系中建立的自我与超我结构的演变（1923a）、与他人关系模式的发展变化（1916a），以及前俄狄浦斯期与客体的联系（1920b, 1925a, 1931,1933），都可以看作是现实中的人物，每一个都在心理经济学中赋予客体重要的作用。经常引起争论的是，在这样的框架下，关系/结构模型的重大修正就显得没有必要了。当然，从客体作用角度看，弗洛伊德学说的理论这些年来发生了巨大变化。

弗洛伊德理论所说的客体是什么？它只是父母或一系列与他/她互动的内在表象吗？或者说，客体是内心感受的外化，其在育儿者那里找到了一个方便的"容器"？如果是后一种情况，那么，不管我们赋予"客体"何种功能，这个理论仍然不在关系模型的范畴，因为客体自身的演变可以简化为潜在的驱力变迁。

弗洛伊德对于客体概念的使用与驱力概念有着内在联系。因此，我们不能因为对未特指的情感（或心理数量）的观念出现于驱力观念之前，就期望这个观念在早期防御模型中具有雏形。事实确实如此：早期理论提到的与他人的关系是在特定社会情境下出现的，在这个框架内，关于客体的观念，正如其后期情况一样，是没有位置的。"客体"与"人"之间存在关键的概念上的不同，其中一个体现就是，驱力/结构模型理论根本没有规定客体必须是人。

在弗洛伊德思想演变中，所假设的动机力量具体化与客体具体化之间存在着相互关系。《梦的解析》提到的愿望模型，从其过渡作用来说是合理的，预示着解决客体问题新方法的出现。弗洛伊德谈及愿望的目的是重建"感知的身份"（1900, p. 566），他所说的目的是指重建以前满足过烦扰需要的情境。"感知的身份"指的是一系列的情景，婴儿在其中联想到早期体验到的满足。不过，这些情境本质上是完全由愿望本质决定的。而且，从遗传上产生愿望的最初需要是由内在决定的，与客体没有一点必然的联系。

*39*

从技术角度看，客体最先见于弗洛伊德的《性学三论》中。他最初使用这个词汇表面看很简单："让我们将引起性吸引的人称之为*性的客体*。"（1905a, pp. 135 - 136；斜体是原文标注的）但是很快就出现了复杂情形。在讨论同性恋过程中，弗洛伊德认为我们必须抛弃"简略的解释，即每个人天生就将其性本能依附在一个特定性客体之上"，并得出结论"与实际情况相比，我们习惯于将性本能与性客体之间的联系看得比事实更加密切"（1905a, pp. 140 - 141，147 - 148）。

在《本能及其变迁》中，他又回到了这个主题，他在其中称客体"对于本能来说具有最大的可变性，*与本能没有根本的联系，只是在使本能满足具有可能性时才与本能联系起来*……客体在本能存在的整个变迁过程中可能会出现多次变化；本能的移置起着非常重要的作用……"（1915a, pp. 122 - 123；斜体是我们标记的）。这种表述与早期的愿望模式是呼应的，认为客体是由为满足愿望所设定的情景而决定的。然而，在修正理论中，更加具体的驱力本质特征规定*驱力本身决定客体本质*。事实上，驱力被定义为能够发生移置(以及其他原始过程的变迁;Freud, 1909a),表明客体在任何时点都容易变化。

认为客体最初不是依附在驱力之上,表明无客体是关系发展的最初状态。然而,对于是否可能存在一个真正的无客体状态这个问题,弗洛伊德似乎不愿作出明确的回答。他假设最初存在自体性欲的阶段就说明了这一点。在他讨论早期吸吮拇指的行为时,他说驱力"在最初……还没有性的客体,这就是自体性欲"(1905a, p. 182)。自体性欲的无客体状态似乎是早期力比多分布的特征,弗洛伊德后来又回到了这个观点(1911b)。 *40*

不过,《性学三论》中有一段著名的论述,提出了不同观点:

> 当最初的性满足仍然与营养摄取密切相关时,性本能的性客体指向婴儿的身外,即母亲的乳房。也许,只有当婴儿完全意识到给他带来满足的器官属于谁时,他的本能才能放弃这个客体。通常,此后性本能变成了*自体性欲*,到潜伏期之后,原先的关系才得以恢复。因而,我们有充分的理由认为,孩子吸吮母亲乳房的过程是所有爱的关系的原型。发现客体不过是重新发现它而已。(1905a, p. 222;斜体是我们标记的)

某些理论学家将这一段试着用来弥合弗洛伊德的理论与关系/结构模型理论家所持理论之间的分歧。这是一个不公平的解释。这一段与弗洛伊德关于最初客体关系状态的观点是相矛盾的,在《性学三论》以及其他地方,该段基本上是孤立存在的。在其关于心理功能两个原则的论文(1911a)中,弗洛伊德将布鲁乐(Bleuler)有关自闭症的概念纳入其中,用以代表婴儿最初状态,在施赖伯(Schreber)(1911b)案例中,专门假定自体性欲为选择外部客体之前的发展阶段。在《本能及其变迁》中,自体性欲指的是"心理生活刚开始发生"的事情(1915a, p. 134)。贯穿弗洛伊德著作的主旨表明,与外部客体的关心是逐渐发展而来的。

如果客体最初不存在,那么它一定是被发现或被创造出来的,弗洛伊德的思想将我们的关注点引向后者。在讨论小汉斯案例时,弗洛伊德认为汉斯"实际上是借助他的照看者——他的母亲,从性快感区获得了快感;因此,*快感已经指向客体选择的方向*"(1909a, p. 108;斜体是我们标记的)。这个观点在论自恋的论文中被重申,是这样说的,小孩子"从满足的经历中获得其性客体"(1914a, p. 87)。这一点在后来被表述得最为清晰而坚定，弗洛伊德写道："得到满足的情景的重复*已经在母亲之外创造了一个客体*。"(1926a, p. 170；斜体是我们标记的)

41

这些观点与愿望模型所表达的观点保持了相当大的连续性，愿望模型中愿望的特定内容是由早年的满足经历所决定的。不过，通过假定一个特定的性驱力，这些早年经历自身是由有效驱力或成分驱力的本质所决定的，客体的形成必须根据这个驱力来理解，其存在有赖于它满足特定的、起作用的本能目的的能力。

从这一点，我们可以很好地理解弗洛伊德关于客体关系演变的观点。生命之初，性驱力作为一个统一的、有组织的动机性力量还没有形成；婴儿是一个成分驱力单独操控的生物。通过与自我保存驱力保持依附关系，这些部分性驱力得以在婴儿躯体之外（随着自体性欲逐渐被替代）执行，婴儿逐渐累积了一系列满足与挫败的经历。这些经历，尤其是满足的经历，使其形成什么是满足的映像。这些满足与其所经历情景之间的联系就导致了客体形成。

最初的客体是成分本能(部分驱力)的客体，实际上意味着它是一个部分客体。在一定程度上，客体是从口欲期驱力的满足经历中创造出来的，那它就是相关人的口欲满足的部分，例如，母亲的乳房。如果发挥作用的成分本能具有裸露的倾向，客体就是作为观看者的母亲而不是"完整"的母亲，因为她会被定义为客观的观察者。弗洛伊德在其著作中清楚地表述了客体关系的本质，即报告者是由活动驱力所决定的。将母亲看作毒害者，反映了关系中受到口欲期影响的方面，而将父亲报告为诱惑者，相应地来说，很少是现实中父亲的行为所导致，更多的是俄狄浦斯期主导病人与父亲关系的冲动所引起(Freud, 1933, p. 120)。力比多时期准确地提供了我们所说的*内容*，在这个情况下，就是客体关系的内容。

对弗洛伊德以及绝大多数精神分析理论家来说，成功发展的标志就是与完整客体建立恒定关系的能力。从驱力/结构模型角度来说，分离的童年期性冲动的涌动(每一个冲动产生各自的部分客体)整合为单一的生殖器期性欲决定了完整客体的形成，生殖器期的性欲，本质上来说，是投注于一个完整的客体。弗洛伊德在《群体心理学》中宣称，爱"只不过是性本能为了获得直接的性满足的客体投注"。持续的爱是从最初的性兴趣发展而来，因为"指望重新恢复刚刚消失的需要，是可能的；这无疑是直接对性客体持续投注的最初动力，也是在不动情的间歇期'爱上性客体'的最初动力"(1921, p. 111)。持续爱的能力也与升华能力相关联，使之与家人建立友好的、充满情感的关系，家人是孩子的驱力客体。

42

对于关系模型理论家来说，完整客体关系的达成通常是从感觉角度来解读；任务就是要克服导致与早年经历分离的力量，这些力量也导致客体以及自我表象的分裂。这使得个体缔造一个几乎接近真实的人映像的统一体。一旦形成这个统一体，各种感觉与冲动才有可能指向同一个人，实际上，这几乎是自动形成的。从这些方面来看，生殖器期的性欲是所建立的关系的自然表达。

在驱力模型中，这种解释颠倒过来了。发展的关键成就是早年成分本能与居于生殖器首位的性快感区的整合。如果，只有达成这一点才能形成恒定的客体，客体本身就只是将成分本能组织成一个统一的性本能的自然结果。

由于在驱力模型中客体是驱力的*创造物*，客体关系仍然是驱力的一个*功能*。例如，弗洛伊德在《性学三论》中写道："如果一个并未性兴奋的人的性快感区（例如女性乳房的皮肤）受到触碰的刺激，那么这个接触就产生性快感；[同时]它又会趁机引起要求增强快感的性兴奋。"（1905a, p. 210）

我们今天读到这个论断，可能会感到困惑，甚至是震惊，因为弗洛伊德没有认识到"刺激"发生时，人际关系情境的作用。但是这其中呈现的并不仅仅是一个疏忽。对照弗洛伊德对待其病人多拉的方法。弗洛伊德描述了这个年轻女孩与其父亲的朋友 K 先生一次相遇：

> 他没有从敞开的门走出去，而是返了回来，突然将女孩紧紧搂在怀里，硬生生吻了她的双唇。当然，这种情景一定会让一个十四岁女孩出现性兴奋，她之前从未经历过这种事。但是，多拉在那一刻有种强烈的厌恶感，她从男人怀中挣脱出来，急匆匆从他身旁冲向楼梯，从那里跑向临街的大门……
>
> ……*这个十四岁孩子的行为完完全全就是一种癔症的举动。*毫无疑问，一个人在性兴奋时引起的主要感觉是不愉快，或者完全不愉快，我就应该认为这个人处于癔症状态。（Freud, 1905b, p. 28；斜体是我们标记的）

43

在这个临床案例中，我们看到弗洛伊德运用了《性学三论》表述的原则。他认为多拉的反应一定是由性快感区的刺激决定的，这种刺激本身足以解释她与 K 先生关系的本质！

弗洛伊德因为处理多拉案例的不当不断受到批评（Erikson, 1962; Muslin & Gill, 1978; Muslin, 1979）。这一系列的批评有重要的意义，从临床角度说是令人信服的。但在一定程度上忽视了一点，弗洛伊德对多拉对 K 先生反应的理解，是与驱力/结构模型的前提相吻合的，实际上是这个模型要求的。尽管这个例子是从弗洛伊德早期著作中引用的，尽管这个案例是在我们所说的驱力模型的巅峰时期发表的，那样的解释并不特别，因为它阐明了驱力被理解为客体关系的主要决定因素。（对照弗洛伊德在 1910b 对拯救幻想的解释。）

驱力/结构模型，像其他模型一样，通过假定一个清晰定义的解释系统，将我们的注意力引向一个情景的某些方面，而忽视了其他的方面。从这一点来说，尽管我们刚才引用的例子特别地引人注目，说到与他人关系受到内源性需要影响的方式，弗洛伊德对于客体关系中本能根源的重视经常可以让我们对此作出有意义的理论与治疗的认识。客体本质及其形成的这种看法是弗洛伊德理论从未改变的另一个重要的方面。

## 驱力/结构模型的基本假设及其应用

驱力/结构模型的基本假设始终贯穿于弗洛伊德的理论观点之中，使我们能理解它们形成时他正在处理的问题，并把驱力模型方法用于解决当代精神分析理论中的问题。让我们回顾一下基本假设：

44

1. 精神分析研究的单元是个体，可以看作是离散的实体。用亚里士多德的术语来说，人不是“政治动物”；他不需要社会组织让他来实现他的真实的人类潜能。社会给予本已完整的个体以保护，但代价是放弃许多最重要的个人目标（1912 – 1913，1930）。因此，有可能甚至有必要脱离人际关系情境来探讨一个人，这种方式在亚里士多德、卢梭、沙利文或费尔贝恩提出的基本假设下是不可能的。

2. 因为可以在有意义的心理方式下探讨个体，就可以探讨调节一个生物体中能量分配的“恒定性原则”。恒定性原则认为心理机构的目的就是让个体内的刺激水平尽量靠近零。因此，它提供了驱立/结构模型的最早期动机假设；个体的基本目标是实现恬静的状态，获得摆脱内生刺激压力的自由。

3. 随着驱力模型的充分发展，在恒定性原则影响下逼迫被释放的刺激的本质在本能驱力理论中被概念化了。人类每个行动的起源都可以最终追溯到驱力的需要，虽然行为的完整解释要求我们将反对其压力的力的分析包含进去。从内容角度来看，驱力可以约为源于人的生物遗传的两套独立的需要。他们的起源根本不受社会环境的影响，他们与社会的关系正如洛克提出的生命、自由和财产术语“天赋权利”（Locke，

1690)。对于两个假设驱力，弗洛伊德的大量解释性假设依赖于性的涌动，早期驱力模型思考的要旨依赖于对其运作的说明。

4. 没有固有的客体，没有预先注定的与人类环境的联结。客体是个体从驱力满足和挫折的经历中"创造"出来的。弗洛伊德认为客体必须适应冲动，而关系模型理论家认为冲动只是与客体的一种关系。

精神分析模型是广义理论，试图解释大范围的已有资料。然而，模型的力量在于其灵活性与扩展性。一个强大模型的存在导致新观点的产生，模型的成功有赖于在基本假设下解释新现象的能力。模型与科学资料是相互作用的关系，如果不能解释形成最初观点的现象之外的现象，模型就不能存续。

45

弗洛伊德的心理理论的建构始于现象的研究，这些现象来自其对一组相对局限的障碍的研究：癔症与强迫障碍的"移情神经症"。即使在心理病理学的领域，许多综合征也被认为超出了精神分析的研究范畴；包括"现实神经症"（焦虑神经症和神经衰弱）、精神病和抑郁。这些问题，在今天从精神分析的核心思想（性格形成及其与生活困难的关系可能是最清晰的例子）来看，在弗洛伊德发展驱力/结构模型的阶段不是他思考的重点。

尽管研究领域有限，弗洛伊德从一开始就想据其所见建立一门普通心理学。在移情神经症基础之上建构了一个理论后不久，他继续对其进行扩展以期涵盖个人与社会发展的更广泛领域的问题。弗洛伊德作为思想家的视野绝对超越任何一位精神分析师。最终，他的写作实际涵盖了心理病理的所有领域，涉及个体正常发展的许多方面，也包括文明的演变与意义的许多重要方面。然而，在每一个领域中，他始终基于驱力/结构模型的基本假设之上。这是模型力量的指标，展现了弗洛伊德作为一个理论家的技艺。

当代精神分析思想中一个最富有争议的问题，对客体关系问题有着决定性影响，关注将人联系在一起的基本联结的本质。鲍尔比（1958，1969）的著作就直接研究这个问题，而且毫无疑问，也是贯穿玛格丽特·马勒著作中的主题思想。处理这个问题的特殊方法是哈特曼（1939a）提出的"一般可预测环境"概念的主旨，而且奠定了柯恩伯格（1976）在研究早年发展中客体关系作用的地位。也许，沙利文（1953）提出的"群体存在"概念最为清晰地表达了关系模型对于这些联结的看法，认为与他人的相互关系是人类的一个基本部分。

就驱力模型而言，社会联结是第二位的；取决于他人促进释放源于驱力需要的能

46 力。尽管人们通常在某种程度上可能非常适合发挥这项功能，但在这一点上，驱力模型中的客体概念并没有承认其具有独一无二的地位。然而，没有哪个观察者，当然包括弗洛伊德，可以忽视人们彼此间形成的社会联结的重要性。这个问题，已经超出了心理病理学的范畴，是检验模型灵活性的重要工具。

弗洛伊德在许多出版物中提到社会联结这个问题。在《图腾与禁忌》(1912－1913)中，他将其个体心理学的原则应用于原始社会的组织，发现他们的许多宗教活动是为了控制潜意识的敌意、乱伦的渴望以及矛盾的情感。在这本书以及后来出版的《文明及其不满》(1930)中，弗洛伊德认为社会本身是建立在人类需要放弃固有本能倾向基础之上的。因此，社会就像结构自我一样，是驱力的继发衍生物：其形成的目的是为了可以得到一定量的驱力的满足，从而获得更大的控制力。

弗洛伊德在《群体心理学与自我的分析》(1921)中对人类社会关系进行了深入讨论。因为他提出了将人们联系在一起的联结的本质，这些看法也是对后来关系模型理论家的观点的回应。他一开始就指出："在个体的心理生活中，不可避免地要涉及作为榜样、客体、帮助者、敌对者的他人；所以个体心理学，在该词这种扩展了的而且完全合理的意义上来说，同时也就是社会心理学。"不过，他人不可避免的卷入并不意味着个体心理学*就是*群体心理学；恰恰相反。弗洛伊德坚持认为"社会本能可能不是原始的本能，且不易分解"，实际上，社会现象完全可以用个体心理学的观点来理解，个体心理学"探索人类寻求满足本能冲动的途径"(p. 69，70)。驱力模型可以告诉我们需要了解的关于作为群体成员的人类生活的全部。

这使得我们提出这样一个问题：群体成员之间是如何互相影响的？这个问题至关重要，关系到我们理解人们如何长大成为自己这个心理问题。这个问题的一个核心部分就是情感状态的交流。例如，沙利文认为焦虑的出现是一个被重要他人的焦虑"接触传染"的过程(1953)。科胡特(1977)扩展了这个观点，将多种多样的情感状态的共情性交流包括在内。

但是，就像社会心理学自身一样，接触传染在驱力模型的框架内是可以减少的。47 弗洛伊德认为"毫无疑问，当我们觉察到别人情绪的信号时，我们身上所存在的东西往往使我们陷入同样的情绪；但是我们有多少次成功地抵抗过这一过程，抵制这种情绪并以完全相反的方式做出反应？……我们只好说，迫使我们服从这种倾向的东西是模仿，诱发我们这种情绪的东西是……暗示性影响"(1921，p. 89)。

一旦情绪影响变为暗示，弗洛伊德就处于他熟悉的驱力模型的范畴。从他早年从事催眠以来，暗示就是一个吸引他注意的概念，而且他一直以来的观点就是，暗示就是暗示，是一个不可约的现象。而且，暗示完全是由个体间力比多关系的本质决定和解释的。因此，群体行为(乃至家庭动力学的许多方面)就可以纳入驱力/结构模型的解释框架之内。

驱力/结构模型发表之际，哲学和心理学研究已经开始探讨群体心理学的问题以及人类社会联结的本质。精神分析师近年来关注的另外一个问题就是发展，在弗洛伊德建构其理论结构时没有明确提出，一直以来有许多不同的看法，诸如绝对依赖、成熟的依赖(Fairbairn，1952)、分离与个体化的达成(Mahler，1968)，以及统一自体的演变(Kohut，1977)。每一个发展成果都源于从儿童最早阶段的依赖向更高级的客体关系的进展，似乎增添了精神分析早期模型所缺少的一个维度，弗洛伊德称之为“发展线”(1965)，其不在驱力模型的范畴之内。我们的问题是，弗洛伊德的理论是否注意过这些问题，或者说这些问题是否构成了早期模型未能涵盖研究新资料的方法。

我们的回答，尽管不是完全明确，却也再现了模型的总体概念，尤其是阐明了弗洛伊德对驱力模型的使用。费尔贝恩、马勒和科胡特，基于其独到的敏感，从对生命最初几年以及前俄狄浦斯期的研究中洞察到了弗洛伊德没有发现的父母与孩子之间的相互影响。

但是，如果弗洛伊德描述的分离*过程*与近代很多理论家不同，也并不是说这个*主题*没有得到足够的重视。我们所面临的处境，与如何看待社会本能的存在相类似。驱力模型包含处理这个问题的方法，但将其视为不可约(即自身不是一个动机力量)，却是驱力作用的另一个表现。 *48*

弗洛伊德在多处强调了从依赖转向自主的发展的重要性。他认为“儿童期发展的过程导致与父母分离的不断增长”(1924a，p. 168)，而且分离是每个个体要面对的任务，导致“所有心理发展……固有的困难”(1930，p. 103)。但这个发展过程背后的力量是什么？弗洛伊德在*《超越快乐原则》*描述了其蹒跚学步的孙子所玩的一个“*来——去*”的游戏，我们可以从中得到提示。在这个游戏中，小孩子将一个系着绳子的小玩具扔出再拉回来，在自己的掌控下，再现了母亲来去的经历。弗洛伊德摈弃存在一个独立要求控制驱力的可能。他的解释是，这个游戏代表“小孩子的巨大文化成就，*就是本能的克制*”(1920a，p. 15)。小孩子通过假装从被动到主动的逆转，部分地克制了驱力驱使下对母亲的需要；现在是他而不是她在主导离开的过程。但是这个活动本身不是终点，只是一个处理其力比多依附带来压力的机制。主动与被动的概念，尽管在弗洛伊德著作中指的是本能的目的，通过自主与依赖的概念，为其后期理论中包含同样现象提供了另外的解释。驱力模型建立后，弗洛伊德将这种区分视为决定人类体验起伏最重要因素之一。他写道："主动与被动的差异……是性生活的一般特征。"（1905a，p. 159）从早期客体关系角度解读其意义在后期陈述中有明确的阐述：

> 小孩子最初与母亲有关的性经历和带有性色彩的经历自然具有被动的特征……其力比多有一部分继续附着于这些体验上，并享受由此带来的满足；但是另一部分力求将其转为主动……小孩子满足自己要么*通过自给自足*……要么用*一种主动的游戏方式重复其被动的经历*；要不然，就把其母亲作为客体，表现为针对母亲的主动的主体。（1931，p. 236；斜体是我们标记的）。

马勒（1968，1972a）与雅各布森（1964）同样描述了稳定个体化与跟早期育儿者自恋的再次融合的吸引之间持续存在的张力，弗洛伊德（1915a）讨论了主动与被动的性目的之间的极性。

*49* 主动与被动的性目的之间的早期张力，为小孩子最终摆脱其早期依赖铺平了道路。分离问题的关键与儿童期最重要的发展阶段，以及俄狄浦斯情结的建立和消融相伴而生。对弗洛伊德来说，俄狄浦斯联结的解决、乱伦固着的克服，是后期独立功能的必要条件。只有抛弃这些固着，小孩子才能在外部世界（家庭之外的世界）找到合适的、可以获得的性客体（1910b，1912a，1918a）。对于力比多需要来说，俄狄浦斯情结只跟早期依赖与后期自主之间的张力有关，我们可以反对这个观点，但是这一点恰恰就是驱力/结构模型的特征。从被动走向主动，以及离开与俄狄浦斯客体的嵌入，就是从依赖走向自主，是这个模型得以建立的解释原则。

# 3. 西格蒙德·弗洛伊德：调整的策略

50

如果性是一切，每只颤抖的手

都能让我们像玩偶般尖叫出所愿之词。

但留意一下命运昧心的背叛吧，

让我们哭，笑，哼与吟，并喊出

悲凄的豪言壮语，从疯狂或愉悦中

掐弄出姿势，而不去理会

那最初的，首要的律法。

——华莱士·史蒂文斯，《我叔叔的单片眼镜》

（《坛子轶事》，陈东飚译，广西人民出版社，2015 年 6 月）

驱力/结构模型没有长期保持不变。该模型提出后没几年，最早的两位拥趸者成了持异议者。与弗洛伊德决裂后，阿尔弗雷德·阿德勒和 C·G·荣格开始批评这个模型的基本假设。阿德勒和荣格的早期著作，在其投身于各自独特的理论之路前，与最近的关系/结构模型理论家的著作有着惊人相似之处。阿德勒强调家庭关系中家庭成员互动作用的重要性。他提出自卑与自卑情结概念源于儿童的现实状况，与父母相比，儿童实际上是渺小和无力的。阿德勒因此假定存在一种获取权利或掌控的原始内驱力，反映了儿童的客体的人际关系状况，以及在现实中必须完成的发展任务（Ansbacher & Ansbacher, 1956）。与阿德勒相比，荣格最初的异议更加宽泛、理论化，其理论与治疗的关注点总是具有实用主义特性。荣格反对驱力模型的中心论点——力比多完全和必然具有性的起源与特质。他提出扩展力比多概念，将其看作是能量源，不对其内容进行任何假设。只有在个体发展经历基础之上，力比多才会达成性目的（Jung, 1913）。

弗洛伊德与阿德勒的分歧在《精神分析运动的历史》中有详细的描述（1914b）。弗

51 洛伊德批评阿德勒过分看重自我，却忽视了力比多驱力，批评其对力量的渴望是不可约动机力量的观点（甚至在阿德勒提出异议之前，弗洛伊德就反对追求力量的驱力不可约性的观点；1905c）。他反驳阿德勒的观点——对女性的轻视是由社会决定的，认为儿童并不知晓社会价值，其观点与社会价值的相似总体来说一定有其他的来源。这每一个问题都是驱力模型基本假设的核心。首先，弗洛伊德指责阿德勒用人际关系动机替代了本能动机。其次，他坚持认为，阿德勒没有认识到儿童与社会的观点源于一个共同的本能起源：面对阉割的"现实"，觉察到自恋的脆弱，自然会产生对女性的低估。这种源于本能的恐惧，并不是由父母的（也是社会的）价值传递而来，甚至在生命的最初阶段就决定了对女性的态度（阿德勒的观点得到了关系理论家诸如霍尼[1937，1939]和汤普森[1964]的支持）。

弗洛伊德批评阿德勒不关心一个观点是否是意识层面的，这反映出阿德勒轻视早期驱力模型中潜意识系统与驱力之间的密切关系。阿德勒认为，梦的显意反映做梦者对于当前生活情境的态度，而不是早年愿望冲动的转化，弗洛伊德对此持不同意见。阿德勒认为，精神分析情境中的阻抗是反对分析师的表达，而不是被压抑的本能衍生物的浮现，弗洛伊德摒弃这一观点。

弗洛伊德对荣格的批评（1914a，1914b），集中在荣格模糊了力比多驱力与自我保存驱力之间的区别。他认为，将力比多概念简化为没有内容的"心理能量"，荣格不但忽视了个体具有由种族发育决定的自我保存和种族保存双重功能，也忽视了展示这两种本能冲突的移情神经症的证据。而对阿德勒的回答，争论的主旨是，要保持力比多能量具有的性的特质在精神分析动机系统中的核心地位。

弗洛伊德对阿德勒和荣格的答复中从未停止过对他们非正统思想的批评。每一个不同意见都促使他对自己的理论进行较大的修正。这些修正不仅仅是保存了最初模型的基本假设，而且实际促进了模型的发展。这些修改产生了更加丰富而独特的关 52 于人类体验本质的看法。在弗洛伊德作为精神分析师的生涯中，理论调整期占据了一多半的时间。在其一生当中，这个时期的贡献最为重要；许多观点对于所谓的"弗洛伊德的精神分析"至关重要。这个时期的新概念建立在基本假设基础之上，并将我们诠释的焦点引向新的可能。

弗洛伊德在创立驱力/结构模型后涉足到广泛的主题，他在四个宽广领域的调整策略最具代表性：心理经济学现实的作用与现实原则；处理驱力本质以及调节驱力释放恒定性原则的方法改变；情感理论的相应改变；结构模型的演变，以及处理客体关系在正常和病理性发展中作用的方法的精细改变。

早期的防御模型认为现实因素是神经症症状形成的主要精神动力性因素。尽管稍晚的诱惑模型中很少看重*当前*现实(因为当前事件只有与某个特殊内容的记忆建立联系,才是病理性的),诱惑本身被看作是实际发生过的。愿望模型代表了进一步的,然而不是决定性的、远离现实的运动。建立“可感知身份”的目的是回到一个曾经感受过的情景,但是起决定作用的是内生需要的内容,而不是外部环境。随着驱力/结构模型的充分发展,现实作用明显退至次要位置;冲动以及对抗冲动的反应被解释为内源性压力。

阿德勒指责弗洛伊德没有充分重视现实因素,这导致弗洛伊德的第一次理论调整:在《对精神功能两个原理的说明》中引入现实原则。这篇小论文包含一个回顾性纲要,从中可以看到是什么吸引了弗洛伊德余生的注意力。他介绍现实原则是这样说的:

> 心理的宁静状态最初是被专横的内在需要打破的。这事发生时,所想(所愿)只不过是一种幻觉,就像我们每天夜里梦中的想法一样。只有期望的满足没有出现,以及体验到的失望,才能促使我们抛弃通过幻觉达成满足的尝试。作为一个替代,心理结构必须作出决定,在外部世界里形成一个真实环境的概念,并尽力作出真正的调整。精神功能的新原则就这样产生了;心中所呈现的不再是令人满意的事情,而是真实的事情,即使发生的是不愉快的事情。这个*现实原则*的建立证明是非常重要的一步。(1911a, p. 219)

53

现实原则的含义是极为宽广的,包含意识、注意、标记、公正地作出判断(现实检验)、行动和思维。后来,所有这些功能都有助于结构自我的形成:它们所关注的不是冲动的产生,而是冲动与真实世界的关系。随着驱力模型的出现,它们是联结已经淡入背景的现实的桥梁。

从其整个发展历史来看,精神分析一直是一个冲突的理论,个体内部相互对立的力量互相竞争,想成为控制精神生活的主导角色。这其中最重要的相互对立的力量包括被压抑的和压抑的力量。从防御模型到驱力模型的建立,弗洛伊德理论建构的每一个阶段确实如此。尽管被压抑与压抑之间的冲突总是至关重要,弗洛伊德本人的兴趣从一开始关注的主要是前者(精神分析因此被贴上了“深层心理学”的标签)。在其最早的理论中，关于占主导地位观点的细节是模糊的，《性学三论》中提到的“机体的压抑”，以及后期著作中所说的“自我本能”，与二者意欲控制的力量相比，没有得到充分的讨论。

在刚刚引用的章节中，现实是以支持压抑力量的角色进入心理经济学的。阿德勒以及费尔贝恩和沙利文以后的关系/结构理论家工作的目的，只是要将从现实得出的观点整合到冲动理论之中(见阿德勒的“男性化的抗议”和“自卑情结”)。弗洛伊德决不允许现实渗透到本能驱力理论之中；现实停留在“表面”，被看作是具有引发突发事件的功能，要做的是控制冲动，而不是影响冲动本身的性质。这会让人想到几千年以来，印度文化相对成功地抵御了外来的影响：新观点被复杂的社会结构同化吸收，其影响力因之被化解。因此，当佛教向印度教发起难以应对的挑战之时，印度人作出调整，承认佛陀的重要性，坚持认为佛陀实际是其守护之神毗湿奴的十大化身之一。

54

说现实对驱力模型的影响，就像佛陀对印度教的影响一样，几乎没有，就是误导。现实原则带来的变化，对弗洛伊德自己的思想有着深远的影响，也许其后的驱力模型理论家在提到这些变化时，意义更为重大。不过，重要的是，我们要记住，与改变关于被压抑的理论相比，改变关于压抑力量理论，具有不同的意义；弗洛伊德主体调整策略是直接指向在心理“表面”的作用。

在《关于精神功能的两个原则》一文中，在失望与挫败之余，弗洛伊德甚至对现实原则的作用设置了明确的限制。相对性驱力来说，自我保存驱力更易出现在上述情况，因为性驱力能够通过自体性欲得到满足，还有一个原因，在现实原则的建立得到强力巩固之时，潜伏期打断了性的发展。因此，性冲动在很大程度上仍在现实原则的影响之外；它们与初级过程的作用和幻想的联系更加紧密。因此，弗洛伊德就使得成组的冲动真正摆脱了现实的控制，这些冲动对于驱力模型的构思是至关重要的。《关于精神功能的两个原则》是收放的杰作，尽管还只是一个框架，还远未将现实考虑全面整合进现存模型。

尽管弗洛伊德抛弃诱惑理论并引入现实原则，使得外部世界在一定程度上随之重新获得曾经失去的理论地位，但其地位仍然是第二位的。婴儿转向现实，只是内在需要得不到满足而产生挫败的结果(当他能通过自体性行为满足这些需要时，他对现实就没有什么兴趣)。现实原则与费尔贝恩的驱力概念相去甚远，费尔贝恩认为驱力生来就有指向现实中存在客体的倾向。也就是说联系外部世界的渠道，诸如感知、记忆等，仅仅通过冲突进行演变。弗洛伊德制定的方法是与哈特曼(1905c，1939a)关于自主化自我功能和非冲突领域概念的分离点，哈特曼的概念所提供的渠道是独立于驱力衍生的需要被挫败之外的。

随着《关于精神功能的两个原则》的出版，弗洛伊德开始处理现实在神经症障碍发病中的作用，早期防御模型的中心观点（Freud, 1912c）。不过，主要是精神病障碍，让精神分析观察者注意到了现实，因为其显著的症状，诸如妄想和幻觉，涉及不能区分内部与外部事件。在关于神经症与精神病的论文（1924b, 1924c）中，弗洛伊德提出，这两种障碍的区别见于本我、自我与现实的关系之中。他认为，在神经症中，自我通过拒绝接受三者之间的关系，也就是压抑，对不可忍受的本我的需要作出反应。在精神病中，自我拒绝接受使得本我的要求变成不可接受的现实。这个防御，被称之为"拒绝承认"，也就是后来说的否认，是对*感知*的防御；与其他的防御不同，否认指向外而不是指向内。弗洛伊德认为，产生拒绝承认的最初场景，是男孩发现女孩缺少阴茎（1923b）。这对男孩的自恋来说是难以忍受的打击，他不得不拒绝接受他所注意到的事情。从狭义来说，拒绝承认可能会导致成年的恋物癖（Freud, 1927，1940b）；从广义上来说，这是精神病人使用的基本的防御机制。 55

在《神经症与精神病》一文中，弗洛伊德写道：

> 通常，外部世界通过两种方式统治自我：首先，是通过不断更新目前现有的感知；其次，用"内部世界"的形式储存早年感知的记忆，形成对自我的占有，并成为自我的一部分……（内部世界）是外部世界的复制……（对精神病来说）自我专治地创造一个内部与外部的世界；……（由于愿望的现实造成某种严重的挫败）这个新世界是根据本我的愿望冲动建构的。（1924, pp. 150－151）

在《自我与防御机制》（1936）中，安娜·弗洛伊德进一步发展了最初对于防御外界感知的重视，在一定程度上强调了外部环境在发展中的重要作用。为了将现实的客体关系更多地置于驱力模型框架之中，弗洛伊德开辟了新道路，假设存在一个指向外部的防御。然而，即使作出这样的修改，仍然保存了基本的理论要点：从施赖伯（Schreber）的分析到十多年后的关于精神病的论文，由于现实与本我的要求不相容，防御过程本身就成为必需，即使没有外界的影响，也依然会出现。这样的修改仍然是针对压抑力量的理论，而不是关于被压抑的理论。

弗洛伊德所说的精神病的内部世界是"根据本我的愿望冲动"创造出来的，与其早 56

期关于*正常*客体形成的论述有着惊人的相似之处。就在引入结构模型之后，弗洛伊德显然很快就确信*现实*的客体对于心理结构形成的作用。他将正常人和神经症的内心世界称之为"外部世界的复制"，并且说超我"保持了内摄的他人的基本特征——力量、苛刻，以及监督和惩罚的倾向"。尽管他没有提到内摄过程中这些他人的特征，尤其是其苛责，可能会加重，他的结论是："它们属于真实的外部世界。它们恰恰就来自外部世界；其力量，背后隐藏着过去与传统的所有影响，是感觉最为强烈的现实表现之一。"(1924a, p. 167)

这些评论，在1923年至1926年的论文中最具代表性，与弗洛伊德早期客体形成的观点，以及后期关于超我产生于内摄的攻击能量的观点，极为不同。1924年所说的超我与1894年所说的"占主导地位的观点"相似；它主要是由权威和文化传统所创造，在后期模型中，它受到父母的影响，被孩子所内化。不过，在接下来一系列著作中，弗洛伊德又回到客体形成的观点(其结果就是心理结构的形成)，该观点受到驱力/结构模型基本假设的支配。

## 驱力和恒定性原则的本质：变化的观点

我们强调了心理能量性质上的特异度与外部事件的重要性在弗洛伊德理论中的相互关系。对于其思想总体趋势的看法使得我们预测，随着对现实的逐步重视，驱力及其变迁所具有的预测力比以前要弱得多。事实确实如此。在其后期著作中，弗洛伊德做了一系列重要的理论修改，其目的就是减少对于驱力过程作为决定人类体验与行为的单一因素的单调重视。这些修改包括：对于恒定与快乐原则的新看法，引入自恋是正常发展阶段的概念，改写双本能理论，采用驱力融合的观点，以及升华理论的修订。这每一项都给驱力过程的概念注入了不确定的意味，所留下的空缺就被外部环境所填充。

57

弗洛伊德在其职业生涯早期，将恒定性原则与享乐原则等同视之。享乐是以量化的术语定义的：与之相应的，是尽可能将影响心理结构的刺激量降至最低。因为人类完全受到寻求享乐愿望的影响，其行为的方向也是完全定好的：他会努力去释放可以感受到的内在压力的增加。(性前戏的快乐仅仅是这个原则的明显例外；人们寻求这种快乐不是因为其具有刺激性，而是因为其满足了性前期的成分本能[1905a]。)

最初的陈述中对于快乐的全面表述没有给可能的环境事件留下空间。例如：对于孩子来说，我们理所当然地认为其家庭成员不能决定孩子体验到的快乐是什么。一个家庭可能在兴奋中看到快乐，而另一个家庭可能更喜欢恬静，从这个观点看，这两者是不相关的；快乐的本质，以及所有人类动机背后的基本方向，完全是由我们种族发育的继承决定的。

尽管弗洛伊德就像五年前一样，表达了诸多疑问，快乐原则与恒定性原则之间的联结，因为其论文《受虐狂的经济学问题》的出版，被强有力地打断了。恒定性原则在该文中等同于涅槃原则，它控制死亡本能。由于这种改变，弗洛伊德可以自由地重新定义快乐的本质：

> 快乐与不快乐……不能用量（我们描述为“由刺激导致的紧张”）的增加和减少来定义，尽管两者明显与该因素有着诸多联系。它们似乎并不依赖数量因素，*而是依赖于数量因素的某些特征，我们只能将其描述为质的因素。*如果我们能说出这个量化的特征是什么，我们对心理学的研究就会更进一步。也许，刺激量中起伏不定的是变化的节奏和变化的暂时结果。我们不明白。（1924a，p. 160；斜体是我们标注的）

我们在这个阐述中就遇到了我们所期待的不确定性。尽管恒定性原则在涅槃原则名下仍然有效，受其调控的死亡本能，与力比多驱力相比，在弗洛伊德的动机系统中已经不再处于中心地位（1926a）。人类行动的基本动力仍然是追求快乐，但是这种快乐不再像早期理论中的快乐那么简单了。量化元素已经被质的元素所替代，而可能是什么样的质也说不清楚。（弗洛伊德从来没有认真地通过节奏性的概念来提供确定性。）新模型中的质不是旧模型中量的那种由系统发育所产生的。实际上，弗洛伊德甚至在《超越快乐原则》中提出：“只要没有非常确定的观察为我们指明方向，就不建议我们分析师对这个问题进行深入研究。”（1920a，p. 8） *58*

如果快乐是人类动机的核心，如果快乐的本质无法用清晰的量化术语进行说明，我们将向何处寻找我们精神生活中这最为重要的部分？弗洛伊德对早期理论的修改将重点从系统发育学转向了个体发生学。因为快乐原则的修改，驱力/结构模型的阐释开始更加重视个体在发展过程中所体验到的快乐的情景。人际关系环境取得，更为确切地说，是再次取得驱力所丧失的特异性。

弗洛伊德将原始自恋（primary narcissism）定义为正常的发展阶段。“存在最初对自我的力比多投注，其中一部分后来释放到客体，但基本上保持不变，与客体投注有关的那一部分的关系，就像阿米巴伸出的伪足。”(1914a, p. 75)严格来说，弗洛伊德认为自恋不是最早的发展阶段(尽管其后的许多驱力/结构理论家持有这样的观点)。弗洛伊德认为，“个体在最初不会存在一个类似个体的统一体”，而且“自体性欲的本能从最初就是存在的”，因此，必须有什么东西增加到自体性欲之中，才能使之转换为自恋(1914a, p. 77)。必须增加的是自我的发展，以及联合“统一体”的进化，来接受力比多的投注。自恋由此就成了自体性欲与客体爱之间的中间状态(1911b)。

这个自恋的定义显然过于简化，隐藏了这个概念存在的许多困难，尤其是自恋力比多概念与业已建立的自我本能概念之间的关系。在1915年《*性学三论*》的补遗中，弗洛伊德宣称，“我们的研究方法，精神分析，此刻为我们提供的只是有关客体力比多转化的可靠资料，*但是眼下无法将自我力比多与作用于自我的其他能量作出区分*”(1905a, p. 218；斜体是我们标注的)。在《论自恋》一文中，他对这个问题首次进行了深入的理论探讨，也得出了类似的观点(1914a, p. 76)。做这种区分的难度如此巨大，使得弗洛伊德最终抛弃了最初的双本能理论，排除了自我本能，将之视为独立的力量，将其功能分摊于力比多驱力、破坏驱力和结构自我。

59

自恋概念所遇到的部分困难，可以追溯至异议者荣格的刺激，他认为应该将力比多解释为一种普通的心理能量，与其质的含义不同，摆脱假定的专门针对性目标的关系的限制(1913)。弗洛伊德对于这个争论的反应是，最初出现的作用于自我的大部分能量都有性的根源：自恋作为一个理论概念，使得自我可以“捕获”性能量；因此，某些自我的目标至少可以追溯至遗传的性目标。自恋由此防止了性欲的废黜，这就是荣格争论的意图，同时，也带来了我们一直认为的那种解释学的不确定性。几乎没有*心理学*证据可以用来区分自恋力比多与其他形式的自我能量，因此，自我运作的一个特殊表现，就是不能明确地*解释*为与这个还是那个能量来源有关。弗洛伊德甚至更进一步说道：“我应该直接承认……关于独立的自我本能与性本能(即力比多理论)的假说*几乎没有心理学基础，而是主要来自生物学的支持。*”(1914a, p. 79；斜体是我们标注的)

除了这些理论内部的考虑之外，弗洛伊德本人对此心知肚明，自恋的概念存在着模糊性，直接影响着我们一直讨论的关于动机特性的问题。我们已经介绍了弗洛伊德关于自恋的定义——“对于自我的力比多的最初投注”，很显然，他是从客体关系的角度来考虑的，将自我视之为客体。这一点在他的论述中是明确的：“我们知道……广义来说，自我—力比多与客体—力比多是对立的。*一方使用得越多，另一方就消耗得越多*。”（1914a，p. 76；斜体是我们标注的）自恋所涉及的元心理学含义只是力比多定位在一个“地方”或另一个地方，就像是阿米巴与其伪足之间的关系那样。隐藏在抑郁下的向自恋退行的过程也得出同样的结论（Freud，1917a）。

不过，出现模糊的原因源于这样的事实，在更多关注自我的时候，“客体”概念的应用就极为不同。在其他任何情况下，客体是完全被动地接受投注。自体性欲本能的客体是这样的，因为它是主体身体的一部分，对于后期发展阶段的“外部”客体（确切说是其内在的表象），也是如此。无论是婴儿的拇指，还是俄狄浦斯期的母亲，一旦被投注，对于力比多能量的进一步分配就没有任何作用了；其映像就成了力比多可以流入与流出的容器。 *60*

另一方面，自我的投注对于接下来一系列心理活动有着深远影响，因为自我在分配被投注的能量时可以发挥积极的作用。尽管弗洛伊德一开始讨论自恋就有着这样的含义，当时并没有得到深层理论的支持。从弗洛伊德抛弃了将自我等同于占主导地位想法的理论观点到他后来引入结构学说期间，自我的元心理学地位是模糊不清的。他在这段时间（在地形模型的影响之下，从1900年到1923年）对于概念的使用，通常认为类似于哈特曼后来对于“自体”的使用，是有点像“完整的人”的表象。这与弗洛伊德对于自恋的明确定义十分一致，因为这个概念指的是力比多从一个表象（外部的或自体性欲的客体）向另一个表象（自我或自体）的移动。

弗洛伊德思想的一个核心假设，就是表象对于心理能量不能发挥主动的作用；它既不能使用也不能消灭心理能量。然而，从其早期对于概念的使用可以看出，自我*是*能够使用最初被投注的，或从其他客体捕获的能量的。自我可以使用能量来追寻自己的目标，与客体力比多决定的目标可以保持一致，也可以相反。因此，肛欲期粪便的容留与排泄（1917c），以及阉割情结（1923b），均可以看作是体现了自恋与客体爱之间的冲突。

也许，使用自恋概念最明确的例子就是“自恋性客体的选择”（Freud，1914a，1917a，1921）。从现象学来说，这指的是客体选择的两个方面：首先，在与自己相似的或你想成为什么样子的基础上选择客体（从这个意义上说，是既反对又不如情感依附性的客体选择，其作用的基础是客体与早年育儿者的相似性）；其次，选择一个客体不是因为你感受到的对客体的爱，而是因为你感受到了来自客体的爱。从元心理学意义上说，基于地形学说的自恋的定义，这个术语本身是矛盾的。力比多投注一处或另一 *61*

处；如果投注到外部的客体，就不是自恋的力比多，反之亦然。这个概念要说得通，我们只有假设，一旦自我能捕获力比多，接着将其目标*强加于*能量之上的，凭借其与自我关联的力量，就能使用这个能量达成自己的目标。

这个争论表明，随着自恋的引入，弗洛伊德正朝着更加主动的概念化自我迈进，直至《自我与本我》的出版，这个概念才得以完全公布。对自恋的关注可以理解为结构模型演化的重要的早期阶段。更为重要的是，这个争论表明，自恋的概念代表了对驱力特异性的进一步削弱。在这个模型中，正如最初在《性学三论》(甚至如同《本能及其变迁》所阐述的那样，跟我们所讨论的论文是同时代的)提及的那样，本能的目标完全是由本能的本质所决定的。这个目标可以受到压抑力量(厌恶与羞愧，或者是自我——本能)的反对，行为代表的是各种相关力量之间的妥协，但是目标的本质基本上是从来不会从根本上改变的。目标的抑制(Freud, 1915a)，从这些角度来说，是冲突的结果，是强加于不屈的驱力之上的结果。

有了自我可以利用力比多达成其自身目的的观点，最初的力比多目标的重要性就减弱了。遗传学上仍然有相关性，但已经没有了动力性的关联度，因为它完全服从自我的意图(保留阴茎、被爱等等)。但自我从何处*取得*其“意图”？因为自恋的概念，我们有一套拥有自己生命的目标，不受驱力品质的影响，可以使用驱力的能量追寻其独立的目标。我们再次遇到了调和策略所固有的不确定性。正如我们对待快乐和恒定性原则的修改一样，我们需要在驱力自身的本质和作用之外寻找这些目标的根源。如同其他的修正，我们需要从现实关系的角度考虑去解决诸多的不确定性。在弗洛伊德发展自恋理论的同时，他也在寻找一种更为复杂的解决自我发展问题的方法，早期客体关系在这个方法中发挥了非常重要的作用，在建立结构模型的那些假设中达到了顶峰。不过，即使有这样的修改，自我的目标仍然需要本能的能量作为其驱动力。

62

自恋问题与双本能理论以及本能升华和融合概念的变化密切相关。力比多驱力为实现自我的目标而发挥作用，这一观点的引入使得最初的双本能理论出现很多问题，因为这意味着存在精神分析研究不能保持的区别。随着《超越快乐原则》在1920年的出版，弗洛伊德抛弃了独立自我保存驱力的假设，将其功能分为性本能(性爱)和新提出的死亡本能，后来，假定存在一个结构的自我，自我保存的重要方面就保留了下来，在自我的控制下发挥作用。

弗洛伊德认为死亡本能在个体内默默地发挥作用，不像性驱力那样明显，甚至没有得到精神分析的探究。它的某些特点，破坏的冲动，以及某些类型的受虐狂，被解读为其最易理解的结果。弗洛伊德认为，对于神经症的形成，死亡本能不具有像力比多及其变迁那么重要的作用①。因此，即使修改了驱力理论之后，弗洛伊德从来没有像对待力比多那样，对死亡本能给与足够的重视。

第二个本能理论拓展了弗洛伊德关于在心理中可能发挥作用的能量来源的思想。力比多、破坏性和自我保存，每一个都有自己的来源和历史，竞争性地寻求表达。哪一个将是最强的驱力，其力量是如何进行表达的？在实现目标过程中，在多大程度上会基于其他考虑而妥协？随着我们增加了影响心理的力量的数目，我们不得不放远眼光，寻找其作用的结果，代表其表达的向量。从结构学说角度看，势必要假设存在一个更为强大的、具有强大执行功能的自我。从解释学角度看，势必会使我们去认识这些力量发挥作用的环境：将我们带回现实。

对于升华问题，也会有类似考虑。升华一直是驱力/结构模型中一个至关重要的主题，因为连同其他本能的变迁，尤其是反向形成，它是连接驱力的反社会本质与由驱力推动的极度社会化行为的重要桥梁。早在《性学三论》对这个概念的使用中，弗洛伊德就明确说明他指的是本能目标从最初的目的到更加被社会接受的目标的转移。他宣称升华"使得专门由性欲造成的过度强烈的兴奋找到了出口，并用于其他领域，因此，危险的性情就导致了心理效能不可忽视的增长"（1905a，p. 238）。驱力自身保持不变；升华是一个开通某些释放渠道，同时抑制其他渠道的过程（另见 Freud，1910c）。

63

引入自恋概念后，弗洛伊德极大地修正了这个观点。他在《自我与本我》中写道：

> 客体力比多转化为自恋力比多……显然意味着要抛弃性的目标，去性欲化——因此是一种升华。实际上，问题就产生了……这是否是通向升华的普遍道路，是否所有升华，不经过自我的中介就能发生，升华始于自我将性的客体力比多转化为自恋力比多，那么，也许，继续赋予它其他目标。（1923a，p. 30）

这个构想的意义不仅仅是改道，而是通过客体力比多到自恋力比多的转化，对驱力能量的本质进行修改。升华由此成为可能，因为一旦自我捕获一定量的力比多能量，就能将自己的目标强加上去。因此，后来的观点认为，对于驱力来说，升华既是新

① 最近几年，这个平衡有了变化。诸如哈特曼、雅各布森和科恩伯格等驱力理论家将其归因于攻击驱力——死亡本能的现代版本——对较为严重的心理病理产生发挥了重要作用。因为这种病理学已经成为精神分析关注的焦点，攻击相应地就成为更加重要的理论力量。

的不确定性结果，也是原因。

一旦提出修改版的本能理论，弗洛伊德又回到了两种本能可能结合在一起的观点。他认为“这两种本能融合在一起，混合在一起，彼此渗透；……这种情况会定期地，非常广泛地出现，对于我们的概念是一种不可或缺的假设”(1923a, p. 41)。最初被力比多驱力与自我保存驱力之间的相互依存关系占据的位置，在第二个理论中，就被这个概念所取代了。这个变化与建构升华的变化是同时存在的。同样，升华最初被理解为一种改道行为，同时没有改变被引导物的本质，因此，这个相互依存关系表明，自我保存驱力与性驱力可能是同行的，也就是说，基本没有对彼此进行重大修改。在后一种观点中，升华与融合表明，驱力自身的本质是可以被根本改变的。

*64*

因为这些理论的修改，从早期的防御和愿望模型向驱力/结构模型演化的趋势，即增加关于推动心理结构的能量来源的特异性的趋势，得以彻底改变。我们曾经拥有的是力比多，自我保存居于第二位；现在我们拥有的是力比多、攻击，两者不同程度的融合与解离，力比多不同程度地被升华，两种驱力的自我保存方面，通过自我就能影响从客体选择到自恋的转化而强加于力比多之上的目标。尽管基本的假设是，动机最终是内源性的，生物学决定的驱力被保存下来，那些驱力内容的特异性已经被大大削弱。代替这种特异性，我们会注意到驱力的组织和实现多重要求的早期关系。

## 焦虑的作用与后期的情感理论

在弗洛伊德早期的防御模型中，一个观点威胁要突破进入意识，其结果就是与占主导地位的思想不相容，将会带来不愉快的情感，由此促成压抑的产生。情感的性质，其相对于愉快与不愉快感觉的价值，均被视为由个体人格和个体认为自己所处的环境共同决定。情感因此就成为冲突、压抑和神经症症状产生的基本的促进因素。

随着驱力/结构模型的建立，情感被降至次级的理论地位。在元心理学的文章中，情感被表述为驱力的衍生物。在《压抑》一文中，弗洛伊德秉持“定量的情感一词……与本能是一致的，只要后者脱离观点并感觉到在情感的过程中得到表达……”并再次探讨被压抑的本能表征的量化(力比多的)因素的命运，“情感似乎在某种程度上受到质的影响”(1915a, p. 152,153)。情感的出现被看作是压抑至少存在部分失败的证据，被释放的量所呈现的质的色彩被看作是相对偶然的，从动力性的观点看，在任何情况下都是微不足道的。

不管某种情感的本质如何，在驱力/结构模型的顶峰期，其分析要求我们揭示导致其出现的力比多力量。相对早期模型关于防御的神经精神病论文以及《癔症研究》，这是一个很大的变化，两者认为是不能忍受的情感开始了压抑的过程，从而形成了症状。情感的特殊性质，是由包括情境的性质、个体持有的价值观和社会标准的一系列因素决定的，是事件未来走势的基本的决定因素。随着驱力的首位位置的确立，除了反应被压抑的本能冲动的本质之外，情感的特殊性质就被抛弃了。 *65*

在所有情感之中，焦虑在精神分析的思想中扮演了极其重要的角色，因为它几乎是神经症障碍的普遍症状。在弗洛伊德早期关于现实神经症的观点中，他认为焦虑是力比多抑制的结果，这种抑制已经变得"有毒"；因为没有释放的机会，力比多就进行（心理学的）转化。精神神经症的焦虑理论和情感理论，主要通过这个方式，输入到现实神经症。在这个情况下，焦虑被视为抑制的结果，不是因为没有适当性欲机会，而是因为压抑。

弗洛伊德降低驱力理论的特异性，可能想重塑情感理论，并进一步将之置于其理论体系的核心。事实确实如此，尽管在其他情况下，驱力理论拥趸者的背叛直接促进了弗洛伊德对理论的修正。奥托·兰科（1929）就是这个情况下的背叛者，他主张出生创伤是形成神经症的核心原因。弗洛伊德对此的回应是，尽管出生体验塑造了焦虑体验（许多年前他主张的一个观点；Freud, 1910b），但它并未因此成为所有焦虑的原因。

在《抑制、症状与焦虑》中，弗洛伊德对其早期理论进行了广泛的修改。他修正了焦虑与压抑的关系。焦虑是一系列危险情形中出现的记忆中感觉的复活，出生是最先遇到的情形。这些情形是危险的，因为它们预示着就要到来的创伤，创伤被定义为面对本能需要的压倒性累积，机体所承受的无助感。

自我可以随意应用回忆与再体验这些感觉能力。当自我感觉到危险的本能冲动就要突破进入意识时，自我就能召集小量的、相关的记忆图像，这样做就能求助于快乐原则。有了快乐原则的帮助，自我就有力量对威胁性冲动进行压抑。焦虑因此就成了自我发起防御行动的信号。 *66*

压抑的出现是焦虑信号引起的结果，这个观点将我们的注意力转向环境，在该环境下自我感觉到冲动可能是危险的，这让我们想起了弗洛伊德最早的防御模型。修正的焦虑理论将不愉快情感及其环境因素重新置于动力性观点的中心。不过，这里所说的危险最终是与驱力需求相关联的。自我使自己免受不愉快体验、"因需要而不断增长的紧张"，以及面对本能压力产生的无助感的影响（1926a, p. 137）。早期理论对环境的强调得到了恢复，但是其内容已经完全由驱力的本质所决定，尤其是力比多驱力。

弗洛伊德对于新焦虑理论的临床应用，显示出理论调和方面的意味。在其《精神分析新论》中，弗洛伊德描述了俄狄浦斯期冲突中最初的动物恐怖症：

> 男孩面对力比多需求确实会感到焦虑——在这种情况下，是爱上母亲的焦虑……但是这种恋爱的感觉对他来说只是一种内在的危险，他必须通过抛弃那个客体来回避焦虑，*因为那个客体呈现的是外在的危险情景*……危险是被阉割的惩罚，失去其生殖器。当然，你会反对，毕竟，那不是真正的危险……但不能如此简单地否定此事。最重要的是，这不是阉割是否会真正实施的问题；有决定意义的是，*危险来自外部，而且男孩相信这一点*。(1933, p. 86；斜体是我们标注的)

这样说来，阉割就不只是孩子反应性的幻想。弗洛伊德认为，这样的威胁会经常出现，作为对乱伦愿望的惩罚，阉割在人类种系发生学上具有悠久的历史。尽管这种恐惧建立在对现实歪曲感知的基础之上，但孩子感觉恐惧是源于现实的(与《性学三论》中基于“机体压抑”的感觉不一样)，而且这是产生焦虑的关键动力性因素，压抑也是如此。

弗洛伊德到了这里就突然停住了，差一点就将之全部归因于现实环境，尽管这个构想将我们的注意力引向了环境因素。他没有进一步发展在不同环境下的意涵，也就是说，在不同的家庭里，所感受到的阉割威胁的严重多多少少有些不同。强调种系发生学，使我们背离了这样一个观点，即针对孩子的冲动，实际上是针对孩子自己，不同的父母反映出的敌意程度是不同的①。这种理论保留的策略，类似于我们看待调节原则的方法，我们在讨论俄狄浦斯情结时会再次遇到这种情况。

67

防御模型时代与后期焦虑理论对于创伤定义的比较，是有指导意义的。前者将创伤定义为不相容的想法强行进入意识的时刻(Breuer & Freud, 1895)。没有特别说明不相容观点的本质，甚至也没有特别说明对立的占主导地位想法的本质。后期看法则又回到了某种东西强制作用于其他东西的观点，但这里说的侵入性的想法本质特指本能。后期理论中创伤指的是面对驱力的需求所体验到的无助感。正如弗洛伊德所说：

---

① 大约在20年前，在驱力模型范畴内，哈特曼、克里斯与勒温提出，孩子的阉割焦虑强度反映的是父母对孩子的敌意强度，这种敌意可能被掩盖了，可能早在俄狄浦斯期之前就出现了。这种观点恢复了现实因素在防御模型中的重要地位。

“*如果我们自身没有某种感觉和意图*，我们所爱的人就不会停止爱我们，我们也不会受到阉割的威胁。”（1926a，p. 145；斜体是我们标注的）当然，意图总是详细说明的本能驱力的衍生物。

总之，后期焦虑理论给人的印象，就像是利用格式塔心理学家所用的图画来说明图形—背景关系的模糊性。现在，我们在研究临床素材的时候，外部环境与驱力需求的首要位置就进入前景之中。尽管弗洛伊德本人坚持驱力/结构模型的基本假设，继续将驱力摆在理论结构的中心位置，后期模型更加看重现实因素的作用，尤其是客体关系的实际方面。

## 发展史、结构模型与客体关系理论

从执业的精神分析师角度看，现实客体关系在病人生活中的作用有时是模糊不清的。接受分析的人谈论其重复出现的、自我挫败的生活模式，这些模式始终出现在与实际相去甚远的情景中。对于成人，分析师所面临的是一系列被引导的、结构化的目标，它们始终与一系列显然不重要的客体一起运作。随着移情的出现，分析师觉察到，至少在此时，他已经成了病人问题的一部分了；同样的模式在他这个客体身上重复着，尽管他与病人生活中的他人有着“客观的”不同。正如弗洛伊德设想的那样，移情是成年病人出现阻抗的明确指征，因为受不同外部环境的影响，内在动机决定了阻抗的出现，弗洛伊德认为这是其驱力理论最有说服力的一个证据（1914b）。 *68*

如果对成人的研究使我们重视结构化的目标，对儿童以及儿童发展的观察却强调了个体与带来这种结构化的环境之间互动的重要性。温尼科特的观点（Guntrip，1975）“没有婴儿这样的东西”，不仅表现了其理论偏倚，而且也反映了他是站在儿科医生和儿童分析师的角度看问题。即使临床医生精通驱力/结构模型的假设，如果有深入的儿童工作的经验，就一定会对本能目标与父母反应之间持续互动印象深刻。正是这些观察，构成了安娜・弗洛伊德与玛格丽特・马勒进行重要的理论修正的基础。

在其理论向着驱力/结构模型演化过程中，弗洛伊德的观察基础是由与成人工作的全部的临床经验组成的，在其作为精神分析师的最初二十年中，几乎没有任何的发展理论。他原先想透过症状的最初表现探索神经症的起源，由此假设了只与病因性事件有关的诱惑理论，弗洛伊德自己很快抛弃了这个理论。第一版的《性学三论》的确有一个基本的解决早年发展的方法，认为如果儿童要足以应对成熟的客体关系，而且找到性客体有赖于性驱力与自我保存驱力之间的依附关系，独立发挥作用的成分本能必须要合为一体。然而，这个方法只是一个模糊的草图。

即使是力比多的发展史，经常被认为是弗洛伊德的理论核心，实际也是后来形成的。最初版的《性学三论》只提到了自体性欲的阶段。自恋阶段是在弗洛伊德对施赖伯的案例（1911b）进行分析时增补的，肛欲期施虐期阶段出现于《强迫性神经症的性格倾向》（1913），口欲期见于1915年《性学三论》的增补补遗之中，直到1923年，关于婴儿性器官组织（1923b）的论文中才出现性器期。压抑作用力的发展在最初几年甚至很少得到注意；最初的详细解释见于《精神功能的两个原则》之中。

69

力比多发展阶段理论的演化受到了弗洛伊德最早纯心理学心理模型，以及《梦的解析》引入的地形模型的影响（1900，1915c）。这个模型所描绘的三个心理系统——潜意识、前意识和意识，是以其内容（想法）进入意识的难易度，以及其运作的基本原则（原发和继发过程）来定义的。从一开始，弗洛伊德认为婴儿出生时的心理完全是由原发过程组成的，即潜意识系统；认为前意识和意识是在发展过程中出现的。没有明确的概念说明，什么会影响这个过程，儿童日益增长的经验将会如何影响其高级能力的获得，以至于需要的幻觉性满足最终屈从于更加贴合现实考虑的解决方法。弗洛伊德对于心理的前意识和意识层面的描述远不如其对潜意识的说明那样清楚；地形模型的早期阶段，让我们对前意识和意识可能需要或使用何种机制有诸多疑问。

在《关于精神功能的两个原则》的文章中，弗洛伊德（1911a）提出，现实原则是在发展过程中取得的对最初的快乐原则的修正；他也认为，包括诸如感觉、认知、记忆、现实检验等各种精神功能的出现，保证了该修正的有效性。这些新功能可能使驱力的释放得以延迟，直至现实中出现可以使用的恰当的客体：这些核心功能就是后期理论中的结构自我。《关于精神功能的两个原则》中的观点提供了一个框架，将最初内向性的婴儿置身于某种与外部世界的关系之中。

1911年的发展理论是围绕婴儿的现实体验建立的，在这种情况下，因为驱力受挫情形的重复出现，就有必要建立现实原则以及相关的能力。不过，这样的现实仍然不具备保证婴儿获得客体的重要功能；不管是由谁来满足婴儿的需要，挫败是不可避免的。没有接受育儿者之间不同之处的框架。“拒绝的”母亲与“溺爱的”母亲相比，对于现实原则的建立和认知能力形成的影响并无二致。实际上，不同类型的母亲根本没有任何的理论地位。

70

随着自恋概念的引入，弗洛伊德开始修正关于客体在心理经济学中作用的观点，开始支持更加明确的发展观点。通过行动，自我捕获的力比多可用于达成其自恋的目标，这个观点补充了地形模型的解释框架，因此也对自我造成结构上的影响。而且，弗洛伊德将自我对力比多的最初储存赋予了至关重要的发展变迁：用于自我理想的形成，是自我分化的一部分，正如弗洛伊德描述的那样："发现其自身拥有了有价值的尽善尽美。"(1914a, p. 94)就像自我一样，一旦自恋理论得以演化，自我理想从最初就具有了重要的结构作用；它是"压抑的条件因素"(1914a, p. 94)。自我理想与现实自我之间的紧张，是通过"良知"来调节的，决定哪些冲动可以得到表达，哪些必须被防御。自我理想在早期防御模型中就扮演了"占主导地位的观点"的角色。

自我被分成不同的结构单元，其中一部分启动了压抑，自我理想化在童年早期具有遗传学的根基，这些观点清楚地表明，弗洛伊德开始转向结构模型及其发展的意涵。不过，1914 年的方法与后期对客体关系的重视之间仍然存在巨大的空白：从自恋向自我理想化发展的转变就被看作是力比多的变迁。自我理想化的内容本质上是由驱力的内容决定的。"占主导地位的想法"有重要的社会要素，而最初认为自我理想化是不包含社会要素的。弗洛伊德提出了一个需要被填满的结构、容器；在最早的构想中，力比多决定其内容。

然而，这个构想在弗洛伊德思想中的主导时间并不长。在《哀悼与抑郁》(1917a)中，他转向了分析抑郁病人的经验，注意到现实中客体的丧失(或者是特别珍视的客体特征，诸如客体的爱的丧失)与感觉到的自我的丧失(也就是自尊的丧失)之间的关系。他认为，当力比多在丧失后从客体撤回，在某些情况下，没有被用于建立新的客体投注，而是撤回了自我之中(也就是继发自恋的建立)。这种情况发生时，力比多"用于建立与被抛弃客体的自我*认同*。因此，客体的阴影就会笼罩自我，后者可能由此受到特殊机构的评判，它似乎就成了那个客体——被抛弃的客体。通过这种方式，客体丧失就转化为自我的丧失，因为认同影响，自我与所爱之人之间的冲突就转化为自我关键活动与自我之间的分歧"(1917a, p. 249；斜体是原著标注的)。因此，在认同概念中，我们首先遇到的是客体影响心理结构本质的能力。

*71*

在《哀悼与抑郁》中，弗洛伊德概述了结构模型的某些非常重要的方面。但在1917 年，认同仅局限于病理性案例；假定认同是在退行至最初为自恋型客体关系的自恋基础上产生的。认同出现在《群体心理学与自我的分析》(1921)中就成了正常的机制，其中也讨论了自我理想化的本质与跟重要客体的关系之间的紧密联系。《自我与本我》中的结构模型最终使得弗洛伊德的理论转向接受客体关系的发展方法。

随着自恋、认同和自我理想化概念的出现，地形模型是人满为患。旧的理论认为，将精神结构分为潜意识、前意识和意识系统，使得心理的功能区疲惫不堪。然而，新的认识指出，自我作为一个分化的"特殊机构"，具有重要的作用。这种情况有点类似今天对待自体概念的态度：它如何能与可能包罗一切的心理学地图融为一体？它是从属于(或者超越)现有的结构，还是必须完全修正当今的模型，给新的概念腾出空间？

1923年，有两个临床问题决定了弗洛伊德解决这个问题的方法。首先，他观察到，通常情况下，在精神分析治疗中阻抗的运行就像被压抑的力量一样，远离意识。这在地形模型中是得不到支持的，地形模型将阻抗看作是前意识系统的范畴。而且，经常出现的"负性的治疗反应"指向的是潜意识的内疚感，这些感觉在旧的理论中不可能处于潜意识。从1914年以来，工作中的这些观察增加了理论的压力，使得弗洛伊德抛弃了地形模型。

他在《自我与本我》中提出新的心理的三分结构。根据进入意识难易度现象建立的模型就被抛弃了；与此相关的词汇失去了其一贯的内涵，只用于说明观点的性质。(在《梦的解析》出版之前，这代表原先防御模型的回归。)三个假设的结构——本我、自我与超我，每一个都有潜意识的方面，尽管只有后两者才能完全进入意识。结构模型中的本我，从其内容和运作模式来看，实际上等同于早期理论中的潜意识系统。弗洛伊德进行理论调和策略的核心特点再次表明，他要修改关于压抑力量的理论，而不改变被压抑的理论。

72

随着自我与超我概念的建立，弗洛伊德的理论已经正式定义了心理组织的结构成分，他已经开始勾画一个发展史。所要做的就是将《哀悼与抑郁》与《群体心理学》描述的过程概括化。认同的出现，即客体丧失后，自我在早期客体关系基础上的调整，现在被看作是一个正常的，不可避免的发展过程：自我与超我形成的普遍道路。早期客体的丧失，更确切地说，是成长过程中不断出现的一系列丧失，与"两原则"模型的挫败有着几乎一样的作用。这些被看作是成熟的心理结构在发展过程中所不可避免的，极其重要的。此刻，就像弗洛伊德所表述的，"自我的特征是抛弃客体投注的沉淀物……而且包含了那些客体选择的历史"(1923a, p. 29)。

到目前为止，儿童经历的最重要的客体丧失是俄狄浦斯期的客体丧失，或者，更准确地说，是其对客体的幻想的丧失。正是这种丧失，极大地推动了自我，尤其是超我的形成；因此，俄狄浦斯情结就成了健康发展与神经症发展的基石。俄狄浦斯情结的解体导致超我认同形成，以及升华能力的建立，从而使自我得以非常有效地运行。俄狄浦斯情结也会产生反应性的内疚，是后来生活中最为重要的神经症冲突的来源。

俄狄浦斯情结是客体关系理论的一部分，因为它包含了三人之间的互动，每个人都想在其中达成自己的目的。因为其结果决定了自我和超我的本质，在强调俄狄浦斯情结时，弗洛伊德可以调整某些基本的理论假设。弗洛伊德的临床观察与其理论构想之间存在一定的出入。在其对莱昂纳多·达芬奇的分析(1910c)，以及《狼人》(1918b)的案例报告中，他非常明确地说，父母的意识与潜意识的态度塑造了个体独有的，对俄狄浦斯情结体验的本质。他在一个常规报告中指出，儿童转向乱伦的客体时，"通常会遵从父母的某些指示，其情感带有非常明显的性行为的特点……一般来说，父亲更喜欢女儿，母亲更喜欢儿子；*儿童对此做出反应*，如果他是儿子，希望取代父亲的位置；如果她是女儿，希望取代母亲的位置"(1910d, p. 47；斜体是我们标注的)。 73

所有关于俄狄浦斯情结的理论阐述淡化了这些人际关系的观察，更加看重构成因素。弗洛伊德宣称，俄狄浦斯情结的建立与解体"是由遗传决定与规定的"，对某个个体来说，不管这个时期实际的人际互动特点如何，"当下一个预先设定的发展阶段到来之时"，它终将过去(1924b, p. 174)。单就这个阶段产生的结果而言，他坚持认为，"两性之间男性化与女性化倾向的相对强度，就决定了俄狄浦斯情形的结果，是认同父亲还是认同母亲"(1923a, p. 33)。

通过假定心理组织包括自我与超我，这些结构具有发展史，并通过阐述俄狄浦斯情结来强调这个历史，弗洛伊德大大提高了客体在心理经济学中的地位。不过，新模型仍然完全坚持驱力/结构模型的基本假设。即使客体本身与性格形成保持一致并对其产生影响，客体的形成仍然是由潜在驱力的本质决定的。而且，心理的作用力达成的平衡非常青睐本我。由于没有被赋予任何属于自己的能量来源，自我在这个方面是完全依赖本我的。这就是弗洛伊德那段著名评论背后的意思，即"自我与本我的关系就像一个人骑在马背之上，必须能控制马的超强之力；不同之处在于，骑手这样做用的是自己的力量，而自我用的是借来的力量……通常，如果骑手不想跟马分开，就被迫引导马去它想去的地方；同样，自我习惯于将本我的愿望转化为行动，就好像那是它自己的意愿"(1923a, p. 25)。本我的能量来源恰恰就源于潜意识，这要追溯到《性学三论》中的构想。

尽管自我、超我与现实人物的关系得到了明确的阐述，它们生来就是与本我紧密相连的。本我，像潜意识系统，一出生就包含了整个心理结构。因为暴露在现实之下，自我就从本我分化出来。尽管超我开始的历史较晚，其出现代表着自我内部的进一步

74 分化，是由本我从丧失的客体身上撤回的投注来提供能量的。因此，超我经常表现得*像*本我，而其行动是反对本我的；其功能的特点经常是像本我要求的一样严厉与专横。在强调这些结构与其本能根源的紧密联系时，弗洛伊德仍然停留在驱力模型的框架之中。客体在结构模型中功能的加强是重大的理论变化，但是也是理论的调和。

弗洛伊德对其基本假设所保持的忠诚度，在后期关于超我形成的某些论述中有明确的体现。他主张，心理结构是早期认同的结果，实际上并不是意味着巨大的影响来自于认同的实际人物。他认为，“超我最初的严厉程度不代表你从它[客体]那里体验到的，或者说你认为是从它那里体验到严厉，或者说程度没那么大；而代表的是你自己对它的攻击”(1930，pp. 129－130；括弧是原文加的)。在后来的论述中，他又回到了类似的观点，认为“毫无疑问，超我首次建立的时候，这个机构所能使用的是儿童对父母的攻击，他无法将此向外进行有效的释放，因为他有色情化的固着以及外在的困难；因为这个原因，超我的严厉程度不需要简单地与其抚养人的严厉保持一致”(1933，p. 109)。客体形成与力比多阶段之间的这种特殊联系，在后期评论中得到了强调，认为超我的“过度严厉不是遵循真实的模型，而是与防御俄狄浦斯情结诱惑的强度相一致”(1940，p. 206)。

如果俄狄浦斯情结容易被驱力/结构模型分析师视为一种幻想，一种内源性冲动的外在表现，那么，说到前俄狄浦斯期的问题，情形就不同了。在俄狄浦斯期，我们面临的是发展完好的人格，具有非常一致的动机结构以及达成目的所需的相应方法。这种情形有点类似于对成人的分析：个体的心理运作有稳定性和方向，其功能似乎非常独立于环境的反应。不过，对于很小的孩子，我们的观察将我们引向不同的方向。最明确的是儿童的脆弱，以及对他人的需要。其本能目标是难以觉察的、碎片化的、不成

75 熟的。那么，我们就较少关注这些目标，更多关注儿童的脆弱和安全需要，这就迫使我们注意儿童与其育儿者之间的细微互动。

对于生命最初几年的细微观察提高了我们对*现实*中客体关系的理论认识，这并不奇怪。这一点，弗洛伊德就做得比较缓慢，尤其是他依靠成年病人口头报告的资料，四五岁之前的记忆报告，往往不能得到连贯的表达。不过，结构模型指出了建立前俄狄浦斯期客体关系理论的必要性，尤其是因为这些客体关系承载了自我的发展。而且，基于假定的客体丧失、认同与心理结构形成之间的关系，这个模型至少具有建立这样一个理论的基本框架。

在《自我与本我》出版的同一年，弗洛伊德讨论了一连串的自恋丧失，开启了通往

阉割恐惧之路。这包括吸吮之后失去母亲的乳房，大便时失去粪便，以及出生时与母亲的分离(1923b, p. 144)。这个序列预见了《抑制、症状与焦虑》中提出的比较出名的一系列早期危险情景，其与力比多阶段发展序列的相似之处和不同之处，同样值得注意。现在最重要的不同是，客体关系首次被赋予了一个自我(自恋的)和力比多的决定因素。在后来构想中，自我方面得到更加明确的重视。按时间顺序来说，危险情景包括：出生、失去母亲、失去母亲的爱、阉割，以及失去超我的爱(Freud, 1926a)。这些情景指的不但是危险的原因，而且是一个进行性分化的客体概念。儿童首先害怕因为环境(出生)失去母亲，失去的是一种自体与客体完全没有区分的状态。接着，至少有那么一点觉察母亲是独立的，是照顾他的人，他就害怕与她分开。第三阶段，他认识到，不仅母亲的在场很重要，她作为一个人的特殊的方面——她对他的依附，也是必需的。第四阶段象征着儿童与母亲之间紧密联系进入高度明确导向的目标。所害怕失去的，是不能将母亲看作性驱力客体，以表达性器期冲动。最终，因为害怕失去超我的爱，客体被内化，即使客体不在场，仍然会继续有效地发挥作用。不再需要客体在场使得自我调控成为可能，早期危险情景退至次要位置，进而害怕失去已经转化为结构客体的仁慈的出现。

一连串自恋的丧失与早期危险情形的理论，从来没有让弗洛伊德完全阐明早期的客体关系。他认为每一个危险情形，最终都建立在自我不能控制本能压力增长的基础之上(1926a)，因此，从解释作用的角度看，新模型的现实意义是从属于本能决定因素的。他一直在结构模型指引下，所要建立的框架就留给其追随者了。 76

弗洛伊德关于前俄狄浦斯期客体关系最富有洞见的讨论出现在一系列关于女性性欲的文章中。他关于这个主题备受关注与批评的观点存在于从前俄狄浦斯期向生殖器性欲转化过程中，为了获得阴道快感，女性必须放弃其最重要的性器官阴蒂的快感。弗洛伊德所有关于这个问题的讨论都得出这个观点，使得这些讨论有点不合时宜。不过，从这一系列论文中得到的总体印象是，弗洛伊德相信女性的最大问题不是性快感区的变化，而是性客体的变化。男孩可以将最初对母亲的依恋带进俄狄浦斯期，与男孩不同，女孩要获得异性恋性欲，就必须从对母亲的依恋转换到俄狄浦斯期的父亲身上。这立刻让弗洛伊德关注这样一个问题，是什么使得女孩能放弃与母亲在前俄狄浦斯期的联结。

弗洛伊德对这个问题的讨论，首次见于其对一例女性同性恋案例的描述中(1920b)，在这个案例中，对于母亲的固着使得这种必要的变化不能出现。此后不久，他谈到，女孩对母亲的失望体验促使其需要转换客体，以及这样做的可能性（1925a）。失望是一种关系概念，显示出客体的实际特点，现实中客体多少是有点令人失望的。在最初论及这个问题时，弗洛伊德没有发展这个方面。相反，弗洛伊德强调了女孩对于没有阴茎的失望，他将其看作是女孩抛弃最初的爱的关系的充分理由。俄狄浦斯情结的出现，希望父亲给与她一个孩子，被看作是对早年挫败的补偿。

在弗洛伊德后期著作中，尽管没有阴茎的挫败仍然是一种重要的潜在情绪，失望、敌意和恐惧带有处理早年母亲与女儿关系的一系列广泛特征的痕迹。弗洛伊德认为这些是女孩童年期永远不能完全满足的无限制要求的结果，也是母亲禁止其早年手淫的作用结果。此外，他谈到女孩对母亲的恐惧："很难讲，女孩觉察到来自母亲的潜意识敌意在多大程度会支持这种恐惧。"（1931, p. 237）

77

在弗洛伊德的主要著作中，最后的评论，可能更加明确地指出了前俄狄浦斯期客体关系现实状况的重要性。它再次出现在关于女孩报告的俄狄浦斯期诱惑的精彩讨论中。在《精神分析新论》中，弗洛伊德重申，他认为这些诱惑是幻想，但是他对早年关系持不同的观点。他描述了前俄狄浦斯期的情形："幻想触及到现实的范围，实际上是母亲清洗孩子身体卫生的行为不可避免地刺激，甚至也许是第一次激起了女孩生殖器的快感。"（1933, p. 120）因此，*从现实层面看*，母亲既诱惑了孩子，又惩罚了其后来的手淫犯禁行为；相对儿童早年冲动来说，这个状态内在的矛盾情感为最终的客体转换开辟了道路。

尽管是在专门针对女性性欲的前提下讨论前俄狄浦斯的客体关系，弗洛伊德（1931）接受兰普尔-德格鲁特（1928）的观点，认为这种情形对于两性都是一样的。不过，对于小男孩来说，他从未进一步详细论述这个问题，也许是因为一直以来，他阐述的男性俄狄浦斯情结的清晰度受到了干扰。实际上，由于在晚年才介绍关于早年情形的观点，故而弗洛伊德从未将客体关系的现实方面整合到其发展理论之中。例如，也许接下来，关于母亲是现实的早年诱惑者的观点，可以纳入俄狄浦斯情结建立与瓦解的理论之中，但这一点从未实现。没有人认为母亲的潜意识敌意伴有潜意识的性目标，也没有人认为这两者是父亲对孩子反应的重要方面。不过，应该清楚的是，19 世纪 30 年代，弗洛伊德正朝着更加彻底认识这些问题的方向迈进。

在讨论新的处理前俄狄浦斯期的方法对其现存的女性性欲理论的影响时，弗洛伊德写道："既然这个阶段有允许所有固着和压抑的空间，而且我们通过这个阶段可以找到神经症的来源，似乎我们必须撤销俄狄浦斯情结是神经症核心这个论点的普遍性……[但是]我们可以扩展俄狄浦斯情结的内容以囊括孩子与父母的所有关系。”(1931, p. 226)这样一个陈述，暗示存在扩展的可能性，弗洛伊德实际上却从未引入这种扩展，他触及到了我们一直在强调的问题核心。这个陈述表明俄狄浦斯情结本身是一个理论结构、一个容器，要有用，就必须用从某个模型得出的假设来填充。这个容器一度充满了具有体质决定的驱力及其变迁；这样的填充以及填充物本身具有使容器充满解释的可能以及意义的特征。随着新资料的发现，原来的意义就不充分了，容器必须填充新的东西。弗洛伊德在此转向家庭成员之间各种关系的多层次互动。进一步的临床经验可以整合进结构之中，结构得到扩展以容纳新的信息。需铭记，驱力明显铸造了理论容器的内容，我们可以去欣赏弗洛伊德创造的这个模型具有的力量、高雅与灵活性。 78

# 4. 人际精神分析

你不妨用叔本华的话来说阿波罗……罩在玛雅面罩中的人:"正如在无边无涯、洪涛起伏、澎湃怒吼的海洋上,一个人坐在小划艇上,托身于一叶扁舟,同样,在这喧闹的世界里,个人安心静坐,受到个性原则的支持并依赖它"……阿波罗自己可以看作是个性原则的惊人的神像,他的表情和姿态都散发出"假象"的一切愉快、智慧以及美。

——尼采,《悲剧的诞生》

79 最初的四十年,精神分析是相对同质的,构成从弗洛伊德著作演化而来的宽广过渡期,时不时地会爆发几次小规模运动。荣格与阿德勒,在19世纪初的脱离之后,在非常不同的方向发展了各自的理论。荣格阐述了关于精神上普遍基于原型的一个复杂神秘的体系,而阿德勒将精神动力学的思想扩展到了社会和教育的领域。在19世纪20年代,兰科和费伦奇提出一些重要批评,以及专门针对分析技术的其他方法,但是他们没有把工作发展到从理论上进行阐述的地步,也没有吸引太多追随者。直到19世纪30年代后期,才开始出现广泛而非正统传统,部分源于早期的脱离,明确脱离了弗洛伊德的驱力/结构模型的基本假设。在这种非正统传统下发展起来的综合框架逐渐被称为人际精神分析。

人际精神分析没有像经典的弗洛伊德的驱力理论那样,形成一个统一的、整合的理论。相反,它是一系列不同的有关理论和临床实践的方法,共享基本的假设与假说,我们将之统称为人际/结构模型。这个运动的主要人物——哈里·斯塔克·沙利文、80 埃里克·弗洛姆、卡伦·霍尼、克拉拉·汤普森以及弗里达·弗洛姆-瑞克曼——彼此相识,共同工作,他们的个人成就反映出很大程度的相互促进。他们始于共同的起点:确信经典的驱力理论关于人类动机、体验的本质以及生活困难的基本假设本质上是错误的,因此,驱力理论为精神分析的理论架构和临床技术提供的基础是不足的,本质上是误导的。他们也拥有共同的信念，认为经典的精神分析理论弱化了社会和文化的大环境，而该环境在试图解释人格起源、发展和扭曲的任何理论中占有重要地位。这种强调文化对人格的影响使其与其他重要的人际/结构模型——客体关系理论的英国学派分离开来。

人际传统一直被归类为“文化主义者”，尤其被其批评者表述为基本上属于“社会学”，将个体看作是文化价值的被动载体或是书写社会规范的白板(Sugarman, 1977; Guntrip, 1961)。这种指责在驱力/结构模型的捍卫者中是普遍存在的，他们认定心理的空间隐喻，其中充满了来自驱力、发自心底的能量。在驱力/结构模型中，社会现实构成重叠的、强加于由驱力组成的更深层、更为“本质的”心理基础之上的层面。删除或替代驱力是潜在动机原则、并且强调个人与他人的社会关系的任何理论，从这个观点看，其定义是表面的，关注的是人格“表面”区域，缺乏“深度”。人际传统一直受到指责的是，没有公平看待人类的情感、个人最深层的动机与冲突，仅仅将个体看作是文化的产物。这带来严重误解。沙利文、弗洛姆和霍尼对人类体验的描绘充满了深层而又强烈的情感。然而，这些情感与冲突的*内容*没有被理解为源于驱力的压力和调节，而是自己与他人、真实与想象之间关系组成的转化与竞争的格局。

沙利文一直是精神分析史上最有影响力的、最有激进抱负的、最易被误解的人物。他的角色一直是令人难以捉摸、自相矛盾的。尽管他的著作很少得到全面的研究，但在当初，对于美国现代精神医学和当代精神分析思想却有着巨大影响。人们一直认为，沙利文极大地“秘密统治”了美国现代临床精神医学(Havens & Frank, 1971)，他一直是“美国最重要的、独一无二的动力性精神医学的贡献者”(Mitchell，援引Havens, 1976)。沙利文关注的问题和构想，生前遭到经典作者的嘲弄(Jacobson, 1955)或忽视，在过去十年中，有时是以惊人的未加改变的形式，再次引起最重要的、最受欢迎的秉持弗洛伊德理论作者的重视。然而很少有人相信是他创立了这些方法和观点。

81

这些自相矛盾的说法是沙利文与弗洛伊德正统激进决裂的政治结果，也是其理论方法的主旨与风格所要求的结果。他对病人、治疗师以及理论家语言的不当使用有着浓厚兴趣。他深切关注的是，他认为言语普遍是用来模糊而非深化体验、掩饰而非交流，用来传授一种错觉式的控制感、知识或权力。与大多数精神分析作者相比，沙利文对其读者的要求更高；他试图吓唬他们，动摇其习惯的、未觉察的混乱思维和交流。他想让听众认识到，他们通常看待人类体验和困难的方式本质上是不合适的，是建立在错误但令人舒服的错觉之上的。沙利文的目标远大，他也深知语言所提供的工具是微不足道的。他从未将他的概念系统化并使之成为一个正式统一体；绝大部分以他名字出版的书是其演讲与谈话的手稿和笔记的汇编。沙利文未能整合并正式确定其稿件，似乎是他极度谨慎的结果，担心其理论被误用作教条，也是其过分小心的结果，内心深处害怕被误解。因此，他的遗著正文理解起来有难度，而且有挑战性，具有讽刺意味的是，容易被人误解。阅读沙利文是一种修得的境界，需要极度主动和批判的态度，才能跟上其思想的流动。

沙利文想象并迫切感觉精神医学和精神分析需要完全不同的方法，对此影响最大的是 20 世纪初具有美国思维典型特征的知识背景、当时占统治地位的实用主义哲学，以及他与精神分裂症病人工作的经验，其早年职业生涯中接触的几乎全是这种病人。19 世纪 20 年代，沙利文在芝加哥学习医学，当时美国知识生活炙手可热的中心就是医学。实用主义，以其显著的美国血统和特点，统治了哲学，并成为沙利文传记作者 H・S・佩里所说的伟大活动的根基，具有"芝加哥社会科学镶嵌图"的特征(1964，p. xix)。沙利文的理论发展方法与乔治・赫伯特・米德、查尔斯・H・库里、罗伯特・E・帕克、简・亚当斯、W・I・托马斯以及埃德加・萨皮尔所使用的方法是一样的，并深受其著作影响。从广义上来说，实用主义是对 19 世纪欧洲形而上学傲慢、非物质抽象的反应。实用主义主张哲学自身应该关注所能感觉到的生活体验、现实状况和生命。各种社会科学都注入了实用主义精神，其典型导向是关注实际的、社会的现实，关注可见的、可以测量的状况，而不是不可见的抽象。对年轻的沙利文影响最大的精神病学家(埃德加・J・肯普夫、阿道夫・迈耶和威廉・阿兰森・怀特)是这种观点的拥护者，极度重视病人生活的社会现实和具体环境，正如怀特所言，重要的是要努力"判断病人在试图要做什么"(援引 Sullivan，1940，p. 177)。面对新近引入美洲大陆的、错综复杂而又高雅的经典精神分析体系，沙利文的反应受到了这种实用主义情感的极大影响。

82

沙利文将这种方法应用于心理病理学领域的精神分裂症，当时这个领域不是被弗洛伊德的著作，而是被埃米尔・克雷丕林的构想所统治。1923 年至 1930 年，沙利文极其注重细节和人员配置，在马里兰州的陶森管理夏普德・伊诺克・普拉特医院的一个小的男精神分裂症病房。这个实验病房是首例现在所称的"治疗社区"，极大地影响了人们对社会和人际关系环境的注意，是今天绝大多数先进的精神病院所具有的特征。正是在这种情形下，沙利文磨练了其娴熟的临床技能，并塑造了其人际理论的基本元素。他最初反对克雷丕林的精神病学，竭力理解精神分裂症现象，只有在这样的背景下，我们才能完全理解他的许多原则与重点。

### 沙利文与克雷丕林：弗洛伊德理论的早期应用

沙利文开始进行精神分裂临床工作时的状况，与当今精神病学和精神分析社区所使用广义的方法、理论以及治疗有着显著的不同。20 世纪初的几十年里，精神病学思想被"精神病学之父"克雷丕林的工作所统治，其教科书不断再版和更新，被认为是令人费解而又令人困惑的精神障碍领域中最可靠且最"科学"的指南。克雷丕林整理了诸如紧张症、妄想、幻觉和青春型精神分裂症这些精神障碍，过去认为它们代表不同的病理学，他将其归于较为普通的疾病目录之下，名之为早老性痴呆。他认为这些"亚型"表现出一种潜在的、不可逆的恶化，最终导致精神和情感功能全面解体。可以对这些不幸病患进行有效研究和监护，但试图对其进行任何改善性治疗都是无用的。 83

弗洛伊德关于精神分裂症的早期精神动力学构想与克雷丕林的生物学方法极为不同，但就其治疗而言，他俩的观点是一致的。弗洛伊德区分了"移情性神经症"和"自恋性神经症"，前者的力比多仍然附着于客体映像之上，有移情和分析治疗的可能，后者(包括精神分裂症)的力比多一直是完全指向自体，不可能产生移情和进行分析治疗。在精神分裂症不可治疗这样一个根深蒂固的共识之下，沙利文开始了早期研究，他对克雷丕林关于精神分裂症的思想反应设定了基本主题、原则和重点，这决定了他接下来的成就。

沙利文感到非常吃惊，因为他的病人(其病理表现似乎是可以适应环境，其言语似乎是可以理解的，似乎对治疗性干预有反应)，跟绝大多数精神病社区所持有的基于克雷丕林观点的信念不一致。怎么会有这种不一致呢？像克雷丕林这样的科学家，无视反面证据，建立错误概念和误导性标签并固守其信念，这激起沙利文强烈的好奇心。事后归因并自圆其说的诊断巩固了克雷丕林关于精神分裂症的权威地位；如果病人康复了，人们会认为，病人就不是真正患有早老性痴呆，因为后者有着不可逆的恶化。

多年以来，克雷丕林通过对住院病人进行公开访谈展示他的观点。沙利文针对克雷丕林关于该资料的解释提出疑问，认为克雷丕林所展示的与精神分裂症没有多大关系，而是由已广为人知的"住院制度"造成的现象。他认为克雷丕林理论建立的依据，是"对已经形成的障碍的观察资料的汇编，用以说明的样本(偶尔有"穿插表演"的种类)是在不正常的反应已经习惯化并相对不能适应现实之后收集的"(1925a，32n)。

84 沙利文认为这样的方法更多表现的是理论家自己的“诊断热情与分类热忱”，而没有关注病人(1925a, p. 26)；他谴责弥漫在关于精神分裂症流行观点之中的“神秘主义与空谈”(p. 30)、预言和“根据结局做诊断”(1962, p. 159)。他在早期关于精神分裂症的论文中呼吁一种新的方法学，要迫使研究者关注患病的病人，而不是研究者自己先入为主的构想和解释。沙利文开始感觉，其主要作用是传授了错觉式的权力感、知识和“客观性”。他呼吁“对精神分裂症的内容和行为进行密切的观察”，而不是“神经病学的解释、二元论的怪物和拟人的物化”(1924, p. 9)。“我们工作中任何有价值的东西，”他认为，“来自对每个个体进行密切而详细的研究。”(1925a, p. 28)

为了向他那个时代的传统智慧进攻，在早期论文中，沙利文从布鲁乐有关精神分裂症的研究、荣格理论、机械物理、实用主义哲学以及学院派心理学吸取了大量的词汇和概念。不过，他最重要的知识来源是弗洛伊德。沙利文试图展示精神分裂症现象不是神经病学恶化的随机产物，而是传达的意义，早在20年前，弗洛伊德以同样方式展示了神经症症状的意义。沙利文早期关于理论与概念的混合是晦涩的，同时伴有对精神分裂症个案的历史、治疗和结局的详细报告，在对病人的敏感和尊重方面引人注目。早期的这些工作产生了几个深层而全面的理念，为其后来将理论扩展应用到人类体验的非精神分裂症领域奠定了基础。

精神分裂症不是一个源于个体机能内的过程：是对个体与环境之间发生的过程和事件的反应，环境既包括病人与之互动的重要他人，也包括他们传递的更大的社会和文化价值。现在有一个普遍的体验，让精神卫生领域的新手强烈震撼的是，从病人家庭状况和人格角度来看，看似不可理解的精神分裂症的心理病理是富有意义的(Laing与Esterson[1964]，可能是最富有戏剧性地描绘了这种现象)。沙利文关于精神分裂症病人及其家庭的研究首次开启了这个领域。他很清楚，掩藏在奇异古怪的外85 表之下，精神分裂症病理的显著维度是不能与他人建立联结的严重障碍，这种障碍不是不可逆的生物学过程的产物，而是病人与重要他人互动的历史产物。他认为，只有脱离精神分裂症产生的人际关系背景并对其进行研究时，精神分裂症现象才会变得难以理解。与他人的实际关系，不管是过去还是现在，都是精神分裂症产生的基础。沙利文越来越感觉到，所有的轻度适应不良也是病人与一个或多个家庭成员关系障碍的结果。

精神分裂症表现的是人格基本组织的主要障碍或“扭曲”，形成“自尊的灾难”。沙利文强调，康复不单纯是自知力的恢复，而是人格的基本重组，需要将先前未经整合的经历纳入自体之中。

病人与治疗师之间的个人关系是决定病人命运的最重要因素，可能是正性的，也可能是负性的。为了支撑错觉式的知识和控制感，精神病学“科学家”魔法般地使用语言，而病人却内向性地使用语言，两者均令沙利文印象深刻：“要得出错误而令人满意的结论，进行心理学问询并不困难。”（1929，p. 206）

这三个观察使得沙利文不断地强烈反对关于与精神分裂症病人一起工作时的“客观性”和“分离性”的假设，这种担心对其后来处理精神分析技术的方法有着非常重要的作用。面对精神分裂症病人营造的令人不安和困惑的压力，他逐渐感觉到：“远不止是医生的任何一个动作，他对病人的总体态度决定了其价值。”（1924，p. 20）

沙利文努力想摆脱他那个时代精神病学的生物学主义和假性客观的疾病分类学偏见，向着更加真实的精神动力学观点的方向迈进，他的这些努力缔造了人际关系理论的基本原则与重点。在这些努力中，他对弗洛伊德精神分析的态度带有显著的矛盾特征。一方面，在挑战克雷丕林关于精神分裂症是不可逆的神经病的恶化的宿命论生物学观点时，弗洛伊德关于心理冲突、压抑和潜意识心理过程的描述为沙利文提供了主要的概念性工具。沙利文早期的论文，用他自己的话来说，是“与弗洛伊德教授的阐述保持严格的一致性”（1925b）。他使用的许多概念都是从经典的力比多理论吸收而来，尽管使用的方式非常奇特。他先于克莱因、费尔贝恩和其他人，指出性愿望和冲动的频率经常是他人的载体，在早期常常是婴儿思维和冲动的载体，涉及对依赖的渴望（1925a，pp. 92 - 93）；他认为梦不仅表达“潜在的”内容，而且表达了做梦者的性格结构；他将“小心使用问题”应用到“自由联想”技术，成为他后来对分析技术贡献的里程碑；他先于费尔贝恩将俄狄浦斯情结重新定义为“隔离”对一方父母坏印象和对另一方父母好印象的产物（1972，p. 144）。沙利文也强调了其个人分析对他的重要性；他赞赏地说：“人类行动中没有什么其他的东西，能接近精神分析情景的复杂性和微妙性。”（1934，p. 314）

*86*

另一方面，像他年长的同事梅耶与怀特一样，沙利文关注弗洛伊德理论产生的不断增长的教条，在应用于底层的美国病人，尤其是患有更加严重障碍的病人时，他感觉到这个方法的局限性。他从未正面评论弗洛伊德理论；他简短地顺带提出批判，经常是脚注的形式。佩里（1964）认为沙利文很注意不损害美国精神病学界对弗洛伊德精神分析脆弱的接受度，这种小心限制了他对弗洛伊德的批判，也是他拒绝出版《个人心理病理学》（1972）的主要原因，这本书包含了能在沙利文著作中发现的最重要的对弗洛伊德的援引。直到19世纪30年代，沙利文和他的合作者与弗洛伊德精神分析一直保持着相对和平的共存，其后，随着欧洲精神分析师作为流亡者的涌入，政治路线和僵化在机构之中挑起了复杂的分裂。

尽管沙利文避免全面深入地评论弗洛伊德，我们将分散各处的引用拼合在一起，就能重建他对弗洛伊德思想持保留意见的四条主线。首先，在构建“自恋性神经症”概念时，弗洛伊德对于治疗精神分裂症病人的可能性观点过于悲观。其次，弗洛伊德基于少量的资料就提出像阉割焦虑这样的一般原则，显得太随意(1972，p. 222n)；像克雷丕林一样，他假定许可谈论过程，像死亡本能，是无法进行观察的(1972，p. 223n)。再次，弗洛伊德轻视与他人关系的重要性，不管是直接的、人际关系层面，还是文化对于个体功能的广泛影响。在他所有著作和演讲中，有几处，沙利文提出弗洛伊德驱力理论的每个主要原则，从人际和社会过程角度看，能得到更好的理解。他认为俄狄浦斯情结是我们这个社会中竞争、嫉妒、长期的依赖和性虚伪的突出的人为现象(1925a，p. 94)。口欲期的动力“一般具有社会的倾向，而不是快乐主义的本质”；口欲本质上关心的不是快乐，而是“物质”的摄入(1927，p. 168)。许多病人的主导性冲突不是多形态的性变态与普遍的乱伦禁忌冲突的产物，而是文化习俗要求晚婚、婚前性行为的禁忌，总体上限制性快乐，使得西方男人与女人成为“我所知道的最受性驱使的人”(1940，p. 59)。沙利文指责弗洛伊德的文化短视：他将自己的文化背景误认为是人类的普遍情况，就像克雷丕林那样，假设存在误导性的、不可能的“客观性”，忽略了“思想者观念形成的文化和社会方面”(1931，p. 276)。最后，沙利文不断表达关注的危险，本质上不是弗洛伊德的著作本身，而是所谓的弗洛伊德主义——将其观点视为教条，要求完全的忠诚并声称可以全面回答所有的问题。他谴责“某些精神分析倾向精神病学家的墨守成规”(1931，p. 274)，反对在精神分析阐述中使用“探索确定性”，公开反对精神分析师对秘传知识的宗教式膜拜并渴望建立“忠诚社团”(1948，p. 261)，谴责“**新知识**的狂热信徒”(1972，p. 350)。沙利文对弗洛伊德精神分析对理解精神分裂症贡献的矛盾情感，在他对那些不适合给精神分裂症病人做心理治疗的人的告诫中，表达得再清楚不过了。

87

> 未经分析的精神病学家以及对其当前分析满怀神圣看法的精神病学家，通常被认为不适合这项工作。前者通常有一套刻板的禁忌和妥协，对于精神分裂症的直觉显而易见，病人因此会提前来看医生并对他感到恐惧。分析的狂热者太自以

为是，因此病人就从未有过开始。(1931, p. 289)

### 沙利文的方法学

沙利文对精神分析思想的贡献可以分为两大类，在其观点的发展中是混合交融的：基于操作主义原则（借用物理学家布里奇曼），对现存精神病学和精神分析语言进行了彻底批判；建立了一套新的理论原则和一个理解人类生活体验与困难的新的解释框架。有些沙利文的解读者低估了后一维度的重要性，也低估了其理论，认为他只是提供了一种方法学，一种实用的基于实证的研究方式，并提供了一系列不相关联的观察。这些都将其工作误认为一种"观点"，而不是一种"替代"理论（Modell, 1968, p. 4）。还有一些积极的阅读者极度低估理论而赞美方法学，声称沙利文建立了一种观察临床资料的方式，这种方式不受任何理论预设和哲学假设的影响。我们认为沙利文*确实*提供了一种理论，这种理论在精神分析观点的发展中至少与方法学同等重要。他不仅提供了对传统方法学的批判、看待资料的不同方式，而且也提供了一种看待人类体验引人注目的、完全不同的*视野*。沙利文所*看到*的是不同的，他的组织形式是不同的，理解也是不同的。其建立新视野的原则在资料中本身不是固有的，也不是可观察的；如同弗洛伊德的驱力模型概念一样，这些原则用于资料是试图赋予资料意义并可以理解。 88

沙利文对操作主义的重视直接源于实用主义所赋予的对知识的关注和敏感度，以及他早年与精神分裂症病人的工作。精神分裂症病人的实际情况，与抽象而无法证明生物学构想对其作出大概解释之间有着鲜明的对比，长期以来让沙利文印象深刻。他所理解的有用的理论是，其术语易于理解，其资料可以公开获得。病人的行为、病人言语的内容与方式、他人提供的关于病人的信息、治疗师面对病人时的感觉和行动，所有这些资料要接受同感检验，属于"公开"领域的资料。因为沙利文的方法学重视能清楚进行观察和获得的资料，他有时被误会成"行为主义者"或"社会学家"，认为只有*行为*，只有*社会互动*，才是真正的资料，并剔除了经验资料，诸如幻想、愿望和"深层"人类体验。这是不正确的。沙利文所争论的是，我们只能对可以观察的东西进行有意义的研究，我们只能观察我们的所见所闻。临床现象是"发生在由观察者与被观察者创造的情境下的观察者与被观察者之间的现象"(1940, p. 12)。确切地说，这包括病人"口头报告的主观表现（现象）"(1938a, p. 34)，也包括愿望、幻想以及所有非常隐私的、个人化的体验，只要是能通过语言表达出来或非言语地传递出来就可以。 89

有两个领域需专门被排除在外：是病人体验中发生的事件或情感，但难以用言语表达，无法交流，“不可改变的隐私”；*假定*发生于病人体验中的过程，不管是病人还是治疗师，都不能直接查证。沙利文在此对潜意识概念的使用具有启发意义。很显然，人类很多体验是不连续的，带有空白，表明隐藏的或潜意识的心理过程在发挥作用。说到隐藏的过程，假设是必要的，这些假设常常是不能完全被证实的。从这个意义上说，操作主义更像是一种理想的标准，而并不总是实际的标准（1953，p. 15）。正是因为这个缘故，沙利文警告不要假设许可用一种具体而详细的方式来填满这些空白。

> 潜意识，我从实际描述的角度看，很显然是不能直接体验到的，充满了精神生活的所有空白。从很广泛的意义上讲，推断潜意识的存在，据我所知，世界上没有什么东西能与之比拟。一旦你开始在不能直接体验到的东西里安置家具，你就在从事一项不仅仅需要客厅魔术的工作，而且某些怀疑者容易让你感到尴尬。（1950a，p. 204）

语言，他强调，是很危险的；它可以用来指称各种地点和过程、客体、结构和驱力，也许就在病人的脑子里或者心里。沙利文创立的关系模型与英国客体关系学派所开发的模型的鲜明差别，就在于语言的使用，使人想到的是“内在的”客体、结构以及假设带有现象学参照物的过程。克莱因的理论，阐述了一个带有潜意识幻想的完整世界，代表了沙利文极力警惕的那种理论构想的最全面发展。

沙利文谨慎使用理论的同时，对个体体验复杂性和独特性有着深深的尊重。“任何人格都比自己的人格具有本质的不可知性……总是有大量的残留会逃脱分析与交流……没人能希望可以全面理解他人。如果做到理解自己，你就是非常幸运的。”（1972，p. 5）你一定不要过度看重你的理论、诊断概念和解释，他不断地强调。最终，人生活的实际状况总是躲避理论，比诊断构想要复杂得多（1971，p. 306）。作为科学家，我们受限于同感有效信息和假设；然而，同感有效与个人有效之间总是存在分歧（1972，p. 24，27）。创建理论时对局限性的深度觉察和谦逊贯穿于沙利文的理论构建以及治疗方法之中；后者被描述为一种永恒的、必然是不完整的问询，结果就是“越来越接近”病人生活的最终不可知的现实。沙利文对个体独特性和理论局限的尊重常常被评论家所忽视，他们关注的焦点是沙利文对“个体独特性错觉”的猛烈抨击。

90

## 基本概念

“精神病学领域是人际关系的领域，人格永远不能与人生活和维持其存在的复杂的人际关系分离开来。”(1940, p. 10)这个看似简单的陈述是沙利文理论的基础，包括认识论、元心理学和方法学的重要含义。他认为，对另一个人的所有认识都是以互动为媒介的：通过观察一个人的所作所为，观察与他互动中的我们自己，倾听他报告他的互动与体验，我们才开始认识他。从这个意义上说，资料收集者从来就不是简单的客观报告者，而总是“参与的观察者”。“人格在人际关系情景下得以显示，而不是其他。”(1938a, p. 32)沙利文认为，人格不是一个实体，不是能被感知、认识和测量的有形结构。人格可定义为一种暂时现象、一段时间内的体验和互动模式，只有通过人际互动的媒介才能认识人格。

沙利文将人格研究置于人际域之中，假定了一个较大的元心理学的视野，吸收了怀特黑德的观点，立足的原则是，生命是一个过程，是流动的，永远不是静止的，是连续的一系列能量的转化。沙利文提出“宇宙的终极现实是能量”(1953, p. 102)。因此，根据元心理学和方法论，他反对精神分析理论架构中关于结构的隐喻和语言，反对形成假定表现内心“准实体”的概念，诸如超我、自我结构、内摄等。他认为不存在“结构”，只有能量转化的模式——*结构即是能量*。

91

沙利文的能量概念不同于弗洛伊德的能量概念，就像当代物理学不同于牛顿物理学一样。对牛顿来说，他的世界观塑造了弗洛伊德及其他19世纪的科学家，世界是由物质和力构成的；能量作用于物质，移动先前存在的结构。因此，对弗洛伊德来说，心理结构区别于能量(驱力)，能量驱动结构运动。另一方面，在当代物理学中，物质与力是相互交换的；物质*即是*能量。对于沙利文来说，跟怀特黑德一样，心理是暂时现象，能量自身随着时间而转化。对“结构”这个术语来说，唯一有意义的参照物就是活动模式；对心理“能量”概念唯一有意义的参照物是全部的精神生活，不是驱动精神生活的可分离的数量。(费尔贝恩在批判驱力理论元心理学时，也持有这种观点，而且更加明确、全面。)

沙利文用“精神动力”这个术语替代了经典的术语“机制”，定义为“相对持久的能量转化模式”(1953, p. 103)，以“避免已知功能与未知结构的概念联想太接近”(1972, pp. 17－18n)。人类的体验由过程的模式组成，不是“具体而实质的机制”(1950a, p. 324)。同样，沙利文不是将心理病理看作疾病的“实体”，而是“综合征”，整合与他人关系的特征模式，“生活的过程”。人就*是*他的*所作所为*，他所做的可以认识的每件事都是人际域中发生的。

人被“需要”所驱动，在沙利文的系统中分成两大类：满足的需要、安全的需要。这些需要之间的相对平衡是决定情感丰富性和健康的主要因素，用以对抗生活中的限制性困难。这两种需要都在人际域中发挥作用，和自我与他人之间关系有着内在的联系。

满足的需要包括范围广泛的生理和情感的紧张与欲望。许多需要，诸如对食物、温暖和氧气的需要，属于机体与环境互动的化学调节，因而关系到机体的生存。其他的满足的需要属于必须与其他人类进行情感的接触，始于婴儿期简单的“接触的需要”，并在各个发展时期持续发展，需要与他人有越来越复杂而亲密的关系。满足的需要也包括简单而喜悦的能力与功能的练习，始于婴儿“摆弄其本领”时得到的快乐，并扩展为更加成人化的游戏与自我表达(1950a, p. 211)。

92

因为婴儿不能满足自身的需要，婴儿需要的满足就需要他人的参与。沙利文不断强调婴儿在母婴二元体之外是不可思议的：“需要一个照料的人……[因为]……婴儿是不能自给自足的。”(1953, p. 37)他发明了所谓的“柔情定理”，来解释婴儿需要的表达引起与母亲互动的整合，使需要得到满足的方式。“所观察到的紧张的需要引发婴儿的行动引起育儿者的紧张……体验为柔情和消除婴儿需要的行为冲动。”(1953, p. 39)因此，婴儿需要的表达唤起一种相互的互补性需要，迫使育儿者照顾婴儿的需要。饥饿婴儿的哭闹使母亲产生柔情的感觉，并伴有乳房内乳汁的生理性充盈。婴儿需要吃奶；母亲需要喂奶。成功的整合就达成了。所有其他的满足的需要有类似的作用：它们的表达唤起他人的互补性需要。满足的需要通常以“整合趋势”发挥作用；如此，婴儿的每个需要“从一开始就是固有人际关系的需要”(1953, p. 40)。

需要的满足要求机体与环境进行交换，这些交换被定位于沙利文所说的“互动区域”，发挥“集体共存的必要种类的终点站”的作用(1953, p. 64)。婴儿的基本区域包括：口腔、视网膜、听觉、触觉、前庭觉、运动觉、生殖器和肛门。这些互动的作用的区域不是产生自身能量与动机的来源，而是更加一般性需要满足的渠道。这些区域互动中“多余”的没有用于其他需要的能量，可以被体验为一种锻炼这些区域的欲望，随着这些区域的成熟，需要表现为各种能力。例如，除了获取营养和接触的需要之外，通常还有一种吸吮的需要。在沙利文看来，只有这些单纯的区域的需要才能自给自足地得到满足。例如，吸吮拇指可以为口腔区域多余的能量提供满意的释放。不过，区域互动的基本功能是为其他方提供渠道，促进需要满足所必需的人际关系整合的发生，发

93

挥整合趋势的作用。

婴儿只有某些满足的需要是出生就有的，其他的，尤其是情感的需要，是在发展过程中出现的。沙利文将情感的需要归到“柔情的需要”这个标题之下，在发展过程中要经过各种转化，开始于婴儿最早的身体接触的需要，“与活人接触的需要”(1953, p. 290)。于是，沙利文按照所寻求的普遍关系描绘了各个发展时期：儿童(1 到 4 岁)寻求成人的参与，作为其玩耍和成就的“观众”；少年(4 到 8 岁)寻求与其他少年的竞争、合作和妥协；青春期前的青少年(8 岁到青春期)寻求与同性、“死党”建立亲密、合作和爱的关系；青少年晚期(青春期之后)寻求与异性建立亲密、合作、爱和性关系。每个发展时期的开端都会出现对新的、更加亲密的关系的需要。这些人际交往需要不能满足会导致孤独感，用沙利文的话来说，是人类最痛苦的体验。

如果活着只关注各种满足需要的出现，按照沙利文的说法，生活将变得简单而舒适。各种需要的发展使你去接触他人，促使他人产生互补性需要，形成成功的人际交往的整合。美中不足的是，简单生活和成功整合面临潜在威胁，那就是焦虑。沙利文认为，焦虑对我们的生活造成巨大的影响，其特点源于婴儿体验到的环境。

婴儿对焦虑的体验等同于“恐惧”。恐惧不是由强烈的感知紊乱(如大的噪音或寒冷)引起，就是由对机体存在或生物完整性的危险(饥饿或疼痛)造成的；焦虑，沙利文对这个词的使用有高度的特异性，是被育儿者“感染”的。他认为，周围人的焦虑会被婴儿识别，即使这种焦虑本质上与婴儿本身没有任何关系。他将焦虑传递的过程称之为“共情联结”。因为其来源，焦虑状态在婴儿体验中是独特的，并逐渐统治其生活。所体验到由满足的需要产生的其他紧张，都是可以改善的，有所助益的。婴儿表达其他需要时，诱发育儿者的柔情感，导致育儿者与婴儿的成功整合，从而解决了最初的紧张。焦虑就不是这样了。焦虑的婴儿表达其不适，育儿者同样产生柔情感，试图去处理婴儿的需要。但对于焦虑，育儿者只会把事情搞得更糟。首先他是婴儿焦虑的*原因*；他的注意，尽管是出于好意，却让婴儿更加接近其焦虑状态，使婴儿*更加*焦虑；婴儿变得更加苦恼，给育儿者造成了更大的焦虑，反过来加重了儿童的焦虑。 *94*

这种灾难性的滚雪球式的忧虑是出生最初几个月中最强烈的体验。事实上，沙利文认为，儿童学到的最初的分别，他/她在生活中取得的最初的辨别力，是可以区分非焦虑状态(包括放松、不紧张的时间，以及各种要满足的需要的出现与解决)与焦虑状态。所有其他的紧张都是可以处理的，而且以整合的趋势起作用；焦虑无法得到控制或解决；有失整合的趋势，干扰其他关于满足的可能整合。面对强烈的焦虑，婴儿跟成年人一样，不能成功进食、交流柔情、玩耍等等。最早的焦虑体验无情地折磨着婴儿，而且无法逃离。

婴儿拥有的认知或组织技能是有限的；因此，对育儿者的最初体验是“模糊的，漫无边际的，有着极端的舒适与不舒适的方面，本质上只有暂时重合与延续的关系”(1950a, p. 310)。感受到的他人是整体的，没有分别的。因为母亲有无焦虑是婴儿是否出现焦虑的决定因素，沙利文将婴儿最初体验中可以辨别的非焦虑和焦虑状态分别命名为“好母亲”和“坏母亲”。千万不要将“母亲”这个词与现实的母亲混淆。从婴儿视角看，区分焦虑与非焦虑的他人优先于他人可能想做出的其他区分。“好母亲”与“坏母亲”是复合性的化身，前者由婴儿开始接触重要他人所产生的所有非焦虑的、柔情的体验组成，后者由接触同样的他人所产生的所有焦虑的体验组成。

我们曾提出，在弗洛伊德的驱力/结构理论中，婴儿创造了客体，作为合成驱力自身要求的内在特征的推断和认识。在沙利文的人际/结构理论中，婴儿发现了客体，或者更进一步说，发现自己处在与客体的关系之中。根据沙利文对婴儿体验的现象学的解释，自我意识的初现是开始辨别两种整体状态导致的：紧张和欣快(“好母亲”)与不断出现的、可怕的焦虑发作(“坏母亲”)之间有节奏的摆动。这些词汇指的不是一个有区别的“他者”、自体的分化，而是两种融合的、未分化的存在状态，自体的映像和他者的映像是融合在一起的。因此，通过发现自己陷入的两种互动，婴儿开始觉察到自己。有时，他参与人际间的整合，由某些感觉到的需要激发，唤起育儿者的互补性需要，形成成功的整合与解决。有时，他参与人际间的失整合，由育儿者的焦虑所激发。



只有经过一个逐渐的过程，这些总体状态的各种成分——育儿者和婴儿各自的特点与作用，才能梳理开，才会有点分别被感知的感觉。在沙利文看来，育儿者作为他人的实际特点，不管是其被理解以及清楚表达之前还是之后，对儿童有巨大的影响。父母的性格是儿童人格结构化的媒介。育儿者没有焦虑与充满焦虑的功能区域的分布，设定了儿童去体验自己的背景，父母回应的细微差别与儿童所有的自我觉察交融在一起。在沙利文的系统中，婴儿在整合到与育儿者的互动之前是没有心理学的存在的，通过复杂的发展过程，他/她发现了自己以及“客体”。

沙利文感觉将早期体验的残留归为感知是不正确的；它们太模糊，太不清楚，太难触及，难以被感知。他将这些早期的映像和感觉，以及因为没有被清楚理解和表达而保留的后期体验方面，描绘为“领会”。婴儿对“坏母亲”的领会，充满并涌动着焦虑，与对"好母亲"的体验形成鲜明的对照,"好母亲"充满柔情,对每一个需要作出回应。

沙利文将安全定义为没有焦虑[①]。因为早期焦虑有着有毒的特质且不可回避,安全的需要就成为婴儿能力发展中的主要关注点,并持续终生。婴儿如何能逃离焦虑?沙利文描述一系列的过程,婴儿首先学会区分与非焦虑母亲相反的焦虑"信号"——皱眉、紧张的姿势等等。这些最早期的理解就被记住了,因为这是*有用*的。婴儿学会期望出现的是焦虑的还是非焦虑的母亲。婴儿逐渐意识到好母亲与坏母亲是同一个人,并理解他的有些行为让母亲更加焦虑,有些让母亲不那么焦虑。这个发现大约1岁时达到顶峰,因为语言的出现得到促进,婴儿开始发展一套复杂的过程来控制母亲的焦虑,通过共情联结,从而控制了自己的焦虑。这些过程需要约束婴儿体验的模式,并阻断这种体验的某些维度,使其不能被感知。这给我们带来沙利文的自体的概念,需要暂时岔开话题,说一下他对这个概念的使用。 96

沙利文以高度专门化和特异的方式使用"自体"这个词,其内涵与其他的作者不同。他关于自体的构想可以分为三个主要的阶段。在其早期关于精神分裂的论文中,他借用学院派心理学的词组"自我关注的情感",一般意义上指的是精神分裂症前和精神分裂症病人典型的糟糕透顶的低自尊。

19世纪30年代,沙利文关于自体的构想变得更加具体化,他开始区分自体与人格。人格指的是人的全部的功能,是可以通过显著的行为和体验模式进行描述的。自体指的是人格*之中*体验的特定的组织,是由人关于自己的体验的映像和观点组成。你的人格是"你*是*什么";你的自体是"你*如何看待自己*"。沙利文的理论建构主要吸收了G·H·米德的社会心理学观点,你如何看待自己总体上是别人如何看待你的产物;"我们每个人都根据我们感觉到的别人对我们的反应来建构我们人格的主体信念,这逐渐组成了自体"(1972, p. 64)。"自体可以说是由来自他人的评价组成的。"(1940, p. 22)因此,人格具有"一分为二的特征";与重要他人的评价一致的体验就组织成"自体";与重要他人的评价不一致的其他体验是"额外的自体",在人格中发挥作用,但未被识别和认识。通过一系列复杂的合理化、自欺和贬低他人(需要将讨厌的人格特征 97

① 这个安全定义是从沙利文后期演讲中得出的(1953)。在早期构想中(1940),他将安全的需要与"权利"的需要联系在一起,是早期父母不赞同导致的无助感的解药。在后期构想中,他抛弃了关于独立权利动机(让人想到阿德勒)的想法,对寻求安全的描绘用的是负性的词汇——回避焦虑——可以或可能不引起对权利的追求。

转移到他人身上），自体在人格中永驻并得到保护[①]。

在其后期演讲中，沙利文对自体发展变化的描绘变得更加精细，超过了米德的工作；自体不再是他人评价的简单集合体。自体被认为是复杂的体验组织，来自但并未摆脱儿童与重要他人的互动："自体系统，远非育儿者的某种功能产物，或与育儿者的认同，是为了避免焦虑升级的体验的组织。"（1953，p. 166）

婴儿最初对体验的组织是建立在区分焦虑状态（坏母亲）与非焦虑状态（好母亲）基础之上的。随着儿童认知能力的成熟，他开始预期母亲的情感状态并将他的行为与其联结在一起。体验和行为的有些方面与母亲的评价一致，诱发更多的柔情并减少焦虑；因此，通过共情联结使得儿童的焦虑减少。沙利文将人格的这些方面命名为"好我"。体验和行为有些方面使得母亲更加焦虑，因此，通过共情联结，使得儿童也更加焦虑。这些方面就是"坏我"。人格的某些方面诱发母亲的*强烈*焦虑，从而让婴儿产生强烈的焦虑。这种体验对婴儿来说是可怕的，导致对事件的遗忘，产生强烈焦虑的沉淀。这样的体验完全是未知的、未整合的。沙利文将人格的这个方面命名为"非我"。

*98*

通过共情联结，婴儿所有这些典型的体验受到其诱发的母亲情感回应的影响。最终不再需要母亲反应的参与阶段：好我的体验伴有安全感和放松感；坏我的体验伴有焦虑的增多；非我体验被强烈的焦虑掩盖。在婴儿努力控制焦虑时，自体系统使用基本的体验组织，试图将觉察限制在好我经验的内容上。自体系统，通过控制觉察来驾驭婴儿体验的过程；在正常情况下，这个过程总是受到父母认可和非焦虑体验与行为的指引，远离那些伴有父母焦虑的体验和行为。随着儿童的成熟，自体系统的功能变得更加复杂。为了最小化焦虑，不再只是凭借控制觉察，而是使用一整套的过程，沙利文称之为"安全操作"。后者将对"焦虑点"的注意分散至感觉更加安全可靠的其他精神内容之上，经常给予一种错觉式的力量感、地位感和特别感。绝大多数的安全操作包括"自体不切实际的优越的构想"，有助于克服焦虑（1940，p. 121）。通过这些装置，自体

---

① 沙利文在两种不同的指称下使用"自体"这个词。有时指的是*内容*、信念、映像和观点，来自这个人心中保留的有关自己的他人评价。"自体"有时指的是建立和保护这些内容的一系列过程，"选择性的有组织的因素"，主动决定哪些体验将被整合进自体（1938，p. 36）。直到其最后的演讲，沙利文指称自体这两个方面所使用的术语（巴尼特[1980]称之为"表征性的"和"操作性的"）是不一致的；他随机使用同样的词汇（自体系统、自体以及自体动力机制）涵盖这两个意思。在他生命最后五年发表的演讲，他给体验的这两个维度才提供了更加系统的术语区分。他使用"自体系统"指的只是自体的功能和操作的方面。这是一个有关过程、精神状态、象征和警告信号的庞大系统，其作用是最小化焦虑。沙利文在后期的演讲中引入一个新词汇"自体人格化"，用于指自体的表征性方面或内容。

系统往往会保持自体在童年早期形成的形态，由此保持其在人格中的“分离”。从坏我和好我得来的新体验与新需要会唤起焦虑，因此就被回避了。人往往待在相对不会引起焦虑的那些人格区域之中。

自体系统一个最为常见的安全操作会唤起虚拟他人的出现。绝大多数人的关系往往被“错觉的两组模式”所统治。当自我系统在与他人的关系中预期到焦虑和对自尊的威胁时，虚拟模式就强加于体验之上；这包括自体的映像以及他人的相应的映像。（这些模式包括：无助而值得帮助的自体/神奇而有同情心的他人；受害的自体/有力而暴虐的他人；特别的自体/满怀钦佩的他人。）从某种意义上说，我们都在不停地预期，使我们必须将这些旧的错觉模式投射到所有的新体验之上。“我们试图预见行动；我们将其预见为象征他人的行为。”（1953，p. 359）不过，焦虑和安全操作对生活的控制程度，错觉式的两组模式，借用过去的整合，不是扭曲就是完全模糊了当前的实际关系。沙利文将这些关系命名为“人格失调的整合”，“除了说话者察觉到的人际情景之外，同时还存在另外一个人际情景，与其主要的整合趋势极为不同，说话者或多或少对此是完全察觉不到的”（1936，p. 23）。这些典型的、强迫性的、错觉式的整合既不是简单地富有幻想的纯粹内向性的创造（例如，克莱因理论中的自体—客体构造常常如此），也不是关于普遍需要的标准模式（例如，科胡特理论中的自体—客体构造）。“我—你模式”成为体验中习惯性扭曲的基础，总是来自于真实他人的实际体验，如果没有得到正确的理解，自体在其中体验到些许安全感或控制感，此后在面对焦虑时就会误用。“从其在具体体验和真实人际情景中的起源来看，每个人的人格化都有其发展史，一个人必须要生活在一系列的人际情景之中，就其功能是否足够而言，这些人格化是完全可以理解的。”（1938a，p. 79）

*99*

因此，在沙利文的系统中，*关于焦虑的焦虑*是所有心理病理的核心，组成基本的自体组织原则。焦虑的最初体验，因为引起如此强烈的无助感和被动感，抛下了恐惧的残留，对于焦虑的体验，哪怕是微小的焦虑，都会产生恐怖的态度。自体的运作完全是基于安全的需要，其基础是尽力避免焦虑，自己和他人眼中的权利、地位、尊严是通向安全的最宽广、最明确的路线。因此，在沙利文看来，自体就发挥了负性的保护功能：保护人格的其他部分免受焦虑的威胁，并保留可以享受满足与快乐的安全感。

在沙利文看来，生命是满足的需要与安全的需要之间普遍的辩证统一。要求需要满足的体验本质上是“自私的”，不需要特别的自我反思、自我扩张和自我组织。基于需要满足的生命在简单地流动。焦虑不断打断这种流动，而且，因为我们对焦虑的恐惧，这是童年早期遗留的问题，焦虑唤起安全的需要。对安全的追寻是由自体的作用来执行的，是弥漫性的。通过创造错觉样的对生活的权利和控制感，自体驾驭注意力，不去注意生命流动中出现的焦虑。所有安全操作始于“我”感与“我的权利”感，透露出一种虚假的控制感。

*100* 沙利文在其著作中的不同地方（“我们自豪的自我意识”；“吵闹的自体”）用不同方式描述了自体的运作。它们均反映出使自体能够减少焦虑的自恋和幻想的特质。“我们每个人最终会被你所珍重的自体所占据，使我们免受质疑和批评，通过赞许得以扩展，都不太重视其客观的可以观察到的表现，包括明显的自我矛盾。”（1938a, p. 35）追寻安全的核心目标是支撑和保护这种“珍爱的自体”。因此，追寻满足与追寻安全之间存在持续的紧张。前者导致与他人简单的、建设性的整合，快乐地执行其功能；后者导致与他人的失整合，非建设性的整合，自我陶醉的幻想和错觉。“任何人际情景就倾向于激发再次确认自我重要性的驱力与其他通过合作寻求满足的驱力之间的冲突。”（1972, p. 72）对安全的追寻，如果得不到遏制和注意，就会将对满足的快乐追寻排除在外：“与追寻满足和享受生活相关的意识内容充其量是微不足道的。正是你的声望、地位以及别人感觉到的你具有的重要性……统治着你的意识。”（1950a, p. 219）

因此，沙利文觉得，以各种形式和各种操作追寻安全就变成了绝大多数人超价的动机原则。安全操作霸占并扭曲了人际情景，充其量使满足的需要处于次要地位。心理健康可以用追寻满足与追寻安全之间的平衡进行衡量：“你是否有点焦虑这个事情，总体而言，是决定人际关系的基本影响，也就是说，它不是原动力，不需要人际关系的存在，但它多少还是指引了人际关系发展的过程。”（1953, p. 160）

### 模型比较

沙利文理论的每个主要特点反映了从弗洛伊德的驱力/结构原理到人际/结构假设的转变。经典理论的基本单元是个体心理，弗洛伊德丰富而深刻的理论框架就是集中在这点上架构的。心理**内部**发生的事件是什么？内在的动力性过程的起伏是什么？与他人的关系没有被忽视，但关于内部产生的与驱力有关的过程，被解释为——在某种程度上被简化为——**内在**的心理事件。过去与他人的关系包含在心理结构中；已经被吸收并充当个体心理中的力。当前与他人的关系，包括分析关系，被理解为内在过程的移情反应、内在事件与挣扎投射的场所。*101*

沙利文理论的基本单位是人际域以及由此产生的人际结构。从这个观点看，个体心理是总体的一部分，是对总体的反映，脱离社会母体是难以想象的。要理解体验的本质，你必须将其放在环绕的媒介中考虑。你可以将一株植物与土壤、阳光、水、二氧化碳以及植物生活并不断进行交换的其他的环境特征分离，对其进行研究。这样的研究可以得出有用的资料，但除非是在植物必需的环境背景下进行观察，否则就是不可思议的。形成植物的这些组织恰恰就是从环境吸收而来，不能与环境分开来理解。同样，全部的体验，个体功能的组成要素是过去的和现在的、真实的和想象的与他人的关系。"人格"与其人际结构网络的分离只是一种言语的花招、"变态计谋"的艺术(1930, p. 258)。沙利文不断强调，只有在"机体—环境复合体"中，才能理解人类机体，因而无法"孤立地进行精确描述"(1950a, p. 220)。人格，或者说人际情景的模式，是从与他人的关系发展而来并由此组成，只有在人际关系的背景之下，才会表现出来："透过人际关系，我们在人类心理中发现的东西就摆在那里，只有接收和**阐述**相关体验的能力除外。这个陈述也会成为人类本能学说的对照。"(1950b, p. 302)

102

弗洛伊德理论的驱力/结构基础与沙利文理论的人际/结构基础的区别，在于体验的基本组成要素，驱力衍生物组成的心理理论与人际结构组成的心理理论的不同之处。在区分"人际的"还是"心理内部的"基础之上，也将沙利文理论与经典理论进行了比较。这种区分，自身固有的特点很重要，但与驱力/结构和人际/结构模型之间更加本质的区别相比，不是平行关系，而属于从属关系。鉴于后者的区分关注的是构成要素，心理内部的理论与人际理论之间的区别在于这些体验要素的起源，以及研究其功能的主要领域。

驱力/结构模型理论必然是属于内心的，根据定义，驱力是源于个体心理内部的；探究驱力来源过程的主要焦点是在个体的幻想、愿望和冲动的范围内。人际/结构模型理论的焦点既可以是内心的，也可以是人际的。这个模型的某些理论认为人际结构先于体验安装于人类心理之中。克莱因，像弗洛伊德一样，将生命看作是自内向外展开的，但在其理论中，生命是原始的、无边界的，内部产生与社会现实冲突的客体关系(而不是驱力)，从而受到阻碍，得到引导，并被容纳。她探究的焦点，正如我们看到的那样，同样是心理内部的，关注的是幻想、愿望以及短暂变动的冲动。人际/结构模型的其他理论认为人际结构源于对他人的实际体验，因此，是人际的，也是关系的。在沙利文看来，我们是在与他人关系的背景下出生、发展和生活的，而且我们的体验由这些关系模式组成并与之相关联。他探究的焦点在人际关系，人们彼此间是如何**相处**的。我们也可以看出，费尔贝恩发展了第三种结构/关系模型，其人际理论的关系模式的来源是与重视内在幻想和结构结合在一起的。

沙利文关于体验要素的人际/结构假设导致了与弗洛伊德极为不同的处理动机、焦虑和自体组织的方法。对于后者来说，驱力是通过躯体的紧张产生的；最初是自恋的，通过体验的变迁指向他人只是次要的。某些“满足的需要”，在沙利文看来，涉及躯体过程的调节；自始至终是根据机体/环境调节与交换，而不是关注内在紧张的降低，进行概念化的。许多满足的需要完全自主地源于情感领域，将身体作为表达载体。鉴于弗洛伊德的“驱力”通常被描述为对社会秩序有着固有的磨蚀作用，构成一个盛有混乱而危险能量的“沸腾的大锅”，沙利文的“满足的需要”，根据定义，是关系的。在发展的每个点，满足的需要将个体吸引到与他人的关系之中。沙利文没有像克莱因那样假定在婴儿的体验中存在对“客体”的领会。婴儿不“了解”母亲，母亲的功能先于其对母亲的体验。然而，“客体”在沙利文的“整合趋势”概念中是不言而明的。婴儿关于需要的体验唤起母亲相应的需要体验。婴儿满足的需要就这样预先设定了，在某种意义上，全靠对他人需要的唤起。

103

弗洛伊德将身体的“快感区”视为驱力成分的“源”；沙利文既没有将身体的“互动区”视为动机源，也没有视之为中心，而是其他需要的载体，本质上具有更加互动的性质。儿童渴望与他人的关系；互动区提供通向这些关系的道路。对沙利文来说，发展时期不是在围绕主导区域的一系列转换而建立的，也不受其控制。重要的发展转换与不同形式联结需要的出现有关，表现出极大复杂性和亲密性，不受身体区域制约，可以通过这些区域得到表达和引导。沙利文系统中“安全的需要”同样具有内在人际性。安全的需要组成摆脱焦虑的需要。在弗洛伊德看来，焦虑与驱力的压力有关；安全代表驱力紧张的控制与调节。对沙利文来说，焦虑从起源来说就是纯人际的；最初的危险情形不是由知觉和驱力的压力（本能的恐惧）的泛滥组成，而是由通过共情联结从重要他人获得焦虑组成。与此类似，后来的焦虑不是由冲突驱力衍生物的威胁所激活，而是由人际域中危及自体方面或与他人体验与焦虑相关的威胁出现所激活的。

在驱力/结构模型中，心理结构是驱力释放与调节模式的产物。个体人格的着色与质感取决于这些占主导地位的驱力满足和防御模式。在沙利文的系统中，自体是围绕人际结构进行组织的：儿童塑造、装饰并扭曲其自身的体验、行为和自体感知，与重要他人尽可能保持联结；与重要他人早期关系中令人痛苦的、引起焦虑的方面不可避免地转换为自体部分，由明显的“我—你模式”集合组成，通过一系列的合理化和错觉被松散地聚合在一起。早期体验组成人际模式；接下来被自体系统用于追寻安全感。

自体系统保持其安全和控制的策略，期望与他人的新体验总是会重复过去的人际模式（先见之明）。

在经典的驱力理论中，心理内部的冲突是注定的和普遍的，反映了性心理和攻击驱力与社会现实之间的碰撞。对沙利文来说，人格组织中质与量的因素均完全来自早期发展的人际环境的细节。那些与焦虑相关的部分取决于父母以及其他家庭成员的性格。在某个家庭中，诱发焦虑的可能是性，在另一个家庭中则可能是柔情。将内容分成三个基本的组织（好我、坏我和非我）在任何意义上都不是普遍的，而仅仅是取决于人际环境的细节。对沙利文来说，量的平衡、"经济因素"还是完全取决于人际因素而不是体质因素。在焦虑相对微小和受限的家庭中长大的人，其好我是宽广的，因而具有适应力相当强的自体，只具有狭小而受限的隔离体验。家庭中的焦虑无处不在，而且生活中的许多领域都会唤起焦虑，在这样家庭中长大的人，会形成小范围没有焦虑的行为，而发展出一系列严重的隔离区域。人格中冲突区域的内容与严重度不是由普遍的，或特定的体质因素决定的，而是取决于父母的性格以及他们与孩子的关系。 104

尽管沙利文认为人格组织和心理病理是与他人关系残留的产物，但反对使用诸如"内摄"或"吸收"这样的词，他用具体而结构化的语言来描述这些残留（1953，p. 166）。语言的不同使他与英国学派发展的人际模式有了分歧。这种对精神动力性语言具体化危险的反对和关注是沙利文哲学实用主义和操作方法学的产物，也是他早年痛恨克雷丕林学派的精神病学家轻易地将无形的过程概念化并模糊了有意义事件和情景的结果。

通过指出具体化的危险，阐明了某些语言和理论的误用，但操作主义本身不是切实可行的方法学（见 Suppe，1977，pp. 18－20，对布里奇曼将操作主义概念应用于自然科学的批判）。所有精神分析理论都建立在其**用于**资料的先验性哲学假设基础之上。所有精神分析理论都假定无形的、假设的无法观察或体验的过程和事件。所有精神分析理论必须"装饰"潜意识，尽管沙利文的装饰可能比大多数的装饰更加质朴和稀疏。尽管沙利文有这种担忧，他还是不能完全避免对联结过去人际环境与当前体验和功能的假设性干预变量进行命名和描述。他经常就是以这样的方式使用焦虑概念来建构内在的"结构"，有些时候是暗示，然后又放弃。 105

> 自体的成长是通过学习……消除重要他人带来的焦虑威胁的技术……要这样做，你必须拥有记忆……回忆以不愉快期待的感觉形式呈现，从而被称之为内

疚或羞耻……因此，如果你愿意，你可以说重要他人已经被内摄，并变成了超我，但我认为你容易有心理上的消化不良。(1956，p. 232)

沙利文不断强调自体系统在记忆和推测基础之上发挥作用；推测势必会带来未来的互动将遵从过去体验的预期。因此，其理论中隐含的观点是，过去与他人的关系会留在心中，这些残留会塑造预期，经常也会塑造对目前和未来关系的实际感知。

有时，在病人的幻想中，你会偶然发现多年以前的重要他人的图式碎片，那个重要他人依然存在，仍然以最初的相关方式发挥作用。在某种程度上，这种事情就是一幅漫画，反映的是延续下来的过去情景的铭刻以非常温和的方式干扰冲动。(1953，p. 233)

他选择用来说明过去关系和记忆的这些词：人格化、图式碎片，在其系统中发挥的作用，就如同绝大多数英国学派的作者所用的"内在客体"发挥的作用。沙利文，向来警惕隐喻被误认为现实，选择了暗示过程和功能的词汇，而不是暗示物质和结构的语言。

## 艾瑞克·弗洛姆：人文精神分析

艾瑞克·弗洛姆所塑造的人际模型，尽管与沙利文绝大多数原则相一致，但其感受性与着重点是极为不同的。最显著的不同总体来说是由弗洛姆整个工作中宽广的目标造成的：弗洛伊德精神动力性潜意识理论与卡尔·马克思的历史与社会批评理论的整合(弗洛姆在1962年对于其在这两个传统中的根源有一个引人入胜的自传性报告)。弗洛姆的综合所依据的前提是：每一个个体的内心生活都是从其生活的文化历史环境中吸收其内容。社会价值与过程是在我们每个人奋力解决人类环境所造成的问题的过程中建立并保持的。精神动力性理解与社会批评之间的基本联系就成了弗洛姆人际模型的基础。

106

许多当代精神分析问题，弗洛姆早在被其他理论家普及之前几十年就提出了。他在40多年(1941)前就指出当今文献中占首要地位的"自恋"的重要性。他引入"共生"的概念(1941)，比马勒早好多年。他考虑到自主性和责任的作用(1941)，最近被沙菲尔和夏皮罗带入分析的主流。他描述了性欲和性变态的使用，其作用是为了保持脆弱的自体感，这样的解释方法最近才被科胡特"自体心理学"(Kohut, 1977)的追随者发展起来。然而，许多团体一直不认可弗洛姆对于精神分析思想发展的贡献，原因就在于他坚持精神动力性理解与更宽广的社会政治历史观的相互渗透。这种强调容易使得批评家将其误认为是社会哲学家，而不是精神分析理论家。因为弗洛姆作为作家的个人偏好与风格使这个问题进一步复杂化了：他留下来的大部分著作被归为社会哲学。不管怎么说，他是一个聪慧的精神分析师，仔细阅读他的著作就会发现，他明显的意图是要阐明个体的精神动力性挣扎，以及精神分析情景的主要维度。不幸的是，弗洛姆一年又一年地答应其学生要写关于精神分析技术的书，但从未实现，因此，为了引出其精神动力性意涵，需要考虑其宽广的文化与历史视角，才能全面认识他对人际模型的贡献。

跟沙利文和霍尼一样，弗洛姆感觉弗洛伊德精神分析理论的主要弱点，是没有将其观察置于更宽广的历史和文化进化观点之中。他认为(1970)弗洛伊德的核心认识在于*虚伪*的重要性。弗洛伊德的病人认为自己很大程度上其举止像得体的维多利亚时代淑女与绅士，合乎其社会要求。在这种"虚假的意识下"，弗洛伊德发现各种各样的性与攻击幻想和动机统治着其内在的生活。在弗洛姆看来，弗洛伊德最主要的发现，是人类具有扭曲其体验的现实以遵从社会建立的常规能力。

弗洛姆认为，弗洛伊德的发现的最显著特征，不是其病人为了使自己融入社会而压抑的*内容*(特别的性与攻击冲动)，而事实上是他们自己以及其体验的主要维度被抛弃了。弗洛伊德极大地挖掘出人们扭曲其自然进化的体验，以适应其出生的人类环境、家庭和文化。通过社会化过程，所有人的大部分体验被否认了，这种体验的丧失接着又被复杂的压抑过程、自欺以及"坏信念"，或者用沙菲尔(1976)新近的语言来说，"否认行动"所合理化和掩盖。*为什么*有这么多的放弃？弗洛伊德的理解是，压抑的必要性在于人类激情固有的反社会本质。人类是野蛮的，受到黑暗的、非人性动机的驱使；融入不断前进的社会需要对这些动机进行控制、抛弃和转化。

弗洛姆认为弗洛伊德最大的失误在于其发现的中心是模糊的，没有说清为了符合社会需要采取自欺的必要性，因为弗洛伊德选择了维多利亚文化中特定虚伪的内容，这其中恰好包含性与攻击，从而推断出普遍的，一维的动机理论。在弗洛姆看来，"经典的"弗洛伊德理论一直受到这种错位重点的统治，强调内容，反对自欺的结构。结果，分析的焦点就从个体与他人的关系，转向假设的个体自身产生的力——驱力及其

107

衍生物。驱力模型的理论假设给弗洛伊德最初关于人际和社会关系的临床观察蒙上了阴影。

马克思关于历史与文化转化的观点为弗洛姆理解弗洛伊德的发现提供了替代性解释。对于马克思来说，人类，不像非人类的动物，缺乏与自然的内在联结；人类生来不具备以预设程序对其环境作出反应的能力。人类这个物种的本质不是一成不变的、预先决定的；是在历史进程中缓慢发展的。通过一系列合法、必要的、不断进化的社会经济结构，历史使得人类可以发展其创造力，形成其作为一个物种的实质，并决定其相对于自然的位置。只有在历史的终点，人类才能变得完整；人类与自然的分裂得到愈合，社会秩序使人类潜能的全面发展成为可能。

在弗洛姆的观点中，个体生命线遵循类似进程。只有在出生之前，人类机体与自然才是一体的，实际上是孕育在母体环境中。出生以后，每个个体从天堂般的和谐中被逐出，进入一个他没有明确位置的世界。因此，人类情景的核心特征是，一旦出生，每个个体本质是孤独的。逐渐开始认识到这种分离是人类意识发展突出的维度。这种认识是困难而恐惧的。因为没有生来的生存程序，生活提供了令人目眩的自由和充满焦虑的隔离感。每个个体试图重建在母亲身体中孕育和母亲悉心照料时曾经拥有的与他人的依附和参与。

108

在发展过程中，必须找到新的依附。弗洛姆相信，在发展与他人的新通路过程中，必须在两个基本选项中做出基本选择。一种可能性是"生产取向"，对环境作出渐进的、合理的个体化反应。承认并接受分离的事实，与他人的关系在亲密而分化参与的基础上得到进展。另一种可能性势必会造成对个体分离以及个体适应生活的责任的否认。个体可能会依靠大量退行性的、神经症的取向，弗洛姆认为它们之间的区别不如其基本功能的相似性那样显著：它们都提供错觉和幻想，使得病人回避其分离的实际状况，支撑其继续停留在早期快乐安全状态之中的借口。

在弗洛姆的关系模型中，个体的内心生活被强大的激情和错觉所统治。激情不是源于以身体为基础的驱力，而是源于绝望而深刻的为了克服孤独进行的挣扎。这些激情是非理性的，它们利用"退行"方法来解决人类境况：否认分离和脆弱。否认转而通过各种错觉发挥作用——信仰神奇物质、强大的救世主以及自我保护的策略。错觉利用婴儿式幻觉，作为对抗生活现实的神奇堡垒；其目的不是快乐，而是想象的安全。组成神经症与性格障碍结构的各种症状和行为是对待世界与他人的基本潜在立场造成的结果。

弗洛姆认为人类历史的流动与个体寿命是相互平行的。人类最初与我们的动物祖先本质的和谐相处，其后转向人类意识所创造的不完整和疏离感，转向相继逐渐发展的历史社会，终结于*真正的*人类社会。健康个体的生命历程从胎儿期的和谐转为出生的放逐，接受孤独与限制，最终实现其潜能真正的全面发挥。弗洛姆认为，这些次序之间的平行关系远不止求知欲；人类文化史所涉及的问题，总体成为每个个体的内心生活与精神动力性挣扎的核心。 *109*

因为我们还没有达到马克思所展望的历史终点，没有哪个现存的人类社会是旨在促进人类生命全面发展的；每一个社会目的就是完成历史工作，发展生产物质产品的能力与技术。社会要在历史进程中发挥其作用，就需要某些类型的人。封建主义需要农奴与地主；19 世纪的资本主义需要资本家与工人。弗洛姆认为 20 世纪的资本主义需要消费者。社会需要的人物类型不是外在力量强加在个体之上的。相反，社会变得结构化，个体由此被某个世界观所吸引并生活其中，使其想做其特定社会在特定历史点所要求的工作。用弗洛姆的话说："正常人性格的主观功能*使其从实际的角度，按照其需要行事。*"(1941, p. 310；斜体是原文标注的)结果个体组成的全体公民"*想要按照其必须遵从的方式行事*"(1955, p. 77，斜体是原文标注的)。

为何这些社会崇尚的性格类型如此吸引人，使得绝大多数个体为了适应社会而舍去其体验的丰富性？弗洛姆的回答取决于其个体生存状况描绘以及其马克思主义历史观。一方面，人类本质的孤独与无助使其倾向于接受其生活的社会所提供的角色。另一方面，因为真正的人类社会还没有完全进化，社会必须提供的角色包括总体退行的解决生存困境的方法。因为社会提供明确的解决方法、预定的行为与规则，做到"逃离自由"对人就有很大的吸引力。弗洛姆认为，社会崇尚的退行的解决方法是通过父母介绍给孩子的，父母将*自己*的性格结构作为社会必需的代理而发挥作用。为了赢得父母的爱与尊重，就需要采取社会模式化的行为，其代价是放弃发展自己自然出现的个性。压抑的力量不是源于害怕惩罚或本能的恐惧，而是害怕社会的排斥。

个体能够清楚、合理地面对其自身状况的程度有多大，他就有多健康[①]。面对其 *110*

---

① 在这一点上，弗洛姆与赫伯特·马尔库塞之间产生了有趣的争议，后者也试图整合马克思主义与弗洛伊德传统。马尔库塞批评弗洛姆所持有的人**能**脱离其社会而真正生存的论点，认为只有通过社会与政治革命，才能摆脱历史性的社会限制。这个争论代表了 19 世纪无政府主义者(弗洛姆宣称在历史的*任何*时点都有真正存在的可能性)与理论社会主义者(宣称只有在"历史的终点"，通过社会转化，才有真正存在的可能性)长期对话的再现。

自身核心家庭的人际环境，他对其自己特殊而退行的方法的适应程度有多大，他的神经症程度就有多大。对于其特定社会提供的退行的解决方法，包括错觉样的联合、安全和确定性，他的欣赏程度有多大，他受到弗洛姆所谓的“社会模式化缺陷”或“常态病理性”的折磨程度就有多大。弗洛姆将为了参与社会而放弃的那些体验的方面称之为“社会无意识”。因此，病人为了真正存在而挣扎的核心是社会的诱惑和害怕孤独。

正如迈克比表述的那样，弗洛姆视性格为“时间缔造的解决方法”(1972)。弗洛姆明确而广泛地采用了弗洛伊德对性格的*描述*，但用关系的术语重新诠释了潜在的精神动力性问题。口欲期人格变成了接受的人格；肛欲期施虐的人格成为剥削的人格；而肛欲期容留的人格成为贮藏的人格。关键问题不是潜在的合成驱力，而是与他人联结的主导模式，以及要躲避生活的错觉式的努力。例如，对于口欲期人格来说，核心的动力被理解为要建立对世界和他人的接受取向，其中的神奇性质归因于自体之外的某些东西——食物、爱、性和观点；生命是以渴望接受与吸收神奇物质为中心的。从弗洛姆的观点看，病人是处于口欲期的，因为他处于接受的状态；口欲的快乐是对生命保持接受状态的载体。动机的核心是延续相对于他人的位置，魔法总是在外面，会暂时被授予与被吸收，但从未被拥有与被合并。口欲是接受性的隐喻。弗洛伊德认为是由生物学决定的驱力组织，弗洛姆认定为关系的构造，“用躯体语言表达的对世界的态度”(1941, p. 320)。

111 健康的发展是以最终接受婴儿期“基本联结”的丧失为基础的，因为只有那样，你才有可能在分化和共生的基础上建立与他人的亲密关系。对于神经症来说，分化意味着孤独，要尽全力避免认可基本联结的丧失。因为对隔离的恐惧凸显了所有的心理病理，神经症的核心特征是延续嵌入性或者与他人融合的错觉。在临床应用中，弗洛姆对进行性与退行性联结模式的区分很像：沙利文对基于满足需求的关系与基于安全需要的关系的区分；费尔贝恩对好客体关系与坏客体联结的区分；温尼科特对基于顺从基础的真自体与假自体的区分，以及科胡特对真正的客体关系与自体客体关系的区分。在这些不同版本的有着不同基调与重点的人际模型中，他人被体验为自体的功能部分，极力逃避个体所有恐惧的隔离与空虚感。

根据弗洛姆的学生与被分析者表现出的口欲传统，其临床工作的特点是询问病人为了尽力保持与重要他人似乎尽可能的联系所营造的自我扭曲与自我欺骗。在孩子得不到爱和自身价值得不到肯定的家庭中，服从性地认同与父母的价值观，以及启用自己的神奇安全感的错觉，似乎提供了唯一可行的人类联系的形式。弗洛姆认为病人有更多的能力，这种隐藏在社会适应假象背后丰富而宽广的人类潜力在其所有著作中是非常明显的。深层的乐观与紧迫感，相信病人永远具有对其自身真实性以及拥有更加丰富而真实的存在作出反应的潜力，是其精神分析临床实践的巨大贡献。

## 沙利文与弗洛姆：对比

尽管沙利文与弗洛姆创立的理论都是在人际/结构模型下运行，他们的重点以及处理某些主要问题的方法却有着显著不同。说到个体的发展和生活中面临的困难，社会在其中的本质与历史性位置，对比沙利文与弗洛姆对此的观点可以看到许多分歧。弗洛姆对社会道德与制度的批判源于马克思主义的传统，以及其作为纳粹德国逃亡者的体验。他认为社会危险地诱惑个体放弃完全真实的存在。沙利文对现代社会的态度有明显矛盾性特点。孩童时期体验到的深深的孤独感，以及其早年处理社会隔离对精神分裂症病人造成伤害的经历，导致他对社会制度和当代生活许多特点的批判。不过，沙利文确信，对当代社会的适应和整合，尽管存在缺点，却是精神健康所*必须的*。不管文化多么不合理，成为人的过程就需要学会去适应它。精神健康，他坚持认为，在某种程度上明显不同于弗洛姆，包括“舒适的适应……你作为一部分的社会秩序”(1940, p. 57)。实际上，对沙利文来说，现代文化道德制度的不合理性和异质性造成的最大危害，恰恰就是其带给文化适应的困难。“众多可怕的隔离是我们人类特有的特征，是精神障碍的内核。”(1972, p. 329)与弗洛姆将适应社会看作是最明显、最常见形式的神经症不同，沙利文认为文化适应是整个人类生命的必要条件。 *112*

沙利文相信人不可能逃离社会环境，而弗洛姆相信这样做是必要的，两者的对比就构成其人际模型中许多重点分歧的基础。沙利文强调需要建立和保持与他人的关系，尽管不可避免的是以失去自我完整性为代价。孩子生于一个家庭，必须降低其姿态(尽管不一定是不可逆的)，以减少与他人关系中的焦虑。这不是选择，而是发展的必要条件。通过各种安全操作，自体系统在童年呈现的形式就被终生保存下来了。沙利文的方法本质上是发展性的——成人生活中的神经症操作代表在特定发展阶段获得的儿童期的模式和解决方法。与此相对照，弗洛姆不是将建立和保持与他人的婴儿式关系看作发展的必要条件，而是退行的防御。神经症的联结，就像社会的因循守旧一样，是有诱惑力的，但可以抵抗，其虚假的承诺很迷人，但最终只能产生绝望。对弗洛姆来说，神经症本质上是*选择*。从这个意义上说，他的方法本质上是非发展性的：成人生活中的神经症操作是退行性地逃避全面个体化生活中固有的焦虑。

沙利文从纵向视角看待生命：自体系统通过儿童和青少年时期传来的模式发挥作用，只有总览个体与他人关系的历史才是可以理解的。弗洛姆是从剖断面看待生命：个体将错觉样的解决方法应用到生存情景中，他在其中找到自己。这些解决方法，从其早期与他人关系的背景中发展而来，其功能就像生活中没有远见的娱乐，缓解人类环境中为解决痛苦的强迫性药膏。

113

沙利文是决定论者：人是过去人际整合的产物，这些人际整合被保存在记忆中，并通过预见持续重构。预见，在其理论中，是自动扫描行为，将过去的情景投射到当前与未来，因而影响动机。（沙利文不考虑人是否能选择，是否进行预见。）你只能预见你所体验到的；你永远不能挣脱你人际体验的历史。相反，弗洛姆是存在主义者：人在不断做出选择，前进或后退，真正地生活，或者被错觉所折磨。

尽管沙利文从未评论过弗洛姆的工作，弗洛姆，尤其是在其后期著作中，越来越多地批判沙利文的理论（1955，p. 130；1970，p. 31）；这种批评的路线被沃尔斯坦（1971）和克伦伯特（1978）延续下来。他们认为沙利文提出了关于人类观点，认为人类是空虚地绝望地寻找安全感，只是被人际和文化价值观所围绕、填充。沙利文反对"独一无二的个体性的错觉"，觉得是背叛了其理论的因循守旧的本质，使得沙利文的思想，连同哈特曼的自我心理学变成了资产阶级调节的心理学。每个个体真正的独特性，在弗洛姆的视角下是多么基本的东西，就这样被否认了。我们相信，这种批评建立的基础是对沙利文关于"个体性"陈述的误读，没有将其自体的概念与其对人格其他部分的描绘区分开来，前者明显是自恋的、墨守成规的，后者包含许多建设性的、独一无二的、真实的特点。谈到自体在对抗焦虑中用于装扮自己的所谓的"特殊性"，沙利文使用"独一无二的个体性的错觉"的词语。他提出，我们每个人因为特别的智慧、天赋、缺点和欺骗，将自己看作是独一无二的、自立的、与其他人不同的。"这就增加了独一无二个体性的妄想，与个人全能感与全知感的信念有关，针对每个心理生物学机体的真正的独一无二的个体性，是一种非常复杂的、自我欺骗的表达——个体性总是必须逃离科学的方法。"（1936，p. 16）

114

这种错觉式的独特性和特殊性的信念，大量汲取了少年期遗留下来的竞争和志向，沙利文感觉其统治了我们这个特别的社会，其运作就像是"错觉之母，成见的孕育之源，使得我们理解他人的所有努力几乎化为乌有"（1938，p. 33）。这样定义，自体就不会跟作为整体的人相混淆。在沙利文关于人格的理论中，本质上发挥负性功能的自体系统与人格中其他正性力量之间，存在连续的、核心的辩证关系，反映了人类机体向着健康和成长发展的基本要旨(1940, p. 97)。在每个发展时期的开始，人格中朝向成长与健康的松散的力量能够突破静态的、退行的自体，创造出新的可能性(1953, p. 147,192)。那些批评沙利文的理论因循守旧的人从其关于人的理论出发，错误地认为其关于自体系统的构想，从定义上看是因循守旧的。

弗洛姆派的批评，尽管对沙利文观点的描述不准确，但指出了其理论中的重大遗漏与缺陷：没能提供看待非病理性功能的组织结构的框架，没能提供关于健康的理论。沙利文提出，没有焦虑的暴虐，自体将扩展至包括整个人格。自体系统，正如他描述的那样，不再是必要的，将可能不复存在。不过，关于理想的健康状态是什么样子，沙利文的描述是非常模糊和前后矛盾的。他的演讲中确实有一段思考了理想社会(既合理又一致)中自体的本质，但他是犹豫不定的。首先，他提出，这样一个完全合理的情景根本不会产生自体系统；然后他提出，因为功能的专业化是任何先进社会所必需的，焦虑与自体系统将是不可避免的；最后，他断定，在这样一个理想的文化氛围下，自体系统当然是不同的："据我所知，将不会演化出……我们遇到的那种像自体系统的东西。"(1953, p. 168)

沙利文关于自体系统的定义，单就其抗焦虑功能而言，在其关于非病理性功能的自体组织的理论中留下了空白。健康人格中存在模式或组织吗？抛开对安全操作和焦虑的回避来谈论"自体"有意义吗？对非病理性功能的最好描述是无形的、无自体的流动吗？沙利文没有回答这些问题，更多地限制了其对心理病理学理论的贡献，而非普通心理学。

沙利文与弗洛姆所建立的不同版本的人际/结构模型提供了丰富的互补性；在某些方面，纠正了彼此的某些缺陷。沙利文创建了与他人关系如何整合入人格的发展史。他最大的贡献，在于对焦虑作用和安全操作的精细分析，以及常见的注意、预设和感觉的微妙转换，它们在与他人的关系中保护了自体，并构成了生存的大多数困难的基础。其著作中最有问题的区域，除了他为了避免结构化的隐喻而经常使用不一致、繁琐的语言之外，就在于他关于意志问题的决定论方法，没能提供看待非病理性的、真正功能的框架。弗洛姆的人际/结构模型提供了更大的文化历史框架来看待心理病理和健康的、真正的努力。他使用的语言更加清晰，尽管他的勾画也很宽广，但缺少必要的临床和精神动力性说明。弗洛姆从未对临床精神分析的详细情况进

115

行全面的描述，其工作缺乏沙利文所提供的那种关系过程的细节。像绝大多数受存在主义传统影响的作家一样，他没能提供令人信服的发展框架，在儿童前体的选择能力方面有麻烦(对比 Schafer, 1978, p. 194，以及 Shapiro, 1981，竭力处理这个棘手的概念问题做出的努力)。因此，尽管其关系模型理论方法有明显的不同，沙利文与弗洛姆人际模型之间还是需要有关键性的融合，前者强调发展的起源，后者强调为真正的自我而奋斗。

# 第二部分

# 另类

# 5. 梅兰妮·克莱因

但是爱情却将其大厦
立于排泄之地
要明白凡事若要完美
都必先撕破

——W·B·叶芝,《疯女珍妮与主教对话》

1919年,梅兰妮·克莱因首次出版其精神分析著作,在这之前,精神分析研究与实践之间存在不寻常的分歧。弗洛伊德最初对成人神经症症状背后意义的探究,产生了一个未预见到的关于儿童情感生活的惊人假说。而就在克莱因对儿童进行直接研究时,弗洛伊德的理论仍然是主要依靠成人的记忆和幻想来推断童年的情形。弗洛伊德通过指导汉斯的父亲,对"小汉斯"进行了间接的分析;胡格-赫尔姆斯对潜伏期的儿童进行了某些基本的,总体来说是教育的工作。但是,没有哪个精神分析师试图将精神分析技术应用于儿童,不管是用于改善生活困境,还是直接测试弗洛伊德的发展理论。 *119*

1910至1919年,克莱因一直生活在布达佩斯,对弗洛伊德著作的迷恋导致她找费伦奇寻求精神分析治疗。在费伦奇的建议下,她开始将精神分析的原理与技术应用于儿童的治疗。这个计划早就该开始了,早期关于克莱因工作的报告在精神分析界引起了相当大的兴趣。卡尔·亚伯拉罕邀请她到柏林精神分析研究所工作;她短期接受了亚伯拉罕的分析与指导,因亚伯拉罕生病而结束,亚伯拉罕于1925年病逝。就在那一年,克莱因受到厄内斯特·琼斯的邀请,到英国展示她的工作;不久之后,她移居英国并在那里工作和写作,直到1960年去世。 *120*

克莱因在精神分析界的知识和政治血统是再纯正不过了。在费伦奇、亚伯拉罕和琼斯这里,她得到了三位最著名的、最有影响力的弗洛伊德合作者的赞助。(费伦奇,长期与克莱因保持联系，只是在几年后才失去了弗洛伊德的青睐。）不管怎么说，就在她定居英国后不久，克莱因的工作开始让英国精神分析协会有了分裂，最终导致国际精神分析界的分裂。尽管她自己宣称其工作只是弗洛伊德理论的延伸，没有任何本质的革新，她还是遭到许多精神分析学家的谴责，认为她歪曲和背叛了正确的精神分析理论与实践的基本原则。这种分歧，始于19世纪20年代中期克莱因与安娜·弗洛伊德之间关于儿童分析技术的不同观点，在19世纪30年代到40年代期间，分歧扩大成了重大思想分裂。英国精神分析协会仍然分裂为"A组"（忠诚于安娜·弗洛伊德）、"B组"（克莱因的追随者），以及"中间组"（就像温尼科特一样，不选边）。这两个精神分析理论建构阵线之间经常激烈而互相贬低的对话一直延续到现在。

许多克莱因的捍卫者认为她的贡献在于总体上与弗洛伊德最初的研究保持一致，最小化两者的不同，认为这只是弗洛伊德概念的延伸与完善。批评者认为克莱因的构想与弗洛伊德思想的主流不太相关，而且具有高度推测性和幻想性。这种争论因为克莱因写作风格的特点而变得更加复杂。她对于原始幻想材料的描述是晦涩的。同时，她的写作又非常有力量，非常确定，经常导致以偏概全、夸张。而且，在其作为一个理论家的生涯中，基本原则和重点有着重大未被承认的转变。现象学细节、夸张和突如其来的转变在观点中的混杂，导致了一系列极度丰富、复杂与结构疏松的著作。她的这种写作风格有时似乎反映出组成其绝大部分工作内容的初级过程思维的纹理回忆。

许多批评家未能对克莱因的观点进行认真而平衡的解读，而她自身的某些言语带有误导的特质，从而导致关于克莱因工作的错误概念的广为传播。这其中最主要的是：她仅仅重视攻击而忽视了其他动机，她完全忽视真实他人的重要性，其代价就是创造了幻觉性的、变幻不定的儿童自身心理。在围绕克莱因贡献的争议与反感的漩涡之中，可以理解的是，不管是对其观点的精确本质，还是对其在精神分析观点历史中的地位，大家很少会达成共识。

121

我将阐明，克莱因既忠实又背离了弗洛伊德的观点，是驱力/结构模型与人际/结构模型之间关键的过渡性人物。她的贡献主要在于，关于驱力的本质以及"客体"的起源和本质，她经常进行微妙而根本的重新阐述。

## 克莱因理论的各个阶段

儿童的精神分析治疗有着巨大的技术困难。要分析任何人，你必须想办法进入其体验和幻想。自由联想为成人的精神分析提供了这样一个途径，但由于儿童的言语表达能力常常比成人差，通常活动较多，直接将自由联想技术用于儿童是不可能的。克莱因试图通过谈话让最初的病人参与治疗，但很快就看清了言语媒介的局限性，需要一种更加直接的探索工具来进入儿童的幻想和内心世界。对游戏的观察和解释就提供了这样的方法。克莱因认为游戏在儿童的心理秩序中发挥了重要的功能，代表了儿童最深层的潜意识愿望与恐惧的再现。尽管有时儿童是自己玩，经常让治疗师参入游戏，并给治疗师分配角色，现在淘气的孩子受到了病人的惩罚，现在慈爱的父母在奖赏病人，诸如此类。通过观察和解释这些角色表达的意义和安排，克莱因能够帮助儿童解决各种冲突、与他人的关系，以及完全不同的认同[①]。配备了游戏解释的装备，她在早期论文中急切地探讨弗洛伊德关于婴儿式体验的假设。

这些早期论文最为显著的特点是特别重视力比多问题，甚至比弗洛伊德有过之而无不及，弗洛伊德偏好平衡的二元构想，性心理总是与其他动机的问题并列。克莱因在儿童世界的每个角落都看到了生殖器期和俄狄浦斯期性欲。字母与数字带有性的意义（人物建构中的线条与圆圈代表阴茎与阴道）。算术（例如，除法代表激烈的性交）、历史（早期性行为和冲突的幻想），以及地理（母亲身体的内部）隐藏着性的兴趣。音乐代表父母性交的声音。言语本身象征着性行为（阴茎就像舌头在象征阴道的口中活动）。显而易见，儿童世界的各个方面代表了生殖器的活动："自我活动和兴趣……本质上是生殖器的象征，也就是说，是性交的意义。"（1923, pp. 82 - 83）

122

在克莱因看来，力比多的发展与儿童的求知驱力密切相关[②]。儿童发展出关于母亲身体内部及其包含的秘密的复杂幻想，这些秘密包括食物、粪便、婴儿，以及克莱因1928年前所认为的父亲阴茎的幻想。外部世界代表母亲的身体，克莱因将小孩子描绘为深入而急切的探索者。因为求知驱力是如此重要和有力，而且因为是在儿童用语言发展出甚至是最小的能力之前出现的，它不可避免是失败的，导致强烈的渴望与暴怒。对克莱因来说，在其观点发展的这个时点，**所有**抑制源于阉割恐惧，以及追求性满足和知识会受到惩罚的预期，所有心理病理是由一系列儿童期性欲的压抑造成的。

① 这个观点认为分析过程是由连续并变换的"自体—他人"结构的分配组成的，也是克莱因对成人分析技术理论贡献的基础，导致了对移情与反移情的特别重视。

② 在"自我心理学"中，与哈特曼一致，智力的好奇不仅仅是驱力的功能，而且具有初级的自我自主领域的根基，动机方面与驱力分隔开来。克莱因认为所有好奇源于寻求知识的力比多成分。这个不同对于这两个精神分析思想流派之间的分歧是非常重要的，特别是对待分析技术方面。第三种理论是由比昂发展起来的，将追求知识抬高到独立而主要的动机地位。

尽管克莱因感觉她已经为弗洛伊德的发展理论找出了令人信服的证据，就发展年龄而言确实有出入。弗洛伊德将俄狄浦斯情结看作是婴儿式性欲的顶点，在早期的性前期组织顺序展开之后才出现，而克莱因的资料显示在更早的时间就出现了俄狄浦斯期的兴趣与幻想。她将俄狄浦斯期感觉的开始在顺序上置于更早的时点，甚至将其起源定位于生命的第一年，大约在断奶之时。她认为断奶和如厕训练所带来的婴儿与母亲联系的破坏，以生殖器幻想的形式加速了对父亲的转向，对男孩来说，接下来在生殖器期的层面而不是口欲期的层面转向母亲。弗洛伊德认为超我是在儿童时代末期俄狄浦斯期消融之后出现的，而克莱因的研究显示超我形象出现得更早，其形式是严厉的、挑剔的自责，伴有更早的俄狄浦斯的幻想[①]。

123

克莱因观点的第二阶段始于从强调力比多问题到攻击问题的明显转变，在这一点上，她领先于弗洛伊德。在 1920 年之前，弗洛伊德已经认为攻击能变成力比多或自我保存本能的一个方面。在《超越快乐原则》(1920a)中，他将攻击确立为其自身就是一种独立的能量源，并从普遍的生物学的自我毁灭倾向推测其本源，他将这种倾向名之为死亡本能。克莱因逐步吸收并极大地扩展了弗洛伊德对攻击的新重视。到 19 世纪 30 年代早期，其著作中攻击的重要性已经掩盖了所有其他的动机。在情感生活的每个方面，力比多的兴趣不被看得那么重要，那么冲突，在许多方面，被视为对攻击动机的反应。早些时候，克莱因已经认为儿童对母亲身体内容物的兴趣是被快乐与知识激活的；她现在视动机为拥有、控制和毁灭："最主要的目标是他自己要拥有母亲身体的内容物，并通过施虐所能指挥的每一个武器来毁灭她。"(1930, p. 236)施虐不缺武器。

克莱因对于俄狄浦斯情结本质的看法，从努力获取违禁的快乐，害怕惩罚，转变为努力获取权利，进行破坏，害怕报复。她现在认为，直到俄狄浦斯情结后期——远在儿童与父母关系的早期发展之后，力比多冲动本身也没有问题。"只是到了俄狄浦斯冲突的后期，对力比多冲动的防御才显露出来；在早期阶段，对抗伴随的*毁灭*冲动才是防御的目标。"(1930, p. 249；斜体为原文标注)儿童感到焦虑与内疚，不是因为欲望，而

① 克莱因关于婴儿期的观点，在极大程度上，**不是**直接建立在与"俄狄浦斯期前"儿童的工作基础之上的。她最小的病人 2 岁 9 个月大，她用作例子的绝大多数儿童的年龄已经相当大了，按照弗洛伊德的定义，轻松地被划入俄狄浦斯期的范畴。关于最初两年的俄狄浦斯式冲突的假设，尽管克莱因承认几乎不具有这些冲动的明显特点，主要是从年龄较大儿童的幻想内容中得出的，特别是口欲期问题的主导地位。早期的年龄设定是基于这样的前提，口欲是生命第一年中核心的力比多成分(1932, p. 212)。克莱因是根据年龄较大儿童的资料进行推算的，在这方面，弗洛伊德是利用成人的资料来确定一般情况下的婴儿式体验。

是因为伴随力比多冲动的毁灭幻想。儿童的情感生活是以偏执焦虑为中心的——害怕来自母亲和父亲阴茎(在母亲体内)的强大而致命的报复,报复儿童幻想中对父母造成的毁灭,尤其是他们的性结合。原始的、内在的毁灭性替代了对快乐和知识的追求,成为生命的驱动力和心理冲突的核心。 124

克莱因在1932年提出的关于心理的构想包含许多对弗洛伊德理论的有意义的、革新性的延伸。其中最重要的是她对(潜意识)幻想的处理方法以及内在客体概念的发展。弗洛伊德曾将幻想描述为挫折之后出现的一种特殊的精神过程。在他的系统中,幻想和直接满足是可供选择的渠道。克莱因缓慢但全面地扩展了(潜意识)幻想在心理生活中的作用,所提出的几个特点在弗洛伊德理论中是缺如或极少的:阐明**潜意识**幻想不同于欲望受挫后意识层面的具体修复;通过种系遗传,儿童所拥有的、潜意识幻想使用的储存潜意识映像和知识的仓库;潜意识幻想的作用不是对实际满足的替代,而是伴随物。(现在已经习惯使用"phantasy"来标明幻想在克莱因理论中的广泛意义,我们尽可能采用这种用法。)"phantasy"这个词具有的新意义是逐渐地、不声不响地发展而来的,直到1943年,艾萨克斯发表《关于潜意识幻想的本质与功能》,这种扩展的深度才得到阐明。艾萨克斯提出这样的观点,后来得到克莱因的认可,潜意识幻想是所有精神过程的基本构成物质。从分离的、替代的过程转向精神生活的全部内容,这种概念的延伸成为克莱因对驱力概念进行重构的主要元素。

被克莱因极大扩展的第二个弗洛伊德的概念是关于"内在客体"的观点。弗洛伊德对于内在的父母的"声音"、映像和价值的描绘基本上局限于超我,在俄狄浦斯期危机解决的过程中进行内化。克莱因对这个概念的扩展充满了她对潜意识幻想的广泛使用。在她对俄狄浦斯情结的描述中,儿童的精神生活充斥着关于越来越复杂的,尤其是关于母亲"内部"的潜意识幻想。儿童渴望拥有他想象的母亲子宫内所有的财富,包括食物、有价值的粪便、婴儿以及父亲的阴茎。他在潜意识幻想中想象并破坏父母彼此间不断发生的性交,他将其设想为他不可获取的宝贵营养物质的交换。他想象自己的身体也有类似内部,好与坏的物质和客体驻留其内,他专注于"不断更新的努力(a)抓住'好'物质和客体(最终就是"好"乳汁、"好"粪便、"好"阴茎以及"好"儿童),在其帮助下,使其体内的'坏'物质和客体不能正常活动;(b)在其内部积累足够的储备以对抗外部客体对其发起的攻击"(1931, p. 265)。一系列复杂的内化了的客体关系就建立了,克莱因后来宣称,关于内在客体世界状态的潜意识幻想和焦虑就成了你的行为、情绪和自体感的潜在基础。 125

克莱因工作的第三阶段是从19世纪30年代中期到1945年，在此期间，她的焦点再次转回力比多问题。不过，她早期对力比多问题的著作强调经典驱力/结构模型对于感觉的、基于身体的快乐和性欲，而后来她对这些问题的治疗关注更加复杂的爱的情感和修复的愿望。（西格尔提出，克莱因的儿子在1932年意外死亡促使对爱、丧失与修复兴趣的重新出现[1979，p. 74]）。尽管修复概念在1929年被简短提及（1929，p. 235），在《儿童的精神分析》（1932）中对这些问题也有讨论，但并未成为克莱因关注的中心，与攻击地位同等，一直延续到1935年抑郁性焦虑概念的建构。在早期著作中，她将婴儿的核心恐惧描绘为具有偏执的本质；儿童试图避免坏客体的威胁，既有内在的，又有外在的，总体上是将其映像分开存放，并与自体和好客体隔离开来。因此，这种早期体验组织的主要特点，克莱因在1935年将其命名为"偏执心位"，包括好客体、好感觉与坏客体、坏感觉的隔离。

克莱因（1935）提出，婴儿在最初4—6个月发展出内化完整客体（相对部分和分裂客体而言）的能力，这就造成儿童心理生活重点发生明显转变。儿童此时能够整合之前对母亲的分裂的感觉，感觉到只有一个兼具好坏特点的母亲。如果只有一个母亲，这个母亲就成了儿童暴怒的目标，而不是那个分离的"坏母亲"。正是他所珍爱的母亲，既是一个外在的真实人物，又被镜映为一个内在客体，儿童在遭受挫折和焦虑期间，在潜意识幻想中的肆意恶虐中毁灭了母亲，克莱因特别将此与断奶期的挫折感联系在一起。儿童担心他已经毁灭了这个完整的客体，对其命运充满恐惧和害怕，克莱因将这种情感命名为"抑郁"焦虑。偏执焦虑害怕来自外部对自体的毁灭，而抑郁焦虑则是面对由儿童自身攻击造成的潜意识幻想毁灭，对他人命运的担忧，其既有内部的又有外部的。面对口欲挫折造成的暴怒，儿童想象他的世界被残酷地灭绝，其内部是如此贫瘠。他是唯一的幸存者，一个空壳。儿童试图通过"修复"来解决其抑郁焦虑以及伴随的强烈内疚，通过修复性的幻想和行为来修复母亲。他试图重新创造他已经毁灭了的他人，使用潜意识幻想中全能感发挥爱与修复的作用。克莱因明确指出，儿童对他人的关注不只包括对抗其毁灭力量的反向形成，也不仅仅是依赖客体带来的焦虑。对客体命运的关心是真实的爱与悔恨的表达，就像克莱因后来指出的，是随着儿童从母亲那里得到善良的深深的感恩而发展的。（到1948年为止，克莱因认为抑郁焦虑和内疚实际上始于最早与乳房的关系，但直到最初4到6个月内摄完整客体之时，才取得核心地位[1948，p. 34]。）

126

克莱因动机系统的核心问题有了转变。第一阶段，追求性快乐和知识是核心焦点；第二阶段，试图控制迫害焦虑的情景，保证不遭受毁灭和报复的威胁就成了重中之重；第三阶段在克莱因从驱力/结构模型向人际/结构模型的转化中是至关重要的，担心客体的命运，试图恢复客体，再次通过爱使其变得完整，就成了人格中的驱动力量。“试图拯救爱的客体，修复和恢复爱的客体，这些努力在抑郁状态是与绝望联系在一起的，由于自我对达成修复的能力有怀疑，这些努力就成为所有升华和完整的自我发展的决定因素。”（1935，p. 290）客体不再只是驱力满足的载体，而成为婴儿与之保持强大的人际关系的“他人”。

克莱因扩展了抑郁心位的首要位置，并将俄狄浦斯情结归于其麾下，对其重新定义，总体上将其描述为抑郁焦虑以及修复企图的载体（1935）。抑郁焦虑从来没有得到全面的克服，她提出：一个人在面对自身冲突情感的时候，其客体的命运仍然是终其一生的关注中心。作为人自身毁灭性的结果，和对过去的憎恨与伤害的报复体验到所有丧失。通过丧失，人对世界和自身内部的体验是枯竭而荒芜的。一个人的爱，创造和保护与他人良好关系的能力，觉得都是无能为力而微不足道的。相比之下，对他人的好体验增强了你对自己爱的力量和修复能力的信心。憎恨与恶意是可以接受的，也是可以得到宽恕的；也有希望和可能去接近他人。真实的他人在克莱因后期的构想中是极其重要的。儿童感觉已经对父母造成了伤害，为此感到悔恨。他一次又一次地试图修复这种伤害，并使其变好。他与父母的关系以及接下来与他人关系的性质决定了他的自我感觉，在极端情况下，要么是未被发现的秘密凶手，要么是被赦免的悔恨罪人。

127

那些将克莱因理论描述为专门强调恨与毁灭的批评家，经常误读克莱因关于抑郁心位的构想，认为抑郁心位是相对罕见的发展成就，只有在早期偏执阶段克服了普遍的分裂操作，才有可能达成。在这种解读中，对他人抑郁性的关注是后期出现的，明显是继发的现象。然而，克莱因不断指出“婴儿式的抑郁心位是儿童发展的核心心位”（1935，p. 310）。所有个体，包括精神分裂症和偏执病人，都内摄了**完整**客体，因而与抑郁焦虑进行抗争，活在偏执组织中的人，面对他感觉对所爱之人造成伤害所产生的抑郁焦虑，就会退缩。这样的人是没有能力去爱的；分裂、恶意等下面是“深刻的爱”（1935，p. 295）。克莱因在后来的一篇论文中提出，在精神分裂症的最深处，是对于“被毁灭冲动掌控以及已经毁灭了自己和好客体”的绝望（1960，p. 266）。正是这个克莱因认可的爱与修复的核心，使得其最早合作者之一的里维埃提出，修复的贡献“可能是克莱因著作的最基本方面”（1936a，p. 60）。

克莱因工作的第四和最后阶段从1946年的论文《关于某些精神分裂机制的说明》一直延续到她1960年去世，这两个阶段中的重大研究课题，是深入考虑早期对偏执过程的重视之后，试图平衡和整合她后期关于抑郁与修复的著作。尽管她早就128 讨论过分裂过程（见关于“分配”超我意象的讨论，1932，p. 215），分裂在其著作的最后阶段呈现出新的重要性。克莱因早期对分裂的讨论关注了客体的分裂与分散（好与坏、内与外），而她在1946年谈到分裂也是自我的一个特征。客体的分裂促进自我的分裂并与之保持一致。费尔贝恩早在19世纪40年代关于自我分裂著作的影响得到了明确的认可，实际上，克莱因将他的术语“精神分裂样的”（指自我的分裂）用于早期对偏执过程的描述，生成一个新的术语——“偏执—分裂心位”，用来描述弥漫着迫害焦虑体验的结构。“投射性认同”概念用于描述分裂的延伸，在这个过程中，自我的某些部分与自体的其他部分分离，并投射到客体。在真正投射中，就像弗洛伊德最初使用这个词以及克莱因对这个词的使用一样，**分离的冲动**是客体属性；在投射性认同中，这种属性与实际的**自我片段**有关。因此，与弗洛伊德关于投射和认同概念相比，投射性认同是一个更加互动的概念。与客体之间的关系更加密切，“代表”的是被投射自体的方面。（对于克莱因及其追随者使用“投射性认同”的深刻批评，见Meissner，1980。）

最后一个重要的概念在克莱因事业的最后阶段得到了重大发展，那就是“嫉羡”。尽管早在《儿童的精神分析》中就提到了嫉羡，但直到1957年《嫉羡与感恩》出版，在理解心理病理以及与治疗过程的关系中，才确立了嫉羡的核心重要位置。克莱因关于嫉羡起源的构想根植于她对体质性攻击的假设。她提出，在早期，原始的嫉羡代表的是一种特别恶性的、灾难性的固有攻击。儿童所有其他形式的憎恨都指向**坏**客体。这些被体验为迫害性的、邪恶的（总体来说，是因为他们通过投射和投射性认同包括了儿童自己的施虐），儿童转而憎恨他们，（潜意识地）幻想其痛苦与死亡。与之所对照的是，嫉羡是指向**好**客体的憎恨。儿童感受到母亲提供的美好与养育，但感觉还不够，怨恨母亲对其的控制。乳房释放限量的奶水，然后就没了。克莱因认为，在儿童的（潜意识）幻想中，感觉乳房出于自身的目的而储藏奶水。

克莱因区分了嫉羡与贪婪。对于后者，婴儿贪婪地想拥有好乳房的**所有**内容物，129 不会顾及给乳房带来的后果，他想象着将乳房“挖空”并吸干。对于贪婪的婴儿来说，就像寓言《下金蛋的鹅》中的农夫一样，毁灭是贪婪的后果，不是动机。处于嫉羡状态时，婴儿想破坏、毁掉乳房，不是因为乳房是坏的，而是因为乳房是好的。正是因为这些财富和营养的存在，超出了婴儿的控制，这是他不能忍受的，因此就极力毁掉它们。克莱因认为，这种嫉羡造成的巨大危害，源于早期分裂的侵蚀。在非嫉羡性憎恨中，毁灭是对坏客体的报复；通过分裂保护了好客体，结果，至少在某些时候，婴儿感觉得到保护，是安全的。嫉羡的后果，婴儿毁灭了好客体，分裂就失效了，随之带来迫害焦虑和恐惧的加重。嫉羡毁灭了可能的希望。

尽管克莱因早期的嫉羡概念是从生来具有的攻击发展而来，但从更加经济学的角度看，嫉羡可以源于其他的因素：儿童强烈而贪婪的需要导致的挫败（就像克莱因本人不断指出的那样，这种需要大大超出了完全实现的可能性）；经常出现的育婴者带来的强烈焦虑或不确定性（就像沙利文所描述的）；儿童认知能力的原始本质，尤其是对时间和空间的概念（如同皮亚杰所阐述的）。当婴儿活在时时刻刻的感知运动状态时，对焦虑而易变的抚养者有着强烈的需要与依赖，在这种情况下，除可预想的先天的攻击之外，早期的攻击似乎是无法避免的。

克莱因关于嫉羡的描述在相当大程度上解释了精神分析中那些非常严重的病人，他们似乎不能从精神分析体验中获得任何积极的东西，表现出弗洛伊德所说的“负性治疗反应”。弗洛伊德曾经指出了潜意识内疚的作用。克莱因的构想似乎更加接近某些病人表现的现象，他们表达的（经常是经过相当长的分析之后）不是不值得拥有的感觉，而是对“善良”本身的憎恨。他们在嫉羡中所体验到对分析师的恶意，恰恰与其潜在的善良、疗效和爱联结在一起，他们只能不完全地获得，而且是根据分析师的节奏与兴致来发放的。分析中的阻抗可以成为破坏分析师的力量及其助人之力的载体。病人将每个解释变成无用或有害的东西；病人通过嫉羡系统地毁灭了所有希望，就是因为这种可能之感是痛苦的、无法忍受的。克莱因提出，只有通过对嫉羡本身作用的解释，病人才能摆脱对分析恶毒而怨恨的蓄意破坏，也包括一般情况下与他人的关系。

130

在这个最终阶段，克莱因的著作是对其早年贡献的综合，将生命视为两方之间的挣扎，一方是爱与修复创造的整合，另一方是憎恨与强烈嫉羡造成的分裂、失整合和破坏。将客体好与坏的方面保持在一起，是痛苦而困难的：必须面对抑郁性焦虑与内疚，同时必须承认爱的局限性和矛盾的现实状况。大量的恨使得他人的完整性难以支撑，必须转换成偏执—分裂机制，好与坏在其中是分裂的，导致失整合与枯竭。克莱因对人类境况的最终描述是，人类挣扎着将自身与对他人的体验整合在一起，尽管这个过程必然是痛苦的，就是为了对抗其自身的毁灭与嫉羡所造成的碎片感。

## 客体的起源与本质

在克莱因的描绘中，儿童和成人的精神生活是一幅五彩缤纷的挂毯，由（潜意识）幻想的自体与他人的关系组成，既有外在世界的关系，又有内在客体的想象世界中的关系。病人对于外在和内在客体的感知与幻想内容来自何处？克莱因对这个问题付出了很大努力，她的构想一直存在很多争议。她的批评者（例如 Guntrip，1971）指出克莱因对人类情感客体的描绘是变幻不定的以自我为中心的创造，与真实的他人没有必要的联系。她的追随者没有理会这些批评，指出克莱因经常提到真实他人的重要性。

这种争议无法解决的原因，是因为对于客体的起源，克莱因建立了几种非常不同的构想，每一种都是极其创新的。其中的某个解释在某个特定时间就占据了她的写作。有时，她试图整合某些解释，但只是不完整的、暗示性的。克莱因没有承认其构想的多样性，也没有提供令人信服的综合来解释客体来源，从而对别人理解她的著作造成了很大困扰。而且，她的追随者和贬低者都努力描述她的观点，就好像这些观点是全面的，内在是一致的，这也导致了额外的、不必要的困扰。

131 克莱因早期著作的特点就是关于客体的起源和处理方法，她提出了最为流行与广为人知的观点，认为客体是与生俱来的，因而是从驱力自身创造出来的、独立于外部世界的真实他人："儿童最早的现实完全就是潜意识幻想性的。"（1930，p. 238）克莱因在这个构想中主张，对于真实他人的感知只是支撑儿童内在客体映像投射的脚手架。这怎么可能呢？儿童在没有实际接触之前，如何认识他人和外部世界？关于客体映像的产生，克莱因在其著作中有多处提出了不同解释。有个解释涉及对欲望自身本质的全新理解。这个方法隐含于克莱因著作中，最终在 1943 年遭到苏珊·艾萨克斯（Susan Isaacs）的直接质疑。艾萨克斯提出，欲望隐含着欲望客体；欲望总是渴望得到某种东西。欠缺体验中隐含的是某种映像，对于这些状况的某种幻想导致欠缺的满足。（这种理解与哲学现象学的原则有着某种联系，即所有思想都是"有意的"；见 Brentano，1924。）在弗洛伊德的元心理学中，驱力对客体的本质与现实是一无所知的；不包括任何关于其满足的潜在载体的信息。这种无客体状态持续至客体强加于婴儿并与驱力的满足联系在一起之时。在克莱因看来，驱力凭借其欲望本质，内在具有关于外部世界的先验映像，不管在爱还是毁灭之中，是在寻求满足。

克莱因关于客体认识的假设，认为客体是独立于且先于经验而存在，是建立在弗洛伊德著作中更为推测的某些章节上的，他假定存在种系的遗传，包含特定记忆痕迹与映像。这个思路，显示出荣格的影响，在《图腾与禁忌》中得到全面的发展，是荣格对弗洛伊德理论影响的顶峰，而在弗洛伊德后期著作中再次出现时已经成为次要问题。克莱因对这个概念的使用更为宽广和系统，她认为不仅仅存在特定种系的记忆痕迹与映像，而且存在广泛的内在映像和潜意识幻想的行为，诸如乳房、阴茎、子宫、婴儿、完美、毒药、爆炸和大火。克莱因提出，儿童早期客体关系与关于身体的部分映像有关，作为"普遍的机制"而发挥作用（1932，p. 195），不需要儿童在现实中体验实际的器官。只有到了后期，儿童的客体映像才呈现出外部世界中真实客体的特点。儿童的驱力正是指向了这些先天映像，不管是出于爱还是恨，并作为后来经验累积的基础与支撑。克莱因在后期著作中将客体具有先天认识与映像的原则拓展至整体客体："婴儿对于母亲的存在有着内在的潜意识的觉察……这种本能的认识是婴儿与母亲最初关系的基础。"（1959，p. 248）

132

对固有潜意识幻想中早期客体的第二种解释涉及到死亡本能最早的释放，克莱因认为婴儿要活下来，这一定是要发生的。我们已经看到，克莱因追随弗洛伊德的步伐，感觉婴儿在出生之后就立刻受到内在毁灭性的威胁。弗洛伊德认为，性本能，或者说生存本能，能影响死亡本能并使之改道。他为这种拯救作用提出两种机制：绝大部分的毁灭力量向外转变成对他人的施虐；一部分仍然作为基本的性受虐的力量。克莱因提出第三种机制：另有一部分死亡本能转向或投射（她在不同的解释里使用不同词汇）至外部世界。因此，性本能实际是潜意识幻想出一个外在客体，并将部分死亡本能投射上去，将剩余的毁灭力向外转向这个刚刚创造的客体。为了防止体验到完全充满坏客体的世界，部分生存本能同样被投射出去，创造一个爱指向的好客体。好客体的本质，就像坏客体一样，是由儿童自身动机决定的，因为他产生了存在善良而乐于助人的人物的信念，这个信念源于其自身力比多的本质。因此，在这个观点中，驱力最初的客体是驱力自身的延伸，其内容源于儿童自身冲动的内容，这些内容现在被体验为由外部客体指向他的。"通过投射，婴儿将力比多和攻击指向外部，并用其将客体充满，婴儿的早期客体关系就产生了。这个过程……形成了客体投注的基础。"（1952a，p. 58）

儿童最初的客体是创造出来的，其目的是容纳自身的驱力，克莱因在最初的论文中提出这个观点，是因为她发现，在生命最初几年中，俄狄浦斯早期的潜意识幻想中伴有严厉而原始的超我形象。这个诠释似乎解释了这样的事实，即儿童想象出的惩罚，其内容与自身的潜意识攻击幻想是一致的。儿童活在其客体毁灭、焚烧、毁伤和毒害他的恐惧之中，因为这些行为占据了他自身的潜意识幻想，于是就成为其投射到这些行为上的物质。因此，在儿童心理经济学里，就像最高执行长官的名单一样，惩罚与罪 133 行总是相符的。儿童的世界，不管是内在的还是外在的，生活于其中的生物本质反映了儿童自己的动机。所以，儿童对早期客体的恐惧与自身的攻击冲动强度是相一致的。“外部现实主要是儿童自身本能生活的一面镜子……儿童预期，生活在其想象中的客体对待他的施虐方式，就像儿童被迫对待客体的方式一样。”(1936, p. 251)

在关于固有潜意识幻想的早期客体存在的第三种解释中，克莱因认为，最初对内在和外在客体的体验源于对感觉的错误解读。她提出，除某种具体投射机制本身或对令人恐惧的客体的某种具体认识或意象之外，儿童对内在死本能作用的体验，被*看作*是外来东西的攻击。婴儿感觉死亡本能“是对灭绝(死亡)的恐惧，表现为对迫害的恐惧……死亡本能立刻附着于客体之上，或者可以说被体验为对不可控而无法对抗的客体的恐惧”(1946, p. 4；斜体是我们标注的)。儿童体验的性质使其推断出客体的存在。克莱因没有将这个构想局限于死亡本能，而是认为任何躯体需要的受挫，即生理上的感觉、紧张和不舒服，都被儿童体验为躯体之外的东西，或外来躯体产生的攻击。她在后期的一篇论文中提出，愉快的感觉，诸如舒服和安全，是“感觉来自好的力量”(1952a, p. 49)。因此，所有感觉被体现和归属为好客体与坏客体：“在最初的阶段，不愉快的刺激是与‘坏的’、拒绝的、迫害的乳房联系在一起，而愉快的刺激是与‘好的’、令人满意的乳房联系在一起。”(1935, pp. 305—306n)里维埃将这个理论扩展应用于暴怒的感觉，认为形成暴怒的紧张被体验为内在的坏客体。她也认为，儿童自然就个人化地将所有挫折推断为来自剥夺性的他人：“内在的匮乏与需要总是被*感觉*为外在的挫折。”(1936a, p. 46)

基于三种不同的构想，克莱因宣称客体内容是有机体所固有的，是独立于外部世界被创造出来的：客体是欲望所固有的，表现为体质的、普遍的认识与意象；客体被创造出来是直接作用于死亡本能，使其“放弃”自我毁灭；客体被想象出来用于解释关于儿童最初感觉的现象学。

尽管克莱因假定驱力的最初客体有着先验性质，即使在其早期著作中，她也强调，134 对外部世界中真实他人的体验可以修正和转化这些固有意象。她用几种不同方式来处理客体意象混合的过程。某些时候，她提出一个时间分层序列，儿童自己大量而丰富的潜意识施虐幻想产生早期严厉而原始的客体，这些客体后来被友善而乐于助人的父母意象所掩盖。随着时间推移，早期人物形象逐渐被真实的父母意象所转化与软化

(1932, p. 217)。还有些时候,克莱因认为早期客体部分源自真实的外在人物,但是真实感觉被儿童投射在其上的自身冲动所扭曲。这些早期意象是"在真实的俄狄浦斯期客体与前生殖器期的本能冲动印记的基础之上建构的"。因此,每个真实感觉的核心都会围绕着一个儿童自身动机的镜映意象。这些客体意象含有真实父母的特点,但是总体上是被扭曲的,由此产生"具有非常难以置信的,或者说潜意识幻想的性格特点"的人物形象(1933, p. 268)。

解决混合问题的第三个方法就是设想投射与内射的感觉循环有着更加流动的机制。具有严厉而潜意识幻想性质的早期内在客体不断被投射至外部世界。对外部世界真实客体的感觉与被投射的意象混合在一起。在接下来的再内化过程中,由此产生的内在客体部分地被对真实客体的感觉所转化。克莱因提出,早期建立的严厉超我形象实际上激发了真实世界中的客体关系,因为儿童寻求联盟和安慰资源反过来会转化其内在客体。这个过程也是强迫性重复的基础,不断尝试建立外在的危险情景来表现内在的焦虑(1932, p. 170)。在一定程度上,你能感觉到内在期待与现实的差异,并允许新事物的发生,内在世界就会随之转化,而且投射和内射的循环就会具有正面而进步的方向。在一定程度上,你在现实中找到对内在期待的确认,或者你能诱使别人扮演你期待的角色,内在的坏客体就得到强化,这个循环就具有负面且退行的方向。克莱因描述了建立在特征性焦虑情景基础之上的与他人关系的结构化,简要提到了期待以及诱使他人扮演被期待角色的作用,她正冒险涉足沙利文所使用的方法(Klein, 1964, p. 115)。

135

克莱因在论及抑郁心位时所提到的关于客体起源的构想,迥异于其早先对内在先验性客体意象的强调;在这个观点中,内在和外在的客体源于儿童对外部世界中真实他人的体验。克莱因提出,婴儿外部世界中的真实他人不断被内化,被确立为内在客体,并再次被投射至外在人物。她似乎认为这种内化本质上不是一种防御机制,而是一种与外部世界进行连接的方式:"自我不断地将整个外部世界吸收进自身。"(1935, p. 286)内在客体是根据真实的外在他人而建立的,是"成对的"。不仅仅是他人,所有体验和情景都被内化了。儿童的内在世界"是由不计其数的客体组成,自我在一定程度上根据各种好与坏的方面将这些客体吸收进来,父母也在其中……呈现在儿童的潜意识之中……这些客体也代表了所有不断被内化的真实他人"(1940, pp. 330 - 331)。

克莱因的几个合作者阐明了这种将客体,尤其是内在客体,看作是最初由对真实他人的感觉形成的观点。里维埃指出,最好不要将"内射"一词设定为防御机制,因为

“从最初感觉到相对于‘我’来说的外在的‘某种东西’开始，内射就一直在发挥作用”(1936a, p. 51)。海曼进一步扩展了这种内化过程的范围，似乎将其等同于一般的感觉：“自我接收到外界的刺激，将之吸收，并使之成为自身的一部分，将其内射。”(1952a, p. 125)

克莱因关于客体是源于潜意识和内在世界的构想，是在攻击成为其重点关注焦点时期建立的，而客体是通过吸收对外界真实他人的体验合成的观点，是在抑郁性焦虑与修复成为其重点关注焦点期间建立的。这不是偶然事件。克莱因重点关注攻击之时，她最为关注的是坏的或憎恨的客体。另一方面，她关于抑郁性焦虑的论文更加关注好客体及其恐惧的毁灭。她倾向将坏客体看作是内源性的，也就是说，源于儿童自身的驱力，而好客体是从外界、从父母帮助的改善效用吸收来的。不幸的是，在其著作中的每一个点，她关于客体起源的构想都假定所有客体起源存在一个普遍机制，由此带来了极大的困扰，形成了不一致的概念。克莱因倾向于好客体源自外界，而坏客体源自内部，其原因是她认为心理病理是由内在的、体质的根源所致，她同时弱化了父母焦虑、矛盾情感和性格病理的重要性。

136

## 重大的元心理学转变：驱力的本质

克莱因对驱力概念的使用造成了自相矛盾。一方面，她整个动机系统是建立在驱力基础之上的，而且其著作中有很多地方谈到驱力。她将对驱力的强调看作是与弗洛伊德著作的核心联结，这种强调也为她赢得了声誉，尤其是在她的批评者中，她被称为杰出的“本我”心理学家。另一方面，克莱因著作也为后来的理论家，诸如费尔贝恩和冈特瑞普，起到了重要的过渡作用，他们完全抛弃了驱力模型。克莱因著作显然扩展并阐明了经典的驱力理论，同时为抛弃驱力理论起到了桥梁作用，从经典的驱力/结构模型过渡到其后一系列关系/结构模型的观点，这是如何做到的呢？答案就在于其构想的调整方式，微妙而又影响深远，就是将驱力的本质看作是心理现象。

尽管他人在弗洛伊德多个临床概念中处于非常重要位置，但在关于驱力本质的元心理学构想中，“客体”最不具有先天特征，处于最为次要地位。来源、目标和动力都是驱力固有的方面；特定客体是通过经验的机缘巧合添加的。所有最为重要的心理过程是过度满足或满足缺乏产生的；客体只是载体，经由客体，要么得到满足，要么满足被忽视。在弗洛伊德系统中最早的发展时期(自体性欲和原始自恋状态)，婴儿基本上是自闭的，除了自我本身之外，力比多缺乏任何对客体的依附。弗洛伊德理论中的客体暂时仍然是继发的，而且其功能从属于驱力满足的目标。

对克莱因来说，客体更为基础和重要；驱力与客体生来就是不可分割的。她对弗洛伊德关于自恋是原始而反复的无客体状态的概念的批评直接反映了这种转变。克莱因认为驱力与客体有着更加紧密的联系。她提出，婴儿与现实之间有着比以前的精神分析理论所说的更加深层而直接的关系。她反对原始自恋的概念，猛一看似乎是微小的理论修正，但有着极为重要的意义。对于许多临床现象，从抽动（Ferenczi, 1921）到精神分裂症（Freud, 1914a），经典的精神分析将自恋用作解释性概念，是理解精神分析情境中刻板阻抗的工具（Abraham, 1919）。克莱因及其合作者对这些解释提出异议。他们认为，诸如抽动（Klein, 1925）、精神分裂症（Klein, 1960）以及分析中的极端阻抗（Riviere, 1936b）这些看似自恋的特征，**不是**无客体状态，而是反映了与客体，通常是**内在**客体之间的强大关系。在克莱因看来，客体关系的内容和本质，既有真实他人，又有潜意识幻想他人意象的内在体现，是正常和病理性的非常重要心理过程的主要决定因素。她认为弗洛伊德的"自恋力比多"反映的不是对自我本身的投注，而是对内在客体的投注，弗洛伊德对于自恋力比多与客体力比多的区分就被替换为内在与外在客体关系的区别。 137

克莱因关于原始客体联结的假设有着非常重要的意义，超越了内在客体概念一般性临床效用；代表了关于普遍的人类动机和精神过程观点的重要转变。弗洛伊德认为驱力是最初的、极端无客体的状态，必须将心理结构看作是一分为二的、分层的。最底层是一口盛满驱力的"沸腾的大锅"，漫无目的，与外界是隔离的，通过松弛的、流动的初级思维过程发挥作用。自我通过更加有组织的现实导向的次级思维过程发挥作用，**需要**为驱力带来方向、结构和连续性。自我的功能因此就叠加在驱力原始动机能量之上，组织精神事件并将之导向现实。

在克莱因看来，通过其内在的客体联结，驱力自身具有弗洛伊德理论所说的许多特征属于自我和次级过程的范畴。驱力被导向他人和现实，包含关于客体的信息，并通过这些客体寻求满足。她写道，这就是"我的观点，婴儿从一出生就跟母亲有一种关系……这种关系充满客体关系的基本元素，那就是爱、憎恨、潜意识幻想、焦虑和防御"（1952b, p. 49）。这种原始的与他人的关系与弗洛伊德的观点不同，弗洛伊德认为儿童转向现实，也转向他的母亲，仅仅是其最初驱力需求被挫败的结果，也只是次级思维过程发展的结果。克莱因理论中精神生活最基本的结构单元与弗洛伊德理论的结构单元是不同的。在克莱因看来，精神过程的基本单元不是无客体的能量包，而从一开始就是关系单元。她对驱力属性最显著的重构就是，认为所有心理能量生来就是有方向和有结构的："不包含内在或外在客体的本能冲动、焦虑情景和精神过程是不存在的；换言之，客体关系是情感生活的*中心*。"(1952b, p. 53；斜体是最初标注的)。

138

克莱因的"驱力"与弗洛伊德的"驱力"的不同不仅仅在于其对客体的定位，其本质也是不同的。弗洛伊德认为驱力源于躯体力量，尽管他说驱力也具有心理的表现与结果。克莱因则认为驱力本质上是心理力量，利用躯体作为表达的载体。驱力本质的这种含蓄的变化是微妙的，但对于接下来精神分析观点的历史发展有着极其重要的意义。克莱因努力保持对弗洛伊德的忠诚，并使用弗洛伊德的言语，从而掩盖了这种变化。因此，有必要透过言语的局限，来看待克莱因与弗洛伊德对人类体验本质基本理解的不同。

在弗洛伊德的系统中，驱力开始于身体组织内的紧张。躯体是其起源、源头。这种躯体的紧张影响心理结构——心灵，其基本功能是满足躯体需要，消除驱力紧张，并保持平衡状态。驱力紧张表现为希望的冲动，冲动的满足降低源于躯体的驱力紧张。因此，正是通过希望的冲动，驱力向心灵提出要求。每个成分本能有其固有的"目标"，每个行为都会降低其"起源"的紧张。如果驱力最初"目标"可以得到直接满足，这就是降低紧张最为经济的途径。如果直接满足不可行，目标抑制性满足，或者升华就是次选的经济的途径。在弗洛伊德的系统中，我们所有最为复杂和个人化的情感，诸如爱与柔情，以及憎恨，来源于基本的结构单元和躯体紧张包。这些情感最终成为降低紧张的载体。

克莱因没有忽视躯体在儿童和成人体验中的重要性。身体的部位和功能在其构想中发挥核心而普遍的作用。然而，躯体对于驱力来说有着不同的功能。在克莱因看来，躯体不是驱力的起源，而是其表达的载体。驱力本身在本质上是有指向性的心理学现象，形成了复杂的情感。攻击不是指一种无指向性的、无客体的毁灭能量，而是出于满足目的才依附于客体。攻击是有根据的、个人化的、有目的的憎恨，是和具体的他人关系联系在一起的。儿童嫉羡母亲，因为母亲自足的善良不受儿童的控制；他想摧毁、损坏这善良。他嫉妒母亲体内未出生的婴儿，嫉妒母亲占有父亲的阴茎，密谋其让位。面对自己的挫折和被排除在外，想象着父母之间的相互满足，他感到暴怒，想象着恶毒而具有讽刺意味的复仇与胜利。

139

力比多在克莱因的使用中是有指向性的、有组织的、个人化的、复杂的。她又更进一步解释说，儿童对父母和兄弟姊妹的爱，不是局限于欲望，而是需要强烈的关注。这种关注是最早期客体关系的固有特征："爱与感恩的感觉直接而自动地产生于婴儿对于母亲爱与关爱的反应之中。"关爱不只是由儿童依赖客体来获得驱力满足激活，而是包含了一种"做出牺牲的强烈渴望"(1964, p. 65)，出于对他人真正的同情，使他人高兴。

在克莱因的构想中，爱的情感根本不是目标抑制的、冲动受挫的变形，而是其具有的心理生活的基本特征。事实上，她提出，正是出于对客体的爱，儿童才会注意抑制其更具有毁灭性的冲动，他寻求父母的帮助来发展这种控制力(1964, pp. 74—75n)。对于驱力的基本动机属性，克莱因在其后期著作中处理俄狄浦斯情结的方法，为衡量她相对弗洛伊德的变动程度提供了测量标准。她认为弗洛伊德"没有足够重视这些爱的情感在俄狄浦斯冲突的发展及其结束过程中的重要作用……俄狄浦斯情景失去作用不仅因为男孩害怕……而且是因为他受到爱与内疚情感的驱使，从而将父亲保存为内在和外在的人物形象"(1945, p. 389)。因此，在克莱因的构想中，一方面是男孩对父亲的爱以及与父亲保持好关系的渴望，另一方面是他的恨、嫉妒和嫉羡，两者构成了俄狄浦斯情结的核心冲突，从而替代了弗洛伊德分配给追寻驱力满足与阉割焦虑(害怕失去提供驱力满足的器官)之间冲突的核心位置。在克莱因看来，力比多和攻击不属于成分本能，而是个人化的、有指向性的情感。

那么，躯体从何处进来的呢？在克莱因理论中，躯体如果不是驱力创造者，那就是其表达的最有效方法。想象一下克莱因眼中的小婴儿。在其与周围人的关系中，他体验到强烈的爱、难以忍受的恨，以及恐惧与恐怖；然而，他没有用言语或运动方法去表达这些强烈情感。他说不出来；除了非常粗糙而幼稚的方式之外，他也做不出来。他对世界运作的理解基本上局限于自己的躯体。因此，其躯体的部位与功能就成为躯体表达的原始语法的记号。他使用这本躯体词典实施其强烈的爱与恨的情感。恨(或死亡本能)将躯体资源作为武器。儿童恨时将每个躯体部位和躯体功能体验为毁灭其周围与内在他人的有力工具。里维埃编撰了儿童躯体设备的目录：

*140*

> 不受控制的活动，屁与尿都被感觉为烧灼的、侵蚀的、有毒的东西。不仅是排泄，在婴儿的潜意识幻想中，所有其他躯体功能也被迫服务于攻击(施虐)的释放和投射。肢体可以踩、踢和蹬；嘴唇、手指和手可以吸吮、扭动、掐；牙齿可以咬、啃、撕裂和切割；嘴可以吞噬、吞咽和杀灭(毁灭)；眼睛通过看来杀死、穿孔、穿透；

就像儿童自己敏感的耳朵体验那样，呼吸和嘴通过噪音来伤害。(1936a, p. 50)

爱(或生存本能)将躯体资源作为才能。儿童在爱的时候，感觉每个身体部位与身体功能就是取悦和修复其周围与内在他人的强大工具。在补偿过去的罪恶与损毁的驱动下，爱"利用了力比多的潜意识幻想和欲望"(1952c, p. 74)，以保证客体仍然活着，仍然有爱的交换的可能。

在克莱因的系统中，恨与爱使用同样的躯体部位和功能。喂食既可以用来表示母亲的耗竭，也可以表示与母亲的爱的结合；排尿可以像一场大火，表达对母亲恨的毁灭，也可以是提供有营养的液体，表达对母亲的感恩与互惠；排便可以代表爆炸性的(肛欲前期)、有毒的(肛欲后期)怨恨，或者是对有价值客体的修复，以替代母亲被偷走的婴儿。这在弗洛伊德理论中是不可能的。对他来说，最初的动机源于躯体部位的紧张，并通过具体的"目标"来寻求释放。驱力的心理学衍生物与其目标紧密相连并受其影响。驱力的"目的"是由躯体部位自身提供并产生意义。在克莱因的使用中，动机是感觉和情感提供的，选择可行的躯体部位和功能完成其表达。用艾萨克斯的话来说，躯体冲动是"本能的载体"。对克莱因来说，躯体过程不会促成驱力紧张；驱力具有心理学本质，赋予躯体事件意义并表达其目标。意义不是由躯体部位和机制产生的，而是由情感体验，就是她所称的"驱力"产生的。活动的"目的"或意义不是由躯体来源决定的，而是通过驱力传递给躯体活动的。

141

因为克莱因在其所有作品中刻意与弗洛伊德保持连续性，所以没有明确提出对驱力本质理解的基本转变。对于这个主要问题，她将自己与弗洛伊德进行最为直接的比较就是关于客体本质的讨论。她提出，对弗洛伊德来说，客体总是"具有本能目标的客体"，而在她自己的言语中，她表示"除此之外，客体关系还包括婴儿的情感、潜意识幻想、焦虑和防御"(1952b, p. 51)。在许多其他的地方，尤其在后期论文中，克莱因明确表述其客体概念不仅仅涉及躯体紧张的减少，而且是涉及更为全面的、情感更加强烈的与他人的联结："满足与给与食物的客体的联结就像与食物本身的联结一样紧密。"(1952d, p. 96)玩乳房就像喂食本身一样重要，提供"母亲与婴儿之间的亲密对话"(1952d, p. 96)。儿童渴望母亲的本质超越了躯体满足，必然会产生更加全面而个人化的认知。儿童"不仅期望从母亲那里得到食物，而且也渴望得到爱与理解"(1959, p. 248)。在儿童的体验中，乳房本身被认为不仅仅是躯体客体或一种躯体满足的途径，而且是"母亲善良的原型，无穷无尽的耐心与慷慨"(1957, p. 180)。

尽管驱力本质的概念化有着这么多明确的不同，克莱因仍然坚持，她的用法源于弗洛伊德关于生存与死亡本能的概念，并与之保持一致，然而，弗洛伊德本人及其许多追随者并没有完全坚持这些构想，也没有将其整合进现存理论中。克莱因的批评者提出，弗洛伊德对于生存与死亡本能这方面的思考，总体来说，是基于生命中更加宽泛的生物学力量的哲学思考，不是可以直接应用于临床现象的理论概念。宝拉·海曼(1952b)反驳了这种论点。尽管她承认弗洛伊德自己在这个问题的理论构思方面有着矛盾之处，但她指出，弗洛伊德却在其后期著作中，在有些地方**确实**将生存与死亡本能的概念用于了临床现象。

这让我们感觉，由于对合法性的执着，这个争论已经离题了。弗洛伊德也许使用过生存与死亡本能的概念来阐明临床现实，但他从未提出，这些力量在体验中具有**现象学**基础。对他来说，生存与死亡本能具有生物学组织的属性，分别倾向于创造与分解复杂的生物学结构。同样，生存与死亡本能产生，或者说体现在力比多和毁灭之中，分别执行联系与分开的任务。对弗洛伊德来说，是力比多和攻击，而不是生存与死亡本能，产生躯体紧张并创造体验。另一方面，在克莱因看来，生存与死亡本能包含在，实际上源于个人体验。力比多和攻击的潜意识幻想从一开始就是“生存与死亡本能活动的心理表达”(1952a, p. 58)。在克莱因的系统中，爱与恨的代表分别是生存与死亡本能，是基本的动机力量。这种**从哲学到经验水平的转变**造成了克莱因与弗洛伊德构想的根本分离。

142

克莱因对待经典的弗洛伊德学说的结构、遗传和经济学观点的方法，阐明了她使用驱力概念的某些潜在转变。在弗洛伊德的结构模型中，自我与驱力保持中立的关系。自我的任务是协调本我、超我与外部世界的关系并保持三者的平衡。尽管克莱因保留了弗洛伊德的结构性语言，自我在她的理论中是内在动力斗争的重要主角，几乎等同于爱与生存本能。自我的存在首先要归功于生存本能及其需要联盟来阻击死亡本能：“一出生，生存本能就要求自我采取行动。”(1958, p. 238)自我从本质上背叛了其起源，“自我渴望整合与组织，清楚地显示其源于生存本能”(1952a, p. 57)。因为自我越来越等同于爱与修复，本我就成了恨的化身。“*自我等同于好客体遭受的痛苦*”(1635, p. 293；斜体是原文标注的)，通过这种认同，自我就成为本我的反对者，害怕其自身与所有好客体的毁灭。

这些结构上的修改源于克莱因对驱力本质的重新构想。在弗洛伊德看来，力比多和攻击是无结构的、没有指向的能量；它们**需要**动机中立、现实取向的自我来调和它们与外部世界的关系。对弗洛伊德来说，人类的核心冲突是驱力满足(性的和攻击的)与社会现实要求之间的冲突，在克莱因看来，力比多和攻击本来就是以个体化的、结构化的情感指向外部世界的。因此，弗洛伊德对本我与自我，以及自由浮动的能量与中立调停者的区分，没有应用于她的系统。在克莱因看来，人类体验中的核心冲突是爱与恨，充满关爱的保存他人与恶意毁灭他人之间的冲突。爱与恨已经是与客体相关联的，因而与社会现实是无中介的联结。因此，克莱因也隐含地重新定义了结构的术语， 143 以非常冗余的方式，通过本我与自我之间这种没有必要的区分来代表恨与爱之间更加本质的冲突，本我代表恨，自我代表爱。克莱因使用弗洛伊德结构概念的调整，暴露出她对驱力的看法，驱力不是缺乏结构与指向的反社会的能量释放，而是对立的、与客体关联的情欲。

克莱因处理发展顺序的方法同样也反映了对驱力的不同理解。对弗洛伊德来说，驱力的成分是以基于躯体部位紧张的目标顺序展开的。性心理阶段反映了力比多不同成分的成熟顺序，每个阶段都有其自己的躯体来源，出现并建立了临时的主导，最终导致生殖器的领导权。克莱因提出，性心理“阶段”没有严格的顺序，各个阶段是彼此交叉与融合的(1928, p. 214；1945, p. 387)。她用“心位”替代了“阶段”，来表明焦虑与防御的模式和分组。不同的心位反映不同的体验组织模式，与他人爱与恨的关系有着不同的心位。在偏执—分裂心位，爱与恨的关系彼此是分开保存的；在抑郁心位，爱与恨的关系成为一体。从阶段概念到心位概念的转变再次反映出对驱力的重新定义，从以躯体快感区为主导的能量包的展开转变为关系模式的驱力，其强度与反感必然需要不同的组织模式。

克莱因对待能量概念的态度也反映出她使用驱力概念的革命性转变。对弗洛伊德来说，驱力是有限的能量；驱力被看作是躯体的物质，具有具体的量。因此，力比多和攻击指向外界越多，指向内部的就越少；在直接满足上消耗越多，用于升华或目标抑制活动的就越少；指向一个人的越多，用于他人的就越少。在弗洛伊德看来，如果取得真正的满足，就不会有幻想；如果能量消耗在幻想上，就很少有用于真正满足的驱力能量。克莱因却不这样看。尽管没有明确说明她是这样做的，她改变了弗洛伊德基本经济学的所有原则。在克莱因的系统中，驱力的能量不是有限的，也不是预设的。潜意识幻想不只是对真正满足的补偿或替代；也是实际满足的伴生物。力比多和攻击的满 144 足是指向内部的(指向内在的客体)，同时也是指向外部的(指向真实的他人)；它们彼此直接关联，而不是相反。对客体的爱不是限制，而是增加了对他人的爱。例如，在成人的爱中，爱一个人不是爱最初的俄狄浦斯期的客体，而是除了这些客体之外，还爱这个人。爱是伴有潜意识幻想的俄狄浦斯期的满足。

克莱因将人类的体验看作是流动的、千变万化的、多重性的。在其早期论文中，她提出，对于儿童来说，世界代表母亲的身体，具有潜意识幻想的丰富性和恐惧。通过力比多和攻击动机的升华，世界中的所有活动与关系具有同时出现的、多层次的、婴儿式的、力比多和攻击的意义。艾萨克斯拓展了对这个思维过程的看法："*没有潜意识幻想的协作和支持，就不能发挥现实思考的作用。*"（1943，p. 109；斜体是原文标注的）因此，弗洛伊德建立的能量调节原则因为在克莱因学派系统中不存在，就被弱化了。克莱因对于能量问题的看法再次反映出这样的概念：驱力不是有限的、源于躯体的能量包，而是与他人关联的、复杂的多重性情欲。

## 克莱因系统的贡献与局限

海曼(1952b)提出，死亡本能是精神分析理论中的继子，其接受度与地位次于生存本能，因为弗洛伊德最早期对力比多理论的发展，生存本能就成了他的头生子。克莱因自己在许多方面就是弗洛伊德精神分析的继女。关于最为正确的儿童治疗的"精神分析"方法这个问题，她与安娜·弗洛伊德之间产生了对立的关系[①]。弗洛伊德几乎完全拒绝承认克莱因的贡献，明确将合法性衣钵授予了自己的亲生女儿。也许这是克莱因在其著作中刻意对弗洛伊德保持连续与忠诚的部分原因。（她的姐姐是其钦佩并热爱的父亲的最爱，对此也一定有着某些影响。）她的拥护者与反对者也关注合法性问题，并从弗洛伊德宏大而不断变化的著作中选取支持自己的段落。这种先占观念阻碍了我们认识克莱因对精神分析观点历史发展的贡献，以及其理论系统中真正有问题的方面。

*145*

克莱因做出了许多重要的理论与临床革新。在精神分析的文献中，从之前对儿童后期俄狄浦斯情结全面发展的重视转变为研究初期的母婴关系，克莱因是这个转变中

① 安娜·弗洛伊德秉持的立场是精神分析不可能用于小孩子；因为他们还未充分发展，仍然受制于父母，不能产生真正的移情，无法对其进行深入俄狄浦斯期的分析。她鼓励分析师采取支持与教育的态度，认为克莱因的更加纯粹的分析方法是不合适的、危险的。克莱因的立场是，在与儿童的工作中，移情和俄狄浦斯素材是自发产生的，鼓励分析师采取中立并纯解释的态度。她认为安娜·弗洛伊德的教育方法分裂了移情，将负性移情驱赶至地下。克莱因认为，缺乏全面的分析情境是安娜·弗洛伊德的方法造成的*结果*，不是其方法合理化的正当要求。

的核心人物。她发现了早期的内摄与认同，扩展了对潜意识幻想的认识，提出了内在客体与内在客体世界的概念，为精神分析研究这些最早期的客体关系提供了有力的临床工具。她的关于原始迫害性焦虑，以分裂及其结构为主导的早期防御，以及抑郁性焦虑与修复的构想，极大地促进了对精神病、神经症以及正常精神功能的动力过程的研究。她发展了游戏技术，透彻地描述了贪婪与嫉羡的潜在作用，及其在精神分析情境中产生最不妥协的阻抗的核心作用，这些工作极大地拓宽了精神分析技术的应用范围，并提高了其效度。克莱因在精神分析观点发展史上的核心位置不仅源于这些具体的贡献，而且也源于其转变宽广的元心理学视角的作用。她将客体关系放在其理论与临床构想的核心。客体关系的组织与内容，尤其是与流动而复杂的内在客体世界的关系，是体验与行为的重要决定因素。

克莱因从驱力/结构模型得出假设，精神生活的主要成分源自个体的有机体，以成熟的顺序展开，在这个过程中，通过个体与他人世界的互动得以修正与转化。对她和弗洛伊德来说，力比多和攻击是个体的动机能量，其属性是体质赋予的，决定了一个先验：人类被理解为受到这些力量的驱动，受到内在压力的驱使。只有在这个意义上，克莱因才更算是"本我心理学家"。不过，她重新定义了这些内在力量的*性质*。她重新定义驱力自身的基本属性，这样做就播下了发展"英国学派"的关系/结构模型的种子。146 驱力不再是无指向性的，产生紧张的刺激就成为作为驱力满足载体的客体附属物。在克莱因看来，驱力作为客体性质的构成部分包含客体；力比多和攻击本来就具有指向性的渴望，其目标是具体而生动的意象。正是在这个意义上，与源自哈特曼和安娜·弗洛伊德的美国弗洛伊德学派的自我心理学相比，克莱因经常被刻画为"本我心理学家"，本质上是误导的。自我在她的系统中还未发展起来，因为克莱因认为驱力包含许多自我心理学中的"自我"概念所具有的属性。对她来说驱力不是源自具体躯体紧张定量的能量，而是指向他人强烈的爱与恨，利用躯体作为其表达的载体。*对克莱因来说，驱力就是关系。*

克莱因所刻画的主宰情感生活的关系，如：偏执—分裂心位、嫉羡的作用、抑郁心位，这些关系有力而深刻，是其对临床精神分析的最大贡献。不过，她认为这些关系是体质性的、普遍存在的，是由驱力本质，尤其是体质的攻击，预先设定的直接结果。这就好像每个人一出生就进入同一部戏，有着标准的演员表，剧本是事先写好的、不变的。父母作为真实的人处于核心位置，但是非常局限，是一维的。父母重要，因为他们是人类普遍属性的代表——拥有乳房的母亲和具有阴茎的父亲。其实际的解剖形态强化并转化儿童内在固有的先验意象和潜意识幻想。父母的重要性也在于其生理现实，因为他们能活下来。尽管儿童有潜意识的谋杀幻想，父母还是一直反复出现，这就强化了儿童对自身修复功能的信念，而且有助于现实检验能力的发展。

克莱因往往将父母对儿童的影响视为一直是积极的，是充满爱与养育的意象的源头，用于对抗儿童自身固有的攻击。尽管她在案例说明中偶尔会提及某些更加个人化，或个性的特征（母亲抑郁，缺乏温暖，不喜欢孩子），这些特征从未出现在关于内在客体关系的构想中，内在客体关系的演员表总是由*普遍*的意象构成，有利或有害的躯体部位、婴儿、受害者、幸存者以及行刑者。父母人格的丰富性与细节是缺失的，父母作为真实他人的影响是以儿童自身攻击的改善程度来测量的。坏客体源自内部。对父母好的体验将这些坏客体转化成良性而完整客体。心理病理源于儿童自身的攻击，可能或者不可能通过父母的关爱得到矫正。这里忽略了一个可能，那就是父母自身人格问题，父母自己的生活困境可能会以更加直接而即刻的方式促进坏客体的最初建立，从而影响儿童心理病理的形成。

*147*

克莱因没有考虑父母的性格缺陷或特殊优点的影响。考虑到克莱因所报告的成人以及养育过程中复杂而强烈情感下持续存在的婴儿式冲突（1964），这种忽略似乎特别令人吃惊。例如，在讨论抑郁心位时，克莱因将儿童关注父母受到的伤害与儿童自身针对父母的潜意识攻击幻想联系在一起。儿童在潜意识幻想中伤害了父母，然后关注父母遭受的伤害，并为此感到悔恨。克莱因一贯将所有显著的情感因素归因于个体自己的内心，她没有考虑到的是，抑郁性焦虑与内疚在多大程度上源于父母实际的痛苦和困境。儿童对父母的焦虑与抑郁是极度敏感的。儿童的人格发展不可避免地与父母的痛苦紧密纠结在一起。同样，潜意识的修复幻想通常是以修复和转化父母的实际痛苦与缺陷的希望为中心的（“如果我成功了，我就救赎了我的父亲，弥补了他深深的个人失败感”，或者，“如果我保持为圣洁的人，我母亲的抑郁最终会消除，她就能够活下去”）。费尔贝恩与温尼科特要做的就是，少受忠诚于驱力/结构模型的限制，扩展克莱因关于儿童挣扎于其内在潜意识幻想产生的爱与恨的描叙的可信性，将儿童对与生活抗争的真实父母的感觉和联系包括在内。

不管怎样，克莱因系统所有存在问题的领域源于其在精神分析观点发展史上的过渡性地位。克莱因关注两点：一方面，她对客体关系的基本组织和情感生活进行了有力而透彻的描述；另一方面，她想保留这样的观点，即情感生活所有的重要构成是先天赋予的。这种双重焦点使得她必须解释发展的最初期阶段出现的那些复杂的人际关系。她对死亡本能概念的信守、对全面体质的知识与想象的预设、对阐明婴儿出生后或出生前不久具有的认知能力作出的贡献，是其理论中长期以来备受批评家挑战的三个领域。这三个原则共同服务于克莱因的双重目的。自我利用早期认知资源和先验知识来对抗死亡本能对生存的威胁，产生好与坏客体意象和早期防御组织。客体关系世界就在内在压力威胁下建立起来了。我们的观点是，克莱因关于早期客体关系的基本组织的描述既不支持也不反对这个合法性前提以及其著作中支持这个前提的有争议的领域。她对早期客体关系的描述为理解大孩子和成人的精神动力提供了有力的工具，不管其对新生儿做出几个月的体验的描述是否精确。

早期客体关系模型的合法性假设是克莱因忠诚于驱力/结构模型的残留物；其后受其影响的许多理论家在不同程度上抛弃了这个假设。有些作者，像费尔贝恩、冈特瑞普和鲍尔比，明确抛弃了驱力理论的说法，认为客体关系完全源于儿童对实际父母的体验。同样，很多保留克莱因观点的主要作者更是认为，早期客体关系模式更加充分地来源于儿童与作为*特别*他人的父母之间的实际体验(Bion, 1957; Meltzer, 1974; Rosenfeld, 1965; Segal, 1981)。例如，兰科就明确修正了克莱因的发展模型，认为偏执与抑郁性焦虑不是源于驱力的变迁，而是儿童对于母爱的如此强烈的渴望与需要的体验(1968)。

克莱因系统的最后一个缺陷也是因为她处在遵守驱力/结构传统与越来越多地使用关系/结构假设与构想之间的位置。她的著作中关于潜意识幻想与性格或心理结构建立之间的关系存在相当多的模糊性(Fairbairn, 1952, p. 154; Modell, 1968, p. 120; Kernberg, 1980, p. 42)。克莱因对精神生活的刻画具有极大的流动性特点。不管是内在的还是外在的客体意象不断地从驱力自身显现出来。婴儿不停地吸收现实的感觉并用来支撑内在潜意识幻想和体验。这种丰富而千变万化的流动性如何呈现出模式化的存在？人格如何变得有组织，具有持久性和恒常性的模式和结构？如果潜意识幻想生活是如此丰富与混乱，什么样的机制选择了这些具有重要动力性意义与病因性属性的潜意识幻想？在其对体验现象学生动而不稳定的解释与人格和行为的组织之间，克莱因留下了一道未充填的鸿沟。西格尔认为内在客体世界最持久的特征是最频繁地出现在潜意识幻想中。潜意识幻想的简单沉积看上去最多是对性格发展的不完整解释。

克莱因系统中关于潜意识幻想与结构之间的关系缺乏清晰度，就反映在对待内化的明确本质以及最终命运的模糊认识之中。一方面，克莱因将内化描述为潜意识幻想；儿童或成人想象某个人或某人一部分在其内部。这样的潜意识幻想通常是由从客体得到满足或控制客体的渴望所激发的。另一方面，克莱因认为儿童内化*所有*的重要他人，实际上是其所有的体验。在这个构想中，海曼进一步发展了这个构想，潜意识幻想的客体、感觉与记忆之间的区别就模糊了。对于内在客体持久的潜意识幻想与日常对他人的感觉是分开的吗？（克莱因在这些地方提出这样的一个分层，例如，在其“内在超我”概念中，最初的内在客体是在其中建立起来的，与对他人更加真实的感觉是分离的。）或者说，通过与当前感觉的不断交织，所有潜意识幻想的内在客体存在连续的转化吗？（克莱因在此提出对于真实他人的内在复制或复印的发展存在着这样感觉的混合。）克莱因没有充分区分或阐明以下几者之间的关系：对真实他人的当前感觉；相对持久的他人（客体关系）表征；对于内在客体的潜意识幻想，以及与内在客体的认同，作为人格中各种功能组织的焦点（就像弗洛伊德对超我的描述那样）。

在我们考虑内化的命运时，克莱因关于结构的构想中的模糊性就更加清楚了。一方面，克莱因在其早期论文中将内在客体与超我的形成联系在一起："加入的客体立刻呈现出超我的功能。"（1932, p. 184n）超我就是这样由"内化的客体组装而成"的（1940, p. 330）。另一方面，克莱因从1946年开始就把重点放在了内在客体在自我发展过程中的作用之上："最初的内在的好客体是自我发展的中心，其作用是对抗分裂与分散，形成统一与整合，有助于自我的建立。"（1946, p. 6）

内在客体构成了自我、超我，还是这两者？在她后期的一篇论文中，克莱因提供了两个建议，两者互不兼容，旨在澄清这个问题。她首先提出，超我是在自我分裂发展后期形成的。这个观点似乎与她关于早期的、严厉的、挑剔的父母意象的资料非常抵触。其次，她认为自我与超我享有同一个好客体不同的方面。这些提议有着些许矫揉造作，凸显了克莱因面临的两难境地，她试图将其对儿童的各种潜意识幻想与认同的丰富解释，挤进弗洛伊德最初关于自我与超我的截然对立之中（Segal, 1979, p. 103；进一步审视克莱因使用"超我"词汇的不一致性）。 *150*

弗洛伊德的结构模型是在驱力/结构前提下发展起来的。这个模型阐明了驱力冲动与社会现实之间的心理冲突，跟弗洛伊德关于驱力本质的最初构想紧密联系在一起。弗洛伊德认为性格结构是由驱力和防御模式构成的。对他来说，自我与超我的区别是心理结构的调节功能与内化的父母意象的辅助调节功能之间的区别。驱力调节在克莱因的系统中被一个真实或想象的与他人的复杂关系网所替代。在克莱因看来，性格是由关于内在客体的潜意识幻想构成的，源于固有的爱与恨的客体联结。内在客体关系组成体验的基本亚结构以及整体人格成分。自我与超我之间的截然不同，是建立在其应对驱力和调节驱力功能不同位置基础之上的，根本不适合克莱因的系统。克莱因通常使用这种方法来区别两种内在客体，被吸收进自体的内在客体（自我），在自我体验中保持相对不同和差异的内在客体（超我）。但是，简单的一分为二是行不通的。克莱因强行将其对内在客体关系的复杂解释纳入经典结构理论的驱力/结构框架，这种努力注定不会有结果，是其无法弥合她对潜意识幻想的描绘与她对模式化且结构化性格形成的令人信服解释之间差异的主要原因。

# 6. W·R·D·费尔贝恩

最近，如果专心听，我越来越能够听见哭泣的声音……只在我单独与妈妈一起时才会出现。实际上，哭泣的回声从未停止：只是我现在生活的环境变得越来越安静，我重新听到了声音，就像女修道院的钟声，在白天被街上的喧嚣所掩盖，在傍晚静谧的空气中再次听到钟声之前，人们以为钟声早就停了。

——普鲁斯特，《追忆逝水年华》

19世纪40年代早期，W·R·D·费尔贝恩发表了一系列晦涩难懂但内容丰富的论文，发展了自己的理论观点，与沙利文的"人际精神病学"一道，为驱力/结构模型到人际/结构模型的转变提供了最为纯粹清晰的表达。费尔贝恩住在爱丁堡，在距离和学术上与精神分析处于半隔离状态，有着哲学和神学的学习背景，使得他对精神分析理论的概念系统进行大胆而深入的重新思考。费尔贝恩的策略与沙利文形成鲜明对照，他绕过弗洛伊德的精神分析，发展了自己的语言与概念框架。费尔贝恩的方法也与其他英国理论家，诸如克莱因和温尼科特，以及美国自我心理学派极为不同，所有这些人都在不同程度上试图尽可能保留经典的理论。 151

费尔贝恩从弗洛伊德的元心理学核心问题，即力比多理论与性心理发展理论开始，挑战其基本假设与原则。他直接关注的焦点不是精神分析的临床实践。实际上，他感觉绝大多数分析师在与病人工作过程中轻视病人与他人的关系，对于这样的意见，分析师理所当然会感到愤慨。相反，他所关心的是为何他们不能将与病人的临床经验应用到最基本的理论原则中。费尔贝恩认为，力比多理论与性心理发展理论的基本假设和概念基础所呈现的，是对人类动机与体验错位的强调与基本的误解。 152

执业分析师相对不熟悉费尔贝恩的著作，精神分析文献鲜少直接引用其观点，这与他在精神分析观点发展史上的重要贡献是不相称的。这种忽视，除了距离上的隔离和源于其不赞成正统力比多理论的政治考虑外，还有其他几个原因。首先，费尔贝恩进入心智成熟时期，正是克莱因对弗洛伊德理论的扩展占主导地位的高峰期。其早期论文都是基于克莱因的观点写成的，即使后期论文也使用了很多克莱因的语言，尤其是提及内在客体关系使用的术语。不过，那些倾向于将费尔贝恩的著作与一般分类下"客体关系理论"或"英国学派"混为一谈的批评家，忽视了一个事实，那就是费尔贝恩已经改变了从克莱因借用的所有主要术语与概念的意义；他对人类体验的大视角与克莱因有着本质的不同。

费尔贝恩的贡献没有得到应有重视的第二个因素是，对其观点的全面介绍只有冈特瑞普一人(1961，1971)。对于改为推崇他与费尔贝恩共同持有的观点，以及强调他自己对于费尔贝恩观点的修正与扩展，冈特瑞普有着浓厚兴趣。结果，他容易掩饰费尔贝恩著作中存在问题的领域和不一致的地方。费尔贝恩理解心理病理的核心原则就是，自我的所有部分总是与客体联系在一起。实际上，心理病理基本上可以理解为，自我试图永远保留内在客体代表的旧的联结与希望。另一方面，冈特瑞普也强调，在所有形式的心理病理中，自我撤离了客体(既有外在的，也有内在的)。这提供了对心理病理本质非常不同的理解。然而，冈特瑞普的观点只是对费尔贝恩理论的阐述和不可避免的拓展，模糊了两人之间的主要差别。对于那些只是通过冈特瑞普的介绍而了解费尔贝恩著作的读者来说，很难梳理出费尔贝恩观点的特殊贡献。

对于费尔贝恩相对模糊的认识的第三个原因与他的写作有关。尽管他确实是将他的主要文稿整合成了一卷，但是他没有将其改编成一个连续而全面的理论，而是以最初的时间顺序与形式进行编写的。因此，读者面对的不仅仅是一个单一的理论，而且是一系列问题变幻不定而又相互关联的不同构想，一遍又一遍地围绕着同一个领域，彼此却在总体上不相一致。费尔贝恩多次指出，他所提供的"不是对已存在的观点的系统阐述，而是思想路线的逐步发展"(1951, p. 133)。这种陈述模式有利亦有弊。有利的部分是，读者阅读费尔贝恩的著作会有兴致再次创造并重新考虑他努力要解决的一系列问题。另一方面，已经完成的著作带有拼凑的特点；各种概念之间的关系经常是模糊的、描述不清的。

153

费尔贝恩写作的另一个问题是，他倾向于抽象化与过度系统化。他处理广义的理论问题，经常没有临床引述与意涵。他似乎着迷于理论建构本身的错综复杂，其理论经常呈现出美学观点或者逻辑上的排列组合(1944, p. 128)。在一大堆细节、技术术语与错综复杂、高度概述区分的资料中，其著作可能会失去在临床和理论意义上的影响力。

## 动机理论

费尔贝恩广博贡献的中心蕴含着对经典动机理论——驱力理论的批评和重新构想。驱力理论中基本的动机单元是冲动。冲动是驱力紧张的衍生物；为心理装置(apparatus)的所有活动提供能量。费尔贝恩指出，尽管弗洛伊德后期著作强调自我与超我的功能，以及人格更加社会化的维度，尽管克莱因著作已经阐明了内在客体的复杂理论，经典理论与克莱因理论中动机能量的来源仍然是本能冲动。关于自我及其客体的心理学一直是附加于早先冲动心理学之上的。费尔贝恩认为驱力理论的基本假设是错误的、误导的；他在最宽泛的角度将其著作看作是"在一套不同的基本科学原则的基础上重新解读弗洛伊德的观点"(1946, p. 149)。重新解读的第一步就是"重组与重新定位力比多理论"(1941, p. 28)。

*154* 弗洛伊德系统中最显著、最常见的特点是，心理装置功能向着紧张调节推进，也被称之为快乐原则。所有冲动的终极目标是减少躯体紧张，其体验就是快乐[①]。最初的冲动是没有指向的，是一定量的紧张在等待削减。冲动最容易摆布与互换的方面就是客体。只有外在客体出现并确实可以减少紧张时，冲动才会指向外在客体。

费尔贝恩对驱力理论的不同看法集中在两个基本原则上：力比多不是寻找快乐而是寻找客体；冲动与结构是不可分的。第一个可以理解为克莱因修正驱力理论的扩展。克莱因认为客体不是通过体验继发性地附加在冲动之上的，而是从一开始就建构在冲动内部的。在她看来，尽管驱力概念的本质有微妙且隐蔽的变化，冲动的基本目标仍然是表面上的快乐，而客体只是到达那个终点的手段。费尔贝恩逆转了这种手段/终点的关系。他认为，客体不仅从一开始就建构在客体内部，而且力比多能量的主要特点就是寻找客体。快乐不是冲动的终极目标，而是到达其真正终点——与他人关系的手段。

第二个原则，也是与费尔贝恩修改力比多理论密切相关的原则，就是能量与结构是不可分的。对弗洛伊德来说，冲动是与自我不同且分离的能量包，自我与超我共同使用能量来进行各种躯体和心理的活动。能量与结构是分离的假设，是弗洛伊德在其

---

① 弗洛伊德在后期著作中修正了这个概念，认为快乐不是单一的紧张减少的结果，而是紧张增加与减少的特定节奏的结果，尽管他从未相应地修改其基本的元心理学(1924a)。这一章对于驱力理论的描述指的是费尔贝恩写作之时的驱力理论，没有反映出之后弗洛伊德思想的变化。

结构模型中区分不同心理构成的基础，认为本我是没有结构的，其能量是没有指向的，而自我具有使用能量的过程与机制，但没有自己的能量。费尔贝恩认为，这种将能量与结构的分离源于19世纪的物理学观点，将宇宙看作是“由静止的、永恒的、不可分的粒子组成的聚合物，运动的传递是通过一定量的，与粒子自身分开的能量促成的”(1944, p. 127)。这种结构与功能的分离、质量与能量的分离，跟20世纪的物理学是完全不相符的，因为已经证明质量与能量是完全一样的。在这个意义上说，弗洛伊德的动机理论关于物质与能量属性的基本假设可以看作是时代的错误。

*155*

从费尔贝恩的观点看，弗洛伊德对本我与自我的区分，以及其关于冲动是继发性地附着于客体的无指向能量的观点，导致语言的误用。人类通过具有某种特征的过程进行运转。我们可以对这些过程以及我们认为支撑这些过程的能量的区分进行语言上的区别。然而，对一系列连续的经历与活动的两个方面进行这样的区分，并不一定表示能量与活动在现实中实际上是分离的，并不意味着二者从属于不同心理结构，有着各自功能的规则与原理。在费尔贝恩看来，经典的元心理学所做的，就是将人类看作是能量的指向性(指向客体)运作，并在这个人类过程之上，人为地进行活动与支撑活动的能量之间的区分(见Schafer, 1968，对驱力理论使用的语言以及某些类似用语的批判)。这种语言上操作的结果是，留下了一系列无能量的结构(自我)和一个无结构的能量池(本我)。这种观点的拥护者认为必须坚持能量/本我原则，否则会有什么其他的东西驱动心理装置这台机器？不过，在费尔贝恩看来，将自我视作装置，没有能量结构的观点，是对最初能量化与结构化人类行为的语言上的扭曲。因此，不存在自我与本我的分离。不存在继发性地指向客体的无指向的能量池。自我结构有能量，自我结构*就是*能量，能量从一开始就是结构化的，并指向客体的。冲动不能跟自我赖以建立的这些结构和客体关系分离。费尔贝恩认为，“冲动”这个词的唯一用处，是可以用来描述这些结构的活动与动力的方面(1944, p. 88)。

如果将力比多理解为寻求客体而不是快乐，将冲动理解为自我结构的组成部分而不是与其相分离的，会有什么不同呢？语言的抽象性会误导读者，将这些看作是犹太法典式的、神秘的理论的区分。然而，费尔贝恩所提出的实际上是关于人类动机、意义与价值的本质上不同的观点。根据经典驱力/结构模型的说法，婴儿生下来与他人基本上没有联结，而是寻求紧张的减少；他与他人的联结只是继发性的，因为他人用来减少其紧张，并为他提供快乐。费尔贝恩提出，婴儿从一开始就是趋向他人的，他寻求关系有其生物学生存的适应性根源。

*156*

其他物种的动物一出生就展现出各种预排程序的本能行为，将其与母亲联结在一起。这些刻板的、预排程序的模式，绝大多数在婴儿这里是缺乏的。费尔贝恩认为婴儿就像低等动物一样，也是趋向现实，趋向母亲的，但是没有预排程序的本能行为，婴儿接近母亲的路线是很“粗略规划的”(1946, p. 140)。生命最初几个月的明显杂乱与随机行为反映的，不是婴儿满足自己需要的原初的“自恋”或自体性欲阶段，且不需要指向客体。明显的随机性反应只是缺乏经验。费尔贝恩推断，因为没有内置的模式，婴儿需要时间去学会*如何*与母亲建立联系，并组织与母亲的关系。

费尔贝恩所提出的理论转变不仅关系到生命最初的几个月，而且也关系到对成人动机中基本力量的看法。费尔贝恩提出，人类的行为与经验不是源于一系列没有指向的、寻求释放的紧张，也不是建构在各种躯体快乐的渴求之上，这些快乐得到进一步的调整，并转化为社会接受与认可的行为。他认为人类的经验与行为本质上源于寻找并保持与他人的联系。“这种观点所基于的临床资料可通过一个病人对这种影响的高声抗议加以概括——‘你总是在说我想要这个，想要那个，就是愿望的满足；但我真正想要的是一个父亲’。”(1946, p. 137)心理病理可以理解为不是源于寻求快乐满足的冲动带来的冲突，而是反映了与他人关系中的混乱与干扰。分析过程可以理解为不是要解决寻求快乐的冲动带来的潜意识冲突，而是经过这个过程，恢复与真实他人建立直接且全面联系的能力。因此，费尔贝恩所提出的动机理论原则的改变并非微不足道；而是为看待人类经验的完整性提供了不同的概念框架。

费尔贝恩的系统是如何看待快乐的？当然，提供强烈感觉经验的躯体快感区在人类事务中扮演了重要角色。费尔贝恩没有否定快乐的重要性，而是将其置于不同的语境之中，快乐被看作是达到目标的手段，即“客体的指示牌”(1941, p. 33)，而不是目标本身。躯体为各种类型的感官快乐与活动提供了机会，主要通过性快感区，寻求客体的自我将之用于联系的场所及与他人进行联结的模式。这些快感区不是被看作产生需求释放的紧张包，而是提供通向客体的道路。婴儿的第一个客体就是母亲的乳房，他寻求与乳房的联系，以保证自身的生存与发展，既是生物的，又是情感的。他“寻找”乳房，但是其内置的口腔反射使他能够与乳房联结并使用乳房。嘴就成为生命最初几个月中的突出“区域”，因为通过生存的适应，它是婴儿躯体最适合与乳房建立联系的部分，并与之交换快乐。他用嘴达成“乳房的寻求”。

*157*

同样，健康成熟的关键点是具有与他人保持丰富而亲密的相互关系的能力。生殖器可能就成为这种交流最为强烈而恰当的媒介。不过，在弗洛伊德/亚伯拉罕的发展范式中，“性器首位”被看作是至关重要的发展，随着联结的成熟，就出现继发性的性心理目标的衍生物。费尔贝恩则认为，保持亲密关系的能力才是关键而首位的，然后才有可能具有真正的生殖器功能，是这种建立亲密关系并保持相互关系的能力产生的结果（几十年以后，自我心理学派对性器首位的概念做出了类似的修改；Ross, 1970; Lichtenstein1977; Kernberg, 1976）。在经典模型中，快感区及其紧张决定了联结的性质。对费尔贝恩来说，与重要他人的关系才是首要的；快感区只是这些关系的渠道与设备。“不是力比多的态度决定了客体关系，而是客体关系决定了力比多的态度。”（1941, p. 34）快感区为力比多提供与他人联结的各种手段，费尔贝恩提出，力比多选择可能获得的最好的快感区，“具有最小阻抗的”区域。

费尔贝恩如何解释明显由寻求快乐激发的，跟具体客体没有关系的，纯粹的享乐行为？他认为这反映的不是人类动机的基线，而是更加基本的寻求与*他人*建立快乐关系失败的继发结果。婴儿从一开始就是现实导向的（客体导向的）；纯粹的寻求快乐是自然的（与客体联结的）力比多功能恶化的反应。通过紧张释放获得快乐的作用就是一个安全阀；其功能不是取得力比多真正目标的手段，而是“缓和这些目标失败的手段”（1946, pp. 139 - 140）。（科胡特后来将这些纯粹的寻求快乐的冲动命名为“失整合产物”。）

158 从费尔贝恩的动机理论角度看，经典的力比多理论的解释作用是有限的。对他来说，力比多理论认为各种渠道和技术是用来调节自我的客体关系，并赋予其极为偶然的动机力量。*经典理论错将手段认作目标*。在一篇关于癔症的论文中，费尔贝恩认为癔症的转换过程是用躯体的紧张替代情感状态（1954）。情感的剥夺与渴望转换为躯体的紧张与需要。关于性快感区的经典理论是癔症转换过程的产物。这个理论接受自我关注非个人化的躯体紧张所使用的计谋，将与客体联结的非常基本的努力与挣扎降格为次要位置。

有人会提出疑问，既然费尔贝恩使用力比多表示人类体验的一般特点，人类体验是趋向他人并需要与他人建立关系，而不是特殊形式的能量或快感，他为什么还要保留“力比多”这个词？他对这个词的保留保持了力比多作为实体的意义，是独立于人自身的，并对人提出需要。在答复巴林特提出诸如此类的批评时，费尔贝恩更是进一步完全抛弃了这个经典之词：“我现在更想说，是拥有力比多能力（不是力比多）的个体在寻求客体。这种重新构想意在避免出现本能的实体化。”（转自 Guntrip, 1961, p. 305）

力比多拼命要得到的“客体”的本质是什么？在经典驱力理论中，客体促成了冲动的最终目标的达成——消除紧张。就本能冲动来说，他人、他人身体的一部分、主体身体的一部分、非生物性世界的一部分，诸如此类，任何东西均可以成为其客体，完全取决于这些东西在联想上是否与消除冲动的紧张有关联。对费尔贝恩来说，力比多在被剥夺或受到干扰之前寻求的客体，即"自然的客体"或者"原初的客体"，就是他人。跟沙利文一样，费尔贝恩认为与他人建立各种联结的需要有一个自然展开的成熟的发展序列，就是从婴儿式的依赖到成人之爱的成熟的亲密。如果与他人的关系没有问题，如果能建立并保持与他人令人满意的联系，心理学就只是个体与他人关系的研究了。然而，费尔贝恩感觉对于现代人来说，事实并非如此。与他人的关系，尤其是最初对于养育人的婴儿式依赖的需要，变得令人不满意，变"坏"了。费尔贝恩提出，造成这种普遍剥夺的一大因素，就是文明对母婴联结的干扰。只要躯体的无助和依赖有需要，其他的小动物就可以一直与母亲保持直接接触。对于人类来说，因为对母亲有很多其他的像家庭、经济与社会的需要，这种强烈而不间断的接触几乎是不可能实现的。 *159*

费尔贝恩所认为的非自然分离造成的结果，就是与客体的早期关系变"坏"，或者是剥夺性的。这种情形太过痛苦，导致难以渴望并依赖客体，因为绝大多数时间里，客体在躯体或情感上是缺位的。因此，儿童在内心建立了内在客体，以替代并解决与真实外在客体的令人不满意的关系。这些客体总体上是补偿性的，非自然的，不是由力比多寻求客体的生物学本质决定的(1941, p. 40)。与"自然的客体"、真实他人的关系受到的干扰与剥夺越大，自我与内在客体建立关系的需要就越强烈。因此，在费尔贝恩看来，心理学"研究的是个体与他人的关系"，而心理病理学"研究的自我与其内化的客体之间的关系"(1943a, p. 60)。其理论中的内在客体被定义为心理病理性的结构。通过什么样的机制，与真实外在他人的积极与健康的体验记录在心理之中并促进自我的成长，费尔贝恩没有设法去解决这个问题。从这个意义上说，就像沙利文关于自我系统的构想一样，费尔贝恩关于客体关系的理论阐明了心理病理的本质，但是对于健康成长的基础与机制的看法是含混不清的。

攻击在费尔贝恩的动机理论中的作用是什么？费尔贝恩着重强调了攻击的临床重要性。对他来说，就像1920年以后的弗洛伊德理论一样，攻击不仅仅是力比多的构成部分或转化，而且从力比多吸取其显著的能量。这种能量，尽管数量上与力比多不同，其存在只是一种潜能，不是要求表达的"驱力"。攻击使用具体的躯体装备(最为明显的是牙齿与咬)来实现其目的。不过，与克莱因以及经典的双本能理论的拥趸者不同，费尔贝恩认为攻击不是原初的*动机*因素。攻击不是自发产生的，而是对原初动机目标——渴望与客体接触受挫的反应。因而，攻击不是"自然的"，而是满足客体关系失败造成的继发性衍生物。尽管攻击在费尔贝恩的系统中不具有原初的动机力量，但确实具有很大的临床意义。由于文明对母婴二元体自然发展普遍存在的破坏性影响，强烈的攻击就成为一个至关重要的因素，自我必须处理攻击的挣扎以保持好的客体关系。

## 发展理论

费尔贝恩认为，情感发展的核心特点是与他人关系的自然而成熟的序列。心理病理指的是这种自然的关系序列受到阻碍，与补偿性内在客体的关系激增，并形成一系列内在的碎片。导致最初内化的形成的这个序列的某些信息，尤其是与环境有关的信息，在费尔贝恩的论文中是不断变化的(Mitchell, 1981)。

在费尔贝恩看来，人类的情感发展要经过几个阶段。如同克莱因的"心位"概念一样，费尔贝恩所说的阶段，跟经典的性心理阶段不同，不是建立在躯体快感区成熟的序列优势的基础之上，而是建立在与他人关系的不同模式的成熟基础之上。发生变化并成为本能紧张焦点的不是躯体部位，而是与他人联结的性质与复杂性。费尔贝恩认为这种序列由三个广义的阶段组成：最初的婴儿式依赖阶段；过渡阶段以及他称之为"成熟依赖"的成熟状态。因为中间阶段的作用总体上就是一座桥梁，费尔贝恩关于正常发展的观点本质上是一个渐进的过程，婴儿式的、依赖的与他人关系模式逐渐被成人互惠的能力所替代(1941, p. 34)。这个转变的核心元素就是分离过程。

费尔贝恩对于儿童生命最初几个月的心理状态的描述是以与母亲融合的体验为中心的。(他的这个关注点惊人地预见了玛格丽特·马勒二十年后要建立的理论的主要特点。)他提出，生命最初几个月的特点是出生前就存在的精神状态的延续，儿童与母亲处于如此强烈的全面融合的状态，"因此就阻止了儿童怀有任何与母亲的躯体分化的想法，这就成为其全部的外在环境，以及全部的体验"(1943b, p. 275)。在这个时期，婴儿通过这种联结模式体验与他人的联系，费尔贝恩将这种联结模式称之为"原初认同"，他将之定义为"对客体的投注一直没有与进行投注的主体分化"(1941, p. 34n)。与母亲融合的倾向源于婴儿全面而绝对的无助与依赖。他的生存取决于母亲的存在与照顾，通过可行的主要的人际方式——吸吮、获取、合作，他对自己的体验不是与母亲合二为一，就是努力与其合二为一。生命最初的几个月，被经典理论家描述为由“原初自恋”组成，儿童所有的爱是指向自己的，而费尔贝恩将其描述为与母亲的全面融合，“与客体的认同状态”（1941, p. 48）。婴儿与他人有着强烈的联系；这些与客体的婴儿式关系的主要特点是缺乏与客体的分化。

费尔贝恩将情感健康的全面发展称之为“成熟依赖”阶段。与婴儿期极度倾斜的依赖相比，健康的成年人在情感上是互相依赖的。与婴儿对于唯一客体——父母的绝对依赖不同，依赖在成熟阶段是有条件的，总是存在可以获取的潜在的其他客体。“通过分化个体与分化客体的合作关系”，成熟依赖的重点从获取转变为给予和交换（1946, p. 145）。正如已经提到的那样，费尔贝恩没有将性欲看作成人亲密的基础，而是其表达的一个渠道。由于力比多能量可以与真实他人进行全面的接触与交换，理想的健康成人将不需要补偿性地依附于内在客体。然而，费尔贝恩强调，这样全面的健康状态只是一个理论上的可能。

过渡阶段将以婴儿式依赖为基础的客体关系与以成熟依赖为基础的客体关系联结在一起。这需要放弃对于基于原初认同客体的强迫性依附，合并为基于分化与交换的关系。这是一个非常困难的发展步骤，而且从来就没有真正完成过。这其中最大的恐惧就是分离与客体的丧失。从费尔贝恩的观点来看，因为具有寻求客体的力比多特质，自我需要客体存在下去。为了达到成熟，儿童必须放弃其对实际的、外在父母的依赖，体验到自己与父母是完全分化且分离的，而且他也需要放弃对补偿性内在客体的强烈依附，不管这些内在客体为其提供了在与父母的真实关系中缺失的何种安全感。为了实现这个至关重要的过程，儿童感觉作为人的权利必须得到爱，而且相信他自己的爱是受欢迎的、被珍重的。乐观地看待分化的人之间可能出现的这种相互的爱，使得他可以松开对婴儿式依赖客体的牢固把持，并让这些客体成为真实的人，能够在真实的人的世界里建立相互联结。 *162*

随着婴儿式内在客体的放弃，自我的分裂就消除了，自我最初的完整性与丰富性就得到了恢复。如果缺乏可能的希望感，如果儿童感觉其对父母以及内在客体的婴儿式依附不能产生新的、更加丰富的关系，而是分离与接触的缺乏，依附就会继续，过渡阶段就永远不会结束。对于分离的焦虑只会变得过于强烈。因为害怕失去任何形式的接触，整个过渡阶段的核心冲突，而且也是所有心理病理潜在的核心冲突，就是向着成熟依赖与更加丰富关系的发展渴望，跟退行的不愿放弃婴儿式依赖以及与未分化客体(既有外在的,也有内在的)联结之间的冲突①。

肛欲期与性器期的动力在费尔贝恩的发展计划中得到了重新定义;它们自身不再被看作是"组织",而是儿童在过渡期渴望放弃婴儿式依附以及内在客体,与渴望保持婴儿式依附以及内在客体之间挣扎的载体。费尔贝恩提出,肛欲期与性器期的幻想提供了合适的技术,自我借此可以表达对这些体验为内容的内在客体的冲突关系。粪便与阴茎呈现出口欲期的意义。保持婴儿式内在依附的渴望通过肛欲期的容留幻想得以表达;脱离这些内在联结的渴望通过肛欲期的爆炸幻想得以表达。性器期的幻想也被用于口欲期的动力;性交在本质上被体验为口欲期的交易。客体的生殖器等同于乳房,而主体的生殖器等同于嘴。

163

## 心理的结构化

1944年,费尔贝恩开始解决其在动机与发展理论中的革新对精神分析结构理论的影响。他设想了一个拥有自身能量的统一、整合的自我,寻求与真实外在客体建立关系。如果这些关系令人满意,自我就保持整合与完整。与自然的外在客体的关系需要自我建立补偿性的内在客体。自我的分裂是这种内在客体剧增的结果,因为自我的不同部分仍然保持与不同内在客体的联结。自我对内在客体的这种依附与投入造成最初的、整合、自我的碎片化。

费尔贝恩的写作,就好像只是对弗洛伊德的自我概念的修正。这些修正中最引人瞩目的是自我具有自身能量的属性,而不是从本我抽取能量。不过,费尔贝恩的"自我"本质在每个基本的方面与弗洛伊德结构理论所使用的术语是非常不同的。后者的"自我"指的是一系列的功能,包括调节来自本我的驱力能量,并协调本我与超我以及外部世界的要求与利益的关系。正如冈特瑞普指出的那样,费尔贝恩的"自我"不是"弗洛伊德所说的表面的、适应的自我……建立在假设的、非人格化的本我适应外部现

① 过渡阶段这个过程的描述是费尔贝恩理论最为薄弱的、发展最差的一个部分。他在最初的论文中建立了一个尝试性理论,表明他挣脱了力比多理论(1941),关注自我势力控制并挣脱婴儿式依赖的早期内在客体。他引入"客体二分法"的概念,即内化的、好的或令人满意的父母的方面,与内化的、坏的或非满足的父母的方面之间的分离,并试图与各种"技术"的组合联结,自我由此体验到这些内在客体具有相应形式的神经症的心理病理。除了高度概括与过度简单化之外,这个早期理论存在费尔贝恩一直没有解决的巨大的模糊性。他在后期著作中抛弃了这个理论,尽管他保留了过渡阶段关于婴儿式依赖的客体的调节,尤其是内化的客体的某些一般特点。

实的基础之上。费尔贝恩的'自我'是具有原初完整性的基本的心理自体，在出生以后体验到的客体关系的影响下，从一个整体分化为有组织的结构化的模式”(1961, p. 279)。费尔贝恩使用的“自我”，与继承弗洛伊德的理论传统的当代作者相比，从功能意义上讲，更接近于他们使用的术语“自体”(Jacobson, 1964; Kohut, 1977; Gedo, 1979)。

因为费尔贝恩保留的旧术语意义非常不同，他没有直接探讨其结构理论中某些更有争议而困难的方面。例如，说自我最初是统一而整合的整体，指的是什么？这个观点与其他精神分析的绝大多数发展理论不同，这些理论认为自我、或者说自体是从“未分化”或“未整合”的状态发展而来的。在冈特瑞普对费尔贝恩的解说中，他在有的地方将这种最初的统一描述为“自我潜能”状态(1971, p. 93)，很明显是说有这个可能，然而并不存在，在其他地方，他指的是他称之为人格的“动力中心”或“心脏”。不管是在费尔贝恩最初的构想，还是冈特瑞普的解说中，这些定义是令人迷惑的。如果原初自我的“完整性”指的是潜能，认为其从一出生就存在显然是不精确的。如果自我指的是人格的中心或“心脏”，通过客体关系的歪曲产生这样中心的“分裂”，意味着什么呢？那是说一个人具有两个或三个中心/心脏？因为费尔贝恩保留了“力比多”这个术语，他在保留“自我”这个术语的同时又激进地改变了其意义，从而导致某种不确定性。 164

在费尔贝恩看来，跟母亲的关系有两个主要特点：令人满意的部分与令人不满的部分。令人不满的部分可以进一步拆分，因为它不是由简单的拒绝组成，而是某种希望或承诺感之后的拒绝。因此，儿童对母亲有三种不同的体验：令人满意的母亲，诱惑的母亲以及剥夺的母亲。由于最初与真实的、外在母亲的关系变得令人不满意，这种关系就被内化了。然而，结果不是单一的内化关系，而是三个关系，对应着与母亲外在关系的三个特点。费尔贝恩用不同术语表述三种内在客体：理想客体(母亲令人满意的方面)；兴奋性客体(母亲有希望的、诱惑的方面)；拒绝性客体(母亲剥夺的、拒绝给与的方面)。因为母亲的这每一个特点被内化，并形成内在客体，指向外界的、整合的自我的一部分就从最初的统一分裂开来，在内在客体关系中与内在客体密切相关。因而，自我与兴奋性客体紧密相关并认同的部分，就一直在寻找并渴望得到带有诱惑和希望的联结，费尔贝恩名之为“力比多自我”。自我与“拒绝性客体”保持联系并认同的部分，对于任何可能的接触或满足表现出敌对与嘲讽，费尔贝恩称之为“反力比多自我”(这个结构的早期术语是“内在的蓄意破坏者”)。原初自我剩余的部分，费尔贝恩称之为“中心自我”，绑定并认同“理想客体”，即与母亲关系中具有安慰性的、令人满意的方面。中心自我也是仍然可以与外在世界的真实他人建立关系的部分。

自我与客体不可分离是费尔贝恩结构系统的基本原则。自我的一部分必须附着于客体才具有重要性。不具有相应自我部分的客体在情感上是不相关的。不与客体联结的自我是不可思议的。自我是在与客体关系中成长的,既有内在的也有外在的,就像植物要跟土壤、水和阳光联结一样。客体是自我存活与繁荣所必需的。没有客体的自我在词汇上就是矛盾的,更像沙利文所说的,脱离人际域的"人格"是不可能的。随着与母亲关系中原初令人不满的方面被分裂与内化,原初整合的自我部分就从最初指向转向真实外在的他人,并在内心接受了他人。自我这些被分裂部分(力比多自我与反力比多自我),费尔贝恩称之为"附属自我",无法用于真实客体关系,并与补偿性内在客体保持密切联结。从费尔贝恩的观点看,兴奋性客体和拒绝性客体是坏客体,因为他们令人不满意。自我保留与这些内在坏客体的关系,是为了控制他们,并保持未被挫折、暴怒和未满足的渴望所污染的与真实母亲的关系。

正如早先提到的,儿童也内化好客体,即"理想客体",其组成是过度兴奋与过度拒绝的部分被分离之后留下来的母亲的那些特征。这种客体的内化是继发性发展的结果,费尔贝恩称之为"道德防御"。中心自我要极力达到理想客体的理想标准。中心自我的假设就是,如果达到这些理想标准,联结与接触就唾手可得;努力达到道德完美是被附属自我用于分散、防御内在坏客体的投注。附属自我的分裂以及中心自我对于其内在客体(理想客体)的防御性投注所造成的中心自我的残留,就被用于建立与外在世界中真实他人的关系。自我的这种碎片化,自我牺牲与真实他人的关系,有一部分投入到其内在客体,从而形成心理病理。

费尔贝恩关于内在客体之间关系以及相应附属自我的描述非常错综复杂而精细,我们所能考虑的是最为精彩的部分。弗洛伊德关于力比多与攻击的双动机原则已被单一动机原则所替代,那就是力比多,和对于力比多挫折强有力的反应——"反力比多"因素。力比多自我是儿童原初自我中没有放弃婴儿式依赖未满足渴望与需要的部分。力比多自我是希望的仓库,在其对兴奋性客体依附中,依然与未实现的希望、诱惑,以及可能与母亲接触的意象保持密切联系,而这些意象永远不会实现。作为一种内在客体关系,力比多自我渴望与兴奋性客体结合在一起,因为从真实母亲那里得到真实满足的渴望实在是太痛苦了。因此,力比多自我仍然与兴奋性客体保持持久被剥夺关系。希望一直在那里,但不可能实现。

反力比多自我是成为所有憎恨与破坏仓库的自我部分,是力比多渴望受挫累积的结果。反力比多自我依附并认同拒绝的客体，即母亲被体验为剥夺和拒绝给与的方面。反力比多自我代表自我的这部分，是因为不能从母亲的诱惑那里得到满足，认同了母亲剥夺与拒绝给与的特征。反力比多自我中绝大部分的暴怒指向兴奋性客体——母亲带来的希望与诱惑。因为与兴奋性客体认同，力比多自我就成为这种暴怒的另一个目标。反力比多自我因为其希望，因为一直相信母亲带来的希望可能会实现，而恨力比多自我。反力比多自我为了其虚假的希望而继续攻击兴奋性客体，为了天真的希望与忠诚而攻击力比多自我。反力比多自我的这些内在攻击就形成了心理病理中的自我毁灭与自我惩罚。反力比多自我是希望的敌人，尤其是希望与他人建立有意义联结的敌人。它痛恨并惩罚力比多自我从他人获取东西的任何企图，痛恨可能提供联结的他人。所以，在精神分析情境中，严重的病人与分析师经过一段密切接触之后，病人经常会出现恶毒的憎恨，既恨他自己，也恨分析师。从费尔贝恩的观点来看，这就是反力比多自我在惩罚力比多自我与兴奋性客体，也包括主体与客体之间可能的联结。

费尔贝恩结构理论，即关系/结构理论，在几个显著而革新方面，不同于经典的弗洛伊德结构理论，即驱力/结构理论。后者将冲突定位在本我、自我与超我所代表的功能之间。超我从围绕内在父母意象的本能冲动中获取能量，而本我则被理解为驱力紧张造成的冲动的来源。自我调和来自本我冲动满足的要求、超我中父母的内化方面的指导与禁止的影响，以及外部世界要求之间的关系。因此，在经典模型中，对于人类冲突理解的基本范式就是一场争斗，一方面是非人格化的冲动或本能紧张，另一方面也是从本能紧张获取能量的内在客体。除了达成相对内在和谐并与外界友好相处之外，自我的作用就是一个仲裁者，自身利益没有明确定义。在费尔贝恩模型中，内在争斗中所有主角本质是关系单元，由自我成分和儿童与父母关系的成分组成，被体验为内在客体。冲突就发生在这三个自我——客体成分之间（力比多自我/兴奋性客体；反力比多自我/拒绝性客体；中心自我/理想客体）。

167

消除两种模型所固有的人格化与物化倾向使两者之间的差别更加明显。经典的弗洛伊德模型的基本难题涉及到人类的本能冲动造成的冲突，某些冲突是通过早年与父母关系的内在表征调解的。费尔贝恩模型的基本争斗涉及到个人对外部世界中重要他人各种特征的渴望与认同的不可调和的忠诚，为了控制它们而将其内化了。弗洛伊德的问题是本能目标之间、本能目标与社会现实之间固有的对抗；费尔贝恩的问题是在与他人的必要关系中，你不能保持对于自己体验的整合性与完整性，同时被迫将自己碎片化以保持与那些关系不可调和特征的联结与投入。

关于人类体验的基本假设造成这种不同的结果是，将费尔贝恩结构模型的三个主要结构与经典模型的三个结构联系在一起的任何企图都是误入歧途。尽管力比多自我与本我以渴望与愿望的形式表现自己，前者与客体的联结是固有的，并与父母早期关系（他们似乎要提供并允诺，但没有供给）中特定个人化特征密切相关，而本我在定义上是无结构的、无指向的。

弗洛伊德的自我，没有自己的能量，是在无结构本我基础之上建立的。费尔贝恩的所有"自我"，包括中心自我，有其自己的能量，并指向客体，且与客体紧密相连。弗洛伊德的超我与费尔贝恩的反力比多自我指的都是通过精神功能中自我惩罚的方面来表现自己的内在客体。不过，超我的攻击本质上是道德性的，是约束反社会的驱力衍生物的社会压力，而反力比多自我的攻击是在道德感建立之前出现的，源于儿童对与早年父母关系中拒绝方面的认同。通过反力比多自我，他认同父母的这些方面，因为不能拥有这些方面，不能得到满足（体现在力比多自我之中）的任何希望，他就成为自我惩罚的敌人。弗洛伊德称之为"超我"的功能，包括惩罚与理想的特征，在费尔贝恩模型中，是通过反力比多自我与拒绝性客体，以及理想客体的活动来执行的。

168

弗洛伊德与费尔贝恩的另一个重要差别在于费尔贝恩关于心理结构的理论与弗洛伊德对于俄狄浦斯期动力的理解，以及建立内在体验的基本成分时所处的发展阶段。在弗洛伊德理论中，只有在俄狄浦斯期冲突得以消解、超我被内化以后，心理结构化的主要特征才完成。与之不同，费尔贝恩提出，"普遍的内心情景"的所有重要方面是在与母亲最早关系中建立的。自我三个分裂的部分及其相应客体是儿童最初努力保持与母亲好关系所导致的，而且是贯穿终生的。

对费尔贝恩来说，与父亲的关系只是重复早年与母亲的关系。儿童寻求与父亲的客体联结，也是基于婴儿式依赖。如同与母亲的关系，他对父亲的体验既令人满意，又令人不满。因此，由于跟父亲的关系在总体上确实不是那么令人满意，父亲的各种特征就被内化了。就像跟母亲的关系一样，儿童建构了兴奋性客体、拒绝性客体和理想客体，均源于对父亲的体验。因此，这些客体每一个都有两套：一套源于跟母亲的关系，另一套源于跟父亲的关系。儿童的自我通过分层与合并过程将两套客体合在一起，形成一个单一的兴奋性客体、单一的拒绝性客体和单一的理想客体；这些就是源于跟父母关系的复杂而综合的结构。儿童就将兴奋性和拒绝性客体的意象投射到父母身上。绝大多数情况下，异性父母就成为兴奋性客体，被看作是具有诱惑性和鼓动性的；父母中的另一个就是拒绝性客体，被看作是干预的、恶意的、竞争的。费尔贝恩认为，选择父母中的哪一个代表兴奋性客体，哪一个代表拒绝性客体，在一定程度上是由儿童的生物学性别以及其与父母的情感关系决定的。 169

父母之间兴奋性与拒绝性特征的分裂让儿童的世界简单化，给他一个更加清晰的感觉，明白他似乎需要的是什么，什么似乎在干预他的需要。当然，他真正的需要是与父母有着更加全面的情感联系，真正干预这种需要的是父母相对的不可用，以及随之产生的自己针对其需要的敌意。有时会出现另外一个过程，涉及到这些需要的性欲化，导致弗洛伊德称之为“俄狄浦斯期”的体验与感觉。费尔贝恩提出，对于婴儿式依赖的情感上的渴望，有时会体验到具有性的性质。这在本质上是一种防御，通常是父母的诱惑所激起的，婴儿式依赖的渴望被伪装成性早熟。不过，底层的渴望不是这样的性满足，而是联系与养育。在费尔贝恩看来，俄狄浦斯情景不是什么新东西，只是对早年寻找基本联系与联结的进一步阐述。自我结构的三个主要成分，每一个都依附于客体，是在口欲期对母亲的依赖关系中建立的，贯穿终生，并构成所有心理病理的基础；“最终原因的作用，弗洛伊德分配给了俄狄浦斯情景，正确的做法是分配给婴儿式依赖现象”(1944, p. 120)。

## 心理病理学理论

费尔贝恩著作中包含两种从未协调一致的、不同的心理病理学方法。在早期论文中(1940 与 1941)，他将心理病理看作是一分为二的，源于两个基本的固着点，口欲早期与口欲后期。后期病理的关键决定因素是儿童在婴儿期建立良好客体关系的努力的失败。这种失败就使儿童体验到不被母亲爱，他对母亲的爱没有被母亲感觉到，没有被母亲珍重。如果口欲早期体验到这种失败，他感觉他的爱就是一种错误，父母一定是被儿童自身强烈的依赖与需要赶走了。口欲早期阶段这样的固着本质上就导致了分裂样的动力：儿童从联结撤离，因为他感觉他的爱与口欲期的贪婪是坏的。

口欲后期的典型特征是咬与攻击潜能的发展。如果在后期体验到早期客体关系的失败，儿童感觉他的恨，以及对于客体寻找失败的自然反应是要受到责备的。他感觉是自身的毁灭性将父母赶走了。费尔贝恩认为，口欲后期这样的固着产生克莱因所描述的抑郁性动力。因此，费尔贝恩在其最初心理病理学理论中提出，所有形式的心理病理是对口欲期冲突与焦虑的防御，不是分裂样的，就是抑郁性的，分别以对自己的 170

爱与暴怒的恐惧为中心。这个理论使他可以与克莱因理论保持某种连续性，同时在某些重要方面也脱离了克莱因理论。他保留了克莱因的观点，即认为婴儿期存在另一种截然不同的阶段，具有两种不同的动力性挣扎，导致两种本质上截然不同的心理病理。费尔贝恩也几乎全部保留了克莱因对第二阶段——抑郁心位的描绘。正是在对口欲早期的描述中，费尔贝恩引入了自己的革新。他认为这个阶段的核心问题不是攻击与恨，而是强烈的依赖与受挫的爱。后期出现的攻击问题，即使在那个时候，不是自律的本能压力，而是对挫败的反应。对于最初与母亲建立联系的力比多渴望的重要性得到扩展，在费尔贝恩后期著作中成为所有心理病理的根本问题。

1943 年，费尔贝恩开始从不同的起点考虑心理病理。他提出，最初客体内化的来源，是儿童对联结的强烈需要，以及父母情感缺位、侵入或混乱造成的两难境地。儿童没有父母是应付不了的，父母就是整个人际世界的要素，得不到父母或父母武断独裁，生活在这样的世界里，痛苦是不可承受的。因此，根据费尔贝恩理论，最初出现的一系列内化、压抑与分裂，是为了保存作为外部世界中真实人物的父母的好的部分依然存在的错觉。儿童分离并内化了父母坏的方面，不是他们坏，是他坏。坏就在他内部；如果他不同，他们的爱就会到来。每个儿童需要感觉到，其父母理解这个世界，父母是公正的，可以信赖的。如果他从他们身上体验不到这些，他就将问题转移到自己身上。他将自己看作是“坏的负担”。“坏”是父母令人讨厌的特质，也就是抑郁、解体与施虐，“坏”现在就在他的内部。这些“坏”的特征成为自我认同的坏客体(通过原发性认同)。儿童以牺牲内在安全感与错觉性希望为代价获取外部安全感。当儿童体验到“坏”在外部、在真实的父母身上时，他痛苦地感觉到根本不能发挥任何作用。如果“坏”在他内部，他就保存了对其进行全能控制的希望。

171

这些内部客体关系是被压抑的核心。记忆也同样被压抑了，因为它们与父母“过度兴奋”或“过度拒绝”的方面联系在一起。这些记忆是危险的，因为它们使得病人对于“兴奋性客体”和“拒绝性客体”强有力的内在关系的这些客体持续的渴望与认同，接近了意识层面。冲动与幻想也被压抑了，不是因为它们内在所具有这样的一些危险，而是因为它们指向了父母令人兴奋的拒绝的方面，并有使所有内在客体关系进入意识的危险。因此，在被压抑的核心，以及所有心理病理的中心，存在对坏客体的压抑。

1943 年，费尔贝恩对各种病理量与质的区分建立在：坏客体的范围与客体坏的严重程度；自我与坏客体认同的程度，以及保护自我免受客体之害的防御性质与强度。到 1944 年，他在理论中增加了对坏客体的压抑，认为随着这些客体进入压抑的自我部分导致了自我分裂。随后，心理病理的严重程度就被理解为与这种分裂程度是一致的，也就是说，中心自我相对的一部分分裂为力比多自我与反力比多自我。病理的严重度取决于自我仍然可以获得的真实的、潜在满足性的，与他人关系的能力，以及与内在保存的、父母不能满足且不可获得的方面的关联度。内疚被看作是通过“道德防御”而继发性产生的。为了开启道德上变好的可能，再次取得与客体的好关系，儿童体验到自己在道德上是坏的。这标记了费尔贝恩从其最初心理病理学理论前行的距离，由于受到克莱因的影响，内疚与攻击之间的联系被看作是口欲后期基本的、主要的现象。

尽管费尔贝恩从来没有明确抛弃其早期一分为二的心理病理学理论，仔细阅读其著作就会得出结论，他毫无疑问地那样做了。在其 1941 年的理论中，口欲早期与后期的固着分别导致分裂样与抑郁性特征。分裂样的动力是以自我自身的分裂为中心，而抑郁性动力则是以矛盾情感与内疚为中心。正如我们看到的那样，在其后期著作中，费尔贝恩主张，自我是普遍性分裂的，导致“基本的内心情景”。自我分裂成力比多自我、反力比多自我，以及中心自我构成了*所有*的心理病理。分裂样与抑郁性固着之间的早期分离被建立在自我分裂与分裂样动力基础上更加统一的心理病理学理论所替代。心理病理学的第二个理论比第一个理论更加关系化与经验化，口欲早期与口欲后期之间的区别是建立在对特定冲动的防御基础之上的。因此，第一个心理病理学理论保留了与驱力/结构模型的联系，而第二心理病理学理论则整个是在关系/结构模型范畴内运行的。费尔贝恩在其后期著作中没有直接否定早期的理论(冈特瑞普在其对费尔贝恩著作的讨论中也没有这样做)，但他确实对克莱因强调抑郁的做法提出疑问，他发现“难以与我自己的经验一致”，并提出许多被诊断为抑郁的病人是真的被误诊为分裂症了(1944, p. 91)。除此之外，在其后期观点的语境中，抑郁明显是继发的、心理病理的派生形式；抑郁性内疚源于理想客体的内化，这种内化是通过对坏客体内化导致的最初分裂样分裂的道德防御实现的。 *172*

费尔贝恩的第二个心理病理学理论，其中对于坏客体的依附被看作是构成了被压抑的核心，并成为了所有的病理的基础，在临床实践以及分析技术的许多领域得到了广泛应用。这个理论的一个主要特征就是阐明了弗洛伊德称之为“强迫性重复”的临床现象。这让我们又回到了费尔贝恩感觉到的其动机理论相对于经典驱力理论的优点。

所有心理病理中最明显的特征是具有自我挫败的性质。痛苦、忍受与挫败被组织进病人的生活并一次次被体验到。这种特征描绘了心理病理的整个连续谱：从一次次选择没有回应或施虐的爱的客体，或使他们得不到回应或施虐的神经症病人，到似乎早年养育被一次次剥夺的抑郁症病人，到童年早期的恐怖萦绕其成年生活的分裂症病人。为什么会这样？

弗洛伊德在经典的驱力理论框架中难以对生活的这个方面作出解释。根据这个173 理论，人类是享乐主义者，趋乐避苦。如果就是这样的话，你如何解释痛苦有系统的结构化，以及组成所有心理病理的对快乐有条不紊的否认。如果人类是以快乐原则为基础进行运转的，为什么不简单地放弃不愉快的体验和童年早期的苦恼，而不是在整个成人生活中去重复？神经症，正如费尔贝恩对此的描述，“是那么坚持不懈地紧抓着痛苦的体验”(1944, p. 84)。弗洛伊德称之为“强迫性重复”，最初试图在快乐原则框架内用三种不同方式进行解释：心理病理中的痛苦代表了对被禁止愿望的惩罚；痛苦本身本来带有肉体的快感(受虐)；力比多选取了在后期生活中仍然依附于它的爱的“陈词滥调”；等等。不过，弗洛伊德自己认为试图在快乐原则框架内对强迫性重复进行解释，是不足以令人信服的，而且他在1920年提出，早年痛苦经历的重复是以“超越快乐原则”运作的，是精神功能的本能特点，是死亡本能的衍生物。

费尔贝恩感觉他自己提出的将力比多看作是客体寻找的观点，为心理病理的这个特征提供了更加经济的解释。儿童的基本渴望不是快乐，而是联结。他*需要*他人。如果有他人为之提供满足和快乐的交换，儿童就会进入快乐的活动。如果父母只提供痛苦而无法实现的联结，儿童不会抛弃父母去寻找更加快乐的机会。儿童需要父母，因此他在忍受和受虐的基础上整合与父母的关系。费尔贝恩认为，通过建立补偿性内在客体关系，儿童试图要保护与父母关系中令人满意的部分，同时试图控制令人不满的部分。正是在力比多自我对兴奋性客体的“固执的依附”中，儿童保存了他可以与父母进行更加全面、更加满意的联结的希望。真实的交换越空洞，他就越忠诚于内化父母带有希望且剥夺性的特征，并在内化父母中找寻这些特征。而且，他还保留了儿童期的恐惧，也就是说，如果脱离这些内在客体，他会发现自己完全是孤单的。

正是这些内在客体关系及其向外部世界投射的体验，让人类的体验中产生了病理性痛苦。爱的客体是被选为或被变成了拒绝给予者或剥夺者，以便将兴奋性客体人格174 化，带有希望，但永远无法实现。为了保持力比多自我渴望并需要实现兴奋性客体带来的希望，挫败一次又一次地被精心策划。成功等同于对该希望的背叛，就好像力比多自我对此不再有任何需要，并因此使这些内在联结破裂。抑郁、恐惧和无用感表示自我对父母“坏”的方面的认同，这是与外在世界的父母的真实交换中无法达到的，所以就被内部吸收了。心理病理一直存在，旧的痛苦回归，整合与他人关系以及体验生活的破坏性模式持续存在，因为痛苦、自我挫败的关系和组织体验的下面，是对早年重要他人的古老的内在依附与忠诚。重新创造的这些悲伤、痛苦和挫败是对这些联结的重建与忠诚。不愿在新关系与忠诚里背叛这些依附阻碍了生命中建设性的改变，而且会导致精神分析中出现中心的、最不妥协的阻抗。

## 费尔贝恩与克莱因

费尔贝恩的绝大多数著作公开提到了弗洛伊德；大家公开承认并争论其概念与经典的弗洛伊德理论的不同。对费尔贝恩来说，克莱因是一个比较模糊但同等重要的人物。费尔贝恩大量使用克莱因的语言和她的许多概念；他主动地但常常是暗暗地努力让自己摆脱克莱因的观点。克莱因已经从根本上更改了弗洛伊德理论，其方向是关于动机、发展以及心理病理的人际/结构理论，她自己没有迈出最后一步，抛弃经典的驱力/结构模型。克莱因继续将客体关系的概念与问题编排进传统的驱力和冲动的语言，以及传统的关于身体部位的词典。费尔贝恩迈出了最后一步，总体上使其关于人与人之间相互关系的描述摆脱了经典的冲动心理学。

费尔贝恩理论的许多中心特征与克莱因理论系统形成鲜明对照。一个基本的区别就是关于幻想的本质。在克莱因看来，潜意识幻想最早最基本的心理活动：构成本能直接且未经调停的特征。关于外部现实与真实他人的想法是继发的，是早期潜意识幻想过程的衍生物，因此，所有儿童与成人的经历，不管是正性的还是负性的，都伴有潜意识幻想。在费尔贝恩看来，幻想不是原发的，而是替代性的。儿童从一开始就趋向现实和与他人的实际关系。幻想代表的是对这些实际关系失败的补偿。所以，对克莱因来说，理论有一只脚是站在驱力/结构模型之中，潜意识幻想是驱力本身的原发性构成要素。从费尔贝恩更加纯粹的人际/结构模型观点看，幻想是从朝向与真实他人建立并保持关系的更为基本的动机推动的倒退。

175

第二个也是密切相关的区别是关于内在客体世界的本质。在克莱因看来，内在客体世界是所有体验的自然的、不可避免的、持续的伴随产物。内在客体在心理生活开始时就建立了，并成为潜意识幻想的主要内容。在克莱因看来，内在客体世界既是生命中最强烈恐惧的来源，也是最大安慰的来源。在费尔贝恩看来，内在客体既不是原发的，也不是不可避免的(理论上)。内在客体是与外界真实客体令人不满意关系的补偿性替代，是“自然的”、原发的力比多客体。对他来说，与内在客体的关系本来就是受虐的。内在坏客体是持续存在的诱惑者与迫害者；内在好客体没有提供真实的满足，只是与内在坏客体关系的避难所。

这些关于内在客体本质与起源的不同看法，就使得费尔贝恩与克莱因对于内在客体内容的看法也不同。在克莱因绝大多数构想中，内在客体围绕意象建立，这些意象是本能的部分，是先验之物。她在这里再次保留的驱力/结构模型的某些方面，影响了她对客体关系本质的处理。“好乳房”、“坏乳房”，诸如此类，是普遍的意象，是体质的、生物学的人类装备的部分。外部的贡献与经历以一定限度的、特定的方式修正了这些意象。费尔贝恩完全脱离了驱力/结构模型，在他看来，内在客体的内容全部源于真实的外在客体，是碎片化的与重组的，确切地说，总是源于儿童对于实际父母的体验。在克莱因的观点中，潜意识幻想的与内在客体的关系构成所有经验的牢固基础，而费尔贝恩则认为这些关系代表的是继发性退缩，因为与人类更根本趋向的真实他人的关系有障碍。

费尔贝恩与克莱因不同的第三个主要领域，是他们对病理或人类体验中痛苦的最终来源的看法不同。在克莱因看来，驱力/结构模型中再次发挥部分作用的、罪恶的根源在于人类的本能，特别是死亡本能及其衍生物——攻击。处于偏执—分裂心位与抑郁心位的儿童来说，最为两难的是其攻击的安全释放。儿童最早的焦虑是迫害性焦虑；他体验到自身毁灭的威胁，成为自身投射攻击的受害者。另一方面，对费尔贝恩来说，完全是在人际情境中运作的，心理病理与人类痛苦的根源是母亲的剥夺。理想情况下，完美的养育会形成完整的、非碎片化自我，其全部力比多潜能可以用于实际外部客体的关系之中。不适当的养育会对自我整合造成严重威胁。费尔贝恩认为，核心焦虑在于面对剥夺时对客体联结的保护，可以理解为所有心理病理源自自我的自我碎片化，其目的是保护这种联结，并控制其令人不满的方面。克莱因与费尔贝恩关于罪恶最终来源的观点不同，体现在其理论中“坏客体”意义的不同。对克莱因来说，客体的“坏”，不管是内在客体还是外在客体，指的是投射到他人的恶意，最终源于儿童自身固有的毁灭性。与此不同，费尔贝恩所说的“坏”指的是剥夺。“坏”客体是其缺位与无回应使力比多客体寻找受挫客体。克莱因说的“坏客体”指的是源自儿童自身固有且自发毁灭性的反映、创造物。费尔贝恩说的“坏客体”指的是儿童父母的方面，他们让儿童得不到并使儿童固有的对联系与联结的渴望受挫。

176

克莱因对费尔贝恩著作的影响非常大。她对内在客体世界的研究开辟了探索与概念化之路，使得费尔贝恩作出自己的贡献成为可能。毋庸置疑，尽管费尔贝恩保留了克莱因绝大部分语言，但这些词汇的意义已经转变了，而且其主要理论假设与克莱因假设形成非常鲜明的对照。克莱因重视潜意识幻想、不可避免且永恒的内在客体，以及本能的毁灭性造成的恐惧，与之相对应，费尔贝恩则重视现实、关于真实他人的主要世界、内在客体的补偿性本质，以及父母剥夺造成的毁灭性。费尔贝恩最大的贡献在于他与克莱因极为不同的领域，他是纯粹人际/结构模型的缔造者。他描述了儿童最早与重要他人关系所伴随的冲突、对这些关系中令人困扰的方面的内化，以及由此导致的内在客体关系在各种心理病理中的核心作用，所有这些贡献造就了费尔贝恩著作在精神分析观点发展史上持久的地位，以及巨大的影响力。

## 费尔贝恩与沙利文

177

沙利文与费尔贝恩的不同表现在许多方面，比如智力血统、语言的使用、科学哲学和敏感度。沙利文著作带有鲜明的美国特色：实用主义、以使用为导向、关注人的*作为*。他避免思考隐藏于公众视线之外的心理内部过程。费尔贝恩的智力起源要追溯到迷恋抽象的希腊与欧洲的哲学。他最直接的精神分析的先祖是克莱因，关于内在心理过程的理论思考既丰富又松散。费尔贝恩关注心理内在事件与结构，并建立了复杂的内在心理形态学。毫无疑问，沙利文与费尔贝恩均建立了对人类体验本质与构成的理解，对于精神分析模型中关键领域基本元素的理解有着惊人相似之处。

沙利文与费尔贝恩均反对在经典精神分析理论架构下聚焦于人，经典精神分析理论构建中的心理，认为这会形成看待人类体验的人为的、误导性基础，使其脱离人际关系环境。沙利文认为无法孤立地理解人格。理解人类体验基本要素唯一有意义的语境，就是他所说的“人际场域”。费尔贝恩同样认为，脱离与他人关系的历史背景来谈一个人在概念上是没有意义的，而且“如果不考虑个体有机体与其自然客体的关系，就不可能取得任何有关个体有机体本质的恰当概念；因为只有在其与这些客体的关系中，其真正的本质才得以展现”（1946, p. 139）。对这两位理论家来说，“驱力”概念是人为产物，是一个人与其人际关系环境隔离的结果，在这种人际关系中，其体验与行为才具有意义。

从这个共同的起点，沙利文与费尔贝恩对于精神分析模型的每一个主要的基本问题采取了类似的处理方法。根本的动机力量可以理解为寻找并建立与他人的关系。在沙利文看来，从本质上讲，人类自身需要的表达与满足使得他进入与他人的关系，人类就是这样建构的。在其力比多(重新定义为自我的能量)是“寻找客体”的概念中，费尔贝恩也明确将对于他人关系的需要作为根本的动机原则。费尔贝恩在其整个写作中强调了自我与其客体的不可分离性；在他看来，没有客体的自我是一个自相矛盾的术语。

178 沙利文与费尔贝恩的发展理论是类似的，认为突出的过程不是成分驱力的顺序出现，而是与他人建立新型接触与联结的需要。对沙利文来说，每个新的发展阶段均始于对于新型关系的需要，既需要像自己的玩伴，也需要与他人建立更加特殊的亲密关系，以及对异性爱的需要。费尔贝恩的发展理论也包括一系列不同形式的与他人的关系，从“婴儿式依赖”转到“成熟的依赖”。

在心理结构与心理病理领域，就使用语言和强调的重点而言，沙利文与费尔贝恩之间有着重要的不同。毋庸置疑，他们的基本原则是有交叉的，即儿童塑造、结构化并扭曲其自身的体验、行为以及自我感知，以便尽可能与父母保持最好的联结；心理病理是这些早期关系破裂的结果。儿童根据父母的人格互补性地塑造自己的人格。儿童人格中那些与父母人格中非焦虑的、可以提供情感支持的、部分互补的部分就得到了发展与扩展。父母人格中对与儿童关系具有破坏性影响的部分就被封存入儿童人格之中，而且无法用于之后与他人的关系中。由于偏爱结构的概念，费尔贝恩强调这些早期互动——内在客体关系的内在残留。他这个版本的关系模型的优点在于他刻画了病人内在世界的体验与幻想。因为偏爱操作性的概念，沙利文强调个体基于对过去体验的预期而回避焦虑的倾向。沙利文版本的关系模型的优点在于他刻画了病人基于对其永存的行为模式特点而做出的行为的复杂性。

尽管在语言、语气以及临床应用方面不同，沙利文人际理论与费尔贝恩客体关系理论在基本假设上还是有交叉的；两者综合在一起组成了对人际模型最纯粹的表达。对沙利文和费尔贝恩来说，人格本身可以理解为源于跟他人交换的残留物。客体不再只是驱力的目标或抑制者；也不再只是通过释放过程来发挥作用。内在和外在客体关系构成精神生活最基本的动力过程，而且成为心理结构特质。努力建立并维持与他人关系就成为动机的力量(个体的行为不是理解为被释放驱力的需要所驱动，而是趋向于以某个特定的模式跟他人联结)，以及心理结构的主要构成“材料”。在关系模型中，弗洛伊德所定义的驱力就完全被剔除了。其在动机、发展、心理结构和心理病理中的作用被看作是与真实和想象的他人关系。

## 费尔贝恩系统的局限

我们注意到，费尔贝恩理论有几个模糊和明显遗漏的领域，是其理论方法的两个特征所导致的：关注焦点的单一性以及抛弃驱力理论有过度反应的倾向。几乎其所有构想的核心就是重视儿童对于重要他人的完全依赖。围绕依赖的早期困扰就成为接下来所有情感事件的心理学基础，而且对所有关系的评估都是在这些关系发挥满足依赖的需要功能的语境中进行的。因此，客体要么是“好的”（情感上可以满足依赖的需要），要么是“坏的”（无法满足依赖的需要）。关系的特征不是对婴儿式满足（婴儿式依赖）的持续寻找，就是已经度过了婴儿式满足（成熟依赖）。这种焦点的狭窄性导致其忽略了两个重要领域。首先，所有未达到“成熟”客体的客体是婴儿早期的母亲的替代物。费尔贝恩认为，满足婴儿式依赖之外，父母不可能通过其他方式，诸如鼓励分离、设定界限与控制、反映婴儿式的夸大，或者引导儿童进入世界，来发挥重要的发展功能。从这个意义上讲，其理论失去了很多经典的性心理范式具有的丰富性，经典的性心理范式不同阶段反映出不同的需要，以及对不同父母角色的需要。费尔贝恩也不太重视不同发展阶段父亲角色的潜在不同，其特点明显不同于跟母亲的关系。父亲充其量是母亲的次等替代品，一个“没有乳房的母亲”（1944，p. 122）。

费尔贝恩强调单一焦点的另一个结果，是他认为内在与外在客体对于婴儿式依赖变迁的作用局限于其功能。内在客体的建立是用来弥补婴儿式依赖全面满足的缺失。因为这个功能，内在客体最初的、最根本的动力是“坏的”（情感上令人不满意）。好的内在客体的唯一功能是坏的内在客体的道德庇护所（通过所谓“道德防御”的过程）。 180
尽管费尔贝恩认为健康的发展确实需要好的关系，但他没有说明好的经历与好的关系的残留、健康的认同的建立、真正的价值，等等。除了防御坏的内在客体关系的功能，好的内在客体没有任何地位。正如L·弗莱德曼说的那样，费尔贝恩“留给我们的是上面没带一点肉的骨头”（1978a，p. 542）。

好的体验是如何被记录下来并结构化，使得更紧密的联结与情感的复杂性成为可能？显然，好体验的储存机制与费尔贝恩所提供的坏的早年关系导致的内在客体建立的机制非常不同。然而，他既没有描述前一个过程，也没有指出这种区别。因此，你面临的选择就是假设，费尔贝恩要么认为好关系没有留下任何结构的残留，这是很难搞清楚的，要么他的客体关系理论局限于心理病理学，不足以作为普通心理学来用。

我们注意到费尔贝恩理论建构存在一些问题，他的理论的第二个特征就是在发展其构想时，倾向于明确而辩证地反对弗洛伊德和克莱因理论中那些有问题的领域。费尔贝恩对弗洛伊德理论主要的哲学上的反对，就是他反对弗洛伊德使用机械的、原子论的、去人格化的语言和元心理学；他对克莱因理论的主要反对之一，是过于重视体质的攻击和本能的过量。费尔贝恩的许多构想直接反对弗洛伊德与克莱因的这些特征，这些特征绝对大多数是明确且令人信服的。不过，费尔贝恩理论的某些重点似乎没有说服力，可以理解为是对弗洛伊德与克莱因思想中机械的、悲观方面不切实际的过度反应。例如，我们注意到，费尔贝恩关于原初整合与完整自我的概念是表述不清又难以理解的，而且从发展的观点看，令人困惑。而且，他自始至终认为内在的不和谐(分裂)是坏的，而完整的、整合的自我是最希望达到的精神状态。这似乎忽视了可能会出现有益的冲突、创造性的混乱、互相充实的部分认同。

一个密切相关的问题，就是费尔贝恩明确指出父母剥夺是所有生存困难的根源。如果父母完全回应儿童的婴儿式依赖，自我分裂与内在客体的建立就可以避免，而且自我可能保持其原初的完整性。尽管费尔贝恩在某些观点上确实指出这种完全的父母可利用度是不可能的，他并没有将婴儿式依赖视为本质上不可满足。相反，他提出，父母不能提供完全的满足是父母自身心理病理的产物，也许是现代生活的压力与多重要求的结果，导致无限的退行，其终点可能在夏娃那里(其生存的困难可能只是某种神性的不完美导致的结果)。这个观点，尽管内在是一致的，但似乎没有说服力，而且过于简单化。

181

在弗洛伊德关于神经症的早期理论中，成人对天真儿童的诱惑被看作是唯一的心理病理学病因。随后他发现其病人的“记忆”缺乏这种貌似真实的情况，他倾向于轻视成人心理病理导致儿童神经症的作用，转而重视他所提出的儿童自身心理中有生物学基础的驱力冲动与幻想。克莱因理论是这个概念路线的最终延伸，儿童世界中的客体几乎全部源于内在的来源；实际的真实他人的关系只起到修正与改良作用。费尔贝恩著作在这个问题上再次造成辩证的摇摆不定。他强调原初自我原始的整合性，将所有的生存困难归罪于父母的心理病理，这样做忽视了非常重要的问题：婴儿式需要无法满足的，有时是不相容的特征；婴儿之间、婴儿与特殊养育者之间气质的差别；原始感知与认知能力导致体验的歪曲与误解。(费尔贝恩，像克莱因一样，倾向于预先假设小婴儿具有非常精确的、复杂的、有辨识力的心理过程。)在冈特瑞普对费尔贝恩理论的阐述与延伸中，这些不切实际的特征变得越来越突出，在这个过程中挤出了费尔贝恩革新性构想的其他重要方面。

## 后记：巴林特与鲍尔比的关系/结构模型

费尔贝恩的贡献完全是建立在关系/结构模型之中的。不过，他的"关于人格的客体关系理论"只是许多可行的关系/结构理论之一。英国学派中其他几个理论家已经形成了类似概念模型，在许多方面是互补性的。这其中非常有趣且有影响力的是迈克尔·巴林特与约翰·鲍尔比的理论。 *182*

巴林特接受费伦奇的精神分析，而且是他的门徒。（作为克莱因、巴林特与克拉拉·汤普森的分析师，在美国人际学派以及英国客体关系学派中，在所有主要关系模型革新者的精神分析血统中，不管直接的还是间接的，费伦奇是个重要人物。）根据他自己的说法，巴林特将那些年弗洛伊德与费伦奇之间的分裂，就是在后者 1931 年去世之前的那些年，视为具有重大纪念意义的"悲剧性"事件（1948，p. 243）。巴林特的文稿中的较大方案似乎是源于消除这种分裂的努力，首先是进一步发展了费伦奇关于早年母亲剥夺的研究，其次是调和了这项研究与主流精神分析理论建构的关系。费伦奇在其最后的岁月中越来越致力于研究父母的缺陷对小孩子的有害影响，而且极富争议地试图在精神分析情境中修复这些剥夺。巴林特报告称，他的某些病人，跟费伦奇的病人一样，试图使分析师参与或迫使分析师给予他们在童年被剥夺的无条件的爱，来修复其早年的剥夺。这种经常发生的现象令巴林特确信，寻找"原始的客体爱"实际上是所有其他心理学现象的基础。

巴林特认为，客体关系从生命一开始就出现了。他抛弃了原始自恋的概念，提出"与环境的关系从一开始就以原始的形式存在"（1968，p. 63）。他追随费伦奇，将这种最早期的客体关系描述为"被动的客体爱"，希望全面而无条件地被爱。（巴林特最后期的著作中提出，在关注特定客体之前，婴儿，甚至胎儿，作为"原始物质"的"*和谐、相互贯穿的混合物*"，是要适应环境的[1968，p. 66；斜体为原文标注]。）对原始的爱的追寻不仅代表最初、最基本形式的客体关系，而且在某种意义上也是所有其他关系的基础。巴林特指出，尤其是在文明的文化里，母婴联结过早被切断，生命剩下的时间就是搜寻这种复原，而且被动的客体爱就成为"所有色情渴望的最终目标"（1935，p. 50）。

驱力/结构模型中所有那些原发的、核心的主要精神动力学和动机特征，在巴林特看来是无法获得足够原始爱导致继发的补偿性的衍生物。自恋是试图"绕道"为自己

183 提供他人不能提供的东西(1952, p. 248)。攻击是缺乏原始爱的反应,不是独立存在的原始驱力(1951, p. 128)。肉体的、基于躯体的满足是替代所失去原始爱的部分,源于父母所能提供的不管什么样的部分联结:"如果它(儿童)得到什么,它就会,好像是,被所得到的满足所铸造……肛欲施虐的,性器期的,最终是生殖器期的客体关系,不具有生物学的基础,而是文化的基础。"(1935, p. 50)即使是最成熟形式的客体关系——生殖性(巴林特称之为"主动的客体爱",用关系的结构词汇替代了驱力/结构的词汇),代表的是企图曲线获得原始的、被动的爱。一个人爱另一个人,同样也隐藏着努力得到全部的、无条件的被爱。最终获得原始爱的希望就成为"所有色情渴望的永远的终极目标"(1937, p. 82)。因此,巴林特假定对关系的需要是原始的理论状态:"这种形式的客体关系(原始的客体爱)与性快感区没有任何关系;不是口欲期、口欲期吸吮、肛欲期、生殖器期等的爱,而是其自身所具有的东西。"(1937, pp. 84 - 85)巴林特对费伦奇贡献的延伸使其处于这样的地位,其大体概要与费尔贝恩极其类似,似乎需要与驱力/结构传统决裂。

不过,与费尔贝恩不同,巴林特*没有*抛弃驱力/结构理论。尽管他认为肉体的渴望是关系需要的衍生物,作为一个选择,巴林特又将对肉体快感的寻找设定为其自身具有的原始动机状态。他斥责费尔贝恩对力比多理论的抛弃,认为力比多具有两种基本倾向,既寻找快乐也寻找客体(1956)。因此,尽管巴林特重构了驱力冲动的本质与功能,他仍继续使用"本我"一词和驱力理论的语言,就好像具有跟弗洛伊德著作同样的指示物。从巴林特将力比多寻求快乐的目标重新定义为客体关系障碍的派生物来看,他对费尔贝恩的批判是令人困惑的。回到巴林特调和费伦奇与弗洛伊德的方案可以阐明这种困境。

弗洛伊德与费伦奇之间的主要争论点是费伦奇对精神分析技术的修改,他鼓励和满足退行,弗洛伊德认为这样做是危险的,是注定要失败的。巴林特看待力比多的双重性质的立场似乎主要是为了解决这种争端。他区分了"良性"退行与"恶性"退行,前者的目标是"识别",满足原初的关系需要,而后者的目标是"满足"本能的渴求。作为

184 对这种一分为二的进一步延伸,他对源于早期客体关系障碍("基本缺陷")的心理病理与源自冲突(围绕本能愿望)的心理病理进行了区分。这些区分从巴林特的论点看是令人困惑的,因为他认为本能渴求本身源自早年的客体关系障碍;根据他的理论逻辑,*所有*退行与心理病理一定与早年的客体关系障碍有关,某些形式的退行与心理病理势必造成客体寻找进一步细分为肉欲的渴求、暴怒与复仇,作为失整合的替代物。

不过，巴林特的区分确实服务于其更大的政治目的。这使得他可以保留弗洛伊德的驱力/结构理论及其对满足的审慎态度(弗洛伊德处理的是恶性退行，即对婴儿式本能满足的追求)，同时证明费伦奇关注早年客体关系及其提供的满足是正确的(费伦奇处理的是“良性”退行，其目标是关系而非快乐[1968, p. 144])。尽管巴林特建立的理论系统是明确用来*替代*弗洛伊德的驱力/结构理论，而且概念上也与其不相容，但他还是继续将其与经典理论并列、混合在一起，主要是通过看上去有政治目的的诊断区分来实现的。这种对诊断的策略性使用可以让巴林特保持我们称之为“混合模型”的理论，在其中引入关系/结构假设，并与早期驱力/结构假设并存。这种混合策略在近些年也非常突出地出现在科胡特的著作中。

在过去的25年中，鲍尔比建立了一种与费尔贝恩著作密切相关的关系/结构模型。尽管受到过克莱因的督导并接受过里维埃的分析，鲍尔比跟费尔贝恩一样，抛弃了克莱因保留经典驱力理论的努力，试图对经典理论中的基本原理进行全新定义。与费尔贝恩一样，鲍尔比认为经典理论置身于不合时代的框架之中，这个框架是从19世纪物理学和生物学借用来的。与费尔贝恩不同的是，他是在精神分析范畴之外，在当代生物学领域内，根据动物行为学和达尔文自然选择理论，寻找其基本假设，介绍他所描述的“新型的本能理论”(1969, p. 17)。

鲍尔比提出“本能的”行为系统是人类绝大部分情感生活的基础，因为有助于生存，所以得到了发展。他情有独钟的系统，就是构成儿童对母亲“依附”的一系列行为与体验。鲍尔比认为“依附”是通过五种成分本能反应调节的：吸吮、微笑、抓、哭与跟随，组织成复杂的内在控制与反馈系统，产生保持亲近的行为(1969, p. 180)。这个系统是在人类早期进化过程中“被选择”的，因为可以使生存成为更大的可能；儿童亲近母亲可以少受捕食者的侵害。因此，儿童对母亲的依附是“古老遗产”的一部分，其功能是保持种族的生存。鲍尔比对经典精神分析理论建构的主导倾向提出异议，认为儿童与母亲的联结是衍生的、继发性的发展，取决于母亲满足儿童生理与肉欲需要的功能。母亲不是因为满足儿童需要而变得重要；她从一开始就是重要的。

*185*

关于鲍尔比著作的早期争议主要围绕的问题是，面对与母亲的长久分离或母亲的丧失，小孩子是否会体验到真正的悲伤。弗洛伊德的立场是，与母亲最早期的关系完全由母亲作为需要满足者的功能构成，因而“受到更为原始且直接的快乐—痛苦原则的支配”(1960, p. 58)。因此，儿童与母亲的关系出现在接受现实原则之前，因为自我、客体恒常性等对本我倾向的部分控制，儿童与母亲的关系缺乏构成真实客体爱的实际联结与具体性。弗洛伊德认为早年对丧失的反应不是真正的哀悼，而是对剥夺预期的临时性反应，只会持续到新的需要满足的客体出现之前。鲍尔比则认为对母亲的依附是原发性的，不是母亲作为需要满足者的衍生物。他提出，小孩子对于丧失母亲的反应是真正的哀悼，表现出其原发性依附的作用。他认为，更为经典的儿童观察者没有将全部重点放在他所说的小孩子表现出的清楚而毋庸置疑的哀悼指征上，因为经典的驱力理论在解释早年依附的强度与具体性方面有困难。他进一步指出，弗洛伊德试图"将新观察硬塞进现存的理论框架中，尤其是关于原始自恋与躯体需要首要性的观察"(1960, p. 30)。

鲍尔比扩展了依附的概念，将其作为重新考虑所有经典理论基本领域的基础：所有的焦虑、恐怖及其他与养育者的分离有关；依赖可以从焦虑性依附的角度理解；愤怒是对分离的反应(1973)；所有防御的核心是依附需要的失活(1980)。所有情感的挣扎与困难源于早年对母亲和随后客体的依附障碍："儿童或成人是处于安全、焦虑还是悲痛的状态，在很大程度上是由其主要的依附人物可接近性与反应性决定的。"(1973, p. 23)鲍尔比认为确信可以接近依附人物是情感稳定性的基础；对于这种可行性预期是在童年与青少年期逐渐建立的，而且在后期生活中保持一贯的稳定性；对于依附人物可获得性的期望是与父母实际体验的精确反应。

*186*

鲍尔比的理论建构完全是在关系/结构模型中进行的，非常接近沙利文与费尔贝恩的理论[①]。他最重要的贡献就是对精神分析理论、资料与相关学科(新近的信息处理理论)之间的界面的探索。不过，因为这些将精神分析资料置于精神分析之外框架内的努力，鲍尔比的理论本身不能成为清晰而纯粹的精神分析模型。他从种族生存功能角度来理解绝大多数的人类体验与行为。对于个体来说，这就使得他对于依附、分离与丧失中体验与行为意义的解释没有得到充分发展。有时，他在写作中，好像将关于关系与丧失的体验与幻想看作附带现象，就好像我们古老的遗产——本能与行为系统只是通过我们盲目地、自动而具体地发挥作用："行为的复杂顺序可以看作是行为单元顺序激活与终止的结果，其顺序出现受控于高级的行为结构，这个结构被组织成一条链、因果等级、计划等级，或者以上的某种整合。"(1969, p. 1972)在鲍尔比的描述中，人的客体意义经常被归入本能行为系统分布的描述之下，归入一种行为经济学。

---

① 鲍尔比承认这些一致性(1973, pp. 273—275)，但还是不断批评费尔贝恩将依附与喂食和口欲联系在一起。这种批评似乎没有抓住费尔贝恩的重点，因为口欲不是早期客体联结的原因，而是其渠道，而后期的关系利用的是其他渠道。

与鲍尔比系统密切相关的一个特征就是，他的客体关系理论倾向于母亲具体的、实际的身体缺位与在场。“儿童与母亲的联结是几个行为系统活动的产物，这些系统将接近母亲看作是可以预测的结果。”(1969, p. 179)尽管鲍尔比在后期著作中越来越 *187* 承认*情感*缺位、不可接近和无回应的重要性，他没有将关系的这些更加微妙的方面整合进其更加广泛的理论中。他没有像费尔贝恩、温尼科特与沙利文那样，解释在明确的人类自体发展中对于依附与关系的情感需要及其意义。鲍尔比的观察资料以及行为学框架，需要更加纯粹的精神分析与经验的关系/结构理论的概念填充。

# 7. D·W·温尼科特与哈里·冈特瑞普

我们以某种方式作出细小的让步，直到我们开始意识到，也许有点震惊，我们正站在陌生的土地上。要有这样的发现并原路返回，一定不要被坚持说出真相的错觉任性地困住。做到这一点非常困难。

——莱斯利·H·法伯，《论嫉妒》

188 克莱因与费尔贝恩是系统建立者。每个人都创建了关于人类体验与困难的宽广而崭新的理论：克莱因以逐步而缓慢进展的方式，重新定义与重新聚焦弗洛伊德的理论；费尔贝恩明确反驳了弗洛伊德的著作。相反，温尼科特与冈特瑞普关注的是单一的问题。二人均宣称忠诚于先前的传统：对温尼科特来说，是他个人对弗洛伊德与克莱因思想的混合；对冈特瑞普来说，是费尔贝恩新近提出的客体关系理论。然而，每个人都感觉其仿效的传统忽略了一个需要关注的重要领域，并试图纠正这种疏忽。

温尼科特与冈特瑞普所作出的贡献是有局限的，只是对早期理论传统的修正。不过，温尼科特关于自体出现的构想为发展理论奠定了基础，与其前辈弗洛伊德与克莱因的构想极为不同。冈特瑞普关于自我退行的构想改变了费尔贝恩客体理论的方向，偏离了某些最基本的假设。

## D·W·温尼科特

温尼科特对精神分析理论与实践的发展作出了非常创新而极具影响力的贡献，对于自我在其关系母体中的发展，进行了复杂而微妙、经常是富有诗意的描述。其著作 189 的体裁与风格在两个显著方面与其关注的核心问题是相应的。首先，温尼科特的文章有种难以捉摸的特点。他几乎所有的论文最初是以谈话方式呈现的，论文风格表现出更加适合口语而非书面语的非正式性。每一篇都是短文，其中的临床观察经常是妙趣横生的，用简洁的，几乎是警句式的理论构想宽松地串联在一起。中心问题通常以引发悖论的方式呈现，对读者具有戏谑性诱惑力。争论更加东拉西扯，而非逻辑严密地组织在一起；温尼科特的报告随心所欲。因为这种难以捉摸，马苏德·汗，即温尼科特著作编辑及其著名信徒，巧妙地将他这种风格描述为“隐秘的”。

温尼科特报告的第二个显著特征是，他根据精神分析传统对自己的奇怪定位。温尼科特宣称非常忠诚于其理论前辈，特别是弗洛伊德，其次是克莱因。他以虔诚话语将自己的文稿描述为这两人著作的延续。实际上，温尼科特与汗(1953)关于费尔贝恩著作的一篇非常尖刻的综述中的中心主旨，就是批评费尔贝恩抛弃了弗洛伊德元心理学的构想。不过，温尼科特以一种奇怪的方式保留了传统，主要是曲解传统。他对弗洛伊德与克莱因概念的解释是如此怪异，对其最初的构想和意图是如此不具有代表性，所以有时是无法识别的。他讲述的精神分析观点的历史，不是其发展史，而是他自己希望发生过的历史，他改写了弗洛伊德，使其成为温尼科特自己观点的更加清晰、顺利的前辈。这种吸收和改写他人概念的倾向反映在汗描述温尼科特对阅读的不耐烦之中：“马苏德，要求我阅读任何东西是没有用的！如果让我厌烦，第一页读到一半，我就睡了，如果让我感兴趣，读完那一页，我就开始改写了。”(1975, p. xvi)哈罗德·布鲁姆(1973)提出，西方传统中每个重要的诗人都曲解其最著名前辈的观点，以便给其个人观点让位。同精神分析的传统相比，温尼科特定位自己关于精神分析传统的重要的创新贡献的方式，比之本书中任何一位理论家，有过之而无不及。他可能就是在描述自己对待精神分析传统的方法，他是这样说的：“对于古老而陈旧的正统，成熟的成年人先破坏，然后再创造，以赋予其活力。”(1965b, p. 94)

温尼科特著作的这些形式上的特征，其令人难以捉摸的表述方式，以及其对理论前辈的吸收和改变，与其关注的中心问题是相应的：联系与差异之间微妙而复杂的辩证关系。他几乎所有的贡献都围绕他所描绘的为了个体的存在，同时也允许与他人密切接触，自体所持续进行的危险挣扎。温尼科特对健康自体的描述建立在他的一个矛盾说法之上，通过分离，没有丧失任何东西，反而得到并保留了某种东西：“*这是我已经着手进行检查的地方*，分离不是一种分离，而是一种联合。”(1971, p. 115；斜体为原文标注)达成这样一个状态一点也不容易；自体的发展充满危险。儿童如何发现自己在母亲照料下并没有失去自己？儿童如何能区分自己并保持母亲的资源？你如何能交流而不被耗竭，被看见而不被占用，被触摸而不被剥削？你如何能保留个人的核心而不被隔离？温尼科特表述形式与风格的特点反映了这些问题。他引诱、困惑并惹怒其

190

读者，他高度重视读者，但从不直接对抗他们。他崇敬其理论前辈，珍惜与他们的连续性；然而，他根据自己的想象与幻想，激进地重新建构并重新塑造了前辈的著作。在温尼科特看来，缺乏与他人的接触以及不能完全接近他人，会对自体的生存造成严重的危险。

温尼科特在成为精神分析师之前以及之后一直是著名的儿科医生，他对婴儿和母亲的熟知贯穿于他处理精神分析问题的方法之中。1923 年，也就是克莱因移居英格兰的三年之前，他开始接受了斯特拉奇十年的分析；跟费尔贝恩一样，他深受克莱因著作的影响。他的第二任分析师里维埃，是克莱因最亲密的合作者之一，而且他在 1936 年至 1940 年之间接受克莱因本人的督导。温尼科特感觉克莱因的著作与他早期的某些观察是重叠的，并帮助他解决了他一直在努力思考的问题。他关注那些似乎从未达到稳定而分化的俄狄浦斯期的儿童；在其早年关于进食障碍的著作中，他一直受困于婴儿贪婪的普遍性，以及小孩子关于其“内部”和母亲“内部”幻想的核心性（1936，p. 34）。克莱因关于早期潜意识幻想、焦虑和原始客体关系的描述直接说出了温尼科特最早关注的事情。

1945 年，在经历大量的儿童和精神病人的临床工作的孵化期之后，温尼科特开始发表一系列论文，标志着他与弗洛伊德和克莱因理论的决裂。弗洛伊德阐明了神经症；克莱因探索了抑郁。温尼科特提出他自己的著作是一种修正，是将先前的精神分析概念应用于相对未知的明显的精神病领域。随着温尼科特将其理论拓展为一种关于发展与心理病理学的普通理论，与弗洛伊德和克莱因的理论有着明显的分歧，这种诊断的区分就失去了意义。只有在儿童与重要他人提供的环境互动情景中，才能描述并理解导致自体发展或抑制的过程。因此，尽管温尼科特声明了自己的连续性与忠诚，他的著作还是构成了牢固安置于关系/结构模型中的关于人类体验的理论。

191

**人的出现**

温尼科特对精神分析最重要的贡献始于他的观察，经典理论和神经症的精神分析治疗将其中某种东西视为理所当然：病人是人。这样说的意思是假设病人具有可用于跟他人互动的统一而稳定的人格。温尼科特认为弗洛伊德预先假定了“自体与自我结构的分离”（1960a，p. 41），因为这个假设，两个主要问题被忽略了：不是“人”的病人，要么是因为明显的精神病，要么是因为只是*看上去*在与别人互动；分析情境具有的非常直接的影响促进人格出现的早期发展过程的那些特征。这恰恰是温尼科特致力于探索的领域。他几乎所有重要的贡献都是关于可以使儿童意识到自己与他人是分离的情景，他从不同角度，通过不同构想，在不同情景下，来探讨这个问题。

母亲提供能使婴儿最初自体出现的体验。婴儿的生命始于一种"未整合"的状态，其体验是分散的、弥散的。婴儿对自身体验的组织在母亲对婴儿有组织的感知之后，并以此为基础。母亲提供"抱持性环境"，在其中容纳并体验到婴儿："要是没有人给婴儿汇集其碎片样的体验，婴儿就开始一个带有缺陷的自我整合的任务。"（1945，p. 150）温尼科特将母亲这种投入状态名之为"原始母爱贯注"，这种状态使得她愿意将自己作为婴儿成长无微不至的媒介。他认为母亲沉浸在对婴儿的幻想与体验之中，是母亲在孕期最后三个月以及婴儿出生后最初几个月自然的、有着生物学基础的适应性特征。 *192*

除了"抱持"，母亲"将世界带给儿童"，而且在温尼科特看来，这种功能在发展过程中发挥了至关重要且复杂的作用。婴儿兴奋时，就会想起，或者更确切地说，就要想起会有个客体满足他的需要。理想情况下，就在那一刻，专注的母亲就呈现给他这样一个适合的客体，比如说乳房。这是"错觉的时刻"。婴儿相信自己已经创造了客体。婴儿一次又一次地幻想着母亲会出现，想象的内容大约会越来越接近现实的世界。

> 婴儿兴奋时会想起乳房，开始幻想适合用来攻击的东西。就在那一刻，真正的乳头出现了，而且他能感觉到那就是他幻想的乳头。于是，他的想法因为视觉、触觉和嗅觉的实际细节而变得丰富起来，这种素材在下一次的幻觉中得到应用。通过这种方式，他开始逐步建立想象实际可以获得什么东西的能力。母亲必须继续给予婴儿这种体验。（1945，pp. 152－153）

在"错觉的时刻"中，婴儿的幻觉与母亲提供的客体就等同起来了。婴儿体验到自己是全能的，是所有创造的源泉；温尼科特认为，这种全能感就成为健康发展与自体坚固性的基础。（科胡特后来也提出健康自体的基础在于持久体验到婴儿全能感的机会之中。）这个过程中母亲投入的必要性是显而易见的。母亲对婴儿需要的共情性预测以及准确时机是至关重要的。要让错觉成为现实，"人类必须以婴儿可以理解的形式，全天候不辞辛劳地将世界呈现在婴儿面前"（p. 154）。婴儿幻觉与母亲出现的同步性，为儿童对外部世界的接触感和掌控感提供了重复性的经验基础。

健康的发展需要完美的环境，但只是暂时的。温尼科特说的完美，指的是母亲因为其母爱的贯注，可以非常密切而精确地感受婴儿的需要与姿态。就像温尼科特在其后期著作中描述的那样，母亲的功能就是一面镜子，为婴儿自身体验与姿态提供了精确反映，尽管这些体验与姿态具有碎片样的、杂乱的特点。“我注意到自己被看见了，我就是存在的。”(1971, p. 134)这些反映中的不完美毁坏并抑制了儿童自我体验与整合能力，而且干扰了“个人化”过程。当母亲能够响应婴儿的希望与要求，婴儿就可以协调自身功能与冲动，成为其逐渐进化的自体感的基础。母亲不能实现儿童的姿态与需要，就会削弱儿童幻觉性的全能感，阻碍对其自身创造力与能力的相信感，损害心理演变与其躯体化支撑基础之间的关系。“心理有一个根基，也许是最重要的根基，在自体的内核，需要个体提供一个完美的环境。”(1949a, p. 246)

193

温尼科特处理同样问题的另一个方法，就是他对独处能力发展所必需条件的讨论。他提出，对于母亲来说，极其重要的是不仅要塑造适合婴儿需要的世界，而且要在婴儿没有需要或者没有体验到需要的时候，提供一种不费力的存在。这就可能使婴儿体验到不需要感或完全的未整合感，一种出现需要与自发姿态的“听任自然”的状态。母亲这种不费力的存在使得这种无形感和舒适的独处成为可能，这种能力就成为稳定而个体化自体发展的核心特征。“只有在独处(就是说，在某个人面前)的时候，婴儿才能发现自己的个人生活。”(1958b, p. 34)

幸运的是，对每个参与者来说，母亲的细致回应不会需要太久。一旦幻觉样的全能感牢固建立，儿童就需要学习在他的控制之外的现实世界，并且体验到其力量的局限。使这种觉察成为可能的是，母亲不能一点一滴地根据婴儿的需要来塑造世界。因为母亲从其母爱贯注的状态恢复，并再次对其生活中的其他领域感兴趣，儿童被迫忍受他的不能做，不能创造，以及不能使之发生的事情。这些残酷的现实被儿童走向分离的推动力所缓和。因此，与婴儿主动自我功能练习增长和精细同步的，是母亲自我覆盖力与响应敏感性的降低。随着婴儿的成长，母亲不用像接收和响应其姿态那样去实现其愿望。其关系的特征就是分化与互动的极大增长。实现婴儿被动的幻觉样愿望的早期母亲逐步让位于响应需要的母亲，这些需要实际上是通过姿态与信号来表达的。母亲“逐渐递增的适应失败”(1949a, p. 246)是分离、分化与认知发展的必要条件。

194

温尼科特认为，母亲照料的不足，更具体地说是不能提供完美的环境及其逐渐的撤出，对于儿童情感的发展具有削弱性影响。母爱失败有两种：在婴儿兴奋时，不能实现婴儿幻觉样的创造与需要；在婴儿安静时，干扰婴儿的无形感与未整合感。这两种母爱失败被儿童体验为对个人自身存在连续性的可怕干扰，都会导致“婴儿自体毁灭”感(1956a, p. 304)。婴儿的个人存在根植于其无形的状态与全能创造的姿态之中。理想情况下，母亲是无形感的媒介、全能感的工具。对这些功能的任何干扰都被婴儿体验为“冲击”。外界之物在向他提出要求，要他作出回应。他从安静状态中挣脱出来，并被迫作出回应，或者说他不得不放弃自身的愿望，提早接受其自身需要虚弱而不现实的本质，并根据提供给他的东西来铸造自己。

持续冲击的主要后果就是婴儿体验的碎片化。迫不得已，他要过早且强制性地适应他人的主张与要求。他不能让自己体验无形的安静感，因为他必须准备响应别人对他的要求和提供给他的东西。他失去与自身自发需要和姿态的联系，因为这些与母亲体验他的方式以及母亲提供给他的东西没有任何关系。温尼科特将这种成碎片化的结果描述为越来越分离而虚弱的“真我”与“建立在顺从基础上的假我”之间的分裂。“真我”是自发需要、意象与姿态的来源，其逐渐隐藏起来，尽一切可能避免表达不被看见或不被响应，等同于完全的心理毁灭。“假我”提供个人存在的错觉，其内容被母亲的期待与要求所塑造。儿童变成了母亲对他的意象。在某种意义上，“假我”逐渐接替环境不能提供的照料功能。“假我”秘密地保护了“真我”的完整性；其功能是“通过顺从环境的要求来隐藏真我”(1960, p. 147)。“假我”利用认知功能对环境的冲击作出预期和反应，导致心理的过分活跃，以及认知过程与情感或躯体基础的分离(1949b, pp. 191 - 192)。

195

温尼科特将“过渡性客体”的形成看作是造成个人发展更大过程的另一个方面。过渡性现象最重要的维度不是客体本身，而是客体关系的本质，所代表的是幻觉样全能感与认识到客观现实之间的发展途中的小站。个人的出现需要从错觉性的全能感状态转变为客观的感知状态，在前面状态中，通过母亲的促进作用，婴儿感觉他创造和控制着其生活世界的所有特征，在后一种状态中，婴儿接受其力量的局限性，并开始意识到他人的独立存在。这些状态之间的转化不是单向的、直线的前进过程；儿童与成人都会不断在其中摇摆不定。温尼科特对这两种不同状态进行了严格比较：带有客观感知的唯我的主观性；带有外部世界现实的内在世界；“主观客体”的世界，你在其中全面控制着有着分离且独立他人的世界。与过渡性客体的关系构成了这两个世界之间的第三个，即中间的过渡性领域。

客体既不在错觉样，全能的控制之下，也不是主观现实的一部分，怎么可能呢？在此就存在着自相矛盾，它是过渡性体验的本质。温尼科特认为，过渡性客体(诸如一块毯子或一个泰迪熊)建立的必要条件，是成年人与婴儿之间的心照不宣，不去怀疑客体的来源与本质。父母继续装作是婴儿创造了客体并保持对其掌控，然而也明白其在他人世界中的客观存在。因此，父母理解其中的自相矛盾，没有将客体指派给这两个区域的任何一个，不去挑战婴儿对其客体拥有的特权，从而创造了过渡性区域。过渡性客体既不在魔法般的掌控(比如幻觉和幻想)之下，也不在掌控之外(比如真实的母亲)。过渡性体验大概是存在于"原初的创造性与以现实检验为基础的主观感知之间"(1951, p. 239)。因为这种不确定而自相矛盾的状态，过渡性客体帮助婴儿逐步完成了一种转变，从将自己体验为整个主观世界的中心，转变成将自己体验为他人中的一员。过渡性体验不只是发展的插曲，而且也是健康成人体验中值得珍视并具有重要意义的领域。我们的思维可以徜徉其中，既不关注其在真实世界的逻辑性与有效性，也不会害怕我们的冥想会带领我们进入完全主观的唯我的领域之中，导致我们失去整个真实的世界。过渡性体验根植于儿童游戏的能力之中；对于成人来说，其表现是你能玩味你的幻想、想法以及这个世界的各种可能性，在某种程度上继续接受其令人惊讶的、创造性的、新奇的特质。在过渡性体验中，我们仍然可以进入我们思维与想象的最为隐秘的源泉之中，而无须因为清晰与严厉的主观现实对其负有责任。

*196*

在后期著作中，温尼科特描述了人出现的另一个特征，建立在"客体联结"与"客体使用"之间的区分之上。这些构想阐明了他对分离过程中攻击与破坏功能的理解。"客体联结"被定义为一种主观的、投射性体验，他人在其中被体验为处于婴儿错觉样控制之下。"客体使用"是对他人的感知以及与他人的互动，他人在其中被体验为独立和真实的，处于婴儿全能感的控制之外。温尼科特再次试图将我们的注意力放在使这种过渡成为可能的确切机制上，而且再次围绕自相矛盾。儿童"破坏"客体，是因为他开始体验到客体是分离的，而且不在他主观控制之下；儿童将客体"置于"其全能的控制之外，是因为他知道他已经破坏了客体。因此，儿童"使用"和"破坏"客体，是因为客体变得真实了；客体变得真实，是因为已经被"使用"和"破坏"了。客体的幸存是至关重要的。母亲没有报复性的持久性使得婴儿体验到没有忧虑的"使用"，帮助他建立了一种信念，相信其全能的控制之外存在具有恢复性的他人。

在温尼科特看来，健康且有创造力自体的出现取决于特殊的环境供应，他将其归于"过得去的养育"之下。这些供应使得婴儿可以开始于"存在而不是反应"(1960b, p. 148)。这些供应可以使情感从婴儿式依赖转变为独立，使认知从全能的感知转变为现实的感知。他们决定了一个人自体感的结构、连贯性与活力："个体有创造性地活着，而且感觉值得活着，否则……个体就不能有创造性地活着，而且会怀疑活着的价值。人类的这个变量，在每个婴儿生活体验的最初或早期阶段，就与环境供应的品质与数量直接相关。”(1971, p. 83)

在理想状态下，得到非冲击性环境养育的真我，代表的是“遗传的潜质，体验到存在的连续性，需要以其自身的方式与速度获得个人的心理现实与身体计划”(1965, p. 46)。在理想状态下，人类体验势必产生自发冲动与表达，而真我“无非是将活着体验的细节收集在一起”(1960b, p. 148)。然而，温尼科特认为，即使在最佳环境下，做人也是一种脆弱与不确定的现象，主观体验与客观现实之间总是存在着紧张。我们生命的开始完全依赖养育者识别并实现我们的愿望与姿态，甚至由此为我们提供机会来了解并成为我们自己。这种全面依赖非常容易受到无回应和侵入的伤害，无回应和侵入被体验为个人连续性的毁灭。这种脆弱性所惯有的残留是主观现实的私人堡垒，永远无法进入公开的客观视野。“每个人的中心都存在无法与外界交流的元素，这是不可冒犯的，最值得保留。”(1963, p. 187)不管你被客观现实束缚得有多深，不管你是多么灵活有弹性地协调主观创造性与客观外部现实之间的差距，真我被剥削依然是最令人恐惧的事情，因此会存在一个“真正孤立的、无法与外界交流的自体，或者个人化的自体内核。”“问题是：如何在保持孤立的同时不被伤害？”(1963, p. 182, 187)温尼科特对于精神分析观点贡献的主旨以及风格特点，其自己著作中的坦诚与难以捉摸、直接与隐秘的模糊、对传统的忠诚以及对传统的破坏与重整之间的张力，均反映了他对这个问题的回答。 197

### 温尼科特与模型

温尼科特对精神分析思想的革新性贡献在于关系/结构模型。他坚持认为不存在所谓婴儿这个东西，有的只是哺乳的母婴。母婴单元的概念，源于其在儿科的工作经历，使他在建立参照系统时不仅着眼于儿童的内心过程，也着眼于儿童与照料者之间的关系域：“生存的重心不是始于个体，而是整个环境。”(1952, p. 99)这样的强调特别容易让人想起沙利文，温尼科特宣称“脱离与母亲的功能关系来描述最早期的婴儿”是没有意义的(1962a, p. 57)，而且将个体看作是“孤立的”也无法理解心理病理学(1971, pp. 83 - 84)。尽管身体的抱持与照料对抱持性环境极其重要，在温尼科特看来，母婴之间的关系构成了复杂而相互之间的情感需要，而且本质上不是身体的需要。事实上，他明确抛弃了马勒的“共生”术语，因为其“过于根植于生物学而令人难以接 198

受"(1971, p. 152),反而强调母亲与儿童交换的互动与情感的本质。在他的系统中,母婴早期关系的各个方面是分化与自体结构化的基础。

考虑到温尼科特的关系/结构框架,他自己对待驱力/结构传统的策略,可以看作是一种良性忽视。他没有像费尔贝恩那样完全抛弃驱力理论。他也没有像雅各布森、柯恩伯格以及其他美国自我心理学家那样,试图将关系的概念与既有的驱力/结构框架混合在一起。相反,他建立客体关系的立足点是独立的,而且与本能过程是分开来的。在经典驱力理论中,客体关系是驱力满足于防御载体的衍生物。在温尼科特理论中,客体关系是由儿童发展的需要与母亲提供母爱照料之间的互动构成的,与驱力满足是完全分开的。他没有直接挑战驱力理论,而是将其挤出,并将之降至次要而从属的位置。

对温尼科特来说,儿童*需要*与母亲的联结。这种需要是由内置定向与期待构成的,而非克莱因所提出的那种一系列具体的先天意象;存在的是准备与期待,而非客体本身。游戏"使婴儿找到母亲"(1948a, p. 165),而且,尽管温尼科特不愿公开支持费尔贝恩的观点,他还是谈到"驱力可以称之为客体—寻找"(1956b, p. 314)。婴儿需要的被定义为过得去的养育的母爱供应包括:最初对婴儿需要与姿态的完美回应;在安静状态下的非侵入性"抱持"与镜映性环境;共谋同意尊重过渡性客体;面对婴儿的强烈需要仍然要生存下去;不要对客体使用的破坏性特征进行报复。温尼科特将对这些母爱供应的需要与本能愿望区分开来:"需要是否得到满足,其结果与本我冲动的满足和挫败造成的结果不同。"(1956a, p. 301)这些关系需要对发展是极其重要的;如果得不到满足,就不能进一步出现有意义的成长。

199

温尼科特强调关键关系过程与驱力的分离。"婴儿与母亲之间存在一种关系……这种关系不是本能体验的衍生物,也不是源于本能体验的客体关系衍生物。这种关系出现在本能体验之前,与之共同运行并混合在一起。"(1952a, p. 98)在经典驱力理论中,享受生活的能力根植于驱力满足与升华的可能性。温尼科特强调导致自体出现的关系过程的优先性。

> 我们现在明白了,并不是本能的满足使婴儿开始感到存在,感觉生活是真实的,找到生活的意义。实际上,本能满足开始只具有部分功能,而且会变成诱惑,除非个体建立起完好的总体体验的能力,以及在过渡性现象领域中的体验能力。在自体使用本能之前必须有自体的存在;骑手必须骑在马上,而不是失控。

(1971, p. 116)

驱力满足怎么会成为更加基本的发展需要的诱惑性干扰？温尼科特在此明显与驱力/结构模型保持了距离。在驱力/结构模型中，驱力满足构成了客体关系的潜在基础以及基本实质。即使在克莱因著作中，满足也是客体关系发展的必要条件。母亲通过好的喂养而变“好”；婴儿通过吞咽和内化而*爱*母亲。母亲因为挫败婴儿而变“坏”。温尼科特将这两个领域各自分开。通过与具体母爱供应的关系体验，自体出现并变得结构化。在这些供应之中，至关重要的是客体*地位*、母亲“抱持”婴儿、实现其姿态、在其攻击下幸存的功能，等等。按照温尼科特的说法，满足本身对客体地位没有多大影响；母爱供应在满足本能需要方面与母亲的功能无关。“婴儿可以在没有爱的情况下被*养育*，但无爱或无人情味的*管理*不能成功产生新的独立自律的人类儿童。”(1971, p. 127)本能需要的满足实际上可以作为替代性干扰。婴儿可以“被令人满意的喂养‘搪塞’”(1963, p. 181)。

> 我们必须理解，说到母亲的适应能力，如同给予满意喂养一样，跟其满足婴儿口欲期驱力的能力关系不大。我们在这里所讨论的跟这样的考虑是类似的。满足口欲期驱力真的是可能的，而且这样做会*妨碍*婴儿的自我功能，或者后来作为人格的核心的自体被妒忌地守护。对婴儿来说，没有自我功能覆盖的喂养的满足，可以是诱惑，而且可能是创伤性的。(1962a, p. 57)

200

因此，尽管温尼科特保留了本能概念，他还是将其在发展中的地位降为次要与从属。对于有生理基础的本能愿望，他最关注的是，本能愿望可能成为干扰更为基本的发展需要的手段(1952b, p. 225)。

温尼科特关于心理病理与治疗的观点反映了关系/结构的假设。在他看来，精神健康是由自体的相对完整性与自发性决定的。心理病理(之后要考虑的带有政治目的的诊断造成的轻微影响除外)必然导致自体活动与表达的堕落和压缩。影响精神健康的必要充分因子是恰当的父母供应——过得去的养育。温尼科特将精神病明确定义为“环境缺陷疾病”；所有的心理病理在他的系统中包含自体功能的损害，然而根据这个定义，精神病也是父母缺陷的产物。温尼科特通过其临床阐述再三说明，父母的人格，以及父母的病理，如果干扰了养育的供应与恰当的婴儿照料，对于儿童的发展有着巨大的影响，在儿童心理病理中有着清晰的回响："儿童活在父母人格的圈子里，而且……这个圈子有病理性的特征。"(1948b, p. 93)

温尼科特对于心理病理本质的关系/结构性理解反映在其对退行现象的治疗中。他认为，退行不是回到力比多固着点或某个具体的性快感区。退行表现的是回到儿童挫败的环境点。适当的父母供应是情感成长的必要条件；缺失了，发展就停止了，而且，发展"需要"的缺位就决定了接下来的生活。发展需要与源于驱力的"愿望"非常不同。需要是发展所必需的；除非得到满足，否则一事无成。在驱力/结构模型中，退行是病理性的、危险的，就在于它提供了婴儿式愿望的过度满足。而在温尼科特关系/结构模型中，退行是对缺失的关系体验的寻找。"病人的退行倾向现在可以看作是个体自我疗愈的部分功能。"(1959, p. 128)

201

温尼科特所看到的精神分析中的治愈因子，不是精神分析的解释功能，而是在于分析设置提供了缺失的父母供应，并满足了早年的发展需要。精神分析的功能是补偿了适应中的父母供应的失败，并"提供某种类型的环境"(1948a, p. 168)。分析师本人和分析环境"抱持"病人；分析师的可靠、专注、回应、持久、记忆，使得病人被中止的自体变得松动，并继续成长。温尼科特也从病人与分析师共同游戏角度来看待精神分析过程；当病人这种能力受到限制，分析师的功能就是重新激活这种功能(1971, p. 38)。在讨论精神分析的解放价值时，弗洛伊德重点强调不受幻想的限制，而温尼科特则强调提高*创造*幻想的自由度，而且这是与游戏能力紧密联系在一起的(R. Bank，个人交流)。

正统的批评家指责温尼科特的治疗方法过于退行，且过度满足了婴儿式需要，温尼科特为自己进行辩解，指出退行中的满足不是力比多满足的结果，而是"自体业已达成"的结果(1954, p. 290)。这种治疗观点是其关于成熟、发展与心理病理的关系/结构性假设的结果，并与此相一致。与有母爱的养育者的特定关系是一个人发展的必要条件。提供了这种关系，儿童就可以在世界里作为一个人自由成长与活动；这种关系缺失，早期的自体就被一种保护性的茧所包裹，受到胁迫、限制，就会躲避他人的世界，因为感觉其对真实自律的生活是不安全的。只有提供适当的便利环境，真我才能达成，才可以继续成长。

### 温尼科特与传统

在所有作品中，温尼科特非常小心地将自己置于早期传统的精神分析观点之中。

他明里暗里最在意的两个人物就是克莱因与弗洛伊德。温尼科特煞费苦心地将他的贡献呈现为对此二人系统的延续，而不是背离，并批评费尔贝恩对弗洛伊德驱力理论的直接挑战。然而他自己的构想完全是在关系/结构模型中运作的，并带来了严重的政治问题。尽管其概念有着关系的本质，温尼科特通过吸收、曲解与策略性回避的综合运用，让自己跟克莱因和弗洛伊德保持了一致。 *202*

温尼科特对克莱因理论的使用反映出明显的矛盾性。一方面，在发展其自己的思想过程中，克莱因的几个概念与重点为他提供了主要的智力工具。关于内在世界、内在客体和原始的贪婪观点、潜意识幻想的重要性，所有这些概念在温尼科特系统中占据了中心位置。他公开承认这种恩惠，直到 1948 年，他还是反对他人对克莱因理论的批评，最著名的就是格洛弗。另一方面，温尼科特早在 1941 年就开始直接挑战克莱因理论。就在那年，他反对存在关于父亲阴茎的先天知识与意象的观点（1941，p. 63）。1949 年，他认为出生不是被体验为所谓的攻击的投射，“还没有达到对此有所认识的阶段”（1949b，p. 185）。1959 年，他提出死亡本能的概念是“不必要的”（1959，p. 127）。在一篇关于克莱因贡献的回顾性综述中，他提出，克莱因试图越来越早地确认婴儿期复杂的认知过程，“毁掉”了她的后期著作（1962b，p. 177）。

温尼科特对克莱因系统最主要的批评，是克莱因不顾与真实他人的关系而强调内在过程；他与克莱因观点的主要理论分歧在于他重视人际环境。在温尼科特关于心理的理论中，客体关系根植于母亲表现出的养育功能与性格，并由其构成。他对克莱因概念的主要批评，是指出克莱因试图从内在的、体质的来源，诸如先天的客体意象和固有的攻击，来得到客体关系。克莱因从体质所得到的，在温尼科特这里是从环境供应与失败中得来的。

“*除了儿童养育的研究之外*，克莱因孜孜不倦地研究婴儿发展的最早期过程。她一直承认儿童养育的重要性，但是没有对此进行专门的研究。”（1959，p. 126；斜体是原作标注的）身为儿科医生和儿童精神科门诊的主任，温尼科特比克莱因更加了解殴打和忽视孩子的母亲，他在伦敦西区拥有富人光顾的诊所。这种差别无疑会造成他们对父母实际行为与性格重要性的看法不一（James Grotstein，个人交流）。

在挑战克莱因理论核心时，温尼科特逐渐与克莱因小组脱离了关系；他后来对此的看法似乎带有一点苦涩与遗憾。“我从来没有被她分析过，也没有被她的学生分析过，因此我没有资格被选为克莱因小组的一员。”（1962b，p. 173）这是一个令人困惑的说法，因为他接受过里维埃的分析。温尼科特将自己定位于英国精神分析协会中“C *203*

组”的一员(既不是克莱因的追随者,也不是弗洛伊德的追随者),试图愈合协会中的分裂,并试图调停克莱因的构想与主流的弗洛伊德理论。

尽管温尼科特在许多问题上公开表达了与克莱因的背离,他在其著作中对克莱因治疗的描述,还是反映了他极其努力地与克莱因观点保持连续性。他保持连续性所采取的主要策略,就是他倾向于用更加全面的关系/结构框架来重新阐释克莱因的构想。有时,温尼科特所做的修正是得到大家认可的。例如,他依然坚持克莱因对潜意识幻想的重视是精神生活的普遍基础,但他明确将潜意识幻想与关于先天性知识的假设分离开来。对克莱因来说,与驱力/结构模型密切相关的是,潜意识幻想主要是一种内在现象,是由驱力产生的,只是继发性地与真实他人的世界有联系。在温尼科特系统中,潜意识幻想的首要性被保留下来,但其内容被更改了。“幻想比现实更加重要,对于纷杂世界的幻想的丰富性取决于对错觉的体验。”(1945, p. 153)对他来说,潜意识幻想从一开始就具有个人化的现实导向,表现出容易发展出对真实世界控制的错觉。通过潜意识幻想,婴儿在“错觉时刻”准备好了与外部世界的人际交流。

有些时候,温尼科特对于克莱因构想的修正又非常隐蔽。例如,他认为克莱因关于抑郁心位的发展概念是她对精神分析观点发展史的最大贡献:“可以与弗洛伊德的俄狄浦斯情结的概念相提并论。”(1962b, p. 176)温尼科特感觉,克莱因通过介绍个人化的,而非社会化的内疚感的来源,除了“健康”问题,还为“个体价值观”的精神分析研究开启了一个崭新领域(1958a, p. 25)。然而,他在呈现克莱因构想时做了修改。关切能力的发展(温尼科特愿意用“关切”一词,而不是克莱因说的“内疚”)表现为从婴儿式全能感向着客观的感觉与关系过渡的特征。在这个过渡中,综合在婴儿体验中受到两种不同“母亲”的影响:在安静状态下提供抱持功能的养育者、环境母亲,以及在兴奋状态下承受婴儿“冷酷”幻想与攻击的客体母亲。

204 温尼科特提出,婴儿在贪婪的兴奋状态下使用母亲,丝毫不顾及母亲的感受,甚至其存活。他只在意自己的愿望。陷入抑郁性危机的原因在于,婴儿意识到母亲是这些兴奋状态的客体,也在兴奋之余提供抱持功能,婴儿依赖并相爱母亲。这种综合和意识唤起对母亲的高度关切。根据温尼科特的说法,母爱功能有两个方面对于婴儿支撑与整合关切能力是至关重要的。首先,母亲必须在兴奋状态下存活下来,并及时“抱持”情境,儿童才能开始相信母亲的耐用性,而且感觉到其自身需要与潜意识幻想并不具有全能的毁灭性。面对婴儿需求,母亲的存活展示出对真实世界的抵抗与复原能力。其次,母亲必须给婴儿提供“作贡献的机会”,来补偿母亲,安慰母亲。只有修复成为可能，儿童才能忍受其感觉到的毁灭性影响导致的内疚，关切的能力才能出现。

在温尼科特对克莱因关于抑郁心位构想的修改中，明显有几处基本的变化。比之克莱因，他认为抑郁性焦虑和内疚与真实母亲本人有着更加直接的关系。儿童不能只是在幻想与游戏中"修复"母亲，而是需要得到"作贡献的机会"，在现实中安慰母亲。无法安慰的、抑郁的母亲就给儿童造成了难题。"婴儿的首要任务是处理母亲的情绪状态……创造可以开始他们自己生活的氛围。"(1948b, p. 93)因此，抑郁心位更加倚重儿童实际的人际交往世界。而且，温尼科特构想中抑郁心位的核心问题是不一样的。克莱因认为抑郁性焦虑源于对好乳房(儿童投射的对母亲的爱以及满足性体验的仓库)与坏乳房(儿童投射的对母亲的恨以及挫折性体验的仓库)的整合。温尼科特没有承认他做的修改，认为抑郁性焦虑源于对环境母亲(在平静状态下"抱持"婴儿)与客体母亲(在兴奋状态下承受婴儿贪婪的侵吞的牺牲品)的整合。这些并非是简单的平行解释。

克莱因的构想反映出驱力模型观点的残留，认为早期心理发展的中心任务是调节与整合内源性的驱力能量；温尼科特的构想反映得更多的是关系模型的观点，认为早年心理发展的中心任务是整合母亲提供的各种养育功能。使用克莱因概念而不进行公开的修改，温尼科特必然要对其误读。这一点在其讨论攻击的功能时表现得尤为明显。"我使用过原始爱的冲动这个表达，但在克莱因著作中，这种表达指的是与挫败相关的攻击，在儿童开始受到现实要求的影响时，这些挫败不可避免地干扰了本能的满足。"(1958a, p. 22)通过从对挫败的实际体验中推导出攻击来修正克莱因的著作，不仅可行，而且令人信服。将这些修正呈现为克莱因自己的观点，对于克莱因与温尼科特基本的、潜在的假设来说，是模糊了两者之间的基本差异。

*205*

冈特瑞普称温尼科特鼓励他"要跟弗洛伊德的观点保持自己的联系，而非费尔贝恩"(1975, p. 151)。在其他场合，冈特瑞普暗示温尼科特本人实际上跟弗洛伊德保持了两种关系，一种是公开的，一种是私下的。他认为，温尼科特私下承认背离了弗洛伊德以驱力为基础的心理病理学观点，更加偏向于关系的观点。冈特瑞普提到弗洛伊德时是这样说的："我们不同意弗洛伊德的观点。""他的目的是'治愈症状'。我们关注的是整个活生生的有爱的人。"(Mendez 与 Fine, p. 361)为什么这种公开的分歧没有反映在温尼科特著作中？冈特瑞普认为温尼科特"在临床方面是革命性的，对纯粹的理论实际并没有特别的兴趣，不想费力劳神去考虑"。这个断言令人困惑，如果你仔细研究温尼科特著作中对弗洛伊德的引用，就会发现温尼科特努力表明自己在各个方面与弗洛伊德保持一致，包括有时使用翔实而复杂的证据。他与弗洛伊德的关系不可能像冈特瑞普所断言的那样，是懒惰或冷漠的产物；相反，这似乎是温尼科特所使用系统性策略的结果，将其文稿展现为弗洛伊德著作的直接延续，而不是明确的背离。这些努力所使用的主要策略是对弗洛伊德构想的系统误读，以及诊断性区分的使用，表面上完好无损地保留了弗洛伊德的神经症理论。

我们来考虑一下几个温尼科特对弗洛伊德更加显著的误读。弗洛伊德原始自恋概念是任何关系/结构模型的绊脚石，因为其明白无误地假设婴儿最初不是指向他人的，*206* 由此使得客体关系成为继发且派生的现象。克莱因与费尔贝恩均直接挑战了原始自恋的概念，前者提出内在客体关系的出现是自恋固有的，后者提出力比多从一开始就是指向现实与他人的。温尼科特采取了不同方法：他承认弗洛伊德概念带来的困难，他接着说他宁愿认为这并非弗洛伊德的真正本意。温尼科特引用弗洛伊德对婴儿的说明，婴儿是“完全自恋的生物……一点也觉察不到其母亲作为客体的存在”。他继续评论道：“我愿意认为，弗洛伊德对这个问题的探索没有得到最终的结论，因为事实上他缺乏理解这个问题的必不可少的资料。”(1949b, p. 175)尽管弗洛伊德著作中总体上缺乏这种尝试，温尼科特还是继续使用“原发性自恋”的概念，似乎指的不是早期无客体状态，而是实质上等同于温尼科特自己与此相反的观点，指的是婴儿对母亲的早年依赖。

固有攻击驱力的假设是弗洛伊德“双本能理论”的两大支柱之一。克莱因保留并扩展了这个概念；费尔贝恩明确抛弃了这个概念。在温尼科特著作中没有弗洛伊德所设想的那种攻击驱力，他反而更加宽泛地使用这个词汇。关于固有攻击概念，温尼科特只是采纳了这个词汇并进行重新定义，从而在表面上取得了连续性。他在其著作中一直强调攻击的重要性，使用弗洛伊德的词汇，就好像带有同样的含义，然而，他有几处也指出，攻击与毁灭不一定会造成愤怒或恨。他所说的“攻击”不是特指某个本能驱力，而是指总体的生命力与活力。他将攻击等同于生命力，并提出“从起源上说，攻击几乎就是活动的同义词”(1950, p. 204)。他认为攻击包含对抗突然增加的某种东西的需要，被激励着与之进行搏斗的自体之外的某种东西：“正是攻击的成分……驱动了个体对*非我*的需要，或者对感觉上是*外来*的客体的需要。”(1950, p. 215)因此，温尼科特*207* 特后期有关客体使用的著作中的“毁灭”就成了一种对无害的、非战斗性约定的渴望：“这种毁灭行为是病人试图将分析师置于全能控制的领域之外，就是说排斥。”攻击驱力“创造了外在化的性质”(1971, p. 107,110)。

温尼科特对于弗洛伊德理论中的俄狄浦斯期内疚的处理，提供了被迫继续的另一个例子。在弗洛伊德理论中，一方面，本能力量驱使儿童产生乱伦与谋杀的冲动；另一方面，害怕遭到真实的父母，后来是超我的报复，两者的冲突就构成了俄狄浦斯情结。俄狄浦斯情结是驱力造成压力与害怕受到社会现实惩罚之间紧张的产物。温尼科特对弗洛伊德的俄狄浦斯情结的描述非常不一样：

> 根据尽可能简单的俄狄浦斯情结，*健康*的男孩与母亲建立的关系既包含本能，也包含爱上母亲的梦。这就导致梦到父亲死亡，从而到导致害怕父亲，害怕父亲会毁灭孩子的本能潜力。这被称为阉割情结。同时也存在男孩对父亲的爱与尊敬。一方面，男孩的天性使得他恨父亲并想伤害父亲，另一方面，男孩爱父亲，这两者的冲突让男孩陷入内疚感之中。(1953a, p. 17)

这个描述是对俄狄浦斯情结的解释，是根据克莱因关于抑郁心位构想进行修正的。弗洛伊德关于驱力(既有力比多驱力，又有攻击驱力)与社会现实之间的冲突已经被克莱因所说的爱恨冲突所替代。(弗洛伊德有时也谈到关于俄狄浦斯冲突的矛盾情感，但这种矛盾情感源于体质的双性、以身体为基础的驱力衍生物，而不是克莱因与温尼科特所描绘的更完全的矛盾情感。)克莱因明确提出了她与弗洛伊德对俄狄浦斯期危机解释的不同。温尼科特没有这样做；他从克莱因视角改写了弗洛伊德理论，保留了一致性与完整传统的错觉。

温尼科特辩称其最富创新与革命性的贡献实际上一直掩藏在弗洛伊德著作中，这为其对弗洛伊德的系统性误读提供了最终的例子：

> 在我看来，假我的观点……可以在弗洛伊德早期构想中见到。我特意将我对真我与假我的区分跟弗洛伊德对自体(self)的区分联系在一起，一部分是中心的，由本能提供动力(或者弗洛伊德所说的性前期与生殖器期性欲)，另一部分是转向外部的，并与世界相联系。(1960b, p. 140)

这是一个极端误导性的并列。温尼科特对于真我与假我的区分，对应于真实自发的生存与顺从且过度适应的生存。弗洛伊德对本我与自我的区分，对应于原始的、非社会性的、无指向性的冲动与对外部世界的必要知识和设备。弗洛伊德的区分没有提到非真实性的问题，而这是温尼科特关注的中心。这两种概念的比较是有趣的，而且208暴露了真相。弗洛伊德所关注的是驱力与调节功能、能量与能量的组织和使用之间的分别，与驱力/结构模型是一致的。温尼科特的关注点与关系/结构模型一致，是自体与他人之间不同形式的关系。将温尼科特与弗洛伊德的构想放在一起，你能看到温尼科特背离驱力/结构模型的距离。温尼科特关心的是将这种距离缩短到最小。

温尼科特与弗洛伊德的著作保持连续性的策略见于其处理诊断的方法。在早期的一篇论文中，温尼科特提出其最初的观点(1945)，对精神障碍的种类进行了三分法：前自体障碍(精神病、分裂样障碍、边缘型障碍以及假我)——最早期、最原始客体关系的功能失调；抑郁障碍——内在世界问题的困难，包括克莱因所描述的爱与恨之间的冲突；整个人的障碍(神经症)——弗洛伊德所描述的俄狄浦斯期冲突。这个分类系统反映出温尼科特与传统的关系：弗洛伊德关于神经症的论述是正确的；克莱因关于抑郁的论述是正确的；温尼科特将精神病和边缘性精神病现象这个相对未经探索的领域作为自己的研究范围。

到1954年，他已经将“绝大多数所谓的正常人”放在中间组，克莱因称之为抑郁障碍(1954b, pp. 276 - 277)。第三组，即弗洛伊德说的神经症，现在就只由“完全健康的人”的组成，这些人有能力建立足够稳定的、有活力的自体，可以面对弗洛伊德所描述的俄狄浦斯期问题。到1956年，中间组，也就是克莱因所说抑郁障碍就被排除了，绝大多数精神功能失调患者被归为第一类，因为父母供应的缺陷，这些人缺乏整合的、基本的自体。温尼科特已经开始将假我(false self)概念作为一个单独的诊断原则，代表精神病状态的心理病理的连续体，其中的假我已经崩溃，接近健康的状态，而且假我有选择地、保守地调节着真我与外部世界的关系(1960b, p. 150)。另外一个人类分类，仍然在应用弗洛伊德的理论，就不再被看作是一种心理病理。在神经症中，足够的父母养育产生了健康的自体。“神经症没有必要被看作一种疾病……实际上我们应该将其看作是生活困难带来的结果。”(1956c, pp. 318 - 319)

209 温尼科特用这些诊断区分上的转变做了什么？起初，他对其著作的描述是将弗洛伊德概念应用于弗洛伊德没有考虑过的病理学领域。然而，随着其工作的发展，温尼科特提出的观点显然不是一种扩展，而是对弗洛伊德方法的替代。他提出的理解心理病理的框架深深扎根于关系模型，与基于驱力与防御的经典构想是不一致的。因此，温尼科特作为其工作对象的诊断群体在逐渐扩大；留给弗洛伊德的在逐渐缩减。不过，温尼科特需要保持延续弗洛伊德的政治地位，他把神经症命名为一个现象，只能在经典驱力理论框架内充分理解。但是，温尼科特自己的系统是如此广泛，而且与驱力/结构的原则非常不一致，要赋予弗洛伊德理论有意义的地位并不容易。实际上，他对弗洛伊德关于神经症观点的描述本身就是非常歪曲的。他将神经症定义为“属于不可忍受冲突的疾病，这种冲突是整个人的生命与生活中所固有的”（1959，p. 136）。他认为神经症是得到足够的照料并因此拥有稳定的、有活力的自体的个体的命运。他们的挣扎关系到普遍的本能冲突，以及自身体质的过多与缺乏、平衡与失衡。假我障碍是环境缺陷的产物，与假我障碍相比，神经症属于“个体的”、“个人化因素”的范畴。

尽管重视体质因素，弗洛伊德从未将神经症与环境因素分离开来。实际上，体质与环境因素的互动形成了弗洛伊德的“补充系列”之一，而且是他理解心理病理发展的中心。此外，弗洛伊德没有像温尼科特那样将神经症病人看作是存在主义的英雄，而是非常清楚地区分了神经症痛苦与日常生活的“常见的不愉快”。挑出“神经症”作为弗洛伊德理论未受挑战，只是得到修正的领域，温尼科特保留的不是弗洛伊德最初的观点，而是歪曲的偶像。

## 哈里·冈特瑞普

冈特瑞普一直是克莱因、费尔贝恩与温尼科特客体关系研究的最著名的历史学家、综合者与推广者。因为接受过费尔贝恩与温尼科特的分析，他有得天独厚的优势，他提供了更多的历史背景，其文章流畅而清晰（与其他主要的英国理论家相比），均提高了其综述与综合的有效性。尤其是冈特瑞普对费尔贝恩著作的积极阐述，极大地引起了人们对费尔贝恩贡献的注意。 210

然而，冈特瑞普不仅仅是回顾与综合了前辈的工作；根据其关于人类体验与痛苦的独特观点，他也在非常具体的方向推进了理论发展。1960 年，他提出了对费尔贝恩关于自我分裂和客体关系理论的修正与扩展。这种“扩展”完全改变了费尔贝恩方法的要点，并且产生了与费尔贝恩系统相对立的临床假设。

### 紧急合成与“退行的自我”

冈特瑞普精神分析观点的历史首先是一部道德史。为了寻找更深入的、心理学上更加严密的理解人类体验的方法，他从牧师和宗教咨询转向了精神分析。但是他发现弗洛伊德著作中的科学至上主义，以及对宗教的反感，非常困扰他。冈特瑞普开始将弗洛伊德理解为受到内在紧张的折磨，造成紧张的一方是他关于人和关系的临床观察，另一方则是他根据围绕他的机械的、赫尔姆霍茨的知识环境建构的去人格化的、生物学的理论系统。冈特瑞普将驱力理论、关于“心理结构”的构想，以及对自我的功能分析，看作是弗洛伊德知识环境中的去人性化思潮，因而是不可接受的、危险的。

> 尽管弗洛伊德在生物心理学与人类生物学、本能理论与客体关系理论之间摇摆不定，其理论本质上仍然完全是生物学取向的。因此，他认为性格依赖于性本能器官的成熟，而不是把性功能处理为受人类关系中成熟的性格的控制。而且，从社会学和人类学观点看，其人类完全依附客体是满足本能需要的唯一途径的观点是不能令人满意的，因为这是从低于人类的水平来看待人际关系。(1961, p.29)

总体来看，冈特瑞普对弗洛伊德的批判深入而广泛，并延伸至整个现代科学与技术。“科学必须发现其是否能够以及如何处理跟‘人’、‘独特个体’的关系，我们才可以说带有所有动机、价值、希望、恐惧与目的的‘精神自体’构成了人类真正的生活，将纯粹的‘有机物的’方法用于人类是不恰当的。”赌注很大；前途未卜的是“人类最终的命运。如果核物理对我们的威胁是宇宙毁灭的可能，真正的心理动力学的理解，只要给它时间让它安静地运作，至少能给予我们对新生活的现实的希望”(1961, pp.15－16)。

211

冈特瑞普自己的理论与实践革新是以其“退行的自我”发展概念为中心的。费尔贝恩将自我的碎片化描述为补偿性内在客体建立的结果，是与真实他人关系的替代物。对费尔贝恩来说，自我的碎片仍然附着于这些内在客体，从日益空虚的中心自我吸取力比多，仍然是指向外部世界的真实他人。费尔贝恩将分裂样的空虚与虚弱感理解为能量从真实世界向着内在客体关系世界的撤离。

费尔贝恩因为疾病晚期不得不提前结束对冈特瑞普的分析，此时，冈特瑞普已经开始发展自己的观点，认为“自我虚弱”不只是力比多从外部客体的撤离，而是从所有内在与外在客体的撤离。他认为，费尔贝恩所说的“力比多自我”，作为所有受挫渴望以及对接触与养育希望的仓库，要经历“最终的分裂”。正如费尔贝恩所描述的，一部分“力比多自我”仍附着于“兴奋性客体”，持续地寻求联结。另一部分从兴奋性客体分离，甚至变得更加退缩，最终放弃客体寻找。这个“退行的自我”是由深度无助与无望感构成的。丧失真实他人的感觉所产生对生活的恐惧与厌恶是如此强烈而广泛，自我的这个中心部分放弃了所有他人，不管外在的还是内在的、真实的还是想象的；退缩进孤立的无客体状态。冈特瑞普认为，在这场对生活的逃离中，退行的自我试图回到出生前在子宫中的安全状态，等待再次降生于更加友好的人类环境中。因此，退行导致逃离，带来对重生的渴望。当逃离方面更加显著时，退行就被体验为死的渴望，也就是从内在与外在客体关系中解脱。当希望方面更加显著时，退行被体验为与回到子宫的保护联系在一起。

冈特瑞普自己的构想最初与温尼科特著作之间的关系是模糊的(1969, p. 74)，他后来断定他的“退行的自我”的概念，*既*包括逃离所有客体的力比多自我中分裂的部 212 分，*也*包括“未撤回的潜在部分”(温尼科特所说的“真我”)，因为母爱的剥夺，首先在与他人的关系中，退行的自我从未被真正体验或表达过。冈特瑞普进一步将费尔贝恩和温尼科特的概念与自己构想拼凑在一起：若母爱剥夺被体验为“煽情的拒绝”(费尔贝恩所说的“兴奋性客体”)，结果就是主动的口欲期力比多自我与内在客体结合在一起；若母爱剥夺被体验为简单的忽视或冲击(温尼科特)，就会更加明显地退行到被动而退缩的状态，自我就处于隐藏和潜在的状态，永远得不到发展(1969, p. 70)。

在冈特瑞普的观点中，退行的自我强力地退出生活，既要脱离真实他人的世界，又要脱离内在客体关系的世界。在所有心理病理动力中，他逐渐将这种退行的力置于更加中心的位置。退行的自我的诱惑有耗尽整个人格的危险，使病人陷入孤立与功能障碍。冈特瑞普认为养育不足导致的早年创伤基本上是即时冻结的：无助而恐惧的婴儿式自我，被得不到回报的渴望所淹没，害怕被抛弃，在退行的自我中，在人格的中心，依然是活跃的。“自我虚弱”既是退行性渴望的经验产物，不管剩下什么样的自我附着于客体，这些渴望都会永久地牵拉着，也是实际的结构损害，反映了婴儿无助的惊恐，包裹在人格的中心，产生永久性的内在恐惧与脆弱感。面对全面的人格解体与组织瓦解的不断威胁，冈特瑞普辩称，自我一直挣扎着依附于生活。所有的精神生活以及与他人的干系，不管真实的还是想象的，最基本的作用就是对退行渴望的防御。因此，“退行的自我”这个概念就变成了概念上的黑洞，吞噬了其他所有的东西。与他人的冲突关系以及对内在坏客体的受虐性依附起到防止自我退行的作用。口欲期、肛欲期以及生殖器期的幻想反映了“作为独立的自我，挣扎着……在分化的客体关系世界中‘保持新生’并发挥作用”，是对“回到内部”人格的中心部分的防御。退行的自我造成的威胁构成了所有心理病理的“主根”；所有形式的病理是对“分裂样问题”的防御。精神分析治疗是一种有节制的“耗竭病”(1969, p. 79，53，215，78)。所有对客体的防御性依附，不管真实的还是想象出来的，都被放弃了；虚弱而无助的婴儿样的自我出现了；主 213

要是与分析师像母亲般关系，通过“替代治疗”，使自我再次整合并建立在积极基础上进入世界之中。

**冈特瑞普与费尔贝恩的分歧**

冈特瑞普在支持费尔贝恩作为弗洛伊德替代者的同时，模糊了其方法与费尔贝恩方法的基本差异，而且使得重要的概念问题和临床选择模糊不清。一个主要的差别在于他们处理精神观点发展史的总体方法方面。费尔贝恩和冈特瑞普均起步于对经典驱力理论的批判性评价，但他们批判的基础是非常不同的。费尔贝恩反对的理由基于概念和实用主义的基础：纯粹寻求快乐以及能量与结构分离的预设是不合时代的，误导的；他自己的内在心理结构理论更接近临床资料，是更为节俭的，并提供更多诠释的可能。冈特瑞普对经典传统的反对就不那么概念化，更多的是道德和美学的。“弗洛伊德本能的性与本能的攻击理论对本世纪我们总体文化方向所造成的危害，尤其是在两次世界大战产生的氛围之中，与他开启的深度心理治疗带来的好处一样多。”(1971, p. 137)

冈特瑞普反对弗洛伊德的动机理论(人类受到不带个人色彩的驱力控制)、机器的隐喻，以及关于先天攻击的预设。他基本的关注点是弗洛伊德的语言与系统伦理的含意。

> 看待弗洛伊德地位的困难在哪？并不是说他关于我们这个时代的文明人的实际性情形的描述不正确……他所描写的婚姻内的性挫败状态，以及这种描述带来的广泛反响……既真实又富有挑战性。绝大多数人体验到一种在意识层面的，或被压抑的，强烈而持续的性需要的压力，在某种程度上，在一夫一妻的婚姻和文明性道德的限制下，得不到满足……问题在于对这些强烈性冲动的诠释。如果这些性冲动确实只是固有的、体质上强大本能的特征，那么，我们就几乎没有选择，只有容忍叛逆者，或者忍受神经症的传播。(1969, p. 71)

冈特瑞普认为弗洛伊德理论产生的关于人类可能性的结论太阴暗。他认为驱力理论贬低了人类，而且在那样的基础上，驱力理论令人无法接受。他看到弗洛伊德后期著作转向自我的研究，且重视其资源，精神分析理论向着更加令人接受的方向发展。“严格地说，这是将一般意识的自我的暂缓与恢复到尊贵地位，而弗洛伊德早期的生物

214

学取向的本能理论威胁要将其废黜。”(1969, p. 100)这种处理理论的目的论方法有点像批评宇宙起源“大爆炸”理论，因为其暗示了宇宙的最终命运。沙菲尔指出，在冈特瑞普的著作中，“听起来似乎温和的理论就是更好的理论，或者说温和的理论家是更好的理论家”(1976, p. 118)。这似乎是一个贴切的描述，构成对费尔贝恩所关注事情的明显而重要的背离。

冈特瑞普对费尔贝恩系统最重要的背离，就是他声称退行的自我构成了所有心理病理的“内核”。尽管他认为这个概念只是费尔贝恩构想的延伸，仔细研究就会发现，这个概念有着显著的方向转变，导致了对立的临床假设与诠释。冈特瑞普的假设是，人类体验中占主导地位的动力性拉拽就是全面回避与真实和想象的他人接触，深切渴望“回到子宫”。即使就构想本身来看，也是令人困惑的。这种渴望的构成要素是什么？因为冈特瑞普没有明确提出出生前记忆的存在(像温尼科特那样)，撤退到非常养育与支持的环境的幻想只能源于对养育者实际体验碎片的加工。除非是一种记忆，渴望回到子宫只能是得到完美养育的隐喻或幻想。冈特瑞普重点指出，退行与逃离是寻求无客体状态，他区分了回到子宫的退行幻想与乳房恰好就在那里的幻想。不过，我们不清楚，为什么是子宫远胜过乳房，代表了一种无客体状态，而不是“兴奋性客体”的特殊形式和表征。我们不清楚，为什么退行的自我被看作是离开了所有的客体，而不是寻找一种具有极其完美和完全支持特征的、特殊的、幻想得到的客体。对冈特瑞普退行理论的另外一种解读，就是将“子宫”看作是代表未分化的心理与发展状态的生物学隐喻，不像前客体那么的没有客体。这种解读拉近了其与雅各布森、罗瓦尔德，以及其他具有自我心理学传统的分析师著作中关于早年未分化母体构想的关系。另一方面，这样的理论是对费尔贝恩理论的明显背离，费尔贝恩强调儿童从一开始就具有客体联结与现实取向。

冈特瑞普专门强调退行与退缩，他的说法似乎既没有说服力，也与费尔贝恩著作的基本主旨不符。他指出，逃离是对冲突与剥夺的普遍反应，并积累了各种以退却与逃跑愿望为中心的临床案例。他接着提出，这种指向逃离的退行性拉拽不仅仅是反应性的、短暂的，而是如此的普遍与强烈，就变成了人格中占统治地位的动机核心。所有其他动机，所有与外在和内在客体的关系，成为对抗退行性拉拽的防御堡垒。这个结论新颖并令人震惊。有件要说的事是，逃离是对困难的反应；显然面对剥夺、焦虑和冲突而退缩是普遍的反应，冈特瑞普对分裂样退缩的描述是对这些反应的具有临床意义的现象学解释。不过，总体来说，还有其他的理由提出逃离是人类体验中占主导地位 215

的动机。当然，这与费尔贝恩的观点是不一致的。费尔贝恩认为对客体的依附是如此必要，且有很强的粘附力，只有体验到好的客体关系有真正实现的可能时，才能放弃坏客体。对坏客体的强迫性依附被保留下来，因为不管是从概念上来说，还是从经验的角度说，无客体是不可能的。在冈特瑞普看来，无客体不仅是可能的；退行到无客体状态的诱惑所创造的人格解体和失去活力是心理中最深层与最普遍的焦虑。

冈特瑞普通过巧妙地颠倒优先顺序而推翻了费尔贝恩的观点。在费尔贝恩系统中，客体的寻找、联结和关系的需要都是主要的；冈特瑞普认为退缩是主要的，客体的寻找是对抗退行性渴望带来的恐惧的次要的防御反应。在冈特瑞普看来，退行的自我抛弃了客体。费尔贝恩认为，自我永远不能摆脱客体；从本质上来说它是与客体缠绕在一起的。费尔贝恩甚至将非常退行与适度退行的行为理解为源于对内在客体的强烈联结。（例如，他[1954]提出，“自体性欲”中的生殖器象征了客体；力比多总是与客体联结的。）他认为精神分析的最大阻抗是对坏客体的力比多依附。冈特瑞普则认为精神分析最大的阻抗是害怕退行的自我的虚弱与人格解体。与这种逆转相一致的是，他在其后期著作中只能使用“自我心理学”的名称来描述其观点。“客体关系理论”成为分析更加表浅的层面：“‘必须用客体关系的观点……来理解*抑郁*’，就是说，保持客体关系（作为客体关系的内疚）的需要与挣扎，但是……必须‘根据自我心理学的观点’来理解抑郁所造成的*退行的深层问题*。”（1969，p. 144）冈特瑞普保留了先前理论的复杂性，但是他从防御退行的角度重新解释了所有动力过程的基本功能。

216

为了阐明费尔贝恩与冈特瑞普对心理病理和阻抗不同理解的临床意义，我们看看冈特瑞普本人提供的自传性资料的片段。在其死后出版的一篇文章中（1975），他对其生命中接受费尔贝恩和温尼科特分析的意义进行了感人而坦诚的回顾，围绕的中心就是他自己反抗退行渴望的内在挣扎。冈特瑞普对于费尔贝恩关于这个素材的解释持不同意见，对于后者处理方法的不满导致他构想出自己关于“退行的自我”的革新性概念（Kernberg，1980，认为冈特瑞普未解决的对于费尔贝恩的移情导致其倾向于扭曲后者的观点）。

冈特瑞普对于其母亲的描绘是，这个女人被剥夺了母亲的照顾，被迫去照顾弟弟妹妹，对于母亲身份的体验带有一种责任感与深层的怨恨。她哺育自己的第一个孩子哈里，希望哺育可以事先阻止第二次怀孕。她拒绝哺育第二个儿子，这个儿子随之死掉了，此后她放弃了所有的性关系，并投身于商业生涯。根据其母亲的描述，冈特瑞普在三岁半走进母亲的房间，发现他的弟弟死在母亲的双膝上。他随后得了一种严重而神秘的疾病。他被送到了一个阿姨那里，他在那里得到康复，但是他有几年仍然多病而难养。冈特瑞普完全遗忘了关于弟弟死亡的体验。然而，这些体验在其后来生活中重要性的一个主要表现，就是得了一种复发性“疾病”，一旦与亲密的兄弟般的人物分开，他就会精疲力竭。不发“病”时，他就表现为强制性的活跃，对工作全神贯注。

关于死亡、坟墓、被埋葬的人等诸如此类的问题与图像不断出现在梦中，贯穿其一生。尽管冈特瑞普寻求分析来帮助其恢复这些早年的记忆，并治愈他感觉由此造成的这些心因性疾病，这些记忆经过两年的分析依然无法触及。后来，费尔贝恩与温尼克特都死亡之后，这些记忆最终出现在其一系列的梦中。这些梦是因为其健康原因被迫退休所触发的，他体验为屈从于母亲毁灭他或让他死的愿望。这些梦是由一系列不活动的、不可接近的、冰冻的母亲图像构成的，最终，是一个没有脸、胳膊与乳房的人物形象，把死去的弟弟抱在双膝上。冈特瑞普对这些图像的理解是对于其压抑的无力、疏远并完全分裂样的母亲记忆的再现。这些梦之后是一种由迟钝、机械与无生命的淡漠所构成的情绪状态，是早年崩溃性疾病最终逐渐削减的回响。 217

冈特瑞普的冰冻、肢体残缺的母亲意象的本质是什么？其枯竭性疾病的动力学意义是什么？从冈特瑞普的观点看，这些意象与疾病代表的是，因为严重而可怕的母爱缺陷，分裂样“自体的心”从生活的最终退缩。这种诠释源于其对费尔贝恩理论的修改，提出最终的分裂样分裂，自体的中心将自己与客体完全分离并断绝与生活的关系。枯竭性疾病代表的是，绝望地逃离母亲与死去弟弟的恐怖面容。他感觉在其整个分析中费尔贝恩几乎没有阐明这些问题。他报告称费尔贝恩建立诠释的根据是“俄狄浦斯期的”动力，以及费尔贝恩认为是冈特瑞普期望母亲来照顾自己。冈特瑞普没有解释或说明费尔贝恩关于这一点的想法；然而，可以根据后者的基本理论原则建构费尔贝恩的方法。在费尔贝恩系统中，冈特瑞普的意象和情感状态不能被看作是逃离他的母亲，而是回到母亲身边，在母亲的抑郁与疏远、病态与孤单中，渴望再次与她建立早年的联结，这是一种潜意识的顽强的挽留母亲的渴望。这种坚持反映在冈特瑞普报告的一个梦中，以非常具体而实际的词语显示了费尔贝恩关于客体联结的观点：“我正在楼下的桌子前工作，突然，一团无形的幽灵物质将我粘在一个危险而无用的楼梯上，牢牢地将我拽出了房间。我知道我会被她吸收。我反抗，突然，这团物质啪嗒一声掉了，我知道我自由了。”(1975, p. 150)在费尔贝恩系统中，“无形的物质”是一种客体联结，冈特瑞普主动而又潜意识地使之永恒存在，尽管他有着对抗抑郁的防御与否认。

这些不寻常诠释的含义极为不同。从冈特瑞普的观点看，他的母亲不能支持生命，他对此的感觉是令人恐惧的，是创伤性的。尽管他在童年后期试图通过挑衅赢得母亲的爱，他最深层的恐惧是建立在巨大的逃离母亲及其他客体基础之上的，这种逃离表现为偶发的崩溃。在费尔贝恩系统中，中心问题不是逃离，而是忠诚并拥护冈特瑞普早年经历中抑郁而孤单的母亲。这些崩溃对他来说如此可怕，代表的是一种与母亲的死亡的、无生命的内核重聚的渴望，死去的弟弟仍然与母亲保持着令人嫉妒的联结。正如他在梦中表达的那样："我知道我会被她吸收。"没有脸的母亲是"兴奋性客体"，这是冈特瑞普再次陷入枯竭与无生命状态中一直在寻找的。在费尔贝恩系统中，冈特瑞普将这种对于分裂样母亲（表现在其枯竭性疾病中）的极度渴望转化为逃离母亲的错觉。

218

冈特瑞普对于费尔贝恩理论的改编提出了几个临床应用中的严重问题。对他来说，病人是父母缺陷无辜而被动的受害者。所有形式的心理病理的核心是一个已经将自己隐藏起来的无助而受惊的小孩。冈特瑞普极其费力地赦免病人对病状持续所承担的责任，病人的问题是"前道德的"（1969, p. 10），仅仅是原始的恐惧所致，从来就不是冲突或矛盾情感引发的。在这个方面，冈特瑞普的观点非常类似弗洛伊德早年基于婴儿式诱惑与兰科的出生创伤理论所建立的神经症理论。冈特瑞普反对兰科对于出生体验中躯体方面的重视，而没有关注母亲提供的个人化情感氛围，反对其重视快速治愈的号召，直接而迅疾地攻击出生创伤的情感残留，而不是逐渐地分析，完成防御。不过，他响应了兰科的观点，即所有神经症的下面是被包裹的创伤性（癔症性）神经症，激起并保留了对生活的逃离。

冈特瑞普对心理病理和分析过程的描述有点像儿童寓言"睡美人"。童年早期发生了可怕的创伤，由外界（不满的小精灵）强加在被动、无辜的孩子身上。这种创伤事件造成的恐惧与无助深藏在人格的核心，等待更加好客的环境的召唤，回到生活中去。病人的自体基本上是被动的；缺少良好的母亲照顾导致病人退缩到无生命的逃避状态，直到分析师（王子）将其从睡眠中唤醒。我们注意到了费尔贝恩将病人描述为无辜的受害者的倾向。这种倾向在其系统中达到了一种平衡状态，因为费尔贝恩将神经症看作是坏的客体联结的主动永存。冈特瑞普移除了这种平衡；客体联结只是为了防御令人恐惧的、更为基本的逃离。在他的系统中，作为神经症底线和精神分析过程的最大阻抗的来源，恐惧替代了主动的忠诚。

219

冈特瑞普将病人描述为受害者的结果就是他乌托邦式的假设，即幸福圆满、完全摆脱焦虑与冲突，在人类的体验中是可能实现的。

> 假如我们想象存在完美成熟的人，从永久对抗驱力与控制的意义上说，他将不存在内在的心理结构。他将是一个全面统一的人，在总体良好的自我发展与良好的客体关系中，其内在的心理分化与结构只是代表了其多样化的兴趣与能力。(1969, p. 425)

恰当的养育产生永久的内在和谐与平静。

> 那么，长大的儿童就会摆脱焦虑或内疚，跟家族之外的伙伴进入性爱关系，也会与志趣相同的人形成其他重要的不带性爱元素的人际关系，并进一步行使没有抑制性恐惧的、主动而自发的人格。这种父母的爱，希腊语称之为*灵性之爱*，以区别于*性欲之爱*，是心理治疗师必须给予病人的爱，因为病人没有从父母那里以合适的方式得到爱。(1969, p. 357)

冈特瑞普将人类这种普遍的失败(达不到这种精神健康的神话)归因于不恰当的养育——剥夺性的、迟钝的或者是带有恶意的。他对病人的赦免伴有诋毁实际父母的倾向，与理想的养育和爱相对照的是，他号召治疗师提供"父母般的"爱(1969, p. 350)。治疗师的好的养育以及可能由此产生的好生活与实际养育者的坏的养育之间的对立使得客体关系和移情产生永久性分裂，也会导致病人否认对主动保留神经症所负的责任。在冈特瑞普看来，治疗成败的关键是"拯救自我"(1969, p. 213)。就像仁慈的精神动力学理论构成了人类的希望一样，在他看来，治疗师变成了具有英雄气概的养育式人物，将病人从非常糟糕的养育所导致的恐惧与无能中解救出来。

## 正确看待关系模型

如果精神分析观点的历史是由一条连续而逐渐发展的线组成的，那么每一位新的理论家恰好站在前辈的肩上，将先前理论作为进一步不断探索的坚实基础，也许会比较方便。但是，精神分析观点历史中的主要人物之间具有复杂而不连续的关系。精神分析理论不是简单的添加；而是独特的观点与资料结晶的集合体，常常是相互重叠，但中心与组织原则各不相同。我们所认为的"英国学派"作者，根据其赞同的一系列共享的信念，并不能构成一个"学派"，反而像某个流派的画家，是根据一系列共有的问题与 *220*

敏感性构成类的。

这些理论家，以及美国人际学派理论家所提出的最普遍的本质问题，是精神分析元心理学的转化，从以驱力为基础的理论框架转向以真实和想象的他人关系为基础的理论框架，此为概念与诠释的中心所在。各种版本的关系/结构模型有一系列共同的假设，将其与早期的驱力/结构理论分离开来：精神分析研究的单位不是个体，而是个体与重要他人互动形成的关系母体。人格的构成以及具有心理病理特征的模式是在人际交往的域中形成的。生理需要、身体活动、气质，以及其他生物学因素显著影响了人类的体验与行为，这些因素是在互动的母体背景中发挥作用的，而且被归于建立和保持与他人关系的显著动机主旨之下。精神分析理论从驱力/结构模型向关系/结构模型的转变，每一位主要的英国学派的理论家都为此作出了重要贡献。然而，这些理论家所作贡献的本质以及所呈现的方式极为不同；他们有着共同起点与终点，但每个人涉猎的中间概念的广阔领域是不同的。

克莱因完全专注于经典的驱力理论，开始了对儿童精神生活的研究。不过，她努力得到的资料充满强大而原始的潜意识幻想，这些幻想包括与他人的爱与恨的关系，既有真实的外在的他人，也有饱含深情与悲情的内在戏剧中的人物。她诠释的焦点从早期对性心理的重视，转向几乎是专门重视攻击，转变为用更加平衡的眼光看待精神生活，其中心是爱与恨、修复与毁灭之间的深度挣扎。尽管她在介绍其著作的整个过程中保留了驱力理论的语言，并将其著作视为经典理论的延伸，克莱因的构想还是用微妙而全面的方式改变了驱力的本质与功能。在她的系统中，驱力与客体紧密联系在一起，内置有非常具体的对愿望的真切体验。健康与病理性精神生活是由复杂地交织在一起的人际关系的各个方面构成的，每个组成部分都是自体与真实或想象的、外在或内在的他人之间有根据的、个人化的冲突。驱力/结构模型的基本成分，即寻求消除紧张的无指向的冲动不复存在。不复存在的还有经典的封闭的能量系统，在这个封闭系统中，心理能量是有限的，通过替代渠道进行分布。在克莱因驱力理论语言下，开始出现新的心理景象。寻求快乐和回避痛苦在这个动机框架内已经退到幕后；充满恨的毁灭与碎片化，充满爱的修复与整合，这两者之间的挣扎占据了舞台中心。

221

克莱因的著作使得费尔贝恩、温尼科特与冈特瑞普的贡献成为可能。费尔贝恩应用她对内在客体关系的描述，深入地重新考虑了经典动机与结构理论。尽管他也保留了弗洛伊德的某些语言，与克莱因不同，他明确地重新定义了这些术语。费尔贝恩认为力比多不是寻求快乐，而是寻找客体；心理能量不是无指向与无结构的，而是有组织的，是以他人的现实为导向的。在他看来，发展是一个与他人不同形式的联系的逐渐展开的成熟过程，而且发展的失败以及随后依附与忠诚于婴儿式的客体联结，并成为内在残留，就构成了所有的心理病理。

费尔贝恩的系统，尽管常常是高度零散与简略，与沙利文的人际理论一道，代表的是最纯粹的、最始终如一的关于关系/结构模型的构想。费尔贝恩和沙利文看待人格发展和心理病理有着类似的视角：儿童陷入与他人关系之中，并在互动中发现自己。儿童与他人的这种介入是早期发展的首要特征，对他人依附、联结与整合的需要，是人类这个有机体在整个生命中最显著的动机核心。沙利文主要是通过研究行为与互动模式来描绘这个普遍的人际关系视角，而费尔贝恩的重点则是人际关系体验的内在心理残留，即人格的内在碎片与模式。

冈特瑞普引入“退行的自我”的概念，修改了费尔贝恩理论，提出从客体关系向高级动机原则的退却，替代了费尔贝恩对客体依附的重视。不过，冈特瑞普的观点，以及他对人类体验和困难的分析，将其看作是与他人关系变迁的衍生物，仍然是关系/结构模型内的供选理论。 *222*

温尼科特避开而不是直接挑战经典理论，越过了驱力/结构模型与关系/结构模型之间的广阔区域。他致力于研究整合的、经验上真我的发展，他认为这是弗洛伊德与克莱因没有探索的一个问题，先于他们关注的问题，或者是他们关注问题的基础。温尼科特描绘了一系列逐渐展开的对具体母爱供应的需要，这些供应带有强制性质；自体结构和心理病理组织源于这些早年关系需要的命运。他认为，只有在这些更为基本的过程中，驱力变迁与冲突才变得重要。通过这种方法，他引入动机、发展和心理病理理论，这个理论建立在自体与他人关系之上，并在关系/结构模型中发挥了中心作用。

在克莱因、费尔贝恩、温尼科特和冈特瑞普著作中，客体关系位居核心，而且被理解为构成人类体验的基本材料。不过，*客体本质*、客体起源与特点，在这些理论家的构想中是极为不同的。每个人都将客体特定方面看作发展与心理结构至关重要的部分。对克莱因来说，客体往往具有普遍特征。她在许多理论论述中强调先验性客体意象是：种系遗传的一部分，建立在欲望本身的体验之上，从早年感觉得来，或者源于投射中的驱力。尽管频率与强度不同，这些客体内容对每个人都是一样的，好与坏的乳房、好与坏的阴茎、婴儿，以及和睦的父母。克莱因强调儿童生活中真实他人的重要性；不过，这些真实他人的普遍特征也是最重要的，包括作为人类种族表征的解剖特征，面对潜意识幻想攻击所支撑的时间，不可避免的满足与剥夺特征的混合。外在与内在客体世界中的戏剧人物是标准的。

另一方面，在费尔贝恩看来，客体是高度具体化与个人化的。内在客体是由儿童对父母实际体验的特定特征塑造成的。兴奋性客体以父母似乎要提供联结的精确方式做出诱惑；拒绝性客体以父母不能提供联结的精确方式进行攻击与阻碍；理想客体恰恰通过父母的实际快乐与价值观提供联结。在这个关键的方面，费尔贝恩结构理论相当于沙利文对于自体系统形成的解释。儿童人格模式和组织与父母的性格、实际行为、外貌，以及对儿童回应的细微差别等是直接互补的。不过，即使在阐明这些具体特性时，费尔贝恩的分类也是单一而狭窄的。他将儿童的高级需要看作是对情感养育的渴求。"好"客体是父母提供给婴儿式依赖的那些特征；"坏"客体是父母不能完全提供给婴儿式依赖的那些特征。父母人格的其他部分，与依赖问题不相关，逐渐消失在幕后。与之不同，除了早年养育的需要，沙利文还关注许多父母—儿童互动的其他特征，他将他的人际分析从婴儿早期扩展至童年后期与青少年期。冈特瑞普在这一点上缩小了费尔贝恩关注焦点的单一性；母爱的养育被假定为小婴儿的独占性焦点，而且所有接下来的发展与心理病理作用就是对抗最早期母爱联结的失败。

223

在温尼科特看来，客体本质也是由早期母爱供应组成的，但这些供应在一定程度上有着很大变化。儿童有着如下的内置需要：抱持性环境；镜映；全能感的现实化；客体使用的机会；忍受过渡性体验的模糊性；得到安慰的机会。儿童的早期客体是根据儿童自身发展需要提供的模板所预置的。不过，温尼科特跟费尔贝恩一样，也将实际父母的特性放在突出位置。阻碍父母实现其养育功能的具体性格特征对儿童来说至关重要；实际的父母根据自身生活中困难所能起到的安慰作用关乎儿童的进一步发展，也是发展的先决条件。

部分由于概念化客体起源与本质的不同，一方面，在私密、个人幻想的敏感性方面，克莱因与温尼科特有着显著的差别，另一方面，费尔贝恩与冈特瑞普也有着显著不同。克莱因与温尼科特将独特的内在幻想世界看作是最基本水平的经验现实，而真实他人的外在世界虽然很重要，但却属于次要领域。在克莱因看来，驱力自身产生的潜意识幻想构成体验的基础；原始的潜意识幻想主导早期的发展，关于内在客体世界的潜意识幻想是自体感与现实本质的基础。在她的系统中，内在世界为生命提供最大资源与最深苦难。温尼科特同样强调最隐私体验的深度、美感与首要地位。在向客观外部世界的过渡之前，主观现实是所有创造的基础；人最深层的存在感从与他人的联结移除，永远保持孤立。

224

相反，费尔贝恩与冈特瑞普将内在客体关系的内在世界看作是次要的、补偿性的。在他们看来，儿童从一开始就趋向与作为真实他人的父母建立联结。内转、内在客体关系的建立（费尔贝恩），以及自我的退行（冈特瑞普），是与父母实际关系中所缺失的东西的替代品。因此，尽管内在客体关系对于理解费尔贝恩与冈特瑞普建立的系统中的心理病理是至关重要的，内在客体关系本质上被看作是受虐与防御的，却不是克莱因和温尼科特所认为的潜在基础与资源。

为了建立关系模型理论，每位作者的中心关注点，就是要对与他人关系的起源与发展提供令人信服并有临床意义的解释。不过，抛弃作为理论基石的驱力/结构模型造成了其他问题，这是每一位理论家必须要解决的。经典驱力理论提供了概念化心理能量来源的方法、心理被模式化或结构化的原则，以及儿童体验世界所需的种系的天赋。抛弃驱力理论，关系模型的理论家必须对这些问题提供替代性解决方法，而他们的解决方式也极为不同。

在驱力/结构模型中，支撑心理现象的能量是从驱力紧张的转化得来的。消除驱力概念就是消除了能量来源，而新的来源，或者说概念化这个问题的新方法是必不可少的。克莱因对这个问题的处理，是保留驱力作为能量力量的语言，而将其意义变为关系构造。力比多和攻击分别成为爱恨情感、意象和关系的集合体。驱力仍然为精神现象供能，但驱力是指向不同关系模式的冲动。尽管温尼科特最终没有论及这个问题，他也倾向于应用类似的策略，例如，将攻击重新定义为运动性或一种生机。因此，攻击的能量就成为关系的核心，要么被母亲促进，要么被抑制，转化为毁灭。沙利文和费尔贝恩都对经典心理能量理论提出非常激进的挑战。对他们来说，将心理看作一系列结构，将能量看作是驱动心理的燃料，这种区分本质上就是误解。心理*就是*能量。在沙利文看来，自体不是准实体，而是活力，是一种能量转化的模式；在费尔贝恩看来，自我结构是有能量的，表现在关系的冲动之中。

225

在驱力模型中，心理是从驱力的满足与调节的需要中锻造而来的。消除驱力概念就消除了精神现象的模式化基础，每一位关系理论家需要为模式化提供新的基础，对克莱因来说，心理结构是潜意识幻想的衍生物。内在客体世界是从早年关系需要及其组织发展而来的，由占主导地位不断出现的潜意识幻想所设定，是个体对自己以及人际交往世界体验的基础。费尔贝恩、沙利文和温尼科特都认为人格是围绕尽可能与父母保持最好的联结的需要来塑造的。在费尔贝恩看来，客体关系的障碍需要建立补偿性内在客体，这些客体就成为人格不同成分的核心。在沙利文看来，自体变得有组织，首先是为了避免与养育者的焦虑性互动，然后是为了保持最低水平的焦虑。温尼科特将自体的结构化描绘为真与假的维度，认为是儿童对父母双重需要的结果，一方面通过父母介入提供养育，另一方面要避免自体被淹没或被剥削。因此，每位关系理论家不是从调节驱力紧张的需要，而是从核心的关系需要推论出心理结构。

在驱力/结构模型中，婴儿被描述为装备有复杂种系遗传，既有驱力也有固有的自我能力。这些生来具有的、以生理为基础的特征为个体生活设定了优先角色，既影响性格形成，也影响心理病理发展方向。现实世界和实际他人接近（满足或挫败）各种源于驱力需要的程度有多高，其相关性和意义就有多大。驱力概念中，婴儿的身体和心理学天赋在人格发展和心理病理中被赋予了中心的作用，放弃驱力概念，每位关系理论家就必须将自己与这种特定的赋予方式分离开来。实际上，经典驱力理论的支持者经常批判关系模型理论，批评者认为这些关系理论将精神生活看作是外部事件的简单记录，建构了极端而幼稚的环境论。这样看来，关系模型理论通过抛弃驱力概念，忽略了身体在人类发展中的中心作用，以及先天因素的重要性。

226

身体的感觉是所有体验的基础。婴儿生活受到生理需要控制；身体的意象和贯注遍及后来的大部分心理病理。关系模型与驱力模型理论家看待身体的不同，不在于身体*是否*重要，而在于*如何看待*。身体的需要，不是像驱力结构理论家那样，被看作重要心理意向与意义的起源。身体活动和过程被看作为体验提供了一种语言，表达意图与意义的载体，本质上是关系。因此，在克莱因理论中，身体的紧张没有创造消除紧张行为的动机；儿童爱或恨，通过身体的运作来表达这些动机。费尔贝恩将快感区描述为联结客体的“渠道”；沙利文强调“互动区”影响婴儿对养育者不同体验的方式。沙利文重视身体紧张（是婴儿“满足需要”的主要来源）在其理论中的突出地位。这些是吸引婴儿进入跟养育者人际构造的主要力量。不过，从心理学角度来说最重要的不是这些需要是得到满足还是挫败，而是互动的特性，焦虑或非焦虑的关系本质。同样，温尼科特强调早年体验中身体管理的重要性，不是提供具体形式的满足，而是关心和回应的表达与调节。关系模型理论家倾向于将身体看作婴儿与养育者交流的主要媒介，而不是产生塑造体验与行为的独立心理动机。这并不是否认身体会显露出对食物、氧气等独立的生理需要，阻碍这些需要会产生严重后果。对关系/结构理论家来说，这些独立的生理需要自身没有影响人格与心理病理的重要病因学作用，其主要决定因素是更纯粹的关系因素变迁。假定存在“正常可预期的”身体照顾，婴儿被看作一个有机体，其体验完全通过身体来传递，其表达方式局限于身体活动与过程，然而，其心理学性质是

由寻求与他人的联结、依附和介入来决定的。正是这种寻求，包含并赋予人类生活所有其他维度的意义。 227

抛弃驱力概念，以及将身体看作心理动机载体而不是原因的观点，是表明关系/结构模型中所有固有因素都被消除了吗？更加纯粹和明确的关系理论家，像沙利文和费尔贝恩一样，将人格与心理病理看作从他人输入登记在有机体上的直接且无中介的产物，对体验没有任何意义，是一张心理学的白板？

在学习理论中，最早（例如，斯金纳）认为所有体验都是学习的产物，没有任何固有因素的影响，这种观点已经被"事先准备的"或"被控制的"学习概念所替代，体验被理解为以一系列先验性期待为导向，通过特殊方式"连接"，登记在有机体上（Konner, 1982, pp. 26 – 29）。同样，每一位关系理论家明确或含蓄地提出了人际联系的推力、客体联结的"驱力"。对重要他人的体验之所以重要，不只是因为环境的影响非常强大、婴儿反应敏锐，而是因为婴儿在"寻找"某种体验，最关注具体的人类联系。

根据沙利文的原则，"满足的需要"以整合趋势运作，费尔贝恩断言"力比多是寻找客体的"，鲍尔比则宣称婴儿有既定程序，婴儿体验复杂的种系天赋就是基于寻求依附这个普遍前提的。不过，遗传被理解为不是由一系列组织松散的以身体为基础的紧张组成，而是由将婴儿带入人类关系之中一系列复杂的、连贯的兴趣、敏感性和期待组成。施皮茨的研究（1965）表明，比之其他的所有视觉刺激，婴儿更喜欢人类的脸。婴儿先天视觉、听觉和触觉的偏爱与节奏跟养育者的身体属性及其对婴儿的直觉回应存在细致的同步，随后一长串研究发现对这种同步进行了登记分类。对婴儿体验中这些先天因素的发现没有给关系模型理论造成问题；反而支持了其核心假设。

儿童为某些体验作好了准备。遇到这些体验后会发生什么？关系模型理论家认为对他人的体验、与他人的交流是以直接且无中介方式记录的吗？例如，他们假设成人对父母式人物的描述是完全诚实的，是那些父母未歪曲的现实状况的复制品吗？对此的回答也是"不"。沙利文与费尔贝恩均假设婴儿带入其体验中的不仅是期待，而且还有组织那种体验的特别的先验原则。沙利文描绘了记录所有体验的一系列"原型态的"、"情绪失调的"，以及"综合的"模式的发展顺序（类似于皮亚杰的认知发展阶段）。在他的理论中，心理病理不是实际事件的简单反映；而是通过不同感觉和认知组织模式，对事件进行加工和重塑的复杂的转换过程。同样，费尔贝恩对内在心理结构形成的描述没有假定从实际体验向内在残留的直接转化。对养育者的体验经历一系列复杂分裂与重组过程。内在客体的内容源于实际体验，但是这些体验已经根据一系列先 228

天设定的组织过程进行了转化。我们探讨了婴儿具有非常标准的先天期待与组织原则。不同婴儿所具有的那些先天特征是什么？一系列不断增长的关于小婴儿气质差异的研究表明，从时间上看，体质差异是稳定的，而且对人格发展有着重要影响(Thomas & Chess, 1980)。驱力/结构模型是根据驱力能量的不同分布(在后来的自我心理学中，是通过自律的自我功能的不同的体质力量)来解释这些因素。关系/结构模型有先天气质差异的存在空间吗？对这些差异的观察与关系模型的假设是不一致的(虽然这些假设经常被关系模型理论家所忽视)。关系模型强调了养育者满足婴儿人际需要，提供养育、联结，“便利环境”的成与败。造成这些努力失败的原因是什么？早期婴儿研究者倾向于将这些不协调描述为特定母亲与特定婴儿之间缺乏“般配”(Stern, 1977)。每个婴儿会让养育者面对其特定节奏的联系、特定水平的活动，以及独特的情感与行为表现。每一位养育者也会将自己回应的风格与强度、注意持续时间、喜好程度等带到与婴儿的接触中。对婴儿/养育者互动的详尽描述，最完整关系模型的报告，都会考虑这些因素，将儿童的关系残留看作气质与经验影响的复杂混合，不断地彼此渗透。可以将这些互动中的不一致理解为代表着共同参与者之间缺乏般配。

229

因此，考虑先天的体质因素并没有超出关系/结构模型的解释范畴，不是与其基本假设不一致。不过，这些因素是关系/结构模型理论中最不发达的领域。与鲍尔比极力建构其依附理论的生物学原理基础不同，关系模型理论家好像只对人际需要的内在特征、期待与节奏进行了模糊而概括的描述。有关对体验进行编码与保留的内在组织原理的描述也是不完整的。相对来说，被忽略的最大领域是对婴儿气质差异的讨论。在沙利文与费尔贝恩的描述中，就好像重要的可变因素就是养育者焦虑或不焦虑、有情感支持或没有情感支持。他们没有强调养育者回应或缺乏回应的程度对特定婴儿的养育方式与节奏才是关键。例如，沙利文将养育者对婴儿各种行为的焦虑回应追溯至养育者自身的生存困难。他没有考虑，不同的婴儿或多或少会表现出特定的行为，由此可能触发养育者的焦虑。尽管关系/结构理论家没有受到其模型假设的逼迫，他们还是倾向于削弱体质因素，并将养育者的性格和情感表现看作人格发展的主要决定因素。

这种不平衡的原因是什么？首先，两位最纯粹的关系模型理论家沙利文与费尔贝恩的理论是明确的心理病理理论，而不是人格发展的一般理论。除了避免焦虑的需要，沙利文没有对自体组织进行描述；除了补偿性内在客体的建立，费尔贝恩没有对自体的结构化进行描述。两人均将心理病理怪罪于父母的失败。这并不意味着儿童的先天特征对人类发展的一般理论是不重要的，只是说不是造成心理病理本身的关键决定因素。其次，精神分析观点的历史，就像最有智力的学科一样，倾向于广泛而辩证的摆动。弗洛伊德早期诱惑理论认为性骚扰儿童的养育者对神经症负全部责任。他认识到对其父母诱惑“记忆”的虚构本质导致了驱力/结构模型的发展，在其中，心理病理是从儿童心理内在最深处显露出来的。克莱因关于先验性客体意象与关系的构想代表了在这个方向上的最大幅度是摆动。关系模型理论家的贡献，既包括人际学派也包括英国学派，形成对弗洛伊德与克莱因思想中这个特征的反应。尽管关系/结构模型原则本身没有要求，他们还是倾向于将婴儿描述为非常一致且无辜的，再次将心理病理的挫折归罪于父母。我们期望，随着早期婴儿研究对关系模型理论影响的增长，以及其对气质与经验变量的互动本质的重视，这种观点会消失。 *230*

# 第三部分
# 调和

# 8. 海因茨·哈特曼

这样,从自然界的战争里,从饥饿和死亡里,我们便能设想到最令人兴奋的目标,即高级动物随之产生了。认为生命及其若干能力原来是由"造物主"注入到少数类型或一个类型中去的,而且认为在这个行星按照引力的既定法则继续运行的时候,最美丽的和最奇异的类型从如此简单的始端、过去、曾经,而且现今还在进化着;这种观点是极其壮丽的。 233

——查尔斯·达尔文《论物种起源》

客体关系理论,如果不是变化不定和虚构的,就必须包括个体与外部现实之间关系的建构。现实是他人与事物存在的领域,而且个体要认识其客体,就必须接近客体。对这个认识的解释是将意义归因于与他人关系的任何理论的必要条件。正是因为这种影响被理解为最初发展阶段的作用,与现实的联结就必须理解为从生命一开始就存在的。

现实由此成为精神分析客体关系理论的必要构成部分。不过,这不是一个充分条件。完全聚焦外在现实可能产生还原论的行为理论,而不是精神分析理论。精神分析区别于其他心理学,在于其需要另外的解释概念来解释心理过程与体验的内在世界,与他人的关系通过这个内在世界进行调节,并发挥其影响力。弗洛伊德创立本能驱力概念的目的就是发挥这种理论功能。

考虑现实的理论使其与承认客体关系具有首要性的理论之间的关系更加复杂化了,因为事实上,说到现实并不一定是认定存在其中的他人具有特别的重要性。可以从体现人类生长与生存所需条件的主干来看待这个世界。在这个观点中,只有在他人 234 是某些必要条件携带者的范围内,他人才有相关性;因此,客体关系的许多方面仍然处于理论的外围。这就是弗洛伊德所留下的驱力/结构模型的实情。因为动机被理解为源于内在过程(驱力及其变迁),客体进入系统所起到的作用只是促进者、抑制者或者目标。尽管弗洛伊德承认婴儿的长期无助感会导致对养育者的依附增加，他将这种依附看作从儿童对提供条件的养育者的需要继发性地进化而来（Bowlby，1958）。与客体的联系在整个生命历程中仍然是继发的，因为关系自身的品质依然原发性地源于作用驱力的需求。

即使从狭义的意义上说，精神分析长期以来一直承认现实在其人格和心理病理理论中的重要地位。一旦弗洛伊德发现其病人报告的童年期性诱惑是不真实的，他就放弃了对于真实事件的兴趣，而偏向基于幻想和内源性本能过程决定的解释性概念。精神生活被理解为源于驱力的需求；心理结构在快乐原则的统治下，只是在驱力逼迫下执行释放的功能。弗洛伊德将驱力定义为"使得心理运行的需求"（1905a，1915a），所有行为（从弥散的动作释放到理性行动，从高度进化的专业思维到梦和神经症症状）均受到驱力的压力推动。驱力及其地形领域、潜意识系统许多年来一直吸引着精神分析理论家的兴趣。意识作为其中的一个感觉器官在这个系统中具有有限的解释作用。人们对现实几乎没有兴趣，因为潜意识系统（以及在本能模型中的本我）被理解为心理结构中绝大部分不为外界察觉的那个部分（Arlow & Brenner，1964）。

随着结构模型的建立与完善，关于个体与现实的关系出现了新问题。在对潜意识防御与潜意识内疚感重要性的临床领悟下，弗洛伊德设想自我在总体心理经济学中比以前发挥更加重要的作用。既然自我是与外界保持联系的那一部分心理结果，弗洛伊德开始提升其力量的重要性，相应地更加重视现实的作用。1926年，内在危险情景被理解为源于外部现实，而且自我成熟（平行于力比多驱力的成熟决定因素）的具体方面被理解为可以塑造的焦虑体验。1937年，体质上的自我元素（平行于驱力的成熟决定因素，并独立于这些因素）被赋予决定防御方式的作用。相对本我的超强力量，自我正在增加力量。

235

在弗洛伊德晚年岁月中，经典精神分析框架内的其他理论家，对于承认自我强化作用的运动作出了贡献。农贝格关于自我合成功能的概念（1930）将自我描述为同时具有吸收与结合的功能，而不只是被作用其上的各种内外力量所驱使。韦尔德的多重功能原则赋予自我强大的执行功能，"指向本能生命的主动倾向，控制或……将其吸收进其组织的气质"（1930，p. 48）。安娜·弗洛伊德的著作（1936）将自我描绘为具有强大防御设施来处理与驱力固有的战斗。

对自我增加的兴趣，以及对自我对抗人格其他部分力量的评定，是一定程度上对现实新的精神分析的兴趣，在某些方面，又回到了弗洛伊德在完全建立驱力/结构模型之前所表现出的兴趣。同时，对于儿童、正常与病理性儿童发展直接的精神分析观察的激增，进一步加深了对现实的重视。弗洛伊德自己注意到，对于儿童早期的研究使人们认识到儿童与母亲之间的实际关系(1933, p. 120)。系统的儿童研究显示，外在世界，尤其是儿童环境内的成人世界，与之前的想象相比，更加直接而显著地影响儿童的发展。而且，与之前的推断相比，这种影响在早期发展阶段就很明显了，也就是说，早于俄狄浦斯情结。安娜·弗洛伊德(1936)关于"与攻击者认同"以及"对现实情境的防御"的概念就是挑战一元论动机概念的例子，这种一元论认为动机完全取决于内在驱力及其变迁。她从具体外在情境的荟萃中得出构成这些防御的具体行为：被认同的攻击者至少在某种程度上是现实中的人物；对现实的防御(例如，对抗儿童身材的矮小与力量的弱小)源于现实的情景。

236

哈特曼的著作源自对自我与现实作用的扩展评价的背景。他的精神分析的贡献一直得到许多作者(Rangell, 1965; Benjamin, 1966; A. Freud, 1966; Loewenstein, 1966; Guntrip, 1971; G. Blanck, & R. Blanck, 1974; Schafer, 1976)的讨论与评价。我们的目的是只从一个观点来讨论他的著作：他修改驱力/结构模型以适应关于客体关系作用的新构想所做的贡献。从这个角度看，哈特曼似乎是个过渡人物。其所有著作中所关注的是给现实提供更加重要而直接的理论地位，他对现存理论的许多修改与增补可以从这个角度得到最好的理解。其著作的主体作用是修改每一个经典的元心理的观点，以强化现实及其发言人——自我——在决定人类动机中的作用。然而，哈特曼坚定不移地支持驱力模型。结果，他在对客体关系的动力学意义进行观察的同时，经常警告说不要过度强调其影响，而忽视了成长与发展的其他方面。他对现实的态度代表了理论保存需要与包含新出现资料需要之间的平衡。从宽泛的角度看，现实是由一系列情景组成，一个有机体其内必定有相互作用的生态系统。

哈特曼将心理学的发展看作是进化和适应的问题。他的兴趣在于发展弗洛伊德理论所描绘的那些促进人类在其环境中生存的机制。因此，其文稿只是试探性地探讨个体生命中的重要他人，而且还是在其后期著作中才提到的。但是哈特曼在对现实以及人类处理现实能力的描绘中，拓展了画布，随后的理论家可以在上面勾画客体关系的动机作用的图画。没有他作出的贡献，就不会有后来的、更加清晰地整合了关于客体关系的资料，成为其后驱力/结构模型历史的特征。

19世纪30年代到40年代期间，沙利文、弗洛姆、汤普森、霍尼等人提出激进的替代驱力理论的方案，哈特曼在其职业生涯中对此稔熟于心，但他不愿追随他们，进而抛弃将驱力理论作为精神分析的概念核心的基本承诺。他强烈反对文化主义学派的观点，指责弗洛姆与汤普森对弗洛伊德思想复杂结构简单化与缩略化的看法(Hartmann, Kris & Loewenstein, 1951, pp. 86 - 92)。不过，哈特曼的目标超越了简单的批评；他也试图将他们的看法整合进驱力模型框架。这就要求他建立比较含糊的大概念，或者一系列的概念，来解释现实关系与动机的某些特定方面，同时保持经典模型的实质不变。因此，哈特曼整个著作风格是在别人进行修改的理论部分进行增补。为了采用这个方法，他建立了理论调和模型，其后驱力理论家，比较有名的是马勒与雅各布森，一直追随其步伐。

237

哈特曼个人与家庭背景使他很适合在精神分析模型争论中承担保护者与折中者角色。在其传记作者艾斯勒夫妇的描述中，他是有知识的贵族，其科学与研究成就的家族传统，可以追溯到许多世纪之前(R. Eissler, & K. Eissler, 1964)。在他父亲这边，这种传统可追溯至天文学家与史学家阿道夫·甘斯(1541—1613)，与开普勒和第谷·布拉赫有着密切的私人关系。哈特曼的祖父是知名文学教授与政治家，在1848年革命后的德国国会担任议员。他的父亲鲁多·哈特曼是著名历史学家，担任维也纳大学的历史学教授职位，第一次世界大战之后，出任驻德国的奥地利大使。哈特曼的外祖父鲁道夫·克罗巴克是妇产科教授，弗洛伊德在《精神分析运动的历史》中将其描述为"可能是我们维也纳最为著名的医生"(1914b, p. 13)。

哈特曼接受的训练，除了当时的医学课程外，还包括很多哲学和社会科学的学习，突出表现在师从社会学家麦克斯·韦伯的深入学习之中。因为具有这样的背景，以及与当时著名科学家和学者的经常接触的个人史，他对主流的知识传统建立了极度的尊重与忠诚。他对弗洛伊德理论主体的探讨反映了其家族的历史和他成长的环境，其看法的独创性(他的著作中当然不缺独创性)一定会受到保守，也许更恰当地说，是维护过去态度的调和。其父亲与祖父对他的影响尤为明显，二人均深入地参与了政府工作。哈特曼绝大部分著作读起来就像是立宪学者的写作。这样的学者无法挑战已经成文的规定；宪法本身就是一种前提。不过，针对之前无法预测或未经探索的情景，在解释这些"前提"意义并应用时，他们可以较大地改变他们所评论文件的影响。哈特曼对于弗洛伊德的精神分析就是这样做的。他的许多论文冠以对精神分析理论某个方面的"评论"或"注释"，就好像其贡献的目标只在于解释。尽管这些评注确实被看作理论的精华，其实际结果是对于之前从未被探讨的可能性保持开放的态度。

238

## 精神分析：普通心理学

从广义上说，哈特曼的理论扩展是为他强调将精神分析发展成为“普通心理学”服务的，而不是非常狭隘地局限于关注心理病理的理论。弗洛伊德这个早期目标（见《科学心理学设计》，1895a；也见 Hartmann，1958），鉴于他其后对心理病理的，尤其是心理神经症现象的兴趣，就被忽略了。哈特曼提出，对俄狄浦斯期神经症的研究导致将心理冲突看作是首要的病因学因素，并阐明了驱力重要性，这是一个非常适合解释冲突的概念（Hartmann，Kris & Loewenstein，1951）。因此，许多年以来，精神分析专门关注的几乎就是驱力、冲突以及最终的神经症症状表现。弗洛伊德著作中很少关注非病理性发展与行为；其理论，尤其是早期，缺乏心理动力性的正规性。不过，某些“正常”现象，特别是梦、玩笑与口误，得到了研究，这些可以用神经症模型进行解释。神经症患者的人格，即使在不涉及症状范围内，也没有得到足够理论上的重视。

对哈特曼来说，精神分析既有广义的，也有狭义的目标（1939a，1950b）。对心理病理的关注，结果就是几乎专门关注冲突，代表的是狭义的方法。他认为，同等重要的是，要包括更加宽广的目标，要回到弗洛伊德创立普通精神分析心理学的最初目的。从广义的观点看，精神分析必须成为关于总体人格的理论；必须解释正常现象，也要解释病理现象。这就要求理论致力于传统非分析性（也就是描述性）心理学研究，诸如适应环境、成就、自我兴趣，以及更加普遍的理性和非理性行为领域等主题。哈特曼认为正常与病理是密切相关的，认为“不处理神经症与正常功能的相互作用，我们就无法处理病人的神经症。我们认为，为了完全掌握神经症及其病因学，必须理解健康的病因学”（1951，p. 145）。正是因为这样的终极目标，对于自我以及个体在真实世界存在的研究占据了哈特曼理论建构的核心。 *239*

哈特曼通过扩展处理诸如行动、理智化、幻想与价值等现象的经典理论观点，使用了两种水平的精神分析理论的区别。行动不是传统精神分析理论的基本概念，因为“在心理内部冲突的研究中，行动可以暂时被画上括号”（1939a，p. 86）。而且，“从结构和遗传的角度说，行动源于更基本的人类特性”（1950a，p. 91）。被定义为现实世界中行为的行动，从狭义的精神分析角度看，只有当行动才是事件潜在精神动力状态的可靠指标时，行动才是被关注的。要扩展理论应用，就需要更加关注个体与真实世界之间的联系，迫使行动更加接近哈特曼所说的理论建构的“中心舞台”。因此，作为普通心理学的精神分析概念为理论指出了道路，解释人们如何与世界相处；理论的一部分必须是关于行动的。受到操作主义哲学原则影响的沙利文及其他理论家，将行动看作理论建构的主要焦点，因为可以直接观察行动。内在的心理冲突，构成对可以公开观察现象非操作主义的可定义的推断，从定义上就被排除在外了。哈特曼反对这种限定，但是他对行动赋予的中心理论作用，确实加强了对人类与外部世界相互作用的重视。

类似的考虑构成了哈特曼区分广义与狭义理智化观点（作为一种特殊的防御形式）的基础。理智化作为解决冲突的方法（狭义的观点），在其著作出现之前，得到许多精神分析师的诸多研究。从这个观点看，理智化是自我防御机制之一，是应对不能接受的驱力需求的方法。因此，对理智化的兴趣会重视其作为病理性过程的原因或结果的作用。对于这个观点（他没有否认这种相关性），哈特曼进一步称理智化具有行动的意涵，也就是说可以影响个体和现实之间的关系。除了对抗驱力功能，必须将理智化作为一种潜在建设性的、现实取向的处理问题的方法进行分析。从广义精神分析角度看，除了解决冲突的作用，构成许多防御机制的行为可以理解为具有适应的功能（1939a）。

*240*

哈特曼对幻想的治疗类似于他对待理智化的方法，并对此做了补充。从狭义角度看，幻想可以解释为退行的病理性现象（尤其对于成年人来说），因为幻想包括从现实的撤离和抛弃次级过程的思维。不过，也可以理解为通过迂回过程拓展了个体与现实的关系。幻想中想象的使用能够使人从新的角度处理问题；也可以使人找出不是源于更加逻辑思维的解决方法。作为具体压力导致的结果，允许个体从现实情境暂时撤离，就抑制了问题的解决，幻想可以创造一个环境的“呼吸空间”，人可以从中带着新的、创造性的、适应性的可能性返回。只有将精神分析广义目标考虑在内，才可以讨论对幻想过程进行分析的这些方面，而且不会消除分析幻想的病理性方面的需要。对于理智化来说，还必须理解在冲突情境的这个或那个方面起作用的这些过程。哈特曼的方法没有改变弗洛伊德模型的中心理论原则。相反，还增加了互补性观点。

精神分析调查的视野在哈特曼对价值观的讨论中得到了拓展。这些价值观不再被简单地理解为处理驱力需求的方法（经由反向形成以及其他防御结构）。也许可以从新的视角理解为促进社会化的合作，从而用于个体或物种生存。从这个意义上来说，“精神经济学中存在道德动机，其具有独立力量的全面动力学意义”（1960，p. 40）。人类的需要要求其环境支持社会合作，以及社会珍视的某些价值服务于这种需要。因此，这些价值观就是社会的(适应的)结果，而非内在心理压力的结果，这个观点再次开启了考虑外在影响的模型。

## 重新定义的精神分析

对待精神分析理论视野拓展的方法，要求哈特曼重新考虑精神分析作为科学的定义。弗洛伊德对这个领域的最新定义讨论了其主题：精神分析是对潜意识过程的研究(1926c)。这就明确排除了哈特曼试图引入的某些考虑。由于广义精神分析观点将这个领域延伸到了潜意识过程之外，他必须设想超越将潜意识观点作为中心定义特征的定义。哈特曼的策略是提出没有任何主题的定义。而且，他认为精神分析是通过其具体的科学方法学和三个特征来定义的：其生物学取向；其概念解释的本质以及元心理学观点。上述每一项都显著影响了哈特曼对于理论改变的态度，尤其是关于现实以及客体关系拓展作用的观点。 241

我们可以用许多观点来看待关于人类的研究。人同时是一个生物学有机体、社会有机体、经济上的有机体，等等。我们认为弗洛伊德的驱力/结构模型可以，但不是必须，从生物学的/机械学的观点解读。在可能备选方案中，哈特曼作出了深思熟虑的选择，把人作为生物学的有机体，并用这个观点来诠释弗洛伊德理论(见 Schafer 的述评，1976)。哈特曼赞同弗洛伊德的生物学观点，将自己置于跟人际学派的精神分析师直接对立的位置，在哈特曼制定自己的理论观点的时候，他们在对弗洛伊德进行批判。

早在 1927 年，哈特曼就形成了自己的观点，认为在精神分析思想中，“人的概念很像是由有机体的生物学概念构成的”(1927[1964]，p. 29)。人类个体生来就会适应某种情景，适应“正常可预期的环境”。他人在儿童世界中提供或没有提供这些情景，而且其理论意义主要在于这个功能方面。像弗洛伊德一样，哈特曼客体理论源于婴儿生存需要，以及儿童保持生物学均衡的需要。他宣称：“弗洛伊德建立其神经症理论的基础不是‘专指人类的’，而是‘一般生物学的’，我们也许不能完全理解这一点具有多么重要的意义，因此对我们来说，动物与人之间的差别……是相对的。”(1939a，p. 28)

对弗洛伊德来说，纯心理学与纯生物学概念的中心交叉点是本能驱力理论。他经常将驱力定义为心理与躯体交界处的概念，而且将驱力来源追溯至躯体。不过，自我心理学的出现使得许多精神分析师转向社会的，甚至社会学的思维，因为自我有一部分来源于社会，而且是社会行为的中介结构。对于这些理论家(例如，各种人际学派的 242

追随者)来说,现实是社会现实,作为其发言人的自我,必须用社会科学的语言进行谈论。哈特曼采取了非常不同的态度,批评文化学家没有意识到"'生物学的'既不局限于人类天生的特质,也不等同于人类不变的特质"(Hartmann, Kris & Loewenstein, 1951, p. 90)。在他看来,自我就像驱力一样,是生物学的产物。他认为,通过为精神分析概念和脑生理学提供潜在的交汇场所,自我的研究扩展了精神分析的生物学相关性(1950c)。从这个角度看,自我可以看作适应、合成、整合与组织的器官。自我起到保持稳态的作用(1959),并为人类有机体提供核心的功能控制作用(1952)。控制功能的生物学属性并不亚于被控制者(驱力),从生物学观点来看,所强调的正是自我活动的功能和适应方面。自我也具有生物学根源,哈特曼采纳并扩展了弗洛伊德后期关于许多自我特征具有的体质性质的建议(1937)。

哈特曼对客体关系的理解方式的意涵,清楚地展现在其对母婴关系的概念化之中。就像他所表述的:"我们可以将母婴关系描述为生物学的关系,也可以将其描述为社会关系。"(Hartmann, Kris & Loewenstein, 1951, p. 93)。你可以将母亲与婴儿之间的交流分析为基本源于两者的社会联结,或者源于儿童身体生存的需要(Hartmann, 1944)。对哈特曼来说,在其将外部世界的影响更多地用于精神分析理论构建的时候,重点总是在婴儿为了生存而适应的需要之上。从这个意义上说,人类关系的作用本身必须总是继发性的;必须从属于其代表的生存条件。他人在儿童世界中个人特征相对于理论关注的核心来说是次要的。

哈特曼关于精神分析定义的第二个方面就是,其概念是诠释性的,而不仅仅是描述。非精神分析的心理学可以非常精确,甚至优美地描述行为,无需提供潜在的构建来解释行为的发生。与之相反,精神分析不是忙于对心理内容的描述,而是找出原因,以及规则的构想(1927;1927[1964])。结果,与其他心理学相比,精神分析是用不同的观点来看待行为;其焦点不在于描述上的类似,而是那些有着共同动力性和遗传学基础的现象(Hartmann, 1958; Hartmann & Kris, 1945)。例如,肛欲是一个遗传学和解释学的概念,用于描述在不同的行为之间建立有意义关系:整洁、吝啬、固执,以及对抗这些行为的反向形成(Hartmann, 1934 - 1935; Hartmann, Kris & Loewenstein, 1951)。本能驱力的核心精神分析建构就是具有解释力量,但没有必要的描述(Hartmann, 1949)。这个概念解释了各种行为现象的发生,然而缺乏具体的描述或者经验上的所指对象。

243

既然根据定义,精神分析是解释的科学,非解释性的概念一定是处于从属的位置。

这包括哈特曼所说的人类体验的“现象学细节”(1939a)。个体与他人之间关系的意义，就像弗洛伊德所说的那样，是由个体作为有机体的生物学需要和能力所决定的。因为这个中心的假设，对哈特曼来说，客体关系“具体的人类”方面，一定是从属于理论上的基本的“普通生物学的”概念。自我被赋予新的解释力量及其功能，同时强调作为本能驱力的动机补给的适应性，与那些强调自我发展的具体人类方面相比，仍然处于生物学首要框架内(冈特瑞普的“人的自我”)。而且，哈特曼强调生物学概念解释的优先性，导致他相对低估了超我在心理经济学中的作用。

哈特曼定义精神分析的第三个标准依赖于元心理学观点。弗洛伊德(1927)将元心理学定义为对建立精神分析理论基础假设的研究，而且他明确建构了三套假设。动力学观点认为心理存在活动的力量，有时是汇聚的，有时是对立的，而行为是其相互作用的结果。经济学观点宣称，附着于某个特定心理倾向的能量数量决定了这个倾向的结果。地形学假设则认为，心理事件对行为的影响是由这些事件与意识之间关系决定的。

哈特曼(1952)保留了作为精神分析定义框架的元心理学，但是他提出，对于自我心理学兴趣的出现对每一个观点有着主要的影响。从动力学角度说，自我被看作是具有更强的对抗驱力的力量。对哈特曼来说，自我具有一套自己的动机，与本我和超我无关，完全源于在真实世界生存的需要。适应的倾向、自我兴趣，以及道德的必要性，自身就具有动机力量。从经济学角度说，哈特曼认为理论必须考虑的不仅是能量数量，而且要考虑其质量。自我可以在力比多的、攻击的以及多少是去本能化的能量之间“选择”为其功能提供能源，从而提高其作用范围与力量。在晚期著作中，哈特曼提到了基本的自我能量，其从一出生就具有，而且完全不是来源于本能驱力(1955)。在很大程度上，地形学观点已经被一系列围绕三方模型的结构假设所替代。自我不再被看作是本我分化部分的一元结构。在结构自我中，存在着大量按等级排列的功能单元，彼此之间相互作用，也与其他心理组织相互作用。就地形学观点的保留程度来看，哈特曼更多地将解释的重要性归功于前意识和意识行为的运作。 *244*

相对于其他心理结构来说，这每一个变化的影响是强化自我力量，而且强调其不受本我控制。哈特曼也给其结构的构想增加了遗传学构想。(这些构想经常被认为是由哈特曼引入的，构成了独立的元心理学视角；Rapaport & Gill, 1959。)自我并不比本我缺少体质的根基。其许多功能是“原发自主性的”，也就是说不是源于驱力与现实的冲突。根据功能的变化，可能源于冲突的其他功能就成为“继发自主性的”。自我功能不仅是由遗传决定的，而且也是由自身影响以及本我发展所决定的。

## 动机与现实

哈特曼对元心理学观点的每一个阐述都表现出对现实情境动机作用的强化。对于那些不是源于本能驱力动机方面的解释，在很大程度上，是基于个体与外部世界的关系。哈特曼与克里斯认为"精神分析不需要将人类行为解释为只是驱力与幻想的结果；人类行为是指向人与物的世界的"(1945, p. 23；另见 Hartmann, 1959)。在阐述多功能原则时，韦尔德(1930)指出，每一个行为同时服务于内在与外在的需求。不过，像驱力模型中其他类似哈特曼的先驱者一样，韦尔德没有进一步将这个原则扩展为系统的动机理论。他是这样总结他的陈述的："作为一个规则，本能满足的驱力是所发生事情的动力。"(1930, p. 52)在作为狭义冲突心理学的精神分析目标语境中，哈特曼的精神分析是可以接受的，在广义范畴，也必须解释合理化的、满足适应需要的行为，以及所有行为中合理化与适应的成分。这样的话，现实导致自身的意外事件；并在个体面临各种潜在行为选择的时候，将自己的要求强加于个体。这些要求是通过自我系统来调解的，所起的作用是将外在情景转化为内在力量。(对于超我也可以有类似的说法，但与自我相比，这个结构与最初的驱力关系更加密切。)不同的行为特异性反映了内部与外部力量的影响。正如哈特曼所说的那样："行为可以主要服务于自我；或者主要满足本能的需要；也可以主要为超我服务。"(1974, p. 42)

为了阐明这些想法，哈特曼扩展了多功能原则，因而涉及某个行为时，原始的动机影响可以归因于任何一个心理结构。他的"自我利益"概念，包括对财富、社会地位、职业成功等的欲望，就阐明了这种理论。从狭义角度看，自我利益不是精神分析研究的中心，因为"其在神经症的病因学中没有基本的作用"(1950c, p. 135)。自我利益"遵循的不是本我的原则，而是自我的原则。与中和的能量一起作用，而且可以……将这种能量用于对抗本能驱力的满足"(p. 137)。就像本我的要求一样，自我利益可能遭到超我的反对(1960)。因此，不仅是对现实的考虑可以自己成为动机力量，而且，通过自我的调解，实际上可以反对驱力的要求。

哈特曼对自我的阐述会让人想起，但是显然是超越了弗洛伊德早期对自恋和自恋目标的讨论(1914a, 1917c, 1923b)。我们在第四章已经说明，一旦自我捕获客体力比多，就可以将这个能量用于追求自身的目标，包括粪便的潴留、面对阉割恐惧时的阴茎保留，以及面对自恋客体选择时基于被爱而不是爱去选择一个人。这每一个目标，就像哈特曼的自我利益一样，可以反对与更加直接的力比多冲动表达的冲突，最明确的例子就是俄狄浦斯愿望与阉割焦虑之间的冲突。这两个概念的区别就成了哈特曼理论修正的核心。在弗洛伊德首次提出自恋概念时（这个阶段，他是在地形模型框架下运作的），自我没有被看作心理中的明确结构；相反，自我指的是类似“自体”或“整个人”的东西。因为其理论上的模糊地位，人们并不清楚自我从何处“获取”目标，并将其强加于捕获到的力比多之上，尽管目标本身是围绕保留身体和/或“自体”完整组织的。 246

哈特曼关于自我心理学的阐述填补了弗洛伊德关于自恋目标概念中的空白。自我是一个具有发展史的具体结构，部分是由其与现实世界的互动决定的。自我利益是在生存和在真实世界获得成功需要中演化的；是外部世界影响的有动机的结果。尽管在遗传上源于本我（从而与最早期的自恋目标联系在一起），自我利益经历了将其明确置于自我控制下的功能改变。弗洛伊德理论中自恋目标运作所缺乏的特异性得到了哈特曼的补充。这种特异性源于个体与现实关系，并受到专用于适应任务的结构（自我）的调解。

哈特曼重新考虑了现实的动机影响，他不得不重新研究人类与外部世界保持联系的渠道。在弗洛伊德最后期的著作中，他才认为婴儿的心理装备一出生就完全由驱力构成（1905a，1911a）。只有在挫败感强加于婴儿时，驱力才受到现实的影响。驱力的目标总是释放，只要有客体的幻觉性唤起，就可以提供释放的机会，只要不受到挫败的干预，就不需要发展与外界联系的渠道。这些渠道只有在挫败导致冲突的影响下才会出现。从动机观点看，这些渠道是继发的结构，只有在解决冲突时才会存在。所保留的这个位置贯穿个体的一生。现实的影响也是继发的，弗洛伊德强调了这个观点，宣称客体是驱力最易变的特征（1905a，1915a）。即使自我保存，看上去是与外部世界保持联结的需要，也是通过驱力来实现的。在最初的双本能理论中，弗洛伊德（1905a）提出了保证生存的自我保存的驱力。在其后期理论中，这个功能是由性与攻击驱力实施的（1920a）。弗洛伊德对其驱力理论修正的一个结果是，自我保存在概念范式中作为独立单位的功能消失了（Hartmann，1948）。 247

因为哈特曼的中心理论目标是将从现实研究中得到的结论整合进精神分析，同时不扰乱驱力/结构模型的基本假设。他面临两个主要任务：他设想的个体与外部世界联结的渠道，必须比弗洛伊德提出的更加直接；他必须保护驱力概念不受从现实研究中得到的理论修正的影响，从而避免改变描述关系/结构模型的语调和内容。于是，他引入了扩展同时也保护驱力模型核心概念的新构想。这些"保护性"构想中最为核心的是适应。哈特曼认为，精神分析需要考虑"适应现实的举止"(1939b, p. 14)。适应概念，借用了生物学概念，根植于身体生存的需要。界定"适应良好"的人的三个特征是：必须具有生产力；能够享受生活；拥有不受干扰的心理平衡。尽管这些标准似乎超出了身体生存的需要，对哈特曼来说，每一个标准都具有特定的、生物学决定的生存价值。基本生理需要的概念，即获得身体需要之外东西所需的适应，在其理论中几乎没有得到重视。诸如施皮茨(1945，1946)根据婴儿对母亲照顾与柔情需要的研究所提出的观点，就超越了身体需要的满足，没有整合进哈特曼的适应概念之中。

与弗洛伊德相比明显不同，他认为自我与现实的联系在挫败影响之前就开始了。与外界的联系从一*开始*就存在。外部世界的影响是即刻的，从出生或出生之前就有，从不通过驱力满足或挫败的中介影响而起作用的角度讲，是原发性的。生物学决定的对自我以及环境的适应保障了这种影响(1956a)。

人类生来就具有某些适应能力，并随着人类成熟，还会出现其他的适应能力。对哈特曼来说，这是一个"一般生物学的"考虑；动物也一样。因为一出生就是高度发展的，动物实际具有保证生存的本能。低等物种的心理结构相对缺乏分化就保证了快乐与自我保存行为紧密联系在一起。尽管人类并不是完全缺乏这种联系，哈特曼认为两者之间的联结也是微弱的。人类的自我与本我在系统发育上均源于动物本能，是分化的产物(1950c)。这其中的一个结果就是加剧了"本我与现实的疏远"(1939a, p. 48；也见 Hartmann, Kris & Loewenstein, 1946)。人类的驱力更多地受到快乐原则的支配(它要求释放，不考虑相应的后果)，而现实原则，以及其适应的含义，是受自我调解的(1948，1956a)。动物本能与人类驱力之间的关键区别是，只有前者才能够在没有自我结构的干预下达成其目标(Hartmann, Kris & Loewenstein, 1949)。哈特曼构想造成的一个结果是，驱力如同在弗洛伊德系统中一样，仍然免受现实的影响。与此同时，通过系统发育的分化过程会产生自我，在人类就呈现为"高度分化的适应器官"(1939b, p. 13；1948，1950c, 1952; Hartmann, Kris & Loewenstein, 1946)。

248

哈特曼在此运用的策略是引入一系列功能和自我适应能力(更确切地说，是未分化母体中自我元素的适应能力)，从一出生就承担个体与现实关系。因此，外部世界从生命一开始就对心理功能具有直接影响。但是这个构想可以让哈特曼以未改变的形式保留弗洛伊德驱力理论：驱力仍然将寻求释放作为其目标，并像最初定义的那样遵循快乐原则的指令。动机因而具有两个独立的来源：只是继发性地与现实保持联系的(未改变的)驱力,以及与环境具有固有联结的自我适应能力。

## 环境

人类必须适应的环境的本质是什么? 此处生物学和社会学层面的概念化符合哈特曼思想。生物学的考虑,如同我们看到的那样,决定适应的需要,生物学的机制保证其发生。但是人类有机体必须适应的外部世界毫无疑问是一个社会的世界。哈特曼在其专著《自我心理学与适应问题》中阐明了这个主题的框架:"人类适应人类的任务从生命的一开始就出现了。而且,人类对环境的适应,一部分不是这样的,但是有一部分已经被他的同类和他自己所塑造……因此,人类必须要去适应社会结构,以及在建构社会结构中的合作。"(1939a, p. 31)在适应社会环境是由内在心理结构所保证的概念中,就出现了生物学与社会学的交汇点,至少在环境处于"正常可预期的"范围内时。这样看来,人类不是完全社会性动物,而是天生就可以成为具有强烈社会成分的生态学系统的一部分的动物。 *249*

哈特曼理论中的环境是一个限定性因素。在不具有促进作用前提下(除了下文即将提到的某种意义上的促进作用),环境可以阻碍特定的发展结果。找到"正常可预期的环境"与温尼科特"促进环境"概念之间的相似性,是很吸引人的(1965a)。某些相似性实际上确实存在,尤其是负面意义上的。若论对成熟过程干扰,每个案例中环境的作用非常引人注意(从其后的心理病理学的观点看)。不过,正是概念之间的差异,显示出很重要的启示意义。对温尼科特来说,环境一般与母亲这个人是一致的(在生命的最初)。具有代表性的就是"过得去的母亲"。这一点就构成了与哈特曼观点的关键的背离。在温尼科特理论中,"过得去的母亲"的任务,就是回应婴儿生物学和心理的需要,回应方式须使成熟过程不受干扰的进行,且最终使得真我(显而易见是"人类特有的"构造)出现并繁荣。从这个意义上讲,环境主动"找到"儿童,并对其作出回应,回应方式要促进对儿童内在潜能来说是真实的组合。环境的回应,即儿童最早的客体特定行为与情感的反应,对人类发展的塑造作用是至关重要的。

在哈特曼看来,环境不是那么的人格化,至少当它属于"正常可预期的"类别时,比之温尼科特观点更加被动。重点不在父母回应的特定品质之上,而在于人类内在心理(以及生物学的)禀赋的特征之上。有机体与环境之间的适应本质上是系统发育所塑造的,而不是婴儿与其养育者之间互惠交流所缔造的。人类生物学(对哈特曼来说,包括文化传统的演变)，而不是特定的与他人互动的个体发育体验及其衍生物，执行了适应的任务。哈特曼理论没有成为关系模型，因为从温尼科特观点来说，与现实的关系不是完全互动的。缺乏此类互动的理论，客体具体特征就无法对发展过程(沿着温尼科特所说的“假我”)产生特定的影响。受到影响的是个体实现的适应模式。适应环境有三种可能的方式：改变自己满足环境的要求(自体适应的)；改变环境本身(异体适应的)，以及找到更加适宜环境的中间过程。即使这样，如要在那种相互作用基础上建立温尼科特所说的动机理论，也没有多少概念结构的可能。“正常可预期的环境”是一个“普遍的生物学的”概念；温尼科特的“促进环境”是“人类专有的”。

从哈特曼观点看，环境最重要的贡献是为身体生存提供必要的条件。缺少这些条件，即躯体的剥夺，会对心理发展有不利的影响。不过，在广义客体情感的行为范畴内，环境仍然处于“正常可预期”的范畴，而且不会决定性地改变发展结果。世界中的他人是重要的，哈特曼坚持认为，从一出生，“新环境中最重要的部分就是婴儿的母亲”(Hartmann, Kris & Loewenstein, 1946, p. 37)。但即使这种重要性的增加也是建立在母亲带有或调解必要生存条件基础上的。在同一句子中，“她控制环境属性，提供保护、照顾和食物”，也解释了母亲对其婴儿的重要性。与温尼科特相比，对哈特曼来说，环境就是一个更加广义的概念：“母亲与父亲在儿童与现实关系的变迁中均发挥支配性作用。但是我认为，弗洛伊德所提出的现实与现实原则的概念，具有更加普遍的性质。儿童关于现实的概念可以持续存在于客体关系和冲突的变迁之中。但不能根据这些来定义‘精神分析关于现实的概念’。”(1950a, p. 245n)

## 快乐与现实

那些决定留在驱力模型的理论家所面临的任务，就是将早年客体关系研究得到的资料整合进根据驱力推断的动机性框架内。具体地说，如果你坚持认为人类本质上是由驱力释放形成的快乐追求所驱动，你必须说明现实体验如何能影响快乐次序。哈特曼在其著作中用大量的篇幅来说明这个问题，而且其后美国自我心理学学派作者一直追随他的理论调和模型。这个主题可以分解为两个部分：现实对快乐次序的影响是什么？现实对于与他人具体体验快乐次序的影响是什么？

哈特曼早在其著作中问道“为什么某些模式的行为比其他的行为更具有快乐的潜质”，并回答道“本能驱力的心理学没有完整回答这个问题”(1939a, p. 43)。他在同一卷中首次的试探回答，是他宣称“我们可能面临的与外部世界的关系，*作为一个独立的因素*，调节快乐原则的某些先决条件”(p. 44，斜体是我们标注的)。在此，对于自我利益概念，哈特曼进入了弗洛伊德在理论调和期间一直未曾探索的领域。一旦抛弃快乐特性和恒定性原则，对于是什么产生了快乐的感觉，弗洛伊德面临相当大的不确定性(1924a)。哈特曼认为现实自身可能对快乐体验具有原发的影响。这个概念比以前所描述的具有更激进的理论意涵，现实作为补充的建构被引入动机系统(通过适应的观点)。从这个意义上说，现实是独立的驱力合作者，只是在弗洛伊德的调节原则影响下继续发挥作用。

快乐概念的扩展在哈特曼所有著作中只有零星的、通常是概略的表述。如果将他的著作看作一个整体，他似乎面临难以解决的两难境地。他坚持保留经典观点，强调力比多驱力释放带来的快乐，然而他面临无法忽视的观察。在1949年，他承认“似乎要不可避免地假设功能攻击性紧张的释放实际上是快乐的”(Hartmann, Kris & Loewenstein, 1949, p. 77)。而在1956年，他又回到1939年提出的问题，认为自我的发展不仅是快乐如何被体验的决定条件(经由现实原则以及随之要求延迟释放所决定)，而且在什么被体验为快乐的决定中起到决定性作用。他认为，自我发展阶段导致快乐条件的改变，类似于力比多阶段次序带来的那些条件。而且，“不可否认，出现了快乐价值的重新评估，是一种根据其不同来源所进行的区分，你也许可以将其描述为快乐原则的修正，或者是快乐原则的部分驯化，从更严格意义上说，跟现实原则是不同的”(1956a, p. 248)。 *252*

具有代表意义的是，尽管受到弗洛伊德在后期关于快乐本质不确定性的鼓动，哈特曼没有强调这些观点在多大程度上构成了对经典元心理学的彻底修正。有两个新的考虑补充进快乐次序的力比多方面之中：攻击驱力的变迁，以及从现实做出的考虑，现实受其心理发言人自我的调解。被自我“部分驯化的快乐原则”使得结构因其与外部世界密切关系，不仅要延迟释放，而且要说明什么才是快乐的。攻击以及力比多紧张的释放这个事实可以被体验为快乐，这就使得自我在其执行功能中精心挑选各种产生快乐的可能。在弗洛伊德理论中，即使在面对后期的模糊性时，现实对于快乐的作用也只是通过现实原则的调解，允许其释放或要求其延迟释放，从而促进快乐的实现。现实仍然处于快乐次序之外；正是在这个意义上，将弗洛伊德理论描述为“心理内部的”是非常不准确的。客体关系就更不用说了，仍然处于动机理论的外围。

哈特曼关于快乐与现实之间内在关系的深刻见解，开启了客体关系与驱力模型动机结构的整合之路。不过，他对于经典理论的保守态度导致他低估了其观察的意义。实际上，为了解释新资料，他采取的理论策略，是在现存的结构中加入新的“普遍生物学的”考虑。这种新的解释原则的框架在《自我心理学与适应问题》中说得很清楚：“物种生存的必要条件是逐渐形成的，在人类的精神发展中，可能是独立于快乐原则的，而且独立于现实原则，现实原则继发于快乐原则，甚至可以调节快乐获得的可能性。对于自我保存的需要，也可以做出类似的假设……*现实原则从广义上说*，在历史学上早于，在级别上高于快乐原则。”(1939a, pp. 43－44；斜体是我们标注的)

253 “现实原则从广义上说”在1956年再次得到讨论，对其功能的描述就更加清晰了。现实原则从狭义上说(经典的用法)指的是“我们根据快乐原则中固有的即刻释放需要来采取行动的倾向”。从广义上说，现实原则“呈现出在感知、思维和行动中考虑适应性方式的倾向，不管我们认为客体或情景的‘真实’特征是什么”(1956a, p. 244)。

对于现实原则广义与狭义解释的区别，是快乐次序之外的外部世界与进入快乐次序之间的区别。从狭义上说，外部世界只能影响驱力释放的时机。从广义上说，外部世界通过对所感受的快乐的影响进入系统。但是哈特曼本人对于这种区分没有进行太多的讨论。很显然，现实原则的概念从广义上说没有出现在他1939年至1956年之间的著作中，他的职业生涯在这段时间接近尾声。这表明他完全清楚这个概念中存在的明确的潜在破坏性，而且不愿将其影响坚持到底。

将现实引入快乐次序产生第二个问题：儿童对他人的具体体验对快乐次序的影响是什么？哈特曼在这个领域的贡献可能是模糊的，而且他关于这个领域的观点在其整个职业生涯中一直在变化。其很早期的著作中就显示，他已经认识到环境对其后发展的影响，可能不仅只是满足儿童的身体需要，称“环境的本质可能如此重要，心理的病理性发展比正常的发展可以提供令人更加满意的解决办法”(1939b, p. 16)。这个观点的意涵在当时没有得到明确的阐述，其含义是特定的环境，因为不同于“正常可预期的”环境，可以产生特定的心理病理结果。对于这是如何发生的并没有提供解释，尽管哈特曼的概念框架会得出以下的结论，即环境影响的实施，要么通过其对儿童适应行为的影响，要么通过调整心理经济学中的快乐条件。实际上，在随后的十七年中，哈特曼并没有努力去回答他就此提出的问题。在这段时间，他对客体关系关注的焦点，是暗示性地指出父母与孩子互动中某些明显病理性的方面，总是根据驱力理论对此做出解释。

弗洛伊德认为在阉割威胁不存在的情况下，小男孩出现阉割恐惧的无处不在一定是种族记忆的结果，哈特曼在1945年对弗洛伊德(1937—1939)的这个观点提出异议。254
这可以用“成人掩饰的对儿童的攻击”来解释，在性器期出现时，反过来是由“环境对待儿童依恋愿望的总体态度”决定的(Hartmann & Kris, 1945, p. 18 - 19)。一年以后，他认为成人对儿童的剥夺，例如禁止儿童渴望的行动，不一定会导致攻击，他又强调了父母态度的作用，尤其是潜意识的态度。另一方面，剥夺性父母的潜意识态度可能会诱发攻击性的反应(Hartmann, Kris & Loewenstein, 1946)。这样的观察使得诸如沙利文、马勒和科胡特这样的作者提出的理论认为，父母的总体人格与特定心理病理对儿童的发展有着决定性作用。哈特曼摒弃在这个水平的解释。他认为父母的态度而非剥夺事实诱发了攻击，下面的看法就预言了这个观点：“你通过爱的关注就能让儿童感到最大的快乐。指向行动的投注就这样转化为客体的投注。”(Hartmann, Kris & Loewenstein, 1946, p. 43)

至此，哈特曼开始将早期客体关系研究得出的资料与其发展范式联系在一起。他宣称“这两个过程，即心理结构的分化与自体和外界客体的关系，是相互依赖的”(Hartmann, Kris & Loewenstein, 1949, p. 77)。再次提出“客体关系的发展是由自我发展共同决定的，*客体关系同样也是自我发展的主要决定因素之一*”。客体关系对自我发展的影响部分源于“(儿童所处)环境中相关人物的心理学特征”(哈特曼，1950b, p. 105, 108；斜体是我们标注的)。但在同一篇论文中，哈特曼批评人际关系学派提出的，关于发展是完全由与儿童世界中他人之间交换所决定的片面描述。

19世纪50年代早期，随着其工作的进展，哈特曼阐明了早年客体关系对发展的某些影响，尤其是与母亲的关系。例如，“(与母亲的)这种关系的性质与强度似乎决定了儿童接下来发展的大部分特征。而且，在某些情况下，有可能详细阐述与母亲某种 255
特定类型的冲突如何激发儿童产生某种特定防御机制”(Hartmann, Kris & Loewenstein, 1951, p. 92)。第二年，他重申这个观点，指出“与母亲冲突的相关性有时可以在其对儿童的态度与防御的塑造中找到踪迹”(Hartmann, 1952, p. 162)。但客体关系的影响从来就不像其他理论家所说的那样直接或明确；这种影响总是通过客体关系对系统自我的影响来调解的，而且被成熟的生物学过程所抵消，因为客体关系对自我和驱力均有影响。

正是在《关于现实原则的说明》中，哈特曼提出他对客体关系影响儿童发展中人格的详尽阐述。他认为客体关系本身就是婴儿无助感的衍生物。对客体关系的依赖“成为儿童学习现实的基本因素”，而且影响未来的发展，因为这种依赖“是造成……儿童对现实进行典型或个体化扭曲的原因”(1956a, p. 255)。包括客体在内的现实的其他方面对这些发展是有影响的,但客体的影响最为显著。同样,这种影响是根据发展中的自我功能来实行的,而且是可变的:感知受到的影响可能是最小的,语言受到的影响可能是最大的。

通过影响儿童与现实的关系,与哈特曼早年构想的可能相比,生活中的他人更为直接地进入快乐次序。因此,“快乐溢价是为儿童遵从现实与社会化的要求所准备的;*但如果这种遵从意味着儿童接受父母所持有的关于现实的错误或偏倚的观点,就要同等接受现实与社会化的要求*”(1956a, p. 256;斜体是我们标注的)。因为父母的歪曲可以对快乐的条件产生影响,父母的人格和/或心理病理就进入儿童动机系统的核心。结果,举例来说,“母亲‘神经症性地’所害怕的……可能对儿童来说就是‘真正’的危险”(1956a, p. 258)。

这些评论让人想起沙利文(1953)关于儿童共情母亲焦虑的观察。但须知哈特曼是在与沙利文不同的概念系统中运作的。对沙利文来说,自体系统的中心焦点是回避焦虑;因此,跟母亲焦虑的关系是即刻的。而对哈特曼来说,获得快乐仍然是理论的中心。即使儿童生活中重要他人的个人特征直接影响了快乐次序,驱力及其变迁依然是动机中心。而且,哈特曼对于由生物学和由客体关系共同决定的发展方面的强调,导致他总是考虑作为影响儿童发展众多因素之一的客体作用。

## 256 结构学说与经济学说的考虑

对哈特曼来说,如同弗洛伊德以及后来的驱力模型理论家,结构理论的修改比能量原则的修改更容易些。这是根据驱力模型的基本假设得出的结论,即驱力自身作为动机力量的中心性、恒定性原则等,本质上是符合经济学原则的。因此,哈特曼的修改在结构范畴内是最清晰的。尽管哈特曼认为,根据自我各种功能的相似性来界定,自我是一个“确定性的系统”和“结构单元”(1950c),他不断提醒不要认为自我是一个单一的概念,认为“在许多情况下,我们在谈到‘自我’时,显示出对自我的各种功能的有区别的考虑”(1951, p. 146)。这些各种各样的功能是按照等级排列的(1939a, 1939b),而且能在一起和谐运作,或者在系统内的冲突中关联在一起(1950c),例如,自我的防御性与非防御性功能之间的联系。自由联想的过程就是这种等级排列的一个例子,在这种情况下,自我的一个功能(逻辑思维)为了另一个自我功能(联想过程)的进行而暂停。这可能导致两个功能之间合作或冲突。系统内冲突的其他例子在分析实践中随处可见。

自我是由几个功能单元构成的，每个单元以自己的方式与外界联系，以上这个观点是为扩展系统对心理结构总体功能的影响服务的。为了进行类比，我们假设一个立法机构对外部机构提交的法案只有赞成或反对的功能，如果这个立法机关总是作为一个单元运行，其功能必须限定为说“是”或“不是”。这就是弗洛伊德结构模型中最初描述的自我，自我与本我的关系就像“骑在马背上的人”，经常引导本我向着本我想去的方向前进(1923a, p. 25)。但是，如果立法机关是由几个功能构成，每个功能具有自己关切之事，而且在情景需要下愿意与其他功能合作或反对其他功能，这个机构就可以要求专门为其利益量身定做的法案；与绝大多数的结盟就变成安抚个别小派系与各种联盟利益的问题。这是哈特曼描绘的系统自我。更多的观点包含在结构中，在塑造任何行为时必须考虑结构内部的斗争与合作。

关于自我作用的观点在《自我心理学与适应问题》中就已经比较明确了，哈特曼在其中引入平衡与组合的概念。平衡，心理系统的各个方面和谐地发挥作用，是精神健康的必备条件之一。在四个领域内是必要的：(1)驱力之间；(2)心理结构之间；(3)自我的合成功能与其他自我功能之间；(4)个体与环境之间。我们在适应概念中已经遇到过第四个领域；对经典的元心理学是一个重要的补充。而对于前三个领域，指的是心理结构内的和谐，哈特曼使用了“组合”的概念(1939a, p. 40)。作为平稳心理功能重要方面的前两个领域，是从西格蒙德·弗洛伊德和安娜·弗洛伊德著作中得出的。第三个领域，作为自我以一个系统和谐运作的条件，是哈特曼对理论的另一个补充。而且，随着其工作的进展，保持系统内平衡的条件扩展至包括自我的许多功能，与其他功能相比，不只是合成功能(1951)。心理活动满足自我的内在需要，而不仅是满足与现实和他人外在关系的需要(Freud, 1923a; Waelder, 1930)，这个要求提升了自我决定所有行为的力量。

*257*

冒着超出类比范畴的风险，对于政府组织的描绘可以进一步扩展。在我们提出的意象中，立法机关执行的法案是由外部资源提交的，没法被修正。这个驱力/结构模型中的“外部”资源当然就是本我，而“法案”就是本能驱力能量驱动的冲动。这又是一个哈特曼提供决定性理论改变的领域，尽管他的修正比那些已经提过的更加复杂。

就经济学观点而言，哈特曼进入了精神分析动机理论的核心。正如我们所注意到的，这也是一个他明确扩展元心理学假设应用的领域：经济学观点不再专门关注能量的数量，也不再关注可获得的能量模式(1953)。在理论中，作为独立能量来源的攻击以及中性化等级(去性欲的和去攻击性的)的能量，被赋予与力比多一样重要的地位。哈特曼在职业生涯后期提出，自我可获得的某些能量在起源上可能是非本能的，因此跟任何的基本驱力无关(1955)。这每一个主题，因其在理论主题中都有其位置，保证了自我在配置心理能量上具有更高的自由度。

258 随着经济学观点的扩展，许多形式的能量就可以为自我所利用。实际上，这三个心理结构均有其独特能量。早在1948年，哈特曼就提出："我们假设，一旦出现三个精神系统的分化，每一个系统都分配心理能量……关于所使用能量的形式和状态、起源以及交换，一言以蔽之，就是活动的动力，动力的和能量的方面，适用于人格的所有系统，但是我们发现本我、自我与超我之间的不同，不仅在于其组织方面，也在于这种动力方面"(1948, p. 80)。哈特曼在很长一段时间不愿对各种形式的能量进行表态，但他确信，自我一旦形成，就会以起源上独立于本我的能量模式运行(1950c)。

自我可获得的独立能量的问题，直接影响自我对抗驱力力量的基本主题。弗洛伊德模型中的自我，可以通过去性欲化直接影响力比多；而对于攻击，自我就没有这种力量。哈特曼关于经济学贡献的主旨，是将所有形式的能量的特质置于自我(部分)控制之下。去本能化等级概念，首次出现在哈特曼著作中，使得自我影响了发展与驱力能量的最终分配。

这样一些考虑导致哈特曼创立了中性化概念，是对弗洛伊德升华理论的扩展与修改。中性化在三个方面不同于升华：首先，中性化是一个连续的过程，而不只是在高强度的驱力要求下才出现的；因此，其功能远不只是简单的防御。其次，中性化包括两种基本能量的来源，力比多与攻击的去本能化，而不是像升华那样只包括力比多。第三，中性化包含驱力能量自身性质的转化，不是简单地朝向被社会接受目标的转向。(弗洛伊德对升华的使用是模棱两可的，而且在这个方面进行了修正。)

除了提高自我地位之外，中性化概念对关于驱力自身本质理论也有影响。驱力天生具有被体验修正的能力。中性化能量与驱力最初能量的不同在于，其对释放的要求不是那么紧迫，其目标的性质不是那么本能化。驱力是通过个体与外部世界关系发展的；并在此基础上拥有组织与方向(Schafer, 1968)。在哈特曼理论中，驱力仍然是动机中心决定因素，同时也可以受到现实影响。 259

中性化能量首次见于哈特曼1949年著作中，他提出"我们倾向于认为，自我和超我具备中性化攻击能量的作用至少与力比多一样重要"(Hartmann, Kris &

Loewenstein, 1949, p. 70)。一年以后他又详尽说明:“攻击与性的能量可以是中性化的,在这两种情况下,中性化过程是通过自我调节(而且也可能是通过自我的自主性的前驱期)实现的。我们设想,与严格意义上的两种驱力本能性能量相比,这些中性化能量彼此之间更加接近。”(1950c, pp. 128—129)

在同一篇论文中,哈特曼提出了这种中性化攻击能量的特别使用:为阻挡驱力的防御性反投注提供能量。这与弗洛伊德(1915b)关于反投注能量理论形成鲜明对照,弗洛伊德认为防御性运作源于从威胁性本能冲动撤回的投注。就自我力量与运作的自由而言,这种修正是至关重要的:不再完全依赖即时活动的驱力供能。持续的中性化过程意味着,自我在任何时候都可以分配一定量的能量来对抗驱力要求。用哈特曼的话说,中性化概念可以更好地解释为“自我选择达成目标的方法具有高度自由度与可塑性”(1950c, p. 132)。在关于精神分裂元心理学论文(1953)中,他强调了中性化能量在这方面使用的重要性,不能将攻击能量中性化(以便建立足够的防御结构)看作是最重要的精神病发病因素。

中性化影响不是只在冲突情境下才能感觉到。自我的许多功能,在其发展过程中,得到去本能化能量的供能。因此,“一旦自我累积建成自己的中性化能量库,在与外部和内在世界相互作用中,就可以形成由这个能量库投注的目标与功能,也就是说不需要总是依赖特别的中性化”(1955, p. 229)。这里所用的语言,有意识地与弗洛伊德关于本我是巨大力比多仓库的暗喻(1923a)保持类似,建立了类似的能量系统,直接依赖本能驱力的运作。我们已经讨论过哈特曼“自我利益”概念,这个概念不同于且可以对抗驱力决定的动机。在后期的一篇摘要中,哈特曼阐述道:“自我心理学的发展……拓宽了我们对于动机等级的看法。”(1960, pp. 59-60)正是中性化概念,以及自我有能力累积储存去本能化能量的概念,形成了拓宽动机系统理论之路。这种理论视角的修正提高了现实地位,这个结果是从自我与外部世界的密切联系,以及自我使用自己的能量库来看待世界得出的(与本我专横的、无指向的、未调节的能量使用相反)。 *260*

在哈特曼对心理能量问题的最终解决方案中,比之中性化概念的意涵,他甚至做出了与经典元心理学更加强烈的决裂。中性化能量,不管其多么地去本能化,也不管自我对其的分配权有多大,从遗传上来说还是源于本能驱力的能量。不过,早在1949年,他对这个主张的准确性还不确定。在他对去本能化讨论的注释中,他宣称“这里只是从与本能驱力的关系来讨论心理能量。我们没有讨论其他非本能化心理能量的来源”(Hartmann, Kris & Loewenstein, 1949, p. 63n)。一年以后,他再次回到这个问题上,还是拒绝表明立场:“对于自我处置的所有能量是否源于本能驱力这个问题,我还没有准备来回答……也许某些能量源于我之前所描述的自主性的自我。不过,所有这些关于精神能量原始来源的问题最终要回到生理学,就像本能能量那样。”(1950c, p. 130)

五年之后,哈特曼对于他提出的问题给出了可能的答案。他认为,不是所有能量都源于驱力,即使从遗传学角度讲也是如此;“部分精神能量,我们很难估计有多大或多小,根本不是驱力能量,而是从一开始就属于自我”(1955, p. 236)。在同一篇论文的注解中(显示出他对这个题目的处理是多么犹豫),他又说道:“严格意义上说,从一开始就属于自我的能量,当然不能命名为‘去本能化的’或‘中性化的’。可以称之为‘非本能化的’,也许最好称之为‘原始的自我能量’。”(p. 240n)

261

我们能够做的,就是总结哈特曼对经济学观点的修改在多大程度上提高了系统自我的相对强度,结果就使得现实对精神分析的动机理论具有更大的影响力。对弗洛伊德来说,自我完全依靠从驱力得来的能量进行运作,尤其是力比多驱力;因而,自我功能必须与本能推动力相关联。随着结构模型与第二个双本能理论的出现,诸如自恋、升华以及合并的概念松解了特定行为目标与最初本能目标之间的联系。哈特曼继续沿着这个趋势提出,自我可以凭借不同程度中性化攻击与力比多能量运作,且最终要一直依靠属于自我的非本能能量。通过松解自我与某些形式能量的联结,新的构想提高了自我灵活性与运作自由度:自我就不再像在弗洛伊德模型中那样严重依赖本我(以及超我)的要求。这就强化了自我作为现实的仆从与发言人的地位;随着自我的强大,现实的动机影响相比驱力影响就增强了。

哈特曼在扩展现实影响驱力特征框架的同时,重申了本我与现实的不相干性。然而,这其中的矛盾说法远比真实情况要明显,最好理解为意欲保留驱力/结构模型的一种表达。中性化概念使得他保留了弗洛伊德驱力理论的遗传学内容,同时将现实影响整合进了动力学观点。除了原始的自我能量之外,哈特曼理论中所有动机仍然*源于*内在本能。同时,对于后来那些意在保留经典模型的作者来说,中性化理论就成了对驱力理论进行较大修正的典范。雅各布森著作提高了“客体世界”对驱力的影响,坚持认为现实体验是最初未分化能量分成力比多与攻击的部分原因(1964)。柯恩伯格进一步延续了这种策略,认为力比多与攻击本身是从组成对他人好与坏体验的基石中建构的(1976)。这些理论家中的每一位,通过保留驱力动机的首要性,保留了与驱力模型的联系，但每一位都提高了现实对驱力起源以及最终特征的影响，向着调和方向持续迈进。哈特曼的中性化概念开启了这种特定调和方法的大门。

自我可获得的中性化能量等级运作是哈特曼关于许多自我功能原发与继发自主性概念的基础(1950c，1955；另见于1939a关于这些构想的预想)。他对这些观点的阐述早于他对其潜在经济学内容的修改，而且要更清晰。他最终认识到，与他提出的自我功能的运作可以不受心理冲突的影响相比，精神分析能量模型的修改对驱力模型基本假设造成的远不止是挑战。 *262*

具有原发自主性的结构，是那些从一出生就不受冲突影响而发挥功能的结构；继发自主性功能，是那些源于冲突，但通过功能改变，在发展过程中摆脱冲突而独立运作的功能(1950c)。继发自主性功能依靠中性化能量运作，而具有原发自主性的结构是由"原始的自我能量"供能的(1955)。所有自我功能，包括原发与继发自主性功能，在不同情况下介入冲突情景，从经济学观点看是概念化为去中性化的发展。

哈特曼在1939年首次谈到他后来称之为自主化功能的这个问题。他在《自我心理学与适应问题》中的构想，尽管没有包含后来的经济学考虑，却为他提供了洞察力，使得他引入现实作为驱力互补性动机因素。他在这部专题著作中提出"无冲突的自我领域"，以及其发展的前驱者，自我与本我未分化基质。他认为，自主性自我的发展是"所有现实关系的先决条件之一"(1939a，p. 107)。无冲突领域的元素从出生就具有，包括感觉、记忆、能动性和联想。这些"用于掌控外部世界"(p. 50)的结构遵循自身的成熟过程。其成熟方式与驱力成熟类似，不受驱力所产生的冲突影响。哈特曼就这样概括了弗洛伊德(1926a)关于预期危险特定自我功能的范式(Rapaport，1958)。

无冲突自我功能最早的根源是自我与本我的未分化基质。弗洛伊德认为婴儿心理结构出生时完全由驱力组成(弗洛伊德在1937年对此作了某些修正)，哈特曼对这个观点提出质疑。自我功能不是脱离本我逐步形成的；相反，自我与本我是从包含这两个系统元素的共同来源中分化出来的。这种对结构学说观点的修正得出这样的结论，即发展不是有机体在驱力要求的幻觉性满足不能被体验为快乐才转向现实这样的简单问题(Freud，1911a)。因此，婴儿与现实联系的通道从一开始就存在，而且遵循其自身成熟过程。

从未分化基质中自我元素到无冲突领域的结构有一条特定的发展线。无冲突领域包括"所有在特定时间在精神冲突领域之外发挥效应的功能"(1939a，pp. 8－9)。这些功能为哈特曼提供了个体与现实之间的持续联系。尽管这些功能通常以中性化或 *263*

原始的自我能量运作，是可以介入冲突的，而且也可以成为后来的防御机制的前驱体(1950c，1952，1953；Hartmann，Kris & Loewenstein，1946)。

哈特曼引入新概念来补充与保留驱力模型理论的策略，一点也不比其“潜意识的自动行为”概念清晰。借用躯体的观察，自动行为给动机系统引入一定水平的重复行为，其运作至少相对独立于快乐原则与强迫性重复(Hartmann，1933)。这就是大体上其运作不受驱力影响的行为(早在其理论中，哈特曼在处理这些问题时，并没有将注意力转向经济学观点。这就是那些导致他后来进行理论修改的观察。)

是什么激发了这些行为？从前面已经列出的讨论看，很显然，非驱力来源的动机一定源于个体与现实的关系，从习性到适应。实际上，哈特曼将自动行为描述为“受制于外部世界”，认为自动行为是“适应过程的持续效应”(1939a，p. 92)。自动行为在心理经济学中的地位是“保证对现实的掌控”。这种解释认定现实具有直接的动机影响。从这个意义上说，这种解释会让人想起安娜·弗洛伊德的观点，她认为防御可以被外界以及内在的(来源于驱力)威胁所激发，但因为这种解释对现实的引用方式完全超越了冲突，所表现出的是更加全面地背离早先的观点。

对结构模型的完善，吸引了哈特曼太多的注意力，对弗洛伊德“自恋”概念提出严重的质疑。正如哈特曼所说(1950c)，弗洛伊德在使用地形模型时将自恋定义为力比多在某个时段对自我的投注。自我在这个模型中的定义是模糊不清的；通常指的是“整个人”，或“自体”。后来模型中更具体的定义，将自我看作是构成心理结构的三个系统中不相关联的一个系统，明显改变了自恋的含义：指的不再是与力比多客体投注相对应的，力比多对自体的投注，而是对某个特定精神结构的投注。这使得这个概念失去了临床意义。

*264*

哈特曼相应地对自恋概念进行了重新定义。他认为，自恋在结构模型中要理解为力比多对自体的投注，而不是对系统自我的投注。正如他的许多贡献一样，这种重新建构同时修改和保留了现存理论。其对理论的修改是将自体(见于与客体的互动中)概念引入经典框架。这反过来为未来的理论家(Jacobson，1964；Kernberg，1976)建立结构开辟了道路，雅各布森将结构间相互作用称之为“自体与客体世界”这些结构具有核心的动机重要性。不过，哈特曼的观点在这一点上是保守的，他将自体定义为一种*表征*，与客体表征类似，是一种经验上的建构。因为自体是经验上的，所以仍然是一个描述性概念。鉴于哈特曼对精神分析的定义，描述性与解释性概念之间的区别在其中扮演了至关重要的角色，他对自体的应用使得他的自体概念处于理论外围。精神分析的解释性(因而也是中心性的)概念依然是驱力与"经典的"结构。

柯恩伯格在指出新理论的保守性内容时,写道:"哈特曼事实上将'自体'从元心理学移走了。"(1982, p. 898)我们赞同这个看法,而且认为哈特曼确实是这样做的,至少在某种程度上,他是这样答复当代关系模型理论家的,当代关系模型理论家将自体概念置于理论模型核心。(这种非传统性的使用,在沙利文、霍尼、弗洛姆和温尼科特著作中最明显,后来得到了冈特瑞普与科胡特更加全面的发展。)哈特曼在另一个领域的策略也是保守的:尽管他将客体自恋性投注从自我改为自体,自恋代表的仍然是力比多对*某种东西*的投注,而且保留了弗洛伊德最初的能量框架。

相对来说,哈特曼在其已出版著作中几乎不太注意临床实践。但是,他关于分析性解释的过程,以及精神分析治疗性行为的看法,与我们概述的通用理论方法是保持一致的。精神分析的根本目标对哈特曼来说,跟弗洛伊德一样,是"捕获被压抑的内容"(Hartmann & Kris, 1945)。但对于将潜意识内容意识化这个目标来说,增加了当代元素,源于对自我组织功能的看重。这包括对适应与组合过程的修正与调节,以及所暗含的所有生物学的重要结果。 *265*

在哈特曼看来,精神分析作为一种治疗,不仅解释驱力及其衍生物(将潜意识内容意识化),而且也要作用于自我的当代适应与合成的组织。现实在治疗中扮演更为重要的角色,根据哈特曼说法,这是一个发展和延续了弗洛伊德从现实焦虑寻找神经症起源的做法,以及安娜·弗洛伊德对现实冲突重要性的重视(Hartmann, 1951)。不过,就像他的发展范式描述的那样,与外部世界最初的关系(适应状态)并不是与他人关系的那个样子,因此,当代精神分析过程(以及分析师)的影响不是个人化的。相反,这种影响是通过其对结构自我适应与组织成分影响来发挥的。哈特曼确实将精神分析描述为"自我欺骗以及对外部世界误判的理论"(1939a, p. 64),但是他的意思不是说要根据经验在移情中纠正这种误判。实际上,移情性的重温过去只有在其后服务于内省力的情况下才具有治疗作用(Hartmann & Kris,1945)。自我欺骗与误判可以在分析过程中得到阐明,而且新联结(新水平的组织与合成)会取代其位置。分析作用于并修正自我的判断结构,从而促进适应过程。但是从绝对意义上说,分析设置没有形成客体关系,哈特曼抛弃了诸如斯特拉奇(1934)的观点,斯特拉奇认为,通过与分析师建立新的关系提供一个框架对移情歪曲进行某些经验上的修正。因此,与早先的理论家相比,哈特曼是从广义上看待分析经验,基于对当代自我运作及其修正的考虑,从关系角度看,他已经是止步不前了。

## 两个模型之间：评论

哈特曼在其所有著作中试图将新见解整合进精神分析的概念框架，而对驱力/结构模型要素的保留使他对理论的发展作出了突出贡献。这也造成了一系列问题。我们已经说明了“广义”与“狭义”精神分析概念使他可以引入新的理论结构来解释正常的发展和适应行为，同时可以保留冲突（以及潜在的驱力理论）在解释心理病理中的中心地位，尤其是神经症。这种方法可以使现存理论“在一定程度上”保持下去，同时引入新概念解释新观察，预示了科胡特最近采取的策略。在科胡特著作中，“经典的”驱力和结构足以解释“经典的”俄狄浦斯期神经症，而“新的”自恋性人格障碍需要“新的”自体心理学概念的解释。同样，哈特曼引入了解释适应以及其他“正常”现象的范式，总体上处于冲突领域之外，与解释神经症系统极为不同。

266

这种解决办法提出了严重的概念性问题。精神分析理论的中心信条一直认为，健康与神经症（尽管未必是精神病）是连续体上的两个点。如果精神分析真的成为普通心理学，就必须有一个理论用统一的方式解释连续体的所有现象。哈特曼理论在这个方面是失败的，因为其产生的驱力与冲突所构成的解释性概念足以解释连续体的一个点（神经症），但不能完全解释另一个点（正常的发展）。哈特曼不愿采取可能解决这个难题的步骤，也就是使外部世界（与他人的关系）与（病因性的）心理内部的冲突更加紧密地联系在一起。他在将客体关系纳入快乐次序的时候，是朝着这个方向努力了，但他尚未全面认识到这一步对驱力理论自身的影响。顺着这条线的影响进行探索可能导致假设的驱力本质（即寻求快乐和受到体验的影响最小）的基本改变。哈特曼保留经典理论的兴趣使他不愿让自己致力于这种改变。

哈特曼将精神分析看作是生物科学的决定产生了相关难题，这个决定导致将发展分析为最终由有机体的生存需要所决定的。他坚持认为精神分析是“普通生物学的”，而非“人类专有的”学科。为了区分人与动物，哈特曼引用了三个有差异的特征：内省行为、语言和工具的使用。这种区分是有问题的：即便这些特征确实可以将人与动物区分开来，也只是显示了相对异体能力系统发育的进步。也就是说，这些特征就是那些“普通生物学的”区分的特征。显然，其他“人类专有的”属性是动物不具有的，包括信奉抽象理想与价值的能力、艺术创造力、超越生物学生存目标的设定，等等。哈特曼难以将这些特征整合入他的系统：用适应观点来补充弗洛伊德模型的策略在某种程

267

度上限制了其理论的诠释学方法。

我们就将他关于前意识自动行为的讨论作为一个例子。自动行为对自我来说是"必做之事"，健康的自我"必须……有能力做*必做之事*"（1939a，p. 94；斜体是原文标注的）。正是在这种情形下，哈特曼引述了马丁·路德的话："这就是我的立场，我只能这样。"他将这个作为人类特征的一个例子，"无需在每个场合再考虑的相对稳定的反应形式"之一（p. 94）。不过诸如路德那样的宣言，只能理解为是再三考虑之下发出的。这样的原则性立场是无意义的，除非是从人类意识的最高形式来看待；将其归属于前意识自动化功能，使其丧失了对于做出此决定的个体的意义，以及对于他人潜在的精神意义。当路德说"我只能这样"时，他不是在谈论没有重新考虑的行动；他是在说他只能这样，并且对自己保持真实。在动机如此严重仰仗适应需要的框架内，很难包含对自己保持真实这个主题。

路德的宣言从传统意义上看是非适应性的，也不可能是完全源于驱力要求的压力。哈特曼明白其理论中的这个困难领域。正是在平衡的概念中，尤其是组合的概念，他为新的、更令人满意的解释提供了条件。他将其框架应用于这些问题的任务留给了他人，这是他一直努力将理论改变保持最低限度的结果。但框架是在哈特曼认为一定存在一种高级功能来协调适应与组合过程的断言下提出的：

> 就像我们对待人一样，如果我们遇到同时调节环境关系以及精神组织之间相互关系的功能，*在生物学等级上，我们一定会将其置于适应之上*：我们会将其置于受外界世界调节的适应行为之上，也就是说，从狭义上说在适应之上，但在广义上不在适应之上，因为后者已经包含了"生存价值"，*是由环境关系以及精神组织之间的相互关系共同决定的*。（1939a，pp. 40－41；斜体是我们标注的）

这种表述让我们想起之前哈特曼在同一篇专著中的论点——"较高级的自我功能"决定三种潜在适应模式的（自体适应的性、异体适应的，以及寻求新环境）选择。对许多关系模型的作者（温尼科特、科胡特和冈特瑞普，以及其他作者）来说，这些讨论需要一个自体概念作为驱力/结构模型的解释性补充或替代。这样的结构仅仅服务于哈特曼评论中指出的高级调节功能。 268

路德所说的"这就是我的立场"就是一个绝妙例子。这个陈述同时包含并超越了为了组合（内在和谐与对自己真实）的适应的作用。对内在和谐与平衡的追求，没有考虑狭义上适应的后果，决定了路德的立场。这就是最“人类专有的”行动，即一个人对利希滕斯坦(1977)所说的“人类身份的两难境地”的解决方法。哈特曼对有机体理论的坚持，限制了他可能为解决他深思熟虑提出的问题所作出的贡献。结构自我，即使得到其合成功能和执行能力的强化，即使被授予一定量的独立能量，是一个基础过于狭窄的概念(尤其是从其与驱力的密切关系来看，这是一方面，另一方面，是躯体生存的问题)，难以提供整合能力所需要的广度。更具体地说，不管是通过快乐原则，还是强迫性重复，没有什么结构能满意地解释组合现象，尤其是在组合的地位甚至比生存还要高的情况下。

基于这些考虑，哈特曼变成了一个被卡在两种模型之间的理论家。他保留经典模型的愿望抑制了他将新看法整合进精神分析框架的意愿。这些问题再次出现在他对艺术的思考中，哈特曼根据适应的观点将此看作对分析的支撑。因而，“进化有两种过程：一种导向理性的(最终是科学的)表征，另一种导向艺术的表达……艺术当然不只是古老的残留”。人们感受到的艺术价值有两个根源：艺术“给人快乐并依赖于本能驱力”，而且具有一种“规范的、有秩序的元素”(1939a, p. 77,78)。艺术服务于本我与自我的需求。艺术不仅给人快乐，而且为合成方法提供各种可能性(对照 Kris, 1952)。哈特曼关于艺术功能的观点扩展并超越了弗洛伊德理论，弗洛伊德认为艺术的作用是使快乐与现实原则得到和解(1911a)。艺术不但被赋予了驱力需要与对抗外部世界冲突的需要的基础，而且也服务于对世界的无冲突适应。

269 不过，我们在对路德宣言的讨论中也遇到了同样难题。当然，哈特曼关于艺术适应价值的评论是切题的。但是这种评论损害了我们作为创造者或欣赏者，对日常艺术体验的直觉性理解，将这种体验沦为这样的建构，甚至需要驱力满足的概念进行补充。理论到底如何解释面对绝美作品的那种崇高体验，如何解释我们对同胞潜在创造力的惊叹？从一个观点来看，艺术与科学的一分为二，并不像哈特曼所说的那样严格。从艺术角度说，面对科学创造的构造之精密、建构之高雅，从而成为内在的绝美之物，你也会感到惊叹。爱因斯坦的相对论，更不用说弗洛伊德的精神分析，可以激起这样的反应。现代技术的作品的影响可以沿着这样的路线来分析。

将艺术理解为不仅仅是“古老的残留”物，当然是哈特曼对精神分析进行修正的有利条件。但是，就像以前一样，他在这里没有结构来解释艺术体验中最“人类专有的”体验是什么。也许这样断言并不过分，人类与低于人类物种的主要区别是，人自身在面对比自己强大的东西时，就能感受到一种崇高。这种崇高一定超越了源于驱力的快乐和适应的价值。这一定是一种对人类潜力局限的表达(这也类似于科学的表达)。正因如此,这一定是“较高级的自我功能”的作用,或者是同时调节适应与组合的高级功能。但是哈特曼理论只能指出通往这些功能的道路。艺术是“人类专有的”创造,而“人类专有的”理论结构必须能对艺术作出充分的解释。哈特曼缺少具有这种功能的精确理论;他的概念化只是提示性的。

# 9. 玛格丽特·马勒

270 这正是他一直以来渴望的东西：与所爱的人在一起，融为一体，合二为一而不是两个人。其原因就是，这是我们最初的自然状态，我们过去是完整的个体：爱是渴望并追求完整之名。

——阿里斯托芬，见于柏拉图的《会饮》

婴儿的内在体验，肯定永远是无法直接观察的，但根据通常的共识来说，是无组织的、混乱的。小孩一出生就进入一个世界，威廉·詹姆斯可能对这个世界作出了最好的描述，是一个“模糊的、乱糟糟的”世界。婴儿的生活从一开始就笼罩在只能有最低限度理解或改变的环境中。精神分析师对这个生命的早期阶段用不同的术语进行了描述，如自体性欲(Freud, 1914a)、原始自恋(Freud, 1914a; Hartmann, 1950)、绝对依赖(Fairbairn, 1952)以及嵌入(Schachtel, 1959)。每一个术语均源于一套复杂的理论假设。每个术语都强调了无组织的、未分化的个体生活在骚乱且未成形世界中的现象。

婴儿在相对较短时间内长成一个具有独一无二人格的儿童。他是一个生活在这样的世界中的个体，由于自身限制，已经通过结构化使得这个世界可以为他所理解。他用自己的方式体验，用自己的方式反应，用自己的方式行动。简而言之，他已经成为一个人了。

精神分析发展理论家的任务是，绘制婴儿从无定形到成形的路线。跟所有地图绘制一样，某些选择必须作为一个先验条件。制图者必须在绘制政治边界、地形特征、气候、运输工具等诸如此类中作出选择。没有哪张地图可以包含所有可能需要的信息。271 同样，为不同需要而设计的精确地图可能看上去没有任何相似之处。某些为特定目的而绘制的地图，对于那些不熟悉其使用方式的人来说，甚至看上去就不是地图。

精神分析的发展地图对潜在假设的依赖，一点也不亚于制图者的绘图。弗洛伊德早期发展理论，是围绕力比多阶段成熟过程的展现而组织的（Freud，1905a；Abraham，1908，1924），是根据恒定性与快乐原则来推断的。心理结构的存在是假设用于削弱驱力的紧张，驱力释放是假设用于解释快乐的感觉的。假定这些是先验性概念，那么发展的地图就应该围绕占优势的释放模式，以及快乐体验占主导地位模式的转变来组织。性心理阶段的理论绘制了这种运动，而且可以理解为所有情感发展的基础。

力比多阶段理论所描绘的关键运动始于自体性欲体验到的快乐，如果成功，就能在合适的异性恋同伴那里体验到生殖器的快乐而终止。这个前进阶段中的决定性事件是俄狄浦斯情结；这个情结得到成功解决，就会使得儿童离开其最早获得快乐的方式。快乐不再是只能从原初的古老的客体、自体与家庭获得。儿童可以自由地从新的现实获得的来源中寻求满足。这既是丧失也是获得：这是丧失，因为儿童必须认识到，最初的客体已经不可用，不像他一度认为或渴望的那样；这是获得，因为他可以自由地追求新的、好的东西，而且是用一种适合自身人格发展的方式去追求。如果我们是根据快乐次序原则来推测发展的地图，俄狄浦斯情结的解决代表的是分离与个体化的起点。

弗洛伊德/亚伯拉罕关于力比多发展理论的局限性，在其试图绘制的地形中是见不到的，在其计划讲述的基本故事中也是找不到的。我们在地图自身的组织原则中发现了这些局限。将成熟的个体化定义为生殖器期首要性的获得，就好比根据芝加哥与一系列导航设备的关系来定位芝加哥一样。这样做是不准确的，但除非我们是飞行员，否则可能不会告诉我们想要了解的芝加哥。同样，根据力比多阶段的顺序展现来解释儿童从未成形到成形的运动，在许多最近的理论家看来，遗漏了很多对早期发展至关重要的情况。单纯在关系模型中运作的理论家完全抛弃了快乐次序的组织原则，强调与他人建立联结新模式的展现。忠诚于弗洛伊德的理论家，接受快乐是动机中心，感觉需要在建构自己的发展地图中增加这一点。弗洛伊德本人增加了诸如通过危险情景的认同以及顺序来塑造心理结构的补充性概念，这都扩展了最初的理论，同时仍然至少是部分地依赖驱力及其变迁。哈特曼在其地图中包含了"适应的问题"，从而加速了这种理论策略，其强调的是个体与从广义上概述的"现实"建立联结能力的成熟与发展。那些在美国自我心理学传统中追随哈特曼的理论家，试图在"现实"这个概念中填充更清晰的细节，而且像哈特曼一样，不失去看待追求快乐作用的视野。 *272*

也许，用哈特曼扩展驱力模型来囊括心理发展新维度策略的最有影响力的追随者，就是玛格丽特·马勒。在哈特曼概略性框架之上，马勒强调现实关系的*个人化*方面。“适应的问题”在她著作中专门被理解为对人类环境的妥协，这是哈特曼曾经考虑过的问题，但最终因为过于狭隘而被抛弃。对马勒来说，成功发展的标准不是俄狄浦斯情结解决后生殖器期首要性的建立。相反，她指的是发展的运动，从儿童—母亲这个共生母体的嵌入，发展为在一个可预测的、可以现实性地感知他人的世界中获得稳定的个体身份。她将这个过程命名为“分离—个体化”，或者说，在她最近的构想中，称为“心理诞生”。因此，马勒发展地图的组织原则是建立在自体与客体关系基础之上的，但这是一个从源于经典驱力理论解释原则获得支持的焦点。

马勒的贡献在精神分析思想历史上占据关键且自行矛盾的位置。她所描述的儿童沉浸在与母亲共生性融合之中，然后逐渐地、犹豫不决地从这种融合发展为独立的自我，为一代精神分析家和开业者提供了关于童年基本挣扎的想象，与弗洛伊德的看法极为不同。她眼中的儿童不单单是一个与冲突性驱力要求进行搏斗的生物，而是必须不断地调和其独立自主存在的渴望与同样强烈的、促使他屈服并再次沉浸在与生俱来的包裹性融合之中的愿望。马勒的描述简单而充满情感，可能是自弗洛伊德对俄狄浦斯情结的描绘以来，最令人信服的关于童年早期的想象，共生概念不仅被精神分析师所接受，也被论述爱的文学批评家和哲学家所接受(Bergmann，1971)。

273

马勒在维也纳以儿科医生开始其职业生涯;其工作的观察基础是儿童正常与病理性行为。这种背景使得观察者可以获取人格构想以及即将出现的心理病理的演变，在其内化和结构化之前，自然会重视成长与发展相互作用的方面，因为正是儿童与他人之间的相互作用可以被置于观察之下。实际上，在马勒最早以英文发表的论文中，是她在 19 世纪 30 年代到达美国后不久写成的，她强调了父母对于孩子意识与潜意识态度影响正常和病理性发展的重要性。童年神经症（Mahler，1941；Mahler [Schoenberger]，1942)、正常的自我发展，以及情感的早期表达(Mahler，1946)，均被描述为儿童需要与父母(尤其是儿童的母亲)人格之间相互作用的结果。马勒早期的许多描述类似于沙利文在人际精神病学中提出的观点：儿童共情母亲的焦虑;儿童诱发其养育者柔情的能力;儿童塑造自己迎合父母的期待与臆测，等等。

不过，这些早期著作中的观察与解释，马勒所见与其对此解释之间存在基本的冲突。她观察到父母在其与儿童互动中的至关重要性;她从父母作为儿童的力比多与攻击驱力的客体中得出这种重要性。父母的功能，在马勒经典元心理学描述中，是“给予儿童用于渠道化的客体相关机会，即利用与合并其爱与攻击的倾向”(1946，p. 47)。因此，尽管父母人格被理解为对其孩子发展具有相当大的影响，从经典观点看，这种影响还是通过父母作为“客体”功能促成的，并使之成为可能。人际观察与驱力解释之间的冲突必然使马勒曲解经典框架来容纳其新观点。

## 从自闭状态到个体化

274

马勒对儿童早年客体关系的最初兴趣源于她对儿童期严重的心理病理研究。她关于自闭与共生精神病的概念，首先指的是一种无法与养育者建立滋养关系的障碍，其次指的是儿童无法离开这种关系的情景(Mahler, Ross & DeFries, 1949; Mahler, 1952; Mahler & Gosliner, 1955)。从这些情景研究中，她得出其关于正常儿童发展经历的观点。正如任何一个理论要经过数年发展一样，马勒对发展主要特征的描述经历了许多的变化与修改，尤其是关于特定亚阶段的时间与特征。我们的报道是从她最近对这个过程的系统构想中得出的(Mahler, Pine & Bergman, 1975)。

*正常的自闭期*。新生儿在最初几周相对来说似乎对所有刺激没有觉察，睡眠时间远远超过了觉醒时间。马勒将这个阶段描述为“自闭的”，并推断婴儿的活动就像一个封闭的系统，与外部现实保持着相当大的距离。弗洛伊德(1911a)认为，婴儿早期对抗环境的冲击是这样进行的，因为初级心理结构不能处理这种冲击，事实上感觉器官(外周的，结构的术语)最初没有力比多的投注，因而是不起作用的。将婴儿与外部世界联系在一起的通道处于潜伏状态，尚未发挥作用。婴儿关注的只是需要的满足、紧张的消除，并根据幻觉性愿望满足的原则行事，而不是将满足的可能来源定位于外部世界。新生儿缺乏感知外部客体并与之建立联结的能力；其体验局限于心理平衡的保持与破坏，一系列的挫败与满足，既可以是“真实的”，也可以是幻觉性的。

*正常的共生期*。3到4周的时候，心理成熟危机就出现了，婴儿表现出对外界刺激敏感度的增加。这种增强的响应性使其隐约感觉到母亲作为外部客体的存在，尤其是母亲可以帮助婴儿消除紧张。对人脸形状特定微笑反应的出现标志着这个阶段的到来。投注现在就指向外周，而不是完全内向性的了，但“外周”已经有了新的含义：就是这个“双元体”的外周，从观察者观点看，包括儿童与母亲；从婴儿角度看，组成共生单元的两个个体是没有区别的，其表现就好像他与母亲是一个一元的、全能的系统。

275

在正常共生期，婴儿开始组织体验。尤其是自我原始自主功能的成熟，特别是记忆，促进了这个过程。体验最初被归类于“好的”，等同于快乐的；“坏的”，等同于痛苦的。就像自闭期一样，这些体验与自我平衡的保持有关。“好”与“坏”记忆痕迹岛的分化是从未分化的自我与本我的母体中得来的。

从客体关系的观点看，自闭期是“无客体的”，共生阶段是“前客体的”（Mahler, Pine & Bergman, 1975）。根据驱力能量的分配，这两个阶段均属于弗洛伊德的原始自恋时期。不过，对于个体接下来感觉到自体与他人的演化来说，共生阶段是至关重要的，因为正是在这个阶段，婴儿建立了关于自体与客体经验上的初期形式。在马勒看来，这是从心理学上谈论婴儿具有意义的第一个阶段。

*分化亚阶段*。从4、5个月一直到10个月，分离—个体化的第一个阶段，也就是马勒所说的“孵化”过程就开始了。在这个阶段，婴儿在觉醒时首次或多或少地出现持久的警觉性。其最早塑造自己适应母亲身体的倾向让位于喜欢更加主动的、自我决定的状态。婴儿在这个阶段开始探索母亲，拉扯母亲的头发、衣服和眼镜。

在分化过程稍微靠后的时期，婴儿的探索开始超出母亲—儿童的轨道，探究并回应来自远处的刺激。出现扫描外部世界以及核查母亲的模式，从而建立“母亲与他人”的区别。最终，在分化亚阶段，婴儿将开始与被动的“膝盖上的婴儿期”的首次分离；他会从母亲膝盖上滑到地板上，但仍然在母亲脚的周围。

在这些行为发展出现的同时，自我的进化能力给儿童与客体世界的关系带来了重要变化。儿童获得区分感知接触与内在感觉的能力；这使得自体与客体之间清晰的感觉区别的首次出现。在分化亚阶段后期，业已建立的区分母亲与他人的能力可以保持对外界客体恒常的区分。获得这种新能力的主要标志就是婴儿在6个月大时陌生人焦虑的出现。

276

*实践亚阶段*。马勒对分离—个体化的第二个亚阶段勾画了两个截然不同时期：早期实践期，以及正式实践期。每一个阶段，就像之前的阶段一样，都是在新的心理能力成熟的引领之下。初期的实践阶段大约始于10个月，并与分化亚阶段有部分的重叠，开始于儿童四足运动能力的出现：爬行、滑动、爬高，等等。婴儿现在可以移动到距离母亲较远的地方，尽管母亲*仍然*被看作是某种“总部”，在马勒称之为“情感加油”时回到母亲身边。儿童在这个阶段的兴趣从母亲波及到世界中无生命客体，某些可以成为温尼科特（1965a）意义上的过渡性客体。对于母亲，以及母亲可以连续用来加油的兴趣，仍然优先于对世界其他事物的兴趣。

早期实践期是为分离与个体化的三个重要发展而设立的。随着与母亲在身体上拉开距离的能力的发展，与母亲身体上的分化也增加了。同时，在母亲能够为婴儿提供所需情感加油的基础上，婴儿与母亲之间形成了特定联结。最后，这是一个自我的自主功能显著成长时期，这种成长出现在与母亲保持最佳躯体距离的时候。

正式实践期，马勒专门将“心理诞生”的出现定位于这个阶段，开始于儿童直立运动的建立。随着这种发展，儿童的眼界极大地扩展，并对他看到的一切感到振奋。就像马勒对此的概念化一样，这是(继发的)自恋与客体爱的顶点。这表现在儿童对于自己身体和刚刚获得功能的快乐之中，以及他容易接受母亲之外的成人之中。正式实践期是一个“一切尽在其掌握之中”的时期，或者用格里纳克(1957)的话来说，是其“热爱世界”的顶峰。

与其日益增长的身体自恋相一致，儿童在这个阶段的兴趣集中在其不断扩展的能力上，感觉自己无所不能。马勒推测，这个时期的振奋感可能不仅是其能力快速增长的结果，也是其摆脱与母亲共生性嵌入的结果。她提出，经常观察到的事实是，儿童最初的步伐几乎不可避免地指向同母亲分离，这个内在倾向正好表现了儿童自主性的发展(1974)。

277

尽管在正式实践期出现分离功能的急剧上升，但学步儿对母亲新反应没有表现出他将母亲看作一个独立的人。他依然将她看作“总部”，不断回来寻求情感加油。不过，这个亚阶段的出现，确实需要母亲这方作出特定的回应。如果发展要顺利进行，在儿童体验到“心理诞生”的同时，母亲必须愿意放弃对儿童身体的占有。她必须愿意允许，甚至欣赏儿童日益增长的能力，让儿童在远离她的地方行事，愿意让他进入扩展的、令人兴奋的世界之中。母亲的响应必须与这个特定孩子成熟与发展的步调保持一致；她必须对他作出响应，而不是响应她自己先入为主的他应该怎样的想法。

*和解亚阶段*。是儿童在实践亚阶段世界的扩展，以及其分离感的强化，是有代价的。在第二年中间的某个时点(通常是 15 到 18 个月)，已经越来越能够远离母亲行事的儿童开始意识到，与其早期自恋的全能感相反，他在这个非常大的世界中实际上是一个很小的人。这种认识既带来一种先前享受的理想自体感的丧失，也带来一种分离焦虑的再现。其所需要的东西，不会仅仅因为感到这种需要，或者甚至表达了这种需要，就会召之即来。儿童会更经常体验到挫败感，实践亚阶段对失败特征性的无动于衷感逐渐消失。

和解亚阶段的进入是学步儿开始意识到母亲实际上是一个独立的人，母亲不能总是可以帮助他应对最近扩大的世界。母亲现在必须在新的、更高的互动水平上才可以接近，尤其是在分享“外部”世界的新发现以及语言这方面。和解亚阶段最初几个月的典型特征，是儿童对母亲的“示好”行为，在其认识到某种分离感的情况下，他努力争取母亲参与其世界之中。

理想自体感的丧失，以及认识到世界并不是在其掌握之中，导致学步儿进入马勒所说的"和解危机"——大约从18个月持续至20或24个月大。这是一段非常困难而痛苦的时期，儿童在和解危机中解决其剧烈挣扎的方式决定了后来人格发展的许多特征。在和解危机中，儿童体验到获得外界帮助的需要，但同时为了巩固其分离与个体化，需要否认这种危机实际来自另外的人。这就导致了强烈的需要和依附母亲与同样强烈的拒绝和对抗母亲的行为表现。需要与剧烈的争斗交替出现，经常是快速转换。马勒将这个时期儿童的普遍态度描述为"矛盾情感"，因为他对母亲具有明显冲突的情感反应，即强烈的需要时期与非常渴望分离时期的交替出现①。一方面，儿童害怕与母亲分离之后失去母亲的爱；另一方面，害怕因为对母亲的需要导致再次被吞没在共生的轨道中。

和解危机的成功解决，使对母亲的需要与分离和个体化需要之间的冲突濒临危机关头，马勒将其理解为避免之后严重心理病理的中心发展需要。她指出（Mahler, Pine & Bergman, 1975; Mahler, 1971），关于母亲好与坏表征的分裂，以及她的胁迫，是和解危机的特点，也是边缘病人移情反应的典型特征。对于更加严重的心理病理来说，成功穿越这个阶段就成为了俄狄浦斯情结的解决方法，这是根据弗洛伊德对神经症病因学的理解。

和解亚阶段，尤其是和解危机，是儿童除了要经历客体关系变化之外，还要经历发展与成熟变化的时期。这是一个自主性自我功能快速变化的时期，最为突出的就是语言能力的快速增长以及现实检验能力的出现（对比 Freud, 1925b）。儿童也觉察到性别的解剖学差异，对自己性别身份的看法也促进个体化过程并与之相互作用。对父亲的认识也在增长，父亲是一个不同于母亲的家庭成员，但与儿童有着特别的关系。最终，从力比多发展理论角度看，儿童正在从口欲期过渡到肛欲期。

和解的到来对学步儿的母亲提出一系列新的要求。从她的观点看，这个阶段的出现似乎是一种退行性发展。就在几个月前，儿童似乎非常独立，对自己的独立感到非常满足，而现在则变得更加难带，更加焦虑，更加令人费心。他坚决要求母亲的帮助，但又用特别令人痛苦的方式拒绝帮助。她该如何回应？她要做的取决于她对共生和

---

① 这种矛盾情感不应该看作已经获得客体恒常性。实际上，在马勒范式中，和解危机是分裂机制达到顶峰的时期。

分离的意识与潜意识的态度。有些母亲乐于有机会让孩子再次沉浸在她们的照顾以及她们的身体中，从而遏制了指向分离的驱力。有些母亲则拒绝孩子新的依赖，她们的信念是“他已经是个大男孩了”，忽视这个亚阶段的合理需要。马勒反复强调母亲在所有亚阶段的反应，尤其是在和解期，对最终结果具有决定性影响。

*力比多客体恒常性阶段*。从前面三个阶段的意义上说，这不算是个亚阶段，因为在旧的结束后，这个阶段是没有期限的，终其一生带有诸多变数。力比多客体恒常性的获得开始于3岁，而且通常在3岁末就相对稳固了。这个阶段有两个首要任务，是围绕所有客体关系中协助参与者组织的：必须形成稳定的自体概念和他人概念。儿童必须获得自己个体化感觉，以及他人作为内在的、主动被投注存在的感觉。这就使得他人不在场而发挥足够的功能成为可能，这个能力意味着内心分离感的达成。

力比多客体恒常性是以皮亚杰(1937)意义上的“客体永久性”的能力为前提的，但并不等同于此。皮亚杰著作聚焦于儿童与非生命物体的关系，永久性概念表示物体没在眼前，但仍然继续留存在儿童的脑海中。儿童大约在18到20个月大时就会出现这种能力，远在力比多意义上的“恒常性”发展之前。这种落后的原因是，说到人类的恒常性，被力比多投注的客体，我们所说的是比皮亚杰所说的更加充斥情感的情形。力比多客体恒常性的前提是好与坏客体表征的统一，以及被投注的力比多与攻击驱力的融合。在马勒看来，这些成就取决于先天禀赋和先前的发展经历。驱力及其变迁的内在力量，以及分离—个体化最初三个亚阶段的发展结果，对第四个亚阶段的事件有着决定性影响。力比多客体恒常性成功(或相对成功)的完成标志着稳定的自体—他人关系的牢固建立。 *280*

马勒在其整个著作中清楚说明分离与个体化是互补但不同的发展过程。分离是从与母亲共生性的融合中出现的，而个体化“是由那些标志着儿童认为是自己的个体化特征的成就所构成的”(Mahler, Pine & Bergman, 1975, p.4)。这两个过程可能有类似的前进步伐，相互促进彼此的达成，或者当离开母亲的能力超过自主功能的能力(例如，母亲不在场时，完全可以调节紧张)，可能会有相对的落后。这种区分类似于最初哈特曼、克里斯与勒温(1946；另见于Mahler, 1958a)对成熟与发展的区分，而且可能与之相互影响。自主的自我功能与肌肉功能的成熟，可能导致儿童采取他的其他方面在发展上还没准备好的行动。这两个极，分离—个体化与发展的成熟，在马勒看来，是发展结果的重要决定因素。

在我们对分离—个体化亚阶段的描述中，我们在几个地方提到了母亲对于孩子正在变化的需要与行为反应的重要性。很显然,共生期"最佳"母亲的反应并不是实践亚阶段"最佳"母亲的反应,而且这些反应必须根据和解的到来进行调整,尤其是在和解危机到来之时。要准确理解马勒对精神分析的贡献,重要的是要理解儿童正在变换的需要与母亲对这些变化回应的内在关系。儿童的发展是其在亚阶段的特定行为与母亲回应之间互动的结果。儿童在经过各个亚阶段时,其需要在变化,包括与母亲建立不同联结模式的需要。因此,马勒关于早期发展的描述是二元的:分析必须考虑这两个主要参与方每一方的贡献。在马勒后期著作中,她甚至强调了原先被忽略的父亲的作用,认为婴儿在实践亚阶段对自己的感觉取决于父母在亚阶段有足够的回应(Mahler & McDevitt, 1982)。

281 儿童分离与个体化对母亲的要求与儿童内在的变化是一致的。作为儿童与外界之间的缓冲,以及发挥辅助性自我与刺激屏障功能的最初意愿,为了与日益增长的自主性个体建立更高水平的关系,必须让位于放弃这种亲密的意愿。因此,马勒对于最佳养育的要求与温尼科特所说的"过得去的母亲"有着惊人相似之处,母亲既能实现"原初的母爱贯注",又能将之抛在身后。在马勒框架中,母亲与孩子"同行"的能力与驱力及其变迁和自我成熟同样重要,都是性格形成与病理性发展的决定因素。在马勒理论中,母亲的贡献超出了弗洛伊德驱力模型构想中偶然发现的"客体"作为满足者或挫败者的作用。

## 马勒与哈特曼

在过去的25年中,共生概念在精神分析思想中是如此的根深蒂固,我们今天很难认识到驱力/结构模型对此的准备是多么的贫乏。共生具有最早的前语言婴儿期(紧接着最初的自闭期)的特征,是驱力模型理论家从过去到现在一直不愿探索的发展时期。甚至更为重要的是,其在力比多客体关系理论中的地位难以被经典的元心理学所包含。共生*是*一种客体关系,就在于在共生期,力比多投注指向的是包括客体(母亲)和自体的"双元体"。同时,共生*不能成为*一种客体关系,因为自体与客体之间没有,或者只是存在很少的分化。驱力模型,尤其是马勒提出共生概念的假设时,是不可能允许客体关系中存在这样的中间地带的。对弗洛伊德(1914a)来说,自恋力比多与客体力比多之间的对立是绝对的:那些投注于客体的力比多是不能为自我所利用的,反之亦然。因此,从力比多理论处理客体关系的方法来看,你是无法支持所谓的共生期这类东西的，然而，正常发展中的共生期假设是马勒贡献中的重要部分。共生理论如何与之前存在的理论联系在一起？哈特曼的概念为马勒提供了至关重要的纽带。

哈特曼引入驱力模型几个新概念的目的，是为给人类有机体与环境之间提供更为直接的联系。这其中首要的是适应概念以及适应过程需要调适的正常可预期环境的概念。我们注意到，哈特曼生物学层面上的概念化产生了一个理论，适应和环境在其中是图式概念，是有机体组合进生态系统的观点。然而，尽管哈特曼保持了理论上的谨慎，很显然，他所引领的驱力模型前进的方向，明显将与他人的关系赋予了更加中心的解释角色，从而就危及了驱力概念之前所持有的解释垄断权。哈特曼专著出版 20 多年后，格洛弗（1961）在一篇尖刻的综述中提醒“从元心理学角度说，适应就是客体关系史”（p. 98n）。对格洛弗来说，这就使得理论进一步成为建立在客体关系而不是驱力基础之上的幽灵，从而抛弃了精神分析性的深度心理学。他正确地觉察到，适应观念以及并存的正常可预期环境的概念可以为精神分析理论开启关注客体关系之路。他在其整个职业生涯中刻意避开了这条道路，而马勒紧随其后。马勒愿意探索的深度，不是明确将“环境”与父母式人物同等看待，在早期的一篇论文中就透露出来了，她描述了一个有着各种让父母困扰的身心与心理症状的小孩子。马勒是这样描述父母反应的：“环境，尤其是过分焦虑的环境，使他们咨询了一个又一个的医生。”（1946，p. 48） 282

尽管早期有着这种谨慎，马勒作为一个理论家，实际上将哈特曼的理论框架推向了令格洛弗感到担忧的方向：她提供了“正常可预期的环境”的具体化与人格化。马勒在早期的论文中指出，婴儿最早期运动技能的一个功能就是与母亲建立联结（Mahler，Luke & Daltroff，1945）。一年以后，她再次谈到同一个观点，陈述道：“本能紧张的增长超出某个限制时，婴儿就会感觉到强烈的痛苦，导致他突然大哭起来，并出现一阵阵的情感运动，*尽管起不到什么释放的作用，确实能招来帮助*。”（1946，p. 44；斜体是我们标注的）

10 年后，在提出正常共生期假设后，马勒说得就有点更加具体了，指出情感运动性反应是用来吸引母亲的，母亲可以作为外在的自我得到利用（1958）。自闭性精神病，现象学的特征是不能建立共生关系，被理解为由“内在的社会生物学适应的缺陷”所致（Mahler，Furer & Settlage，1959，p. 816）。在其最终关于分离一个体化过程作为正常发展阶段的理论中，马勒主张“正常可预期的环境”从一出生就完全是由婴儿与母亲的互动组成的（Mahler，1966，1968；Mahler & McDevitt，1968；另见 McDevitt & 283

Settlage, 1971)。因此,哈特曼所说的环境被有意模糊地定义为“现实”,而马勒所说的“正常可预期的环境”,随着其理论的演化,逐渐变成了“一般投入的母亲”(1968)。

所以,马勒重新定义了环境,以期与母亲这个特定的人保持一致。同时,她详细叙述了儿童的适应能力:这些适应能力被理解为其具有的能力,通过情感运动性释放,将母亲召唤到身边,并利用她减少紧张。儿童的照顾需要、母亲的能力与提供照顾的意愿,以及儿童召唤提供照顾的母亲之间存在一种匹配。(出于对特有的简洁与对操行概念的偏爱,沙利文[1953]将此描述为儿童诱发柔情的能力。)马勒对需要与反应的这种特征性模式的描绘,与哈特曼最初广义的概括性观点相比,构成了关于适应环境更加具体且强调关系的观点。

但共生是在何处进入这种描绘的?马勒是从哈特曼(1939a)引用弗洛伊德(1923a)观点开始的,即与其他动物相比,人从一出生就遭受两种互补的缺陷:人通常在躯体上是不成熟的,在进化过程中,其自我保存本能极大地衰退。哈特曼认为,正是这些原因,自我才演化为一个特殊的适应器官,尽管他更喜欢模糊地论述适应的机制。对马勒来说,人类的困难已经在“物种特殊的社会共生”的进化中得到了解决(1958a;Mahler, Furer & Settlage, 1959),其提供的是儿童生存的需要。新生儿的初级自我总体上是无力对抗这个世界的,但特别适应于应对马勒所重新定义的环境:可以诱发母亲的帮助,母亲作为辅助性的自我,弥补了婴儿的能力(1967)。就像她所说的那样:“适应可以看作始于婴儿对共生环境的适应。这种适应等同于他成功……找到了‘过得去的养育’。”(1966, p. 153)形成共生关系的能力,是对哈特曼的婴儿最初适应正常可期待环境概念的说明,是一种由人类生物学特征决定的能力,在马勒叙述中是明确的,她认为:“即使非常小的孩子也不得不尽力利用其固有的装备来诱发‘过得去的养育’,就是温尼科特(1960)所说的母亲的养育。”(1965, p. 164)

284

因此,马勒详述了哈特曼概述的“适应能力”,并阐明了适应过程的第一步。*适应能力是与母亲建立特定模式客体关系的能力;客体关系、共生,是适应的第一个阶段。*建立共生关系需要双方的参与(虽然,正如我们将要论证的那样,这并不是那么明确)。婴儿召唤帮助的内在能力只有在正常可预期的环境,即在具有适度的回应能力“一般投入的母亲”那里才会成功。尽管共生是一个正常的发展阶段,理论上等同于俄狄浦斯情结,客体的合作是必要的。共生性客体不能像俄狄浦斯期客体那样由儿童来创造。因为共生理论表明,生存有赖于人际域中的事件,天生就是一个二元体。现实中与客体关系和客体行为是共生的基本要素,接下来分离—个体化过程的步骤也是如此。

尽管不是那么明确，这个观点进一步暗含了对客体的新定义。因为其概念暗指的特定能力，马勒的“共生性客体”必然是人。这个条件被弗洛伊德理论有意排除在外了，哈特曼广义概略性的关于现实与环境的构想延续了弗洛伊德的方法。为了扩展哈特曼适应的观点，马勒强调了婴儿对特定人类关系的需要。不过，与沙利文和费尔贝恩不同，这种需要源于生存的要求；并没有反映出需要被社会接纳的基本渴望。

马勒所说的“一般投入的母亲”，非常接近于温尼科特所说的“过得去的母亲”。然而，尽管马勒经常赞同地提及温尼科特的观点，温尼科特将共生理论描述为“过于生物学化”。他对马勒构想的反对显示了他们在概念血统上的差异，尤其是马勒对元心理学适应观点的依赖，以及温尼科特丝毫不依赖于此。马勒紧跟哈特曼步伐，是围绕婴儿适应能力组织其理论的，远远超过了温尼科特。因此，她写道：“分离—个体化项目的初步研究业已让我们印象深刻的是，正常婴儿在母婴互动中承担适应任务所展示的主动性如此之大！当然，一般投入的母亲愿意满足其婴儿的生物学的主要需要”(1965, pp. 163–164)。这个声明与温尼科特的观点形成鲜明的对照，温尼科特认为过得去的母亲需有能力积极检测并回应婴儿尚未成熟的自体需要。实际上，马勒关于婴儿适应母亲意识或潜意识要求的观点，准确地反映出发展方向导致温尼科特所说的“基于顺从的假我”。

*285*

两年后，马勒确实提供了看上去更加相互影响的共生关系的构想。她提出，“共生阶段的相互暗示创造出难以忘却的铭刻性构造，也就是那种复杂的模式，*成为‘婴儿变成其特定的母亲的孩子’的主旋律*”(1967, p. 750；斜体为原著标注)。不过，很显然，即使这种建构出自生物/适应的框架，而不是温尼科特的人的/人际的框架，马勒还是保留了哈特曼的遗产，强调“适应的”运作。对温尼科特来说，儿童生来具有自体，形成与母亲提供的个人化养育互动。马勒认为，环境/母亲提供生物学的营养，但也给婴儿强加了必须适应的条件。温尼科特所说的“做人”是先天固有的，受到“促进性环境”的鼓励；马勒所说的“做人”是通过其他因素，以及对环境的适应*获得*的。尽管马勒的环境被母亲拟人化了，她的理论仍然将母亲—儿童关系看作一种有机体与生态学系统之间的互动，更类似于哈特曼的观点。

## 共生与驱力：调和的研究

马勒所描绘的用来阅读婴儿从无形到成形发展的地图，与经典驱力理论提供的地图有着本质上的不同。在马勒看来，婴儿要成为一个人，需要淹没在母亲的人格中，并从母亲的人格中显露出来。这个发展的标志是根据联结的方式，而不是紧张的消除得来的。她强调儿童与母亲联系的性质，其结果就成为心理结构形成的基础。然而，她依然忠诚于驱力模型，不是温尼科特那种没有理由的方式，先认可后又忽视驱力理论，而是诚挚地，且经常是煞费苦心地将其新观点编制进现存的框架中。这不是一个容易的任务。

马勒使用“共生”一词有两种本质上不同的所指；这种双重使用提供的弹性是其进行理论调和的最有力的工具。从我们一直采用的视角看，共生意味着婴儿与母亲之间的真实关系，这种关系具有需要双方具体的活动与行为。从哈特曼适应观点角度看，共生是两个人之间的互动模式，对每一方的生存都是必要的。不过，马勒在其他地方明确指出共生还表示一种心理内部事件，即*幻想*。她认为共生是“一种推断的状态……是原始的，认知—情感生活的特点，此时还没有出现自体与母亲之间的分化，或者说出现了向自体—客体未分化状态（共生期的特点）的退行。实际上，*这不一定要求母亲有形的存在*，但可能是建立在原始的一体意象和/或盲视或否认矛盾感知基础上的”（Mahler，Pine & Bergman，1975，p. 8；斜体是我们标注的）。从这个方面看，共生失去了其二元的内涵，甚至可能有反对适应的作用。马勒继续写道：“共生的本质特点是与母亲表征幻觉性或妄想性心身的*全能*融合，尤其是关于两个躯体分离个体之间共有边界的妄想。这就是自我在非常严重个体化障碍与精神病性解体时的退行机制。”（Mahler，Pine & Bergman，1975，p. 45；斜体是原文标注的）

286

我们因而面临关键的不确定性：共生是发生在人际域中的事件，同时又可能是与这个人际域中的事件不相关的幻想。共生是对两个人行为的描述，同时又是对其中某个人行为的元心理学解释。这种显而易见的矛盾不仅仅是语义学疏忽的结果，而是反映了允许马勒将其人际概念放入现存驱力理论的不确定性。她的观点源于其对母亲和儿童行为的观察。为了将这些观察整合进驱力模型的元心理学，她必须推断一种内在心理活动状态作为所观察到的行为基础。*如果共生要成为发展概念，等同于业已建立的驱力模型概念（认同、危险情景序列、俄狄浦斯情结，诸如此类），就必须有力比多*

*和行为的指示物*。这个要求,在弗洛伊德著作中是暗示的,由哈特曼进行了谨慎的阐述。

马勒使用共生指代现实中关系与力比多决定的内在幻想,就能在客体关系发展理论与驱力模型元心理学之间创造一个接口。通过这种概念的飞跃,共生与分离—个体化理论就变成了独立的内在心理发展路线。 *287*

这种融合策略,虽然很巧妙,但不是没有困难。与一个还没有从自体中分化出来的客体建立关系的概念在经典力比多理论中是没有位置的,因为客体根据定义是自体分离、在自体之外的。马勒需要找到某种可行的方式为"共生性客体"赋予一种有意义的元心理学的(与行为相对的)指示物。为此,她致力于客体自身概念的重新定义。

"客体"概念起源于弗洛伊德驱力理论,客体是(力比多或攻击)驱力的目标。只是随着结构模型的创立,以及自我心理学对客体的阐述,客体形成的认知方面才得到人们的关注,客体才从驱力运作中独立出来。即使是哈特曼(1952)对力比多恒常性的讨论,也接近了从投注在客体上驱力缓和(中性化)角度形成客体。自我这方面很少被注意到。

马勒意识到历史上片面的方法给客体形成带来的困难,对客体关系来说也是一样。儿童,以及患精神病的成年人,通过力比多和攻击方式与客体建立联结,从认知和感知角度看,是"异想天开的"。这些客体可以形成于自体与某个他人融合的感觉、与许多他人融合的感觉,等等。这些区分,尽管从本能投注性质(客体关系的本我方面)的角度看并不重要,但从客体是如何在认知上形成角度(自我方面)看却是至关重要的。

马勒认为,从自我心理学角度看,精神分析缺乏合适的客体定义。为了处理这个问题,她着手于弗洛伊德著名论断"对于自我来说,感知起到本我对本能未能起到的作用"(1923a, p. 25)。按照这个声明,我们可以不根据客体在感知领域的地位来定义客体吗?这恰恰就是马勒在其陈述中所做的,称"广义来说……我们可以将交互领域中的任何东西称为客体,作为其环境从生理上或以其他方式影响子宫内或子宫外的有机体"(1960, p. 184)。这个重新定义的理论意涵再清楚不过了。"客体"概念不再受驱力概念的约束。影响感知的"客体"从出生起(马勒甚至认为在子宫内的时候)就是必然存在的,客体关系并不是必须依赖自体感知与对"他人"感知的分化。 *288*

这种重新建构与自恋问题有直接的联系。弗洛伊德(1914a)最初完全用能量的术语定义自恋:自恋被理解为力比多驱力的变迁。哈特曼对这个术语最初使用的修正使人想到新的客体（自体，而不是自我），但保留了早期的能量基础（Hartmann，1950a）。将客体关系自我的方面整合进自恋概念的能量框架的困难，导致最近几年出现了极端新方法。柯恩伯格（1976）完全抛弃了自恋作为正常发展阶段标记的用法。雅各布森（1954a）最初建议这样做，但后来又恢复了以前的做法。在雅各布森（1964）用法，以及科胡特（和柯恩伯格对自恋心理病理的命名中）用法中，自恋不是从能量角度定义，而是用结构/认知术语定义的。自恋被理解为自体与客体未分化的阶段，一种"融合"状态。力比多在这个融合自体与客体表征的母体中的变迁不是定义的一部分。

马勒对客体概念的重新定义可以使她对自恋观点进行重要的修正，但她不愿对驱力理论提出这么重要的改变；因此，她的解决方法代表的是中间立场。马勒在其整个工作中明确表达出正在追随哈特曼，保留自恋的能量内涵：其概念指的仍然是*某种东西*的力比多投注。

从力比多理论观点看，自恋最适合马勒所说的正常自闭期，因为在这个时期，心理能量完全转向内部，而且婴儿没有任何外部的客体。但是马勒也将共生期包括在弗洛伊德所说的原始自恋期范畴内（1967；Mahler，Pine & Bergman，1975）。这发展了弗洛伊德最初概念的一个方面，这种对自恋的使用容纳了自身的模糊性。一方面，自恋指的是力比多变迁；另一方面，"自恋客体的选择"概念描述了一种特殊形式的客体关系。我们已经表明这后一种描述性的用法，在驱力模型元心理学框架内，有着理论上的矛盾。马勒对自恋的描述包含类似矛盾性，但是，跟弗洛伊德不同，她尝试过解决这个问题。这是她理论调和策略的一部分，因为代表的是将观察到的客体关系模式整合进经典元心理学框架的努力。她认为，在共生期（从描述角度看，显然是自恋客体关系的一种形式），力比多的分配仍然是自恋性的，因为投注是"二元联合体"，包括婴儿与母亲。二元联合体的观点之所以成为可能，是因为实际情况是，从婴儿视角看，自体与客体仍然是未分化的。

289

因而，马勒关于原始自恋共生期的描述是建立在弗洛伊德的自恋客体选择概念之上的，但超越了这个概念，因为指的是内在表征状态以及外在行为。这反过来依赖于她信奉的关于"客体"认知定义，因为这个阶段部分是根据自体与他人的认知未分化状态来定义的。然而，正是因为马勒坚持保留其能量的方面，她将自恋定义为对依旧融合在一起的自体与客体意象的投注。

马勒对自恋的构想*同时*依赖力比多与认知的观点。这种双重定义效果就是通过大力扩展客体的作用，使驱力模型思想超越了其对驱力的作用。这明显见于她对弗洛伊德关于原始自恋期思想的某些改造。在弗洛伊德看来，婴儿在生命开始时完全是只顾自己的，根据幻觉性愿望满足行事。婴儿只有在感觉到其源于驱力需要遭到挫败的压力下，才会转向外部世界。外部世界看起来总是跟婴儿需要相分离的，充满敌意的；这是弗洛伊德(1915a)“纯粹快乐自我”概念的含义。另一方面，在马勒看来，与客体的最初关系、共生期关系，是融合的关系；指向“非一我”的敌意实际上是指向共生范围之外的。客体，尽管被模糊地感觉到，在本质上的体验是有帮助的，有助于消除内源性不愉快的感觉。如果马勒所说的婴儿不是天生就寻找客体，就像费尔贝恩对婴儿的描述那样，至少是发展的一个重要方面，也就是说与他人最早的关系本质上是正向的。所以，纯粹的快乐自我是马勒明确拒绝的为数不多的弗洛伊德的概念之一(Mahler & Gosliner, 1955, p. 198)。她对这些问题的处理是其理论调和策略的例证。

马勒对于延迟驱力满足和驱力中性化概念的处理进一步表明她扩展了经典理论来囊括关系过程。对驱力理论家来说，延迟释放的能力是早期发展的非常重要的成就之一；这是让动物“文明化”并变成人的第一步。弗洛伊德(1911a)认为只有思维的出现，延迟才成为可能，他将此定义为使用相对小量的能量进行的一种试验行动。反过来，自由投注转化为被绑定的投注使得思维成为可能；其完全依赖于驱力能量状态的改变。哈特曼(1939)扩展了这个解释，认为投注的绑定已经*假定了自我天生的绑定能力*，而且取决于成熟和发展的过程。他没有阐明这些过程，反而关注的是绑定*功能*。不过，既然根据定义自我是与现实保持联系的部分心理结构，哈特曼观点概略性地认为环境影响了延迟能力的进化。

*290*

马勒对于自我的总体发展提出了不同的、创新的理论，尤其是延迟满足的能力，关系过程与驱力能量在这个理论中保持微妙的平衡。在讨论将自我心理学应用于儿童的行为障碍时，她认为“正常令人满意的自我成长几乎完全取决于儿童与母亲之间的情感关系，后来是儿童与父母的情感关系”(1946, p. 46)。不过，在同一篇论文中，她与哈特曼的框架保持密切的关系，认为自我形成是驱力被支配的结果。这些说法当然不是自相矛盾的，尽管其全面的整合不是没有问题。我们在讨论共生与自恋时，发现我们面临同样的理论策略。马勒的第二个论述是一个元心理学的假设：指的是支持自我形成的机制。首先描述的是带来一系列内在心理事件的必要条件。通过强调条件而不是机制，马勒就能拓展驱力模型的理论范畴。

马勒在一篇早期论文中特别指出，新生儿对需要紧张与需要满足状态之间有节奏转换的体验导致两种发展：察觉到自己的身体与母亲的身体是分开的，“自信的期望”

指向外部世界(Mahler, Rose & DeFrise, 1946)。这个构想的第一部分,将挫败—满足序列与自身的身体感联系在一起,是经典驱力模型关于自我发展的看法;这让人想起弗洛伊德的评论,即自我"首先是躯体的自我"(1923a, p. 27)。第二部分似乎只是将挫败—满足序列与一定量的客体联结联系在一起。马勒更多的意图在接下来的写作中显得更加清晰,她是这样说的:"当发展在一定程度上使婴儿有能力暂时搁置紧

291 张,也就是说,*当他能等待并自信地期待满足时,只有在这个时候才可以说自我开始了*。"(1968, p. 12;斜体是我们标注的)在哈特曼(1950a;另见 Rapaport, 1958)看来,自我是允许驱力释放延迟,暂时搁置紧张的结构。将此等同于一定量的人际联结、自信期待的体验,马勒强调的是促进自我发展的人际环境,而不是所涉及的机制。她通过这种方式使客体关系比原来的理论更加接近自我发展理论内核。

在马勒(1967,1968)的建构中,延迟能力是建立在具体的人际体验之上的:从共生的伙伴得到满足感。这代表的是自我要发展所需要的具体的环境条件。但在1968年,刚才引用的说法设置变得更为含蓄:暂时搁置紧张的能力与自信的期待是等同的。马勒似乎在说人际体验*就是*机制,也就是说,驱力是通过唤起带有特定情感的自体—他人结构来调节的(资源匮乏的婴儿自信地期待从关爱的母亲那里得到满足)。这在许多方面与关系模型理论家的构想是一致的。

马勒在相关问题讨论中有类似的考虑:驱力的中性化。这个概念是哈特曼首先提出的,他认为中性化是自我的一种功能;是自我能影响驱力能量本身性质的机制。中性化是对弗洛伊德升华概念的阐述,既用于攻击驱力,也用于力比多驱力。受到自我作用与中性化的能量可以被自我用于寻求自己的目标。中性化概念在驱力模型中的重要性在于,使理论超越了单调地强调只有本能的能量才能成为动机来源的看法。在哈特曼看来,中性化与客体关系之间的关系是复杂的,且总体上是概略化的;他表述最为明确的立场是,中性化是客体恒常性的前提。

在马勒看来,驱力能量从其纯粹的本能开始到最终渐变为中性化的演变,遵循一个更加清晰的、需要全面说明的过程。婴儿在醒的时候,其在自闭与共生期的活动是

292 以消除内在产生的紧张为中心的。内与外的最初区分源于其发现,某些不适只有在共生伙伴(母亲)的帮助下才能消除。这些帮助,马勒认为包括母亲所有的正常养育行为,从元心理学角度理解是内源性攻击驱力的力比多化(Mahler & Gosliner, 1955)。这是中性化过程的开始。母亲对婴儿的抚摸与搂抱,以及伴随而来的两人之间的"情感和谐"会导致中性化(1952)。因而,中性化是从具体的人际体验得来的。

母爱照料的中性化功能会超出共生期。容易进入童年期，“正是母亲对学步儿的爱与接纳，甚至接纳他的矛盾情感，使得学步儿能将‘中性化的能量’投注到其自体的表征上”(1966, p. 161)。这个框架被马勒完好无损地用于儿童分析过程的构想。她认为治疗师“安抚性的在场导致儿童攻击的中性化，而治疗师的力比多输入帮助儿童将自己的力比多投注在自己身上”(1968, p. 213)。因为这些构想，传统驱力模型关于力比多驱力能量与快乐之间关系的看法得到了彻底改变。不是力比多释放产生快乐体验，而是令人快乐的人际关系体验产生力比多。不过，马勒仍然保留了与驱力模型的联系，认为即使最佳的养育也不能保证会出现足够的中性化。婴儿在势不可挡的、令人不快的内源性刺激(马勒最常举的例子就是被痛苦的慢性疾病折磨下的婴儿，但这个构想可以扩展，以包括比一般攻击驱力能量更加强大得多的体质的负担)的重压下，即使有一定安慰性的共生伙伴在场，可能也不足以给中性化足够多的攻击(1958)。

马勒的理论建构策略给驱力概念带来的主要(有时可能比较含蓄)修正，是为了适应逐渐扩展的对早期客体关系作用的重视。她使“客体”摆脱了作为力比多目标的功能限制；她将“自恋”从纯粹的能量概念扩展为同时具有认知与能量的构想；她从人际体验中推论出驱力延迟释放与中性化的能力。通过这些策略，她在驱力模型框架内为其创新找到了位置。同时，这些改变也失去了很多，包括主要领域概念的清晰度，在其混合关系发展理论与驱力/结构模型的努力中起到了结合作用。例如，以驱力取向客体定义的重要意义，就是区分了由环境中某些“东西”发挥的作用与由其他“东西”所发挥的作用。经典精神分析的“客体”在心理经济中的功能，远比皮亚杰(1937)所说的“客体”具体。马勒在交替使用力比多客体(本我方面)与冲击性客体(自我方面)时，就失去了这种具体性。尽管她声称遵循哈特曼定义，马勒对这个术语的使用模糊了力比多客体、皮亚杰所说的“物体”，甚至是感知对象之间的区别。这种混乱源于她试图囊括之前的驱力模型理论家没有考虑的现象，而同时又保留了模型的根本假设。

293

马勒对健康自我发展所需条件的讨论显示了这种不明确。恰当结果的关键决定因素是什么？对哈特曼来说有许多：体质上的驱力强度、内在的自我能力、力比多与攻击的变迁、客体关系，以及这些因素之间的互动。他尤其不遗余力地告诫，不要过高估计客体关系相对于其他因素的作用。正如他所说：“自我发展与客体关系之间的相互关系非常复杂，远非近来某些著作让我们相信的那样……至于后来的成熟过程对早期令人不满的情形的修正，我们所知甚少。”(1952, p. 163)但“令人满意的”客体关系是什么？这些客体关系对健康自我成长的促进作用有多重要？

哈特曼在谈论“令人满意的”客体关系时,他的意思是:“令人满意的”关系是那些从驱力紧张的角度看使人得到满足的关系。他将“儿童与客体互动的问题”等同于“儿童的放纵与挫败”(1952, p. 162)。马勒在其早期职业生涯中似乎接受这种理论构想,尽管她从写作的开始也注意到母亲—儿童互动的更广义的方面。在其很早的一篇英文版论文中,她观察到“母亲的潜意识与婴儿的感觉器官对刺激接收的相互关系是儿童与成人之间交流方式的原型”(Mahler [Schoenberger],1942, p. 150)。这种方式的交流让信号得到传送,让母亲与儿童之间的关系得以建立,这种关系超越了挫败/满足序列。马勒在早期关于儿童抽动障碍的论文中详述了这种关系的各个方面,她指出父母对儿童运动技能发展的态度(不仅是对儿童能力成长的明显满足或挫败,也包括潜意识态度)对儿童自我能力的发展有直接的影响(Mahler, Luke & Daltroff, 1945; Mahler, 1949)。

294

母亲—儿童关系的另一个重要方面就是父母的焦虑。马勒认为焦虑而不满意的母亲的“传染”,可以独立于生长需要的供应,干扰其与儿童的共生关系(Mahler & Rabinovitch, 1956)[1]。在一篇描述生命最初几周与几个月的综述中,她写道:“虽然从正常自闭到正常共生的发展发生在正常养育情景下口欲的满足—挫败序列的母体之中,但只有从广义上说,这种发展有赖于需要的满足并与之相互依存。这种发展涉及到的远不只是口欲和其他生长的需要。”(1961, p. 334)后来,她在同一篇论文中指出,用纯粹的生长方式养育的自闭期婴儿,将难以发展出表示其需要的信号。生长的满足就会与“情感饥饿”分离开来,婴儿将感受不到需要满足与其情感伴随的联系。

与哈特曼所说的挫败与满足相比,马勒对客体关系影响的解释更为概括,至少在观察水平上是如此。她在描述中加入了父母意识和潜意识的态度、情感反应,以及对孩子情感需要的反应。与哈特曼相比,她所说的“令人满意的”客体关系是多方面的,包括母亲与孩子人格的各个方面。但是,就像她的许多贡献一样,我们一定会质疑,她在多大程度上将其观察整合进了驱力理论的解释框架?她在此面临一个难题:驱力模型,其发展地图是围绕体验快乐模式组织的,要求“令人满意的”等于“能使人满意的”。客体关系只有在涉及投注在客体表征上的潜在驱力时才能进行评估。因此,尽管马勒对早期母亲—儿童互动的多个维度有诸多主张,她还是断定“共生期所发生的

---

① 尽管弗洛伊德拒绝将“传染”作为基本的解释原则,马勒的构想与沙利文的人际精神病学的观点相似。关于焦虑的母亲导致“感染”的概念在所有相关方面类似于沙利文(1953)的陈述:“儿童共情了母亲的焦虑。”

一切受到口欲的支配”(Mahler & Gosliner, 1955, p. 200)。这与她的观点难以保持一致,她认为生命最初几周与几个月,起决定作用的远非口欲需要的挫败与满足。

诸如“被口欲支配”和“在口欲满足—挫败序列的母体中”(1961)的说法,更多的是向驱力模型理论传统致敬,而不是马勒的观察。她注意到,在婴儿与母亲最早期关系中,婴儿特有的生存需要得到满足,母亲提供了柔情,焦虑消除通过平静的“辅助自我”在场得以实现,母亲提供了对抗巨大外界刺激的掩体,婴儿体验到一系列口欲需要的满足与挫败。在母亲—儿童关系的这些方面中选择某个方面作为“支配性的”方面,作为其他方面可以发生的母体,只能是一种先验条件,而且是有点武断的选择;是不能从资料推导出来的。费尔贝恩(1952)将同样的现象包括在绝对依赖的组织原则之中,是与生物学的/力比多的倾向相分离的人际或客体关系概念。这种选择就不像马勒的选择那么武断;但只是不同而已。马勒知道,从纯描述性观点看,“令人满意的”客体关系更为重要,而不是源于驱力的需要满足;不过,她的理论与政治上的忠诚使她可以扩展基本的解释框架。因而,马勒著作仍然保持模糊的焦点,以及不断增加的关系概念与不断回到驱力模型原则之间未解决的紧张。 295

马勒融合策略所付出的另外代价,必须根据她修改驱力自身概念造成的结果来评价。在她的描述中,驱力以及随后对驱力的修正总体上是由环境决定的。儿童早年与母亲的关系既有令人满意的、好的方面(相对于其早期整体依赖的总体需要而言),也有令人挫败的、坏的方面。这些被初级心理结构组织为“好”与“坏”的自体和客体表征。好的意象倾向于促进自体和客体进入密切的、令人满意的关系,而坏的意象倾向于将两个参与者分开,将儿童置于孤独、危险且恐惧的境地。随后数量上占优势好的体验起到改善坏的、令人恐惧体验的作用,通常可以发展好的且有效的自体感,同时建立对客体与他人的“基本信任”感。马勒对这个序列能量方面的处理是接受了雅各布森假设,即未分化能量的最初状态,通过被吸引到好与坏的自体—客体构造分组,就分成了攻击与力比多两部分(Jacobson, 1954a, 1964)。

这个构想保留了驱力/结构模型的基本情感与语气吗?弗洛伊德通过广义的生物学假设,即生存与死亡本能的理论,阐述了在亲密与分离之间摆动的问题,正是爱欲、结合的力量与死亡本能的交替占优势,将人们分离开来,解释了这个重要的人类联结的维度(Freud, 1920a)。因此,驱力模型中关系的好与坏完全是由投注在关系上的驱力性质决定的。对于儿童体验为好的或令人快乐的父母照料的理解是简单明了的:轻拍、抚摸、温暖等是好的,就是因为满足了*已经存在*的力比多的部分本能(Freud, 296

1950a)。马勒试图将她的理论构想与驱力模型的传统联系在一起，从而导致她极大地修改了模型的一个基本假设。在她提出的框架中，快乐源于特定形式的客体关系，这种关系随后被内化为一种力比多驱力；最初的快乐原则坚持认为快乐是内在驱力紧张的降低，在自体性欲或偶然获得的客体关系中实现。如果力比多源于儿童与母亲的特定互动，如果是母亲的照料使得未分化的能量，甚至攻击驱力的能量变成力比多化，那么力比多一定是建立在内化的令人满意的母亲—儿童互动的幻想之上的。在最终分析中，马勒说的力比多是社会化的，而不是生物学的；这是她在理论融合道路上迈出的主要步伐之一。

在其最后出版的一篇论文注释中，哈特曼（1955）试探性地提出，除了性与攻击驱力的能量，以及这每个能量不同程度的中性化，可能存在"非本能"的"原初的自我能量"，因为这种能量不是出自这两种基本驱力的任何一个。他没有发展这观点，也没有将其整合进他的元心理学框架内。不过，马勒确实在概念上向前迈进了一步。在其后期一篇论文中，她认为"正常婴儿天生具有一种固有的禀赋，促使他在自主性成熟的某个点与母亲分离，即进一步发展自己的个体化"（1974, p. 158）。一年以后，她进一步将概念具体化了，称"我们现在知道驱力不是指向分离本身的，但是*固有的禀赋是指向个体化的驱力*"（Mahler, Pine & Bergman, 1975, p. 9n；斜体是我们标注的）。在马勒的理论范畴内，这种驱力为婴儿提供了离开全能感的"理由"，这种全能感被认定是共生期的特征。

297 在其新近著作中，马勒对于自主性冲动是否是真正本能的看法是模棱两可的：她的构想似乎更依赖于自主的自我功能成熟的力量，因而阐述的是哈特曼的结构假设，而不是能量的假设（Mahler & McDevitt, 1982）。尽管这可能代表回到了更加保守的理论状态，但还是构成了对弗洛伊德处理这个问题方法的主要修正。在《超越快乐原则》中，他考虑并抛弃了"指向掌控驱力"的概念，这接近于指向个体化驱力。这个决定代表的是理论建构的关键选择，并规定了解释要点。在弗洛伊德看来，必须将动机理解为最终源于性或攻击冲动，其本身就是爱欲或死亡本能的表现。离开母亲的强烈愿望，就像他描述的那样，明确地被包括在死亡本能（及其衍生物、攻击）的特征之中。

内在指向个体化冲动的存在，以及作为基本力量的个性表达，在精神分析理论中是未知的。对这一点表达最清楚的，是科胡特关于"健康的自信"与指向自我凝聚力倾向的概念，以及温尼科特关于"真我"在没有环境干预时会兴旺发达的观点。不过，指向个体化的驱力*不是*驱力/结构模型范畴中的独立力量，也不能轻易地被整合进经典理论解释学之中。

## 作为过渡理论家的马勒

驱力模型中绝大部分理论调和的历史，最好理解为将人与他人关系的体验，尤其是早年的关系体验，整合进发展理论的企图，发展理论是基于驱力能量向永久心理结构转化的。这就需要改变对心理机制的重视，弗洛伊德理论的这个方面被诸如哈特曼和雷派波特等全面接受。在马勒之前，驱力模型对客体关系要求全面性和生动性，只是要求俄狄浦斯期的开始。前俄狄浦斯期的人际体验被整合进弗洛伊德早期理论，仅仅是因为在驱力需求满足与挫败序列中得到了反映。弗洛伊德后期理论在此基础上增加了特定危险情景的序列，但还是从其对驱力紧张角度影响来说的（1926a）。安娜・弗洛伊德（1936）关于与攻击者认同和对外部环境防御的概念，在某种程度上加深了对早年人际体验作用的理解，但其应用还是局限于其对特定防御机制的鼓动作用。哈特曼关于早年发展的理论描述了早年现实关系的重要性，包括客体关系，但明显是有意重视心理成长与发展机制而不是关注促进心理成长与发展的人际情景。 *298*

马勒著作的主要贡献是对前俄狄浦斯期的环境（客体相关的）因素，以及由此产生的人际体验的重视。共生与分离—个体化的双重性推动了理论对生命最早期的宽广范围内的事务，以及由此产生的心理表征重要性的理解。马勒几次明确表示，她将心理体验的概念追溯至生命的最初几个月，甚至最初几周。因此，她说："我相信，正是从母亲—婴儿二元联合体的共生期，个体开始得到了那些经验的初期形式，与先天体质因素一道，决定了人类个体独一无二的躯体与心理的构成。"（1963，p. 307）

在提供这个视角的同时，马勒为哈特曼的自我心理学与许多不同的当代理论家之间提供了关键的过渡性联结，这些理论家包括柯恩伯格（1976）、科胡特（1971，1977）、乔治・克莱因（1976）以及罗瓦尔德（1980），每一个人试图创造与人对其生命体验密切相关的心理学理论（Greenberg，1981）。而且，就像乔治・克莱因明确陈述的那样，对体验的新重视使客体关系更加接近理论的核心（1976）。通过对早期二元互动经验（表征的）残留的重视，马勒为他人更加显著地转变驱力模型的微妙平衡，开辟了道路。例如，将分化自我的出现等同于对滋养母亲出现的"自信的期待"，马勒已经接近于将体验等同于机制，而这是克莱因理论创新的中心方面。

不过，马勒对于人际体验与心理机制之间关系的看法，与其后的作者有着关键性区别。即使与驱力模型的前辈相比，她将人际体验追溯至更早的发展时期，即使她强299调这些体验的结局以及潜在的客体关系，她最终解释的资源总是由从哈特曼框架得出的观点来平衡。她的著作构成对驱力模型的技术调整，将人际体验与客体关系残留的起始推回更早期的发展阶段，而不是对基本的哲学前提的改变。

马勒的著作是过渡性的，同时也处于精神分析的相关争议领域，即自体概念的理论地位，也是过渡性的。自体是客体关系理论的重要方面，因为从一个角度看，自体是"他人"的逻辑对应体，与他人在一起，你才能处在关系之中。在驱力模型早期元心理学构想中，是从狭义角度来解释客体关系中双方的本质：从其生物学来源的冲动角度看是主体；从其对这些冲动反应的角度看是客体。随着结构模型的出现，以及美国自我心理学家对其的阐述，人们开始仔细考虑客体关系的新方面。不仅冲动和挫败/满足与介入的个体之间存在相互作用的关系，自我利益、防御的运作、安全需要、超我要求等也介入其中。这就需要阐明客体的本质，以及主体心理活动的本质。

自体概念是哈特曼(1950a)在重新定义自恋时被引入驱力模型的。他所说的"自体"是一种表征、内在意象，在所有关于形成客体表征的理论方面是同一的。虽然这个创新确实引入了"整体人"(与之对应的是"整体"或"恒常"客体)的观点，在其出现在诸如沙利文、温尼科特和冈特瑞普等人际理论家著作中时，不再使用自体概念。哈特曼说的自体是体验的*客体*；在其他人著作中，自体是体验的*主体*。这在诸如沙利文的"自体—系统"和温尼科特的"真我"与"假我"概念中十分清晰，驱力模型将每个概念发挥的功能归属于本我、自我与超我的结构。(这两种观点的差异就在于许多驱力模型理论家对"身份"这个术语的偏爱，而不是"自体"，因为前者具有经验的内涵，而不是结构/功能的内涵。)

哈特曼对于自体概念的处理更加保守与粗略。自体不但在心理经济学(除了驱力300能量的目标之外)中缺乏地位，甚至没有完整的发展史。就像客体表征一样，自体—表征表现为自我成熟的功能与发展的体验，两者均未得到周密的阐述。哈特曼说的自体似乎悬在半空，没有历史与功能。

客体关系的充分概念化需要自体的概念。正如马勒所言："脱离客体关系的发展来谈自体的发展给资料强加了难以承受的压力。"(Mahler & McDevitt, 1982, p. 837)不过，自我的建构不容易整合进驱力模型的三方心理结构中。马勒的理论调和策略为这个问题的解决作出了重要贡献。对她来说，自体不是功能单元，而是重要的发展成就。如同哈特曼所言，自体本质上是自体—表征，但其稳定的建立，与稳定的客体表征的建立一道，是成功的情感发展的标志，而且取决于具体的人际与成熟的体验。马勒关于分离和个体化的完整概念是这种发展的一个方面。这个过程中分离与个体化的是一个完整的人，一个自体，所带来的结果是连续的身份感。马勒在假定关于自体发展观点时，舍弃了新生儿科医生近期的研究，他们强调婴儿出生时的能力与分离(Stern, 1976; Brazelton, 1981)。这种视角可以使她通过最小化自体的结构角色来保留驱力模型。尽管她将自体定义为"具有经验与结构的方面"，她强调的主要还是前者。她声称"我们认识到'自体感'总体的描述性与经验性本质，自体的元心理学概念化没有被包含在内"(Mahler & McDevitt, 1982, p. 845,829)。就像哈特曼说的那样，产生自体的组织、合成与整合功能是由结构自我执行的。

充分的分离与个体化是身份形成的两个重要阶段之一；另一个阶段关系到双性身份的解决(Mahler, 1958a)。马勒对形成自身稳定性别感的第二个阶段的描述方式再次呈现了她的调和策略。这个阶段的成功演化需要三个必要条件：必须有前生殖器期的充分整合；必须有与同性父母的成功认同；儿童的自我必须能将关于自体的记忆、观点与感觉形成一个等级分层的、稳固投注的自体—表征的组织(Mahler, 1958a, 1958b)。这个构想的这些方面，尤其是如此看重父母对儿童性别与性欲的反应，让人想起沙利文关于性别身份发展与自体—形成得到他人评价的总体作用的观点。然而，马勒仍然对驱力模型思想保持坚定的信念，提醒我们父母对儿童的态度出现在由成熟决定力比多位置转化的情景之下。例如，性器期的到来将带来力比多在身体意象的性部位的聚集；"不管有什么样的环境影响，这个过程还是会出现"(1958a, p. 81)。 301

我们再次发现马勒在精神分析思想演化中占据重要的过渡性位置。将自体等同于自体—表征，并否定其作为心理结构的功能作用，她保留了驱力模型的框架。通过强调自体作为发展成就的重要性，并详细描述其稳固建立的必要事件，不仅包括成熟的因素，也包括人际间的交流，包括父母对分离—个体化过程的反应，以及总体的反映评价，她的著作吸收了关系模型重要的深刻见解。而且，她对无功能自体演化所需必要条件的描述，使后继理论家有可能建立对无功能自体演化的解释。

## 结论：基本歧义

马勒对自闭、共生和分离—个体化期的描述从客体关系的角度勾画了一张发展地图。这给驱力模型注入一系列的观察，马勒对此进行了创新性的详细说明，从本质上说在内容上是关系的；是一种理论融合行为。为了达成这个目的，她不得不建立，而且要修改甚至曲解各种驱力模型概念：心理能量、力比多、客体、客体关系、适应、正常期待环境、自恋，等等。我们最后有个问题：马勒没有改变驱力模型的解释宗旨吗？或者说她引入了关于人类成长与发展的全新观点吗？

马勒在其职业生涯后期明显开始关注这个问题。在其所有著作中，她提出分离与个体化的困难是精神病性障碍的核心，之后她又提出边缘性病理也是根植于这个早期过程的(1972)。两年后，她又回到同一个问题，认为分离—个体化障碍是非精神病性心理病理的病因。就在同一篇论文中，她提出对共生伙伴最早的体验是随后病理性*和*正常人格重要的决定因素。这与传统驱力模型思想(尤其是弗洛伊德/亚伯拉罕的发展地图所显示出的思想)形成鲜明对照，在传统驱力模型思想中，人格，尤其是人格的神经症方面，源于力比多发展阶段的展现，以及其在俄狄浦斯情结中达到的顶峰。马勒在后来的一篇论文中直接面质这个问题：

*302*

> 我们获取的绝大多数经验的资料揭示，尽管婴儿式神经症源于心理冲突的原型，以一种最复杂的状态——俄狄浦斯情结。神经症的发展更多地来自我们日常所看到的前生殖器期与前俄狄浦斯期，重要形式的心理组织与改组是在这些时期结构化的。
>
> 我的看法是，我们绝大部分的理解可能取决于发展的方面，其中最重要的是对共生期，以及分离—个体化期的残留进行质的评估……我们今天拥有的*手段*，如果用于论述力比多理论，可能有助于我们进一步从宽广的视角理解儿童期，乃至整个生命周期的神经症症状……
>
> 我们很容易忘记，实际上力比多理论持有理解神经症与俄狄浦斯情节本身的钥匙，这个理论的顶峰不但是一个驱力理论，而且同样重要的是，还是一种客体关系理论……
>
> 有几个问题仍未解决，因为存在低估早期发展中自我与超我前驱体导致内在心理冲突潜能的倾向。(Mahler, 1975, p. 190；斜体是原文标注的)

我们相当详尽地引用了这个陈述，是因为这个陈述在某种程度上展示出，马勒致力于将强调客体关系模式演变的视角整合进驱力模型。这也显示出她致力于使与客体相关的冲突作用远离其对心理病理条件的影响，驱力模型对此一直没有多大兴趣

（诸如抽动、儿童精神病和边缘状态），而是使其延伸至神经症的情形，直击驱力模型关注的中心。这个陈述导致微妙但不可避免的关注点的转变，从力比多理论转向关系模型的视角。她建议"增强力比多理论"的需要可能会上升到抛弃力比多理论的建议，或者至少弱化了其核心的元心理学地位。

但是马勒从更加宽广的角度提出了关于驱力模型的问题。在一篇感人的关于人类生活困难的摘要中，她宣称：

303

> 我们觉得，人类在和解亚阶段的主要任务是永久地对抗融合与分离。你可以将整个生命周期看作或多或少地构成了这样的成功过程，即远离与内摄业已丧失的共生的母亲，以及对实际或幻想的"理想自体状态"的永久渴望，后者代表的是与"全好"的共生母亲的共生性融合，这样的母亲一度是处于快乐幸福状态的自体的部分。（1972b，p. 338）

从快乐序列的观点看，弗洛伊德/亚伯拉罕的发展地图的组织原则、俄狄浦斯情结的解决，构成了分离与个体化的起点。俄狄浦斯神话，以及以此命名的情结，讲述了人类被追求与古老客体在一起的"快乐幸福状态"的命运所驱使，甚至是为此付出最高的代价。生命的悲剧，也是生命的机遇，源自放弃古老客体，追求新的、更现实客体的需要（以及可能）。

随着理论观点的全面演化，马勒不再将共生、分离与个体化问题简单看作之前未明确的心理病理状态，或者甚至已经进行很多探索的神经症困境的病因性因素。她将应对这些变化的客体关系潜力的需要看作人类困境的关键，取代了放弃俄狄浦斯期客体的需要。从某一个角度来看，这是温和而谨慎的变化；依附与放弃的主题，就像对客体关系的重视一样，在时间上从俄狄浦斯期后移到分离—个体化亚阶段，尤其是和解亚阶段。从另一个角度看，是一种激进的变化，因为其抛弃了对弗洛伊德/亚伯拉罕地图的组织原则。从这个角度看，马勒重新定义了人类依附的性质：处于紧要关头的不是驱力的满足，而是在与另一个人所有关系中体验到的全部柔情、安全与快乐。

# 10. 伊迪思·雅各布森与奥托·柯恩伯格

304

> 西班牙学者奥尔特加·加塞特是这样表述的：古人在做某些事之前，会先向后退一步，就像准备致命一击向后退的斗牛士一样。他在既往中寻找一个可以像迅速钻入潜水钟形罩里那样的模式，以便在得到保护和伪装的同时，冲进当前待解决的问题。
>
> ——托马斯·曼，《弗洛伊德与未来》

在弗洛伊德元心理学观点中，经济学观点既是最成问题的，也是最难改变的。接受以下的观点，即驱力设定心理结构运转的活动，并起到连接心理与身体的重要桥梁作用，就成为"正统"精神分析师的试金石。你不但必须接受心理能量源于作为人类生活基本动机力量的本能驱力的原则，你也必须接受看待心理能量的本质与特性(Schafer, 1976)，以及控制其变迁原则的一系列主张。从早期荣格与阿德勒提出的异议，经过费尔贝恩与沙利文非正统学说，到当前对于科胡特的"关于自体的心理学"争论，理论家对于驱力的态度决定其在精神分析圈内的地位。所有关系/结构模型理论家均发现了驱力理论的局限性不足以解释人类动机的复杂性，随后经典精神分析理论的建立就摒弃了这些局限。

哈特曼与马勒试图通过阐述自我心理学来回应对驱力理论的批评。哈特曼关于适应与适应过程的概念指向的是个体与环境之间的内在联结；这些概念暗含增强的关于结构自我的观点，并提出直接的环境影响在没有驱力作用下发挥其自身的动力作用。马勒所强调的儿童"正常可预期的环境"中存在的条件，甚至是更加特指的早年人际关系的影响力。她对分离与个体化的关注说的是早年自我发展之前被低估的方面。哈特曼和马勒的贡献使我们进一步认识到自我的方向指引功能、自我在协调与塑造我们日常体验中的作用、自我决定与他人关系的功能，以及早年客体关系对我们特定的、个体化自我发展的影响。但都没有系统地重新考虑经济学观点本身(尽管哈特曼广泛

305

地讨论了中性化，并推断存在非本能的能量，尽管马勒试探性地提出存在自主性的“指向分离的驱力”）。

自我与本我，尽管均被归类于心理“结构”，实际上是非常不同的结构。自我可以思考、感觉、检验、考虑、判断与行动；简而言之，具有指导作用。相反，本我只用驱动作用。哈特曼和马勒将自我建构为更加复杂、更加有能力的指导系统，而且在限定范围内给自我分配一定驱动力量。但是这些修正，尽管具有临床说服力，还是将精神分析理论摆在非常不恰当的位置上。人类强化的“指导系统”不舒服地压在原始能量源的头顶上。这就好像你试图用蒸汽引擎去推动太空舱一样，包括其复杂的信息处理系统。即使允许引擎产生的能量进行转换（例如，从热能转化为电能，机能上对应于中性化观点），蒸汽也不能完成这个任务。机器必须运作的条件太多变，必须达成的任务具有太多面性，需要的能量类型太分化，不能仅仅依靠这样一个如此简单的装置。没有推进科学的相应发展，导航、通讯、航空学与弹道学的进展（对应于对自我心理学的阐述）将不能给我们提供相应良好的服务。

在弗洛伊德之后所有驱力/结构模型理论家中，雅各布森一直以来最愿意扩展对精神分析的元心理学中心的探索。其所有著作中的目的是使经济学观点与关于人类体验的现象学结合在一起，因为正是这种体验凸显了与他人关系的作用。她选择两种互补的理论策略来达成这个目标。首先，她将注意力集中在人类在环境中对自己的体验上，也就是桑德勒与罗森布拉特（1962）所命名的“表征的世界”。

在发展上源于生物心理学，并因此与驱力/结构模型的前驱者保持联系，雅各布森的“表征的世界”有其自己的合法性，它从最完整的精神分析意义上解释正常与病理的现象。其主要著作的标题《自体与客体世界》（1954a，1964），似乎有意对应于哈特曼《自我心理学与适应问题》，表明了雅各布森对现象学理论建构的重视，表明她试图将关系理论与经典元心理学的解释融合在一起。 306

雅各布森第二个理论方法是仔细审查经济学原则本身。这导致她最终对这些原则进行了影响深远的修改。不论是考虑到扩展口欲概念的需要、修正紧张与释放含义的需要，还是修改快乐原则定义的需要，她得出一致的结论，即必须使能量理论与客体关系的变迁更加同步。

雅各布森愿意挑战精神分析理论所有要素的结果是，其思想总体上构成了我们认为是弗洛伊德之后最令人满意的驱力/结构模型理论。但是，就像所有好的理论一样，包括弗洛伊德理论，她的思想提供的不是最终答案，而是未来思想的方向。雅各布森作为理论前辈，既有像柯恩伯格那样对人际与经典思想的复杂结合（柯恩伯格承认她对自己的影响），也具有克莱因那样反元心理学的临床理论（克莱因没有承认这一点）。

雅各布森对审查与重塑长期存在的精神分析假设的兴趣，加上她对驱力/结构模型的忠诚，不是没有代价的。在其更加抽象的理论著作中（1953，1954a，1964，1971），她的行文是晦涩的，几乎是不可理解的。著作中貌似（而且有时是实际的）存在内在的自相矛盾；其论文特点是呈现出一系列猜不透的难题，为了与作者保持一致，读者必须从这些难题中摆脱出来。文章容易被误读，甚至是无法阅读。雅各布森不断纠缠细节，直到其思辨的思潮几乎消失。

雅各布森的理论写作特点反映了她在保存与修改重要驱力/结构模型原则之间的摇摆。当你将注意力转向其更多临床论文时（Jacobson，1943，1946a，1946b，1949，1959，1967），这一点就尤为醒目。这些论文明白易懂、深刻而引人注目，经常是激动人心的、充满极具耐心且富有共情心的临床医生的关切与热情。文章中的人物鲜活生动，而雅各布森的思维总是那么清晰。这种对照显示出理论著作的困难在于其内容。雅各布森在其最矛盾时是很难理解的，她在非常接近重要驱力/结构模型原则的核心时是最矛盾的。

307

## “自体”与“客体世界”

在精神分析理论家再三强调的典型情境下，婴儿感到一阵阵的饥饿，就哭起来了。理想状态下，母亲听到哭声，带着食物来满足婴儿的需要。婴儿吸吮乳房，并放松，进入愉悦的安静状态。不过，母亲也许不可用，可能是躯体上的，也可能是情感上的，婴儿的紧张会持续增加，直到得到帮助，或者直到他能利用内在机制产生暂时的缓解。然而还有第三种情况，母亲也许回应了，但由于母亲自身的原因，回应得不适当（因为愤怒或焦虑，换的是尿布，而不是喂奶，等等）。在这种情况下，婴儿的饥饿可能或不可能得到消除，而且其行为反应将取决于具体情景，以及各种体质与发展因素。

说到这种行为的序列，弗洛伊德一贯地强调需要、其潜在驱力，以及驱力变迁。满足导致紧张的消除，从而体验到快乐。不断的满足体验为最终情感依附客体选择铺平了道路，促进了发展。挫败感，尽管包含不愉快感，发挥了同等重要的发展作用。这会导致现实原则的建立，取代思维，有目的的行动取代幻想性的愿望满足，以及结构自我的发展。从弗洛伊德视角看，这种情景的关键元素是驱力紧张及其满足或加剧。只能从这个角度考虑母亲反应的*性质*。

沙利文(1953)提出一种非传统的理解,他指出这种情形的两个平行但本质上不相关的方面。首先,婴儿生物学(在沙利文术语中是“区域的”)的需要可能得到满足,也可能得不到满足。这不具有心理学相关性。重要的心理学意义在于,婴儿的需要带来他自己与母亲之间具有特殊性质的关系。因此,母亲回应的情感语调(尤其是带有或不带有焦虑,但也可能是愤怒、亲切诸如此类的情感),而不是生物学需要在多大程度上得到满足,对于人格的形成具有决定作用。婴儿对这种情感语调的反应形成最早的“人格化”基础,最初是乳房,最终是“整个母亲”。这些人格化是“自体系统”与整个人格组织必不可少的。 *308*

婴儿与其母亲之间最早的关系因而同时具有生物与社会的性质。就像哈特曼(1939a)所说明,以及沙菲尔(1976)所澄清的那样,生物的与社会的部分不是关系中截然不同的“部分”,而是看待整个情形的替代观点。理论家所选择的观点是其选择精神分析模型的重要方面。

在雅各布森观点中,婴儿对快乐与不快乐(满足或挫败)的体验是其与母亲关系的核心。从这个意义上说,她的位置完全处于驱力/结构模型之中。不过,她进一步提出,快乐/不快乐体验导致对客体(母亲)产生特定的、具有发展意义的重要反应。随着满足与不满足体验的增长,就形成了关于满足的(好的)与挫败的(坏的)母亲意象。这些意象,与伴随的情感态度一起,构成了内在客体关系的起源。从很早的时候起,客体相关的态度就获得了自己的动机力量,与寻求驱力满足无关。从这个意义上说,雅各布森的观点非常符合关系/结构模型理论家的观点。

母亲没有恰当回应婴儿需要,既挫败了婴儿,又使婴儿感到失望。挫败涉及驱力需求;失望涉及新生儿客体关系性质。失望会贬低客体,因为会导致攻击的驱力能量在挫败情境下的释放(Jacobson, 1964a)。失望,因为接踵而至的贬低,是与挫败相关的,但不等同于挫败。贬低在对味道不好的食物的厌恶反应中有一个生理上的前驱。像厌恶一样,贬低产生驱逐、离开有害客体并与之分离的愿望。

快乐体验,就像不快乐体验一样,产生对客体的特定态度。快乐体验导致对客体评价的增强,希望拥有强大的快乐来源,并与之融为一体(Jacobson, 1954a, 1964)。因此,不可避免地满足和挫败序列会产生对于客体态度的衍生序列。而且,也会产生指向客体目标的序列(融合与分离),获得其自己的动力生活,相对来说不受作为其遗传基础的驱力需求的影响。

就这些序列被理解为驱力的挫败与满足而言，其代表的是哈特曼(1939a)所说的有机体与环境之间的相互作用。就其被理解为指向养育者改变了的态度与目标而言，这些序列代表的是“自体”与“客体世界”之间的相互作用。

309

雅各布森关于两个相关但不等同序列的假设直接影响了其自体概念的理论地位。新近的精神分析史在很大程度上围绕着对这个问题的不同看法(Richards，1982；Blum，1982)。自体是心理结构中的一个*系统*，增补了经典三方结构，或者说自体是心理的*内容*，是与形成的客体意象相对应的意象。在驱力/结构模型范畴内，自体作为意象的定义不是那么激进的立场，因为这种用法没有撼动弗洛伊德的结构理论在解释上的优先地位。

在其对自体的明确定义中，雅各布森似乎采取了保守立场。在其首次出版的著作中对这个词汇的使用，她遵循哈特曼(1950a)关于自我与自体的区分，前者指的是一个精神系统，后者指的是自我内在表征(1954a，p. 85)。雅各布森在其后期著作中保留了这种用法，重申“‘自体’是一个辅助性*描述性*术语，指的是作为主体的人与周围客体世界的区别”(1964，p. 6n；斜体是我们标注的)。

除了这些陈述外，雅各布森使用其自体与客体世界概念承载的理论意义远比定义所指的意义大得多。自体、客体的变迁，以及彼此之间关系不仅取决于自我的作用，也发挥其自身对自我发展的影响力。即使在哈特曼将“自体”引入驱力/结构模型之前，雅各布森(1946a)对挫败与失望之间的区分，已经暗含了客体关系的特定性质对心理结构的形成具有深刻影响。八年之后，因为采用了哈特曼用法，雅各布森探索得更远，宣称“系统自我的建立产生于发现并逐渐区分自体与客体世界”(1954a，p. 85)。(这个陈述，以及自体—表征产生并存在于系统自我之中的观点，就是我们提到的那种猜不透难题的例子。在雅各布森有时承认其失败的情况下，去区分自体与自体的表征，是特别令人困扰的。)

十年后，雅各布森在提到更高级的发展阶段时，提出“自我无法获得与爱的客体一样的现实相似性，除非这个客体被赞赏的特质永久性地被内射入儿童所希望的自体意象之中”(1964，p. 51)。这些陈述清楚表明，一方面是自我(也有超我)，另一方面是自体与客体意象，对彼此的发展有相互作用。在重要的方面(尽管不是全部)，成熟意味着变得像自己的父母。你无法变得像你的父母，除非你首先体验到他们(或他们的某些方面)令人钦佩，然后才能进一步感觉自己有像他们的可能。“自体与客体世界”就成为媒介，与他人的关系借此得以同化，并可以用于结构的变化。

310

雅各布森所赋予的与他人关系的病因与功能的意义在其对严重心理病理的讨论中十分明显。情感障碍、边缘状态，以及明显精神病的典型病理就是源于自体与客体表征的障碍(Jacobson, 1954a, 1959, 1964)。不同类型抑郁的区别，作为原发疾病的抑郁与精神分裂症的抑郁之间的区别，以及其他精神病综合征之间的区别，同样是根据特定的自体与客体表征的群聚来诊断的(1954c, 1954d, 1971)。

正常与病理性发展均建立在自体与他人意象演化的基础之上。根据雅各布森观点，固着指的不是满足模式，而是客体联结模式；重要的是，在发展的重要失望时刻，自体与客体的概念有多牢固、稳定、现实、分离与清晰。在其早期一篇论文中，她讨论了小女孩发现自己缺少阴茎后的反应。雅各布森认为"尽管她所遇到的似乎一定是个真实的缺陷，她的反应总体上取决于对于其母亲幻想破灭的严重程度"(1946a, p. 133)。在弗洛伊德(1925a, 1931)看来，小女孩对于没有阴茎的失望终结了其早期与母亲的正性联结，因而为俄狄浦斯情节铺平了道路。对雅各布森来说，幻想破灭的严重程度，尽管建立在"真实缺陷"基础之上，但最终取决于更早的母亲与女儿之间关系的性质。

如果失望是严酷的，并早早出现在自体与客体表征的稳固、分化与本能投注之前，对客体的攻击性贬低将包括对还未分化的自体的相应贬低。结果就是将理想化的自体与客体意象融合为希望但未达成的目标，伴有对他人的渐进性的贬低，融合的、被憎恨的自体与客体表征(1954a, 1964)。就理想化的意象确认为一种早熟的自我理想、超我先驱而言，超我本身将由古老的自体与客体表征构成，并最终变得过于严厉和惩罚性的。这些发展可以产生抑郁或其他精神病性的心理病理。

311

这些考虑强调了自体、客体与客体关系在雅各布森理论中重要的实用性。自体与客体表征的变迁，以及自我与超我发展的变迁，是相互影响的。不仅根据本能状态和自我成熟来概念化发展，而且也根据(让人想起马勒的框架，并与之互补)客体关系的阶段来概念化发展。

雅各布森关于对客体失望的概念不等同于某些关系/结构模型理论家关于养育失败的概念(Fairbairn, 1952；尤其是 Guntrip, 1961, 1971)。失望总是相对于特定驱力决定需求，而不是更加全面的对联系或介入的渴望。因此，从观察者视角看，令人失望的母亲绝不是合格的母亲。从这个意义上说，你可以阅读雅各布森在时间上从驱力/结构模型描述的俄狄浦斯期回推到对早期发展的描述。对于俄狄浦斯期，体质上的驱力力量与体质上的自我能力，是决定母亲在哪个时点被体验为令人失望的重要因素。不过，雅各布森同时强调这些早期冲突实际上是建立在实际体验之上的；她批评梅兰妮·克莱因的理由是，克莱因“没有看到整个后婴儿期现实冲突的历史”（1946a，p. 145）。

## 从自恋到身份形成

自从弗洛伊德（1914a）提出关于力比多对自我的最初投注，以及对“外界”没有相应投注的假设之后，每一位驱力/结构模型理论家感觉必须假定从本能的观点看，人类一出生与环境是没有联系的。这与弗洛伊德潜在的假设是一致的，即成为人的过程是一件驯服与社会化内在的反社会的本能驱力的事情。同样重要的是，没有关系/结构模型理论家会推断存在一种最初的无联结的状态。梅兰妮·克莱因（1959）关于客体是驱力固有成分的概念，费尔贝恩（1952）宣称无客体的自我（从一开始）就是一个自相矛盾的说法，沙利文（1953）提出的生物性与社会性“共同存在”的假设，这些作者含蓄地，而且有时却又明确地辩称人类实际是“群居的动物”。关于人类本质这个方面的争论是两种主要精神分析模型至今分歧的核心，而且原始自恋的概念构成了这种分歧的一直存在。因为关于生命最早几天或几周的观察资料通过了主观解释的过滤，我们认为关于原始自恋问题的观点是哲学性的，而且是一种先验，而非实证性的。

312

然而，即使在驱力/结构模型范畴内，弗洛伊德最初关于原始自恋的构想也出现了难以克服的概念上的困难。因为他从未在引入结构模型情况下修改概念，由于自我只是被重新定义为三个心理结构之一，所有心理能量在生命最初投注于自体的论断就失去了最初含义的丰富性。而且，随着第二个双本能理论的出现，弗洛伊德假定最初的攻击驱力遵循与力比多类似的成熟过程。这就表明未调整的攻击最初是指向自体的，即一定存在伴随原始自恋的原始受虐（Freud，1924a）。不过，雅各布森注意到攻击向自体的释放先于中性化与融合驱力能力的出现，暗示婴儿自我毁灭的倾向与观察到的资料并不相符。而且，更进一步的困难在于，实际上没有哪个理论家可以将原始自恋的能量方面与关于认知发展的观点协调一致，尤其是自我从客体的分化作为一种发展成就，可能比假定的原始自恋期出现得要晚。哈特曼与马勒均在某种程度上重新定义了这个概念，但这些改良带来了其自身的难题。

正是雅各布森，非常努力地想解决驱力模型的这个中心理论假设造成的所有麻烦，最初提出消除“原始自恋”与“原始受虐”这两个术语（1954a）。不过，在其后期构想中，她呼吁恢复使用原始自恋，但非常明显地改变了其含义。原始自恋应该指的是“最早的婴儿期，在自体与客体意象建立之前，婴儿在这个阶段还一无所知，但能体验到自己的紧张与放松、挫败与满足”(1964, p. 15)。这个定义消除了弗洛伊德最初构想造成的困难。吸收了哈特曼对自恋的重新定义，即自恋是对自体而不是自我的投注，并且使自恋的概念摆脱了任何能量的内涵，从而避开了有关攻击的问题。这最后一点是非常激进的。在雅各布森的思想中，原始自恋不再是本能的变迁；而是一个直接从婴儿的(推测的)客体联结状态中得到的概念。这与雅各布森两个理论策略的第一个策略是一致的：用经验和关系的术语而不是经典的元心理学术语重塑传统的驱力/结构模型概念。 *313*

即使在这种修正的情况下，从经典的观点看，最早的精神状态仍然存在一个问题。攻击驱力的最初目标是什么？婴儿如何能避免自我毁灭？对于这个问题，雅各布森运用了她的第二个理论策略，修正能量假设。她假定存在最初的未分化的能量状态——“在外部刺激、心理成长，以及向外释放之路的开启与不断成熟的影响下”——这个状态就获得力比多或攻击的性质(1964, p. 13)。这个假设，代表的是激进的理论转变，类似于哈特曼关于结构自我与本我产生于未分化基质的概念。不过，与哈特曼概念相比，这是理论上更加激进的概念，因为其指的是环境对本能驱力最基本性质的直接影响。雅各布森认为“力比多与攻击的投注聚集点是围绕仍然无条理与无关联的*记忆痕迹*的核心形成的”(1964, p. 52；斜体是我们标注的)。

如果将力比多与攻击分别理解为好与坏的体验，它们在什么意义上保存了“本能的”量？而且，如果力比多与攻击不是本能，雅各布森观点与各个关系/结构模型理论家观点的不同在哪儿？后者认为动机建立在最早的好与坏的客体关系基础之上。对于这个问题，雅各布森行走在令人不舒服的钢丝之上。她辩称，尽管她的观点“可能让人想起挫败—攻击理论，还是应该注意，未分化的心理生理能量向两种性质不同的心理驱力的转化是由心理生物学因素预先决定的，且受到内在成熟因素以及外在刺激的促进”(1964, p. 14)。这种否认声明，从我们的观点看，是强化而不是降低了她对经典经济理论的修改。

假定存在最初的未分化状态之后，雅各布森着手描绘如何导致稳定身份感的建立，同时建立心理结构的发展过程。自始至终，她清楚身份概念的双重含义，指的是同一与差别(Greenacre, 1958; Mahler, 1968)。她的想象，展现出一种令人兴奋的、动力性的紧张；读者会沉浸在儿童成长的挣扎之中，努力从其最早与养育者的联系中争取自己的身份。从这个意义上说，她的发展故事类似于马勒的描述，但从雅各布森观点 *314*

看，我们对儿童的体验会有感受，这是马勒更加分离的观点所缺乏的。

雅各布森详细讨论了母亲与婴儿之间最早的互动。她特别注意这个阶段的细微变化、母亲与儿童之间情感体验的不断互动，以及古老的意识和潜意识的意象与幻想在母亲这里的唤起。她非常清楚母亲的注意对儿童多方面即时的影响："养育的态度和行动为婴儿提供力比多的刺激、满足与限制，从而为婴儿的情感依附铺平道路，同时将母亲的注意转向婴儿的外部自我，并保证其生存。但是，除此之外，就是这些态度与行动，直接刺激和促进了婴儿自我的生理和心理的成长，而且很快就向婴儿传递了现实原则与最初的道德规范。"（1964，p. 36）

对于非精神分析专业的读者来说，这些观察可能看上去是一目了然的。当然，母亲与婴儿的早期介入是丰富多彩而富有意义的，但每个投入的母亲都没有注意到这一点吗？这种反应在精神分析师那里得到了调和，因为他们明白，最早的发展期没有得到弗洛伊德，甚至哈特曼的注意。雅各布森描述的是早期的口欲期，而驱力/结构模型对这个阶段的概念化是单一维度地围绕口欲的变迁来组织的；所有的考虑就是基本生物学需要的满足与挫败。我们如何将雅各布森所描述的囊括进驱力理论的解释框架？

雅各布森的力量就在于她始终知道这个问题的两个方面。她主张需要扩展口欲的驱力/结构概念，来包含母亲—婴儿关系的所有方面。口欲期驱力需求的不断满足与挫败形成了儿童最早期快乐与不快乐体验的核心，而这些又"构成与母亲联系的最初与最重要的桥梁"（1964，p. 35）。自体这些口欲满足或剥夺的最早体验就成为自体最初意象的中心元素，吸引了儿童与母亲之间多方面交流的意象。

雅各布森关于口欲的观点有三个方面。首先，她的观点实际包含生命头几个月发生的所有刺激、满足与挫败。其次，为了与弗洛伊德观点保持一致，即爱欲的作用只是将简单的结构融入复杂的组织，她将儿童的口欲需要解释为创造与愿意满足其需要的母亲的联结。最后，也是最重要的一点，她改写了驱力概念，驱力因此就变成一种组织原则，婴儿通过这个原则就可以组织对养育者最早期的全方位体验。正如雅各布森所表述那样，口欲是一种体验方式、一个连续体，上面排列了广谱的快乐与不快乐的感觉。由于婴儿根据其快乐—不快乐的价值观逐渐形成对这些早期体验的组织、自己与母亲的表征，并伴有指向客体的目标。满足体验产生融合的幻想；挫败体验导致放弃这种愿望，导致分离。融合幻想，包含"整体结合"与变成客体的想法，是其后所有客体关系的基础。

315

早期与母亲大量的幻想性的相互作用是通过儿童内射与投射过程实现的。这些术语，在雅各布森框架中具有特别的意义：“指的是心理过程，其结果是自体意象呈现客体意象的特征，反之亦然。”(1964, p. 46)也就是说，是在表征世界、内在客体世界发生的过程。

这些看法阐明了雅各布森理论的复杂结构。自我通过成熟可以将早期的快乐—不快乐体验整合进自体与客体部分的、仍然原始的意象中。随后的现实中的事件被体验为满足或挫败。这些体验反过来决定了相互作用在表征世界的性质。这些体验也受到自我发展水平的影响。更加成熟的自我可以对抗现实满足(或者，有时是严重的现实挫败)带来的融合幻想。不过，表征世界中的事件与结构自我是相互影响的；雅各布森认为再融合期伴有感觉与现实检验的减弱，而且会返回更早期的、较少分化的自我状态。因此，你可以清楚地看到，源于本能驱力、源于结构自我与源于内在客体世界力量之间复杂的相互作用。

在生命第二年的开始，基本上由成熟过程决定的两种自我能力就出现了，对于儿童向身份形成的发展发挥着决定性影响。这些能力是逐渐发展形成的，区分爱的客体的具体特征与对属于未来的时间种类的觉察力的出现。每个能力使得像所钦佩的客体的概念成为可能，而不是成为客体，后者是完全融合的幻想的特征。 *316*

随着辨别爱的客体的不同方面能力的增长，矛盾情感与竞争性努力就一起形成了。攻击在这些感觉状态中的释放促进了(内在心理的)分离过程。此时，父母的，尤其是母亲的态度是至关重要的，因为不管是过度的满足还是挫败，都可能导致退行性的融合幻想。不过，在有利条件下，变得像客体的想法(雅各布森将此命名为“选择性认同”)补充并逐渐替代了再融合倾向。在进一步发展中，儿童开始能够区分自身现实性的与希望的自体—意象，这种区分能力被同辈之间的竞争，尤其是与父亲的竞争所强化。这些竞争孕育了与强有力竞争对手保持相似的渴望，而且同时迫使儿童依靠自己的成长资源。同样，儿童发现性别之间的解剖差异，会限制儿童可能的想象，并让其清楚自己属于哪个性别群体，从而促进身份的形成。

这些过程为稳定的自我认同的建立，以及自我理想的建立，铺平了道路。对弗洛伊德(1914a)来说，自我理想是童年早期丧失自恋的庇护所，是儿童相信其自身完美(或完美性)得以保存的地方。为了与自恋概念的修改保持一致，雅各布森修订了自我理想的概念：理想是理想自体与理想客体意象之间的融合可以实现的地方，从而部分地弥补了丧失的融合幻想。自我理想的形成不仅带来与他人保持相似的渴望，也带来自己的内在标准，有助于身份感的建立。紧接着这些发展出现的是作为聚合性心理结构的超我，被看作一个三层的过程。超我首先是由早年在内射与投射过程基础上形成的古老的、施虐性意象构成的；其次是构成自我理想的融合的理想自体与理想客体的意象构成的；而最终是现实性的、内化的父母的要求、禁令、价值与标准构成的。

雅各布森对于自体与客体世界的描绘仍然与驱力/结构模型联结在一起，由于二者均受到系统自我的塑造（是系统自我的产物），而且通过力比多与攻击本能能量的投注，二者均拥有了其特质。不过，自体与客体意象是由现实体验（通过人际关系得到的）以及自身对于结构发展的决定性作用共同决定的。阅读雅各布森的著作，对重点的了解是关键。她对早年发展的描述与哈特曼概略性构想的对比，突出了她将驱力/结构模型向全面整合体验的影响与跟他人关系的意义移动的距离。

317

## 情感、快乐与心理经济学原则

在关于情感的精神分析理论的两篇论文（1953 年，及其 1971 年的修订版）中，雅各布森表述了关于基本的驱力/结构模型假设的某些最重要的思想，尤其是有关经济学观点的思想。这些论文晦涩难懂，其中的辩论经常是非直接的，结论有时是模棱两可的。虽然如此，我们还是要对其进行详细讨论，因为这些论文非常清晰地阐明了我们所强调的双向理论策略。因为这些论文包含了雅各布森对经济学原则最有力的批评，其成为柯恩伯格与克莱因思想中对精神分析理论进行更加激进的修改的理论先驱。

弗洛伊德在其整个职业生涯中提供了三种不同的情感理论。首先，情感等同于一定量的心理能量，在心理神经症障碍中就蓄积起来，并在治疗性宣泄体验中得以释放（1894; Breuer & Freud, 1895）。其次，随着地形模型与本能驱力理论的出现，情感被理解为驱力心理表征无方向的成分（1915a, 1915b）。在其对情感理论最终修正中，因为结构模型的引入，弗洛伊德确定了系统自我中的焦虑情感与一般情感。自我被认为具有在危险情境下将焦虑最能化为信号的能力，这些危险情境是由外部事件所激发的，但最终被解释为本能紧张的潜在的累积（1926a）。第三个理论仍然存在模糊性，因为弗洛伊德从来没有完全抛弃第二个关于焦虑“有毒”理论，也没有清楚表明他在多大程度上希望将焦虑的信号功能普遍化，以包括其他情感。

抛弃了弗洛伊德最早的理论后，雅各布森开始质疑情感与本能或自我过程相一致的程度。因为不满意只能二选一的解决办法，她提出要将产生于系统内与系统间紧张的某些情感进行分类。因此，诸如直接源于本我的性兴奋与暴怒的情感；源于自我的现实恐惧、客体的、爱与恨；自我与本我之间的紧张产生的羞愧与厌恶；自我—超我紧张导致的内疚与抑郁情感。 318

不过，就在雅各布森提出这个范式之后，她指出其使用是严重受限的，认为："成熟的、高度分化的精神组织中的最终情感表达，可能是从一系列系统间与系统内的紧张发展而来的，这些紧张是相互联系的，彼此互为条件，并在心理结构的各个位点同时或顺序产生。只有通过对相关联的意识和潜意识构思过程的研究，才能理解这一点。"(1953, p. 47)。她注意到其范式不能解释的情感包括"亲切与无情，同情与残忍，爱与敌对，难过、悲伤与幸福，抑郁与兴高采烈"(1953, p. 47n)。

有趣的是，尽管雅各布森对自己提出的范式进行了中肯的批判，她在同一篇论文大量修改的1971年版本中以其他方式重复了这个范式及其评论。她为什么要选择通过这种方式表述其观点？我们认为雅各布森是在试图呈现所有元心理学(结构性的、动力性的，或者经济学的)情感概念化的严重局限性。她认为，情感体验的动力性范畴与细微差别，在事实上，也可能从原则上，是元心理学所不能解释的。我们能提供什么来替代元心理学的构想？在这里，雅各布森的"只有通过对相关联的意识和潜意识构思过程的研究"才能理解情感的陈述是关键所在。情感就是体验，而且必须在经验层面才能得到理解。情感不可能源于潜在的类似生物学的过程。

情感与本能驱力之间关系的变化是弗洛伊德发展驱力/结构模型的关键元素。情感是本能驱力衍生物的可能性有多大，产生情感的人际背景失去其理论重要性的可能就有多大。当情感被理解为更加独立于驱力时，就像弗洛伊德在其第一与第三个构想中描述的那样，人际因素的作用就会得到相应的增强。雅各布森对情感理论的修改遵循的正是这条道路。

雅各布森接着转向驱力紧张与驱力释放相关的情感现象之间的关系。情感可以看作是释放、紧张，或者两者的共同表现吗？这会造成对快乐本质的重点考虑，因为情感具有明显的快乐—不快乐价值，而且精神分析的快乐原则将快乐与释放、不快乐与紧张联系在一起。然而，我们在此碰到了重要的经验主义困难。某些与紧张累积相关的情感显然是快乐的，诸如性兴奋、快乐的期待，等等。而某些与释放相关的情感，例如哭所伴发的情感，显然是不快乐的。因此，情感、紧张与快乐之间的关系比驱力/结构模型的元心理学原则标示的关系要复杂得多。尽管弗洛伊德(1924a)的修订版中 319

的快乐原则假设存在紧张升高与降低的节奏，快乐体验的释放本身不具有作用，弗洛伊德以及雅各布森之前弗洛伊德追随者都没有将这个观点整合进宽广的理论框架中。

在这些考虑的基础上，雅各布森提出一个不寻常的建议：不要将紧张与释放看作是相互对立的。就拿性交到达高潮做个例子，她认为释放过程本身是由连续变化的动力过程构成，最终只会导致紧张的降低。她提出排水口开着的浴缸与不断流水的水龙头的模型：水不断流进流出，总体水位是由相对的量与力决定的。她注意到，在现实生活中，我们经常主动寻找紧张。持续的放松，尽管最初是快乐的，最终会导致我们寻找可以产生不同释放的、更加刺激（紧张的累积）的情形。因此，紧张与释放是分离的，但并不一定是人类存在的流动的对立面。

雅各布森的观点很符合我们关于人如何生活的观察，而且她的构想似乎与弗洛伊德对快乐原则的重构有着合理的联系，但我们一定不要低估我们距离驱力/结构模型元心理学是多么远。正如她在关于情感与结构的讨论中所说的那样，这种理论策略用细微差别替代了一分为二，细微差异替代了分歧。我们再次被指向理论建构水平，其中将强调体验到快乐的人际背景的重要性。

雅各布森将其讨论首先转向快乐原则的重新定义，然后转向关于快乐原则与经济学原则之间关系的新思维，这个重点就变得更加清晰了。在她看来，快乐原则的目标不再是简单地降低驱力的量。相反，"心理组织可以表现为努力争取快乐在兴奋与放松之间的交替循环，类似于紧张的生物学围绕着一个中等的紧张水平摆动……快乐原则将不具有带来紧张放松的功能……（快乐原则）只会指引生物学围绕着紧张的中轴摆动的过程……快乐的性质取决于紧张的钟摆在哪一边"（1953, p. 58）。在这种情况下，导致我们远离元心理学对量的重视，而转向一个按等级排列的、定性的视角，快乐原则与经济学观点之间的关系是什么？雅各布森在这一点上可能是令人困惑的，也许是因为她清楚自己离极端的修正主义有多近。

320

她在 1953 年的论文中宣称："我的结论……排除将'快乐—不快乐'用作单指经济的情形……在我的表述中，这些术语指的是*所感觉到的体验的性质*。"（p. 56n；斜体是我们标注的）在她 1971 年对原论文的修正中，她宣称："快乐—不快乐原则不能被看作经济的原则。"不过，她继续说："关于快乐—不快乐原则不受……心理经济学原则的影

响的假设是站不住脚的。”(p. 20,28)①

这两个陈述的并列意味着什么？作为解释，我们来看一个类似的例子。在生物学范畴，有控制随意肌使用的解剖学和生理学法则。在心理学范畴，有决定癔症转换反应表现的法则，也会影响这些肌肉的使用。转换法则不是解剖学和生理学法则，但不是不受这些法则的影响。在解剖学和生理学上不可能的转换症状是不会出现的，尽管解剖学和生理学不足以解释转换现象。雅各布森似乎断定快乐原则与经济学法则之间的关系也类似：快乐原则在经济学法则界定的范围内运作，但是不能简化为经济学法则。

如果是这样的话，它将置驱力/结构模型理论于何地？弗洛伊德，以及其后的哈特曼，均认定，一旦从动力、结构和经济的角度分析一个现象，就可以得到全面的精神分析的解释。元心理学观点是解释原则的充分必要条件。不过，在假定快乐原则根据“所感觉到的体验的性质”运作时，雅各布森提出，存在一个关于体验的*合法性*，即精神分析需要*现象学的*(并由此得出的关系的)解释原则。这些原则可能是建立在经典元心理学之上的，就像转换性癔症建立在解剖学与生理学之上一样，它们解释了之前没有解释的人类体验的维度，同样，解剖学和生理学自身不能解释手套样感觉缺失。

321

这样我们就能看出重新定义的快乐原则与元心理学(尤其是从经济学的观点)的关系，跟“自体”和“客体世界”与经典模型(尤其是从动力的和结构的观点)的关系是一样的。我们再次面临雅各布森第一个理论策略，也许是以最引人注目的表现形式。

我们在雅各布森著作中遇到这第一个策略的地方，也是我们不可避免发现第二个策略的地方：对经济学原则的重新评估与修改。雅各布森修改了恒定性原则概念本身。就像重新定义的那样，恒定性原则的功能不是尽可能保持低水平的紧张，而是“建立和保持一个恒定不变的紧张的轴，以及为围绕轴所进行生物学摆动保留一定的余地”(1953, p. 59)，因而快乐原则与恒定性原则就是彼此对立的，因为快乐原则控制紧张围绕轴摆动，而恒定性原则努力使紧张水平回到那个轴。

---

① 在论述了6页之后，雅各布森称：“在某些情况下，快乐原则自身可以独立于(经济学原则)之外，而且……这两个原则可以是相互对立的。”(1971, p. 34)这种明显的矛盾，似乎是由其正所采取的难以令人信服的理论路线所致。遵循这个论点的难度清晰地见于克莱因(1976)著作中。在某个段落的开始，他声称对快乐原则的使用指的是“快乐与不快乐的体验—觉知的性质”，克莱因引用了雅各布森1953年论文中最为其观点(1976, p. 210)的对立观点。让其印象深刻的是雅各布森经常宣称忠诚于经典的元心理学，而不是雅各布森理论内容。

快乐原则与恒定性原则之间的冲突是如何解决的呢？雅各布森在这里能够非常有利地使用其理论修正。这两个原则之间的冲突常常可以通过现实原则得到解决。确切地说，现实原则可以通过实施减弱的、不愉快的释放来保持心理经济学的平衡。而且，雅各布森将现实原则相对更早的结构"人际化"应对更早的结构，从而重新解释了现实原则。她坚持认为现实原则代表的主要是父母要求的内化(1953, p. 64)。因此，早年客体关系的结果对以经验取向的快乐原则和心理经济学的恒定性原则有着决定性影响。因此我们所面对的动机理论，既源于特定的自体与客体表征的集合体，同样也源于经典的"液压"机构的运作。

雅各布森的情感理论，尽管难懂，却构成了驱力/结构模型思想的重要扩展。雅各布森的情感理论丰富多彩，而且就像她作出的所有贡献一样，具有非常大的临床适用性。不过，深入的阅读显示其违背了经典元心理学与方法学的原则，而且雅各布森著作的晦涩难懂绝大部分倾向于隐藏其广泛的理论的非正统性。

322

## 自我心理学家的难以捉摸的"第三驱力"

弗洛伊德之后试图建立一个综合框架的每位驱力/结构模型理论家，均提及可能存在第三种驱力。哈特曼(1955, p. 240n)断定可能存在一种"非本能的"能量来源，为具有基本自主性的自我结构提供能量。马勒提出指向个体化的自主性驱力(Mahler, Pine & Bergman, 1975)假设，从而补充了双本能理论。雅各布森理论包含类似的建议，虽然是暗指，而非清晰阐述。

雅各布森假定存在一种能量未分化的初始状态，在发展和成熟力量的影响下，分成攻击与力比多驱力两部分。这个构想代表的是类似于哈特曼的未分化的自我与本我基质的经济学概念，在正常发展过程中，只是在特定的一段时间内保持未分化状态。雅各布森明确阐述了其经济学范式与哈特曼结构概念之间的关系，认为能量的退行不仅包括去中性化与去融合，也可能包括向基本的未分化能量的进一步转化。

当雅各布森提出她的构想可以"再次使我们将诸如饥饿等生理的紧张囊括在精神分析理论的框架中。这在目前我们*只有双驱力*——力比多与攻击的概念中是没有地位的。饥饿，一度被弗洛伊德命名为自我驱力，可能就是这种原始的、未分化的、心理生理学的驱力紧张的表达"(1964, p. 16—17；斜体是我们标注的)这种对双本能理论的相对直接的修正变得更加复杂了。将饥饿划为未分化驱力能量的表现是令人迷惑的，因为这就表明不是所有能量都经历了一分为二的过程，在整个生命中存在一个连续的未分化能量带。饥饿规律的出现显然不能代表定期的深度退行。因此，雅各布森没有宣告这一点，似乎是在暗示存在第三种驱力的可能性。不过，跟哈特曼和马勒一样，她从未将这个假设的阐述进行到底。她由此加入了其他驱力/结构模型理论家的行列，提出存在第三种驱力的可能，并赋予其在心理经济学中限定性的作用（如果有的话）。就像其理论前辈一样，雅各布森没有试图将第三种驱力与攻击和力比多能量整合在一起，也没有提出第三种驱力具有自己的独立变迁。 323

这种暗示性回避的原因是驱力/结构模型的基本假设所固有的。弗洛伊德所坚持的二元论理论规定，*所有*动机源于最初未被驯服的、未调节的性与攻击能量。其后许多理论家似乎受限于这种解释性约束；因此，第三种驱力的想法是有吸引力的。然而，"第三种驱力"的解释范畴一定是模糊不清的。假定存在需要第三种驱力的现象，就是认为双本能理论是不够全面的。这一直是关系/结构模型理论家所争论的话题，但其在经典理论中没有合适的位置。第三种驱力似乎是每个理论家对一种觉察到的动机的"缺少的联结"的反应，但是没有人特别愿意明确阐明这个间隙，或者直接告诉我们第三种驱力如何填充这个间隙。尽管雅各布森承诺对能量原则进行全面的再探讨，在这个方面，她并不比其前辈成功。

## 对于精神分析技术的处理

雅各布森很少明确地讨论技术问题，尽管她的确发表了几篇写作优美的案例报告。她只会在与严重的病人一起工作时才会强调技术方法：抑郁症病人、边缘障碍病人，以及偶尔是明显的精神分裂症病人。这些著作显露出雅各布森个人的温暖与敏感。在评论雅各布森对一个严重抑郁病人的治疗时（1943，1946a，1971），她的挚友乔治·盖罗宣称："你禁不住会钦佩雅各布森的勇气、决心与坚定，认为她可以帮助这个病人。我相信治疗的最终成功很大程度上取决于雅各布森的这种人格特质，以及她对病理过程的深刻理解。"（1981，p. 76）

雅各布森非常有效地治疗了这些严重的病人，她呼吁对精神分析技术进行某些修正。注意到"抑郁病人试图通过从爱的客体获得有法力的爱来恢复其丧失的爱的能力与功能"（1954b，p. 597）之后，她继续在一个特定案例中描述了一种长期的理想化移情。考虑到科胡特（1971）在17年之后"发现"这种移情具有治疗价值，她对此的治

324 疗特别有趣。雅各布森没有试图去分析这种理想化，相反，她利用这种移情实施治疗，并使病人至少暂时性地围绕这种移情重建某些自尊。她没有提出主张说，此时不去分析这种移情（“允许”理想化）的技术具有治疗作用，也意识到这种移情可能会掩饰严重的矛盾情感。在一定程度上她的反应给人的印象是简单而仁慈，基于对病人当时需要的共情性理解。

在治疗的后期阶段，雅各布森的春季度假使这个病人感觉被抛弃，导致病人严重的抑郁。他的反应是决定写一本书（病人是一位成功的科学家，并知道雅各布森个人的精神分析著作）。雅各布森对接下来的分析阶段的解释以及她对此的处理是富有启发意义的。她宣称：“写书阶段代表的是，总体上我与这个世界的明确的自恋性撤离。他真的是想用一本书，一本从我这里掠夺的书，来替代分析师。”关于她自己的反应，雅各布森写道：“在这个时点，分析师所对应的从容不迫的支持性的态度帮助他度过了这个最为关键的阶段。根据我对这门学科的模糊了解，我尽可能对他的书表现出非常积极的兴趣；换言之，通过暂时的参与，我与他共享这本书，并赢得他的回归。”（1945b，p. 601，602）

在雅各布森看来，精神分析的治疗作用最终由分析师的解释行为所决定。她提出了许多问题，科胡特（1971，1977）多年之后才将注意力转向这些问题，诸如，如果要获得成功，严重病人最深层的性前期的幻想素材是否可以并需要解释。她的某些技术手段听起来实际上与科胡特的技术异常相似。在描述一个病人的治疗时，雅各布森报告称“在最初阶段，以及后来，在严重的情感危机阶段，我允许这个病人根据他需要的方式和角色来‘使用’我”（1967，p. 57）。这就构成了科胡特会称之为自体—客体移情处理的明确说明。不过，雅各布森没有看到这些技术手段本身的治疗作用。正是解释带来了分析的改变，而且她相信，只要充分准备并灵活掌握时机，即使非常严重的病人也能听到并使用深层的本我解释（1954b）。

雅各布森没能将她的技术修正（在盖罗看来，是她的人格特质）与病人治疗的改善

325 联系在一起，反映了她对驱力/结构模型观点的忠诚。她没能将其发现概括为可以广泛应用于病人精神分析的技术理论，也是可以理解的。但是，她对于病人—分析师关系的细微变化的敏锐理解仍然影响了我们对她作为临床医生的印象。从这个意义上说，如果说是隐含的方式，她对当代关于技术问题的处理作出了巨大贡献。

## 雅各布森及其追随者

如果要对雅各布森对精神分析所做的贡献进行简单的概括，就要自担风险。作为一个理论家，她的理论范围广泛，内容微妙，规避了概括。她对发展现象学和严重心理病理的描述，对经典元心理学的修正，以及她的临床著作，已经以这样或那样的方式渗透进了所有当代分析师的著作之中。然而，她从未获得像其他不那么重要的理论家所具有的"声望"。

雅各布森理论是由经验和元心理学概念的复杂混合构成的。尽管她坚持经验的概念，例如她重新定义的快乐、"自体"与"客体世界"，是源于内在的、生物学所赋予的驱力，她的重点还是在现象学，也就是事情的关系那一面。即使在讨论三分结构模型时，雅各布森事实上为心理结构这种特殊的划分方式进行了辩护，因为她认为这种模型是"建立在重要的内在体验基础之上的"(1964, p. 123)。此外，她强调了针对挫败的失望、改造了快乐原则、修正了心理能量的理论，很显然，她已经明确转换了驱力/结构模型思想的焦点。

不过，在重要的方面，雅各布森仍然是一个驱力/结构模型理论家。她用两种方式保持了这种联结。首先是认可。即使在扩张其口欲概念的过程中，雅各布森指出"母亲对婴儿自我成长的影响用我们的驱力理论来概念化是再好不过的"(1964, p. 37)。正如雅各布森对沙利文著作(1955)的回顾和对鲍尔比(1964)的批判中所表现的那样，她表现出不同寻常的才能，严厉批评了那些明确拒绝驱力理论的人。

雅各布森与驱力/结构模型的第二个联结更多是理论上的。自体与客体世界，在对三分结构具有相互影响的同时，是结构的产物，而且雅各布森坚持认为驱力能量分为力比多与攻击是生物学注定的，并通过成熟达成的。这些原则使她牢牢立足于经典传统，并为她如此谨慎而敏锐描绘的关系模式指定了一个派生的继发位置。因此，她的理论仍然深深扎根于经典的思想。 *326*

不过，雅各布森思想的总体影响，比其本人和绝大多数评论者所认为的更偏向修正主义者。她的修正主义在经典精神分析对描述与解释进行区分的情况下变得尤为明显(Hartmann, 1927, 1939a)。在驱力模型理论指导范畴内，现象学与元心理学是不同的论域。然而，雅各布森的贡献在很大程度上仰仗描述性的、现象学的构想。这个重点，与马勒对儿童发展的观察一起，并得到其补充，为后来的驱力/结构模型理论家创造了一种困境，他们用三种不同方式处理了这个困境。一种策略是试图进一步将两种水平的理论建构整合在一起，用经验术语改写驱力/结构模型的基本概念。从而导致元心理学更加远离了生物学禀赋，具有较少有机体的观点，而具有更多社会化的观点。这是柯恩伯格的理论策略。第二个策略是必须承认现象学概念的作用，以及元心理学基础的局限性。由此形成一个理论，其中的经验法则强调与他人关系的重要作用，这些法则被认为是充分而必要的；元心理学就被抛弃了，或被降级为生物学水平的，而非精神分析水平的论述。这是克莱因、吉尔以及其他当代理论家的策略，他们提倡严格的“临床”解释框架。第三种策略是承认元心理学与现象学理论均具有解释价值，同时认为从一个得出另一个的做法（就像雅各布森做的那样）在理论上是有问题的。解决办法就是要建立平行的、独立的系统：一个系统源于先天性生物学驱力；另一个系统源自关系体验。这是“混合模型”的处理方法，是科胡特理论的特征。

因此，雅各布森是每位当代理论家的理论先驱，这些理论家与驱力/结构模型保持着某种联结。从这个意义上说，她理论的上层建筑的困难，如同她令人满意的洞察力一样，影响深远，富有煽动性。

## 327 奥托·柯恩伯格

20 世纪 60 年代以来，柯恩伯格撰写了一系列的书与论文，建立了临床与理论上的框架，引起精神分析理论家的广泛注意，并产生相当大的争议。柯恩伯格不遗余力地将自己置身于不断演化的驱力/结构模型传统之中。其理论基础表现出既源自雅各布森对人际关系现象学与经典元心理学的整合，也有对此的扩展，而且他承认受到雅各布森（1979），以及马勒发展框架（1980）的影响。同时，他试图将驱力模型观点与源自关系模型的敏感性混合在一起。他是第一位宣称自己是弗洛伊德主义者的美国理论家，但是他也明确声称从关系模型作者的著作中得到了帮助。

柯恩伯格在其所有著作中保留了驱力模型语言。他在经典的自我、本我与超我的三分结构心理组织中谈论本能及其功能。直到他最近的著作（1982），他在讨论自体时，谨慎地应用了哈特曼的用法：自体被看作是一种意象、一种自我之中的表征。柯恩伯格对词语的谨慎选择模糊了其理论的基本主旨，随着其进化，反映的只是与经典模型政治上的联结。他的思想，与雅各布森思想不同，没有保留驱力模型的基本原则，而只是保留了驱力模型的词汇。基于他所宣称的忠诚，以及其著作阐明理论融合的策略如何能被推到违背一个模型的基本假设的位置，在我们看来，他是被包含在驱力/结构模型之内的。

柯恩伯格是唯一将自己的思想描述为“客体关系理论”的美国精神分析师，但是他这样做时仔细限定了这个术语的含义。他拒绝客体关系理论构成普遍的关于心理的理论，并替代经典元心理学说法（像费尔贝恩和冈特瑞普等理论家所持有的观点）。相反，他将他的用法限定为：“精神分析元心理学内的一种更加受限的方法，强调两元或两极的心理内部表征（自体与客体意象）的累积，反映了最初的母婴关系，及其后来向两元、三角和多重的内在与外在的人际关系的发展……重要的是，自体与客体意象的每个单元中内化的基本的双元或两极特性是在特定情感背景下建立的。”（1976, p. 57）

通过限定客体关系理论的定义，柯恩伯格宣告了对经典元心理学基本原则的忠诚。他试图这样将自己与沙利文、费尔贝恩和冈特瑞普的关系/结构理论分离开来，尽管事实上其理论结构及其哲学含义经常与这些人接近。例如，他可以宣称，在限定客体关系理论背景下，客体“应该更加确切的是‘人类客体’”（1976, p. 58）。克莱因与特里比克（1981）指出，与弗洛伊德对这个术语的使用相比，这完全改变了客体含义，而且，因此也改变了驱力理论的基本含义。我们同意这个评价，但是在这本书中，我们试图说明，客体概念的意义经历了一个渐进但又不可阻挡的演变过程，从弗洛伊德最初的用法，经过哈特曼的“正常可预期的环境”，到马勒的“一般投入的母亲”，以及雅各布森的“客体世界”。从这个意义上说，与克莱因和特里比克对比不同的是，我们将柯恩伯格看作将自己依附于已经演化的理论融合的传统，这个传统已经将驱力理论转向更加“社会化的”关于人类以及激励他的力量的观点。不过，我们与克莱因和特里比克观点是一致的，认为柯恩伯格理论实际上与弗洛伊德理论非常不同。 328

柯恩伯格开始的临床资料基础源自严重病人精神分析的心理治疗，尤其是他所称的“低水平人格障碍”，包括自恋与边缘性人格。与科胡特一样，他绝大部分的推论源自这些病人所特有的移情反应。柯恩伯格观察到，这些人的特点是会介入早期的、体验强烈的、混乱的移情，他们在移情中表现出对治疗师非常矛盾的态度。在快速的连续系列中，治疗师被看作是全好与全坏、强壮的与虚弱的、令人喜爱的与令人憎恨的，等等。每一个态度都伴有相应的、同样快速变动病人自己的自体意象。与神经症病人不同，神经症病人最强烈的移情只能通过长期的分析工作所诱发，对更加严重的病人来说，这些强烈的移情可以在治疗的最初几周或几天出现。

移情范式的快速转换，与柯恩伯格所谓的病人日常生活中的“选择冲动性”相呼应，反映出原始防御机制的主导地位，尤其是分裂。他将其分裂概念与弗洛伊德概念

329 (1927，1938)联系在一起，但是其实际应用与梅兰妮·克莱因的用法更加一致。柯恩伯格是这样定义分裂的：“同时完整地觉察到自我之中存在一种冲动及其理想化表征。彼此之间完全分离的是复杂的心理表现，包括情感、理想化内容、主观的和行为的表现。”(1976，p. 20)病人认识到相互矛盾的心理状态，但这些状态的含义被平淡地否认了。与分裂相关并随之出现的是其他的早期防御，诸如原始理想化与贬低、投射，尤其是投射性认同。这每一个防御都是自体和客体表征的易变特质(Jacobson，1964)，以及早期自体—客体关系结构出现的指征。

这些移情范式的轻易出现表明，产生这些移情的早期结构基础，基于一种柯恩伯格所谓的“未同化的”，继续存在于心理结构中。早期客体关系的同化指的是“转化性的内化”(科胡特)、“人格解体”(雅各布森)，甚至是哈特曼所说的“内化”，尽管重点有点不一样，所描述的是同一个现象。每一个术语都表明，早年与环境的关系会产生反映其影响的、持续的心理学模式(结构)。在正常发展情境下，早年关系失去其特殊的早年特征，并被同化为具有平稳功能的心理系统。从这个意义上说，这个过程非常像食物的消化与利用(比昂使用“消化”来描述同一个现象)，而且同化概念表明“我们是我们吃的东西”，或者更具体地说，“我们是我们体验到的我们”。

不过，与实际的同化不同，即使在最佳情况下，心理过程是可逆的。因此，在分析神经症病人过程中，病人最初只能将自己的超我要求与禁止体验为特定的父母态度，在病人与父母特定互动背景中得到表达。就是这种结构去同化的能力(分析性退行的方面，在移情情况下表现得最为清楚)使得分析成为可能。对于神经症病人来说，按照驱力模型理论的说法，表现出非常稳固的三部分结构，去同化必然需要病人花费大量时间、努力和意愿去退行。

不过，对于柯恩伯格所治疗的严重病人，早期未调整的关系会在移情中快速出现，

330 因为这些关系从未得到充分同化。就像食物从未得到适当消化一样，因此只要简单检查一下肠道的内容物，就能揭示一个人整体的营养史。就是因为恰当的结构没有得到发展，这种信息的可利用度事实证明对病人是没有用的；他们只能表演并再次体验到混乱的、矛盾的自体—客体构造。对这些病人的分析性解释必须设法解决分裂的运作和相互矛盾的心理状态的存在。这在柯恩伯格看来使得病人开始将分裂的意象整合进更加统一的关于自己与他人的想象。

柯恩伯格将雅各布森(在较小的程度上,和马勒)提供的发展理论应用于这些观察,得出的结论是,他的那些严重病人病理性地固着于早期阶段心理结构的形成。他认为最早期的自我太虚弱,认知上没有得到发展,不能整合非常不同类型的早年体验。原始自我根据伴随的情感色彩对体验进行组织,即“好的”或“坏的”体验。自我虚弱保持这些好与坏的体验的分开。

经过更多的临床观察后,柯恩伯格对这种早期情景的结果进行了详细说明。在他向严重障碍的病人指出其存在的相互矛盾的自我状态时,病人会变得非常焦虑。这种焦虑表明存在强烈的冲突,不仅仅是自我不能容纳不同类型的体验。柯恩伯格据此断定最初的自我虚弱后来可以被用于防御。被他称之为防御性分裂的正是由早期认知决定的事件状态的这种连续体。防御性分裂在童年早期是正常的,但也可能病理性地固着并持续到严重病人的成年期。

最初未被整合以及后期防御性分裂的早年经历的内容是什么?这些经历会最佳化地被同化进心理构造之中吗?正如柯恩伯格对客体关系理论的定义那样,这些经历是关系的构造,尤其反映了婴儿与其“人类客体”——母亲的互动。这些构造包括三个组成部分:客体意象、自体意象,以及由互动之时起作用的驱力衍生物决定的情感色彩(1976, p. 26)。这三种成分共同组成了柯恩伯格所说的“内化系统”;这些都是构成体验以及最终构成心理结构的“材料”。(不幸的是,柯恩伯格的书所收录的主要论文是在十年期间发表的。他的观点,尤其是关于驱力本质的观点,在章节之间就有变化。这种构想构成了关于驱力与情感色彩之间关系的早期观点。) 331

内化系统有三种,每一种都反映了特定发展阶段的正常情形。柯恩伯格用先前驱力模型构想中的术语对此进行命名,尽管每一个术语都是完全重新定义的。他将最早、最原始形式的内化称之为“内摄”。内摄代表的是最强烈的、最少调节的情感染色情况下的最小组织化的、最少分化的自体与客体意象的内化。内摄可用作防御,或者在无冲突的自我、原初自主性结构,尤其是感觉与记忆的影响下继续存在。因此,内摄不只是口欲期力比多或攻击冲动的衍生物。内摄也不只是学习问题;柯恩伯格坚持认为内摄导致“‘外在’感觉与代表驱力衍生物的原始情感状态的感觉的联结”(1976, p. 29)。内化的下一个水平——“认同”,出现于儿童能够理解重要互动中自己与客体所发挥的作用之时。这个系统的成分由具有特定作用的客体意象、也许具有互补作用的自体意象,以及由已经得到一定调节的驱力衍生物决定的情感色彩组成。最成熟水平的内化,埃里克森(1956)称之为“自我身份”,指的是“在自我合成功能的指导原则下认同与内摄的总体组织”(1976, p. 32)。这里说的成分是客体世界的一致性概念，作为发展中的组织的牢固自体感，以及儿童与养育者对这种一致性的共同认可。该水平构成更加原始内化过程的组织与整合。

柯恩伯格的这个构想是建立在雅各布森基本框架之上的。不过，他换过几个术语，改组了划分路线，而且，也许更关键、更全面地展开了他人关系与本能驱力本质之间的互动。

柯恩伯格认为内化的互动的情感色彩构成其效价，尤其是对发展早期的内摄来说。不同内摄的效价之间的相似性最终导致其融合，以及体验的最早组织。在一定程度上，柯恩伯格的框架与沙利文和费尔贝恩的发展范式有着明确的相似性。沙利文的“人格化”与费尔贝恩关于自我与客体的早期分裂均取决于母亲与婴儿之间人际互动的特性。柯恩伯格将内化现象部分地归因于原初自主性自我功能的作用，强调了关系模型构想之间的这种相似性。他与雅各布森的观点是背离的，雅各布森将最早期的“总体认同”(大体上类似于柯恩伯格所说的“内摄”)看作由源于驱力的需要所推动。

332

驱力在柯恩伯格构想中的作用是什么？对于这一点，在其理论演变中，驱力衍生物为内化的互动提供了情感色彩。这些情感色彩使得内在体验与感觉决定的外部体验联系在一起，从这个意义上说，其理论保留了与驱力模型的某种联结。柯恩伯格认为驱力发挥的中心*动机*作用比雅各布森认为的要小，但驱力确实发挥了关键的*组织*功能。不过，即使根据其修正的功能，对于这一点，从理论上说，驱力还是经典的精神分析元心理学概念上的驱力。因此，柯恩伯格批评费尔贝恩忽略了驱力，尤其是攻击驱力。他自己对攻击的定义可以说与其他经典的驱力理论家并无二致：“‘攻击’一词……被限定为直接的本能驱力的衍生物，通常与早期的原始暴怒反应相关；指的是与力比多相对应的攻击。”(1976, p. 30n)而且，对于其接下来对使人容易产生边缘性心理病理因素的考虑，柯恩伯格指的是负性的内摄存在的优势，要么源于严重的早年挫败，要么源于攻击驱力体质上的强烈程度。

随着时间推移，成熟与发展的力量作用于自我，使得自我难以或不可能继续保持分裂的运作。这就导致相反效价的自体和客体意象与“好和坏”的自体和客体表征结合在一起。这反过来导致矛盾情感(梅兰妮·克莱因所说的抑郁心位，尽管出现在生命的后期)与更成熟的诸如关注、内疚和哀悼等指向客体情感的出现。理想的自体与客体表征也随之建立，因此，这种人际互动经验包括四种成分：真实的自体、理想的自体、真实的客体、理想的客体。这就为自我理想的最终建立铺平了道路。

这些过程，表征世界的变迁，促进整合自我的稳固。（与雅各布森一样，柯恩伯格假设心理结构与表征世界存在相互影响。）自我的稳固首先使压抑与围绕压抑的高水平防御运作成为可能，这是正常人与神经症病人的防御方式。压抑的出现又导致“动力性潜意识”的出现，这种潜意识是由不被新近强化的自我所接受的内化单元和被排斥的自体—客体情感构造组成的。 333

带有矛盾情感效价的内化系统的合成促进了驱力中性化，与哈特曼的看法一致，柯恩伯格将此看作为压抑提供了最重要的能量来源。因此，分裂与压抑之间的发展关系在两者的元心理学关系中得到了反映：分裂保持相反效价的内摄分开，阻止其中性化，因而剥夺了压抑所需要的持续流动的能量来源。这导致被削弱的自我，转而依靠更原始的分裂防御。这个构想简洁，令人信服，但与柯恩伯格所提出的观点相比，更大程度地远离了哈特曼的观点。柯恩伯格明显是从客体关系的变迁得出了本能的变迁（中性化）。哈特曼经常且明确地抛弃了这种观点；实际上主张客体关系本身对本能的（结构的）因素的依赖。

结构形成的最终阶段是超我的建立与巩固。在此，柯恩伯格紧跟雅各布森的步伐，假定存在源于客体关系不同发展阶段的三个水平范式。超我是由多层的沉淀构成，首先是反映儿童投射过程的早期敌对的客体意象的沉淀；其次，是由融合的理想自体与理想客体表征构成的自我理想的沉淀；最后，是真实父母意象整合的沉淀，包括父母的价值观、禁止与要求。

## 体验、关系与心理结构

柯恩伯格认为自我作为一种结构是使用内摄进行防御而形成的（1976, p. 35）。这是一个具有极大吸引力的想法。既然客体意象源于外部体验，以及婴儿参与的实际（尽管有歪曲）的人际互动，他暗指*体验先于自我的结构化*。（既然感觉本身是自我的一个功能，“体验”的概念需要这些能力的存在，柯恩伯格将这些原始的自主功能描述为“自我的前驱”。）在这种关于自我起源的观点中，柯恩伯格将自己摆在关系与驱力模型传统*之间*的位置。对沙利文来说，人类生命始于人际体验。“嘴唇间的乳头”的最早期的构造代表的是人类心理存在的初始。对梅兰妮·克莱因来说，尽管她用完全不同的术语来描述这个问题：没有内在的客体就没有驱力，没有相关的幻想就没有冲动，没有人际体验的伏笔就没有人类生命。而且，对沙利文和克莱因来说，这些最早期的 334

体验变成了后来心理结构的实体。在沙利文看来，人格化演变为自体—系统；在克莱因看来，早年幻想变成了与真实客体关系的后来模式。这些观点与经典驱力构想形成鲜明的对比，其中的结构自我的成熟与发展远早于最重要的客体关系的体验。在使社会关系成为生命最早年构造的一部分，尽管柯恩伯格没有关系模型理论家走得那么远，但他尝试过将源于这种理论的敏感性整合进他自己的理论框架。

柯恩伯格坚持认为动力性的潜意识是由被排斥的内摄与认同系统构成的，而且随着自我压抑能力的加强而形成。本我由自体意象、客体意象及其相关的情感投注所构成的观点，很容易让人想起费尔贝恩的观点，即潜意识是由被排斥的内在客体关系组成的。费尔贝恩的观点明显影响了柯恩伯格，但是他们关于这一点的观点在其后来的思想发展中是不一致的。在其早年构想(第一章，Kernberg, 1976，实际写于 1966 年)中，柯恩伯格只是说本我“被压抑的”部分始于自我加强，并由内化系统构成。本我未被压抑的部分，以及最初未分化基质的本我方面的地位是悬而未决的，从传统意义上说，二者均可假定为驱力的地点。不过，柯恩伯格没有为本我这种更加经典的方面建立任何理论地位，给人的印象是他保留这部分更多的是向驱力模型致敬，而不是整合性的理论建构。

在关于发展的这个方面的后期版本(第二章，Kernberg, 1976，写于 1971 年)中，他超越了早先的观点。他在此坚持认为本我作为一种心理结构，是随着压抑的建立而形成的。本我“将先前‘分离’存在的功能整合在一起，或者说，在一定程度上，将内化的客体关系的早年相互分离或分裂系统部分而存在的功能*整合在一起*”(1976, p. 69；斜体是我们标注的)。他接着说，本我功能的基本过程特征就像那样运行，因为自体与客体表征认知上的原始特性，以及潜在驱力衍生物的原始特性，很适合于诸如凝缩与置换等功能。

335

通过后期这个构想，柯恩伯格与驱力模型作了彻底决裂，还是其令人印象深刻的解释影响力暴露了这一点。我们记得：自我作为一种结构是随着内摄的防御性使用而形成的；现在，本我作为一种结构随着压抑的建立而形成。因此，*结构自我的出现先于结构本我*。本我由内化单元构成，并执行组织功能，将这两种主张结合在一起考虑，我们看到柯恩伯格关于三分心理结构的观点与弗洛伊德的观点只是保持了一种术语学上的关系，或者说与在驱力模型中操作的任何理论家的关系也是如此。他的结构更类似于费尔贝恩；他们描绘与整合的是人际关系的方面，而不是人类生物学天赋的各方面。从这个意义上讲，我们可以将柯恩伯格的构想看作是雅各布森(1964, p. 129)

将心理结构的关系解释扩展到我们对此的体验，但是必须记住的是，雅各布森描述的是对生物学决定系统的现象学覆盖。柯恩伯格将人际体验作为了其心理学模型的核心。

类似的看法适用于柯恩伯格近期对自体概念的使用，在这个领域，他对驱力模型假设的彻底抛弃变得非常明显。他宣称："我提议……将'自体'这个术语专门用于与客体表征总体集合密切相关的自体表征的总体集合。换而言之，我提议将自体定义为源于自我并明显根植于自我之中的心理内部结构。"(1982, p.900)这个定义，强调了自体相互影响的性质，旨在使关系因素进入心理结构的内核。柯恩伯格将自体定义为一种表征，似乎追随了哈特曼的脚步，而且其定义的第一部分读起来与雅各布森的定义非常相似。不过，他转而将自体指称为一种结构时，他违背了所有驱力模型理论家遵循的表征与结构之间的关键区别，这个区别对两个主要精神分析模型的不同理论风格来说非常重要。

柯恩伯格意在将自体看作一种心理结构，而非表征，他在另外两个陈述中进行了阐明。他说自体是"一种自我功能与结构，逐渐演化为……一种合并其他诸如记忆和认知结构的自我功能的高级结构"。另外，"正常自体是诸如现实检验、自我合成等主要自我功能的高级组织者，而且，最重要的是一种关于自体以及重要他人一致的、整合的概念"(1982, p.905,914)。在此，围绕自体功能作用的模糊性就消失了。自体只是一种遗传学意义上的表征；一旦形成，就与本我、自我和超我拥有同样的理论地位。因此，柯恩伯格关于心理结构的理论与驱力理论的三分模型是不相容的。 *336*

### 体验、关系与本能驱力

在驱力/结构模型的整个历史中，以及在任何一个个体理论家的著作中，结构的假设比能量的假设更容易得到修改。柯恩伯格的思想也不例外，而且正是在提出其结构的修改若干年后，他将注意力转向了驱力理论(第三章，Kernberg，1976，写于 1973 年)。

柯恩伯格在早期表述中使用了驱力概念的经典结构。不过，即便在当时，他的结构修改就提出关于其用法的问题，而且他改变了驱力在其理论框架中的功能作用。因此，他声称"驱力衍生物中心理结构的最初渗入是通过……内化过程达成的"(1976, p.31)。这种描述不再像弗洛伊德(1905a, 1915a)那样，将驱力定义为"对心理运作提出的要求"，不再将驱力看作是心理结构的首要推动者。相反，驱力似乎只能在人际体验得到内化的情况下才表现出自己。不过，在这一点上，柯恩伯格给自己留了一条出路。在其引述的章节以及整个早年的讨论中，他提到的“驱力衍生物”不是纯粹的驱力，而是被体验所过滤的驱力结果。柯恩伯格在这一点上没有提及“纯粹的”驱力，同样，他也没有使用本我未被压抑部分的概念，而给人的感觉就是，他对按照这个情况得出的关于驱力的观点并不满意。

这个观点在柯恩伯格理论发展的下一个阶段得到证实。他描述了早期未分化的生理学决定的快乐情感在四个因素基础上演变为特定的快乐体验：口欲的充分满足、性快感区的兴奋、探索行为的满足，以及最重要的人际体验（1976, p. 63）。一个平行过程被理解为引起不快乐的演变。柯恩伯格在这里明确地将驱力和关系模型理论应用于快乐主题。前面两个因素属于经典观点。第三个因素整合了源于早年自我发展研究的考虑，并吸取了马勒（1966）与雅各布森（1953）的观点。第四个因素，即人际体验，是建立在雅各布森构想之上并向前迈进了一步。对雅各布森来说，口欲是组织原则，在儿童心理发展过程中，为快乐和不快乐的人际体验提供可以排列的连续体。对柯恩伯格来说，口欲只是这个过程的四个方面之一，而且人际体验的作用被提升至自主性位置，是最为重要的单一元素。

337

柯恩伯格认为，好和坏的自体与客体表征分别被授予力比多与攻击的性质，提出关系体验中的好与坏先于驱力投注。他注意到“从临床的角度看，你可以说演化的情感状态与情感倾向分别使力比多与攻击的驱力衍生物现实化了”（1976, p. 64），再次说明是情感的基本性质，而非本能的投注，决定了自体与客体表征的效价。这明显有别于通常驱力模型的观点，在驱力模型中，作为一种生物学禀赋，驱力单独决定了人际体验的性质。在这个构想中，当柯恩伯格为了其驱力/结构理论而抛弃最初的防御模型时，他已经背离了弗洛伊德开始的方向。

然而，直到1973年，柯恩伯格才主张对驱力概念本身重新进行全面的调查。他运用一般的系统理论框架（系统的等级组织演变为高级系统），断定“内化的客体关系单元组成亚系统，在此基础之上，驱力与总体的自我、超我和本我的心理结构被组织为整合系统”（1976, p. 85）。因此，他扩展了其主张，认为客体关系构成结构的基本单元，用以包括客体关系也是构成驱力本身的基本单元的观点。驱力是更高水平的系统，将客体关系（包括其相关的情感，现在构成“原初的动机系统”）组织为整合的动机系统，即力比多与攻击的目标。

系统理论是柯恩伯格解决整合自己观点所遇到问题的一个方法，他认为情感贯注的关系结构是形成于驱力转化的经典结构理论发展的基础，他希望保留这个观点。他通过提出关系结构只是驱力的亚系统，来试图做到这一点。好和坏的情感体验逐渐累积，最终变成更大的力比多与攻击的动机力量。好体验的增加形成力比多驱力的基础；坏体验的增加形成攻击驱力的基础。对于驱力概念的重构，柯恩伯格运用了当代动物行为学，而且将驱力看作从天生的"本能成分"之间的相互作用演化而来的复杂动机组织，由神经生理反应与依附行为构成，伴有人际体验。他写道："人类的本能逐渐由这些'基本单元'组装而成，因此，快乐情感决定单元的序列与不快乐情感决定单元的序列逐渐演变为力比多投注和攻击投注的心理驱力系统的集合体，即力比多与攻击分别成为两种主要的心理学的驱力。"(1976, p. 87)

338

柯恩伯格将其驱力概念比作弗洛伊德关于本能的最初构想，这些本能是由其最初的成分锻造而成的。然而，在描绘这种比较时，他忽视了弗洛伊德对于基本单元自身性质的理解。在弗洛伊德看来，这些基本单元是固有的生物学禀赋，按照种系模式的次序出现；另一方面，在柯恩伯格看来，"力比多与攻击驱力衍生物的发展阶段取决于内化的客体关系的发展的变迁"(1976, p. 185—186)。因此，柯恩伯格将情感投注的客体关系作为"驱力"的基本单元，试图将自己的关系理论建构与所保留的驱力模型结合在一起。你必须确定他提供的结合有多好。

柯恩伯格作出了至关重要的概念跨越，一方面是"好"或"坏"的客体关系集合，另一方面是作为驱力的力比多与攻击。"好"与"坏"的模糊而多变的含义使得这种跨越似乎可信。起初，柯恩伯格使用这些术语来命名儿童将其体验分类为快乐和不快乐的模式："好"与"坏"在这里指的是体验的组织与模式，非常类似于沙利文所说的"好"与"坏"的乳头、乳房，等等。后来，柯恩伯格使用"好"与"坏"指的是源于心理内部但在自体与客体关系之外的动机力量，类似于经典的力比多与攻击本能。这种转变是如何发生的没有得到本质上的解释；但一旦发生，柯恩伯格就能赋予驱力跟弗洛伊德所赋予其最初概念同样的属性。因此，使用同样的术语，其含义是两套非常不同的指称物，就掩盖了好与坏的关系与能量含义之间的基本的不连续性。(这种特定的语义学的模糊可以历史性地追溯至梅兰妮·克莱因对术语的使用。)

339

柯恩伯格从雅各布森关于最初未分化能量的概念为自己的理论找到了某些支持，至少有一部分是建立在体验基础上的，分支为力比多与攻击驱力。不过，雅各布森曾经质疑分离的驱力的形成在很大程度上是在成熟过程基础上的；不仅取决于体验，也取决于人类的生物学性质。对柯恩伯格来说，情感才是中心的，而且，情感(雅各布森曾经使其“摆脱”了其假定的本能基础）受到人际体验的高度影响。因而，他可以断定“生物学压力与心理功能之间没有直接的关系”（1976，p. 114），与作为心理运作要求的驱力有着天壤之别。在柯恩伯格的最终构想中，人类不是天生具有性欲与攻击性的；人类天生是容易受影响的。驱力模型一直被远远抛在后面。柯恩伯格通过其系统理论框架再次引入经典的驱力概念，掩盖了其理论的激进性质。

他背离经典驱力观点的程度在最近构想中得到了强调。柯恩伯格坚持认为“通过各个发展阶段，爱与恨……就变成了遗传连续体中稳定的心理内部结构，而且，就是通过这个连续体，爱与恨*合并成为力比多与攻击*”（1982，p. 908；斜体是我们标注的）。对照弗洛伊德在《本能及其变迁》中的陈述：“爱与恨的态度不能用于*本能*与其客体的关系，但被保留用于*整体自我*与客体之间的关系。”（1915a，p. 137；斜体是原文标注的）弗洛伊德的观点，被每一位驱力模型理论家所遵循，表明爱与恨从作为客体投注结果的驱力发展而来。对柯恩伯格来说，指向客体的爱与恨的情感*先于并产生*驱力，是一种与关系模型理论家（比如，费尔贝恩）的观点相一致的立场，与弗洛伊德的那些观点完全不同。

### 评论

没有人见过本能驱力，而且将来也不会有人见到。它们不是体内存在像血液与骨头一样可以量化的东西；正如沙菲尔（1968，1976）指出的那样，它们是理论上的选项。

340

因此，我们可以将驱力模型理论家的本质地位简化如下：我已经选择将人类看作最初受到强烈的、未经调整的性与攻击冲动驱使的有机体，这些冲动的主要部分源于其生物学的遗传，同时塑造了其心理学的命运。这些冲动，尽管不是隐藏其后的驱力，其在社会互动的基础上得到调整，而这些调整，以其细微变化，就可以解释接下来的全部行为。而且，驱力最初的未调整状态，以及其对于人类在社会中生存的需要造成的危险，为理解各种各样的心理病理学现象提供了有用的框架。

驱力理论，像所有的精神分析理论一样，是根据关于人类本质的哲学预设来推断的。我们可以用从不同哲学假设得出的理论体系来谈“驱力”。例如，你可以说驱力本质上不是性与攻击，但是驱力代表了与他人亲近以及宣布个人潜力的人类的内在渴望。这是科胡特采取的立场。或者你可以说早年的人际体验对于人类成为什么样的自己是至关重要的，而且这种体验产生的攻击系统在性与攻击目标中得到了表达。这是柯恩伯格的立场。*好*的理论可以从这些前提推导而来；*好的经典的精神分析驱力理*

*论*则不能。

弗洛伊德仔细区分了从观察资料得出的理论假设。他在讨论其驱力理论来源时写道："即使在描述阶段，也不可能避免将某些抽象观点应用于手头资料，这些观点是从某个地方得出的，但显然不是从新观察本身得出的。"(1915a, p. 117)驱力不是精神分析的*发现*，而是关于人类基本性质的特定观点的先验性断言。改变这个假设必然改变理论；只是宣称你相信驱力并不会使你成为一个驱力模型理论家。

从总体上评价柯恩伯格的贡献，他与雅各布森(以及与早年的驱力理论家的关系)是站在一起的，有点像冈特瑞普跟费尔贝恩的关系。他将其思想表述为早期理论的扩展与应用，但他彻底改变了这些理论的主旨。

1. 与所有其他驱力/结构模型理论家不同，而与所有的关系/结构模型理论家保持一致，柯恩伯格将人类看作本质上是社会的人。他认为"从人类的社会本质看，攻击与力比多凝缩为内化的客体关系构成了本能需要的内在心理结构"(1976, p. 115；斜体是我们标注的)。

2. 与其他所有驱力模型理论家相比，柯恩伯格抛弃了原始自恋的概念(1980, p. 107)。他的理由是，在最早期的未分化阶段，存在"外在的"客体，尽管其表征与自体表征是融合在一起的。这再次指向先验性假设，即人类从最早的发展时期在心理上就是与客体联结的。 *341*

3. "客体"的概念，对任何"客体关系理论"都是至关重要的，已经从本质上被改变了。我们在此指的不仅是克莱因与特里比克(1981)的观点，即认为柯恩伯格用特定的人类客体替代了弗洛伊德更宽泛的概念，而且是更加中心的理论问题。我们始终注意到，在驱力模型范围内，通过力比多或攻击的投注，某种东西相对于一种知觉对象或一种"东西"就变成了一个"客体"。不过，对柯恩伯格来说，驱力是由内化单元建构而来的，这些内化单元包括客体表征、自体表征与情感效价。因此，客体以客体的身份在时间上先于驱力，而且柯恩伯格(像马勒一样，但是更加系统明确地)将客体概念与其在驱力理论中的根源分离开来。

4. 驱力模型的心理结构只是保留了名字而已。心理结构与精神表征之间关键的理论区别已经被消除。在结构理论中，心理的每个领域都是*从关系体验*缔造来的，并以其特有的方式进行组织。动力的本我不再产生作为解决其与现实冲突的自我，但是其自身是由自我的压抑能量所创造的。本我内容不再是生物学禀赋，而与费尔贝恩观点一致，是自体与客体表征的构造。自体具有优于自我心理结构的地位，从而削弱了心理结构三分模型所包括的一切性质。

5. 更早期关于不可简化的生物学决定驱力的精神分析概念，*除了术语，什么也没留下*。驱力是组织早年体验的心理学系统，并将驱力导向未来的动机目标。情感而非驱力才是最早的、首要的动机力量。力比多与攻击从已经指向客体爱与恨的情感状态发展而来。

## 正确看待驱力/结构模型

在追溯驱力/结构模型从弗洛伊德最初情感与防御理论演化的历史中，我们已经看到，接受这种精神分析理论的所有理论家都承认某些基本假设。这些基本假设得到了弗洛伊德明确的陈述与详细说明，而其后所有的修正，包括弗洛伊德自己及其追随者的理论，是建立在这些基本假设基础上的。最初构建这些假设时（随着《性学三论》的出版，在最早的主要背叛以及调和期开始之前），这些基本假设可以表述如下：精神分析的研究单元是独立而分离的有机体，可以在其出生环境之外对其进行概念化和研究。人类有机体带着构成内源性需要（驱力）的种系禀赋进入这个世界，它们需要得到即刻满足。这些需要原则上可以通过不同的方式进行归类，但出于临床与理论考虑，被分成两组。在弗洛伊德最初理论中，这两个基本的驱力被概念化为性驱力和自体保存的驱力；在修正观点中，这一点被所有驱力模型理论家所接受，它们是性与攻击冲动表达的需要。

*342*

因为驱力构成了婴儿内在心理学装备的全部，所有的人类发展和所有接下来的行为都由此发展而来。为了解决满足内源性需要问题，心理结构得以进化，并根据调节原则（恒常性或快乐原则）运作，这个原则也是种系发生的禀赋，并且需要缓解大量驱力累积造成的紧张。驱力遵循自身成熟决定的进程，其状态在某个特定时间主要是由个体体验性质决定的。个体与其出生环境关系在其满足驱力需要能力基础上获得心理学价值；这些需要就构成了所有客体关系的基础。

我们在第四章和整个第三部分描述的理论调和策略试图扩展驱力模型的基本假设，以包括从新的临床经验（儿童精神分析治疗、关于正常儿童发展的直接观察、与严重障碍病人一起工作，等等）产生的资料，并回应抛弃驱力模型理论家的评论。一般来说，驱力模型内调和的目的是扩展其解释的意涵。驱力作用相应地被看作不是那么重要的决定人类行为的特异性因素，所失去的特异性被从与他人早年关系研究中得出的看法所替代。我们可以在调和策略中找到这三个方向：试图改编驱力自身概念的策略，修改了心理结构理论的策略，以及修正了关于客体本质和客体关系经典理论的策略。 343

*驱力理论*。贯穿模型的历史，所有人类行为被理解为最终源于本能驱力的作用。在应用这个基本假设时，调和策略呈现两种形式。首先，是试图将扩展了动机基础的补充性概念整合进理论，从而在努力用内在的性与攻击冲动的变迁来解释所有人类体验时，避免可以觉察到的固有的简化论。这个策略首先被弗洛伊德用于介绍其自恋概念(1914a)。随着性客体丧失，力比多返回自我，使得自我可以利用捕获的能量来追求自己的目标，这可能会反对最初本能决定的目标(例如，在对俄狄浦斯期父母的性兴趣与避免阉割的自恋兴趣之间的冲突中)。弗洛伊德最初对自恋目标来源的描述是模糊的，但哈特曼的适应概念阐明了这一点。因为自恋目标是一种先天赋予的内在自我功能，而且因为从一出生就具有并发挥作用，作为一种动机力量，适应倾向平行且独立于驱力倾向。适应为自我目标背后的力量提供了种系发生学基础，而且使理论离开了对冲动作用的单一重视，这些冲动的产生并不考虑环境。

哈特曼适应理论以及产生适应的"正常可预期的环境"是广义的概略性理论；他在其著作中警告说"环境"不应该等同于人类生存的环境。在他看来，适应不是专指促进与他人联结的力量。正如弗洛伊德所说那样，客体关系主要是由本能需要决定的。不过，在马勒思想中，适应的运作变得更加"个人化"。她的共生理论(她定义为适应的最初阶段)与分离—个体化过程理论指的是受到儿童对养育者需要支配的那些客体关系的方面，养育者可以支持儿童早年的无助性依赖，并帮助儿童走向最终的自足。儿童对他人依附的这个维度的运作相对来说(尽管不是完全地)不受性与攻击冲动影响。马勒关于婴儿与母亲之间关系的观点受到本能需要影响；也受到独立的向着自体—发展推力的影响。雅各布森关于"自体与客体世界"之间复杂交流的理论扩展并丰富了马勒的观察，这些交流是围绕驱力要求组织的，但也包括广泛的发展需要。 344

修正驱力理论的第二个策略一直提出修改驱力的自身性质。尽管雅各布森明确应用了这个策略，但在哈特曼思想中，甚至在弗洛伊德思想中，其只是预兆性的。弗洛伊德后期使用升华概念，这个术语指的是驱力的实际去本能化，而不是驱力的改道，首次表明驱力本身的性质在现实世界体验基础上是倾向于调整的。弗洛伊德认为两种驱力可以与随之产生的在这个方面强化的驱力性质的改变融合在一起。通过升华与融合，弗洛伊德所拥有的系统不仅仅受到原始的、未调整的性与攻击冲动能量的激励。

相反，心理结构具有一系列可供其处置的能量，这些能量几乎都与其本能来源密切相关。这种倾向在哈特曼思想中得到了发展，既有他对于攻击作为力比多对等者的重视，也通过他的中性化概念，拓展和强化了弗洛伊德的升华概念。雅各布森认为所有心理能量始于未分化状态，然后在一定程度上，在成熟与人际体验基础上，分成力比多与攻击，这个观点进一步强调了与固有性质相比现实的作用。她的概念，被马勒接受并继续告知她发展的观察，并致力于消除驱力动机特异性，关注与他人关系作为驱力自身本质部分决定因素的作用。

*心理结构理论*。调和原先开始于这个领域，并一直是许多理论家所作贡献的焦点。弗洛伊德最初主要的调和行为是引入了现实原则(1911a)。因为现实原则限制了驱力要求未经审核的表达，现实原则注意的是一系列精神功能(感知、判断、记忆，等等)，这些功能后来被划归结构自我的大类之下。随着结构模型的建立，弗洛伊德巩固了自我概念，推断发展的历史至少部分地源于与个体早年生活中重要人物的真实认同。不过，自我力量相对于本我、超我和现实作用来说依然虚弱。弗洛伊德在其修正的情感理论中扩展了自我力量，承认自我具有感知真实危险情景并对此作出焦虑情感反应的能力(1926a)。而且，在弗洛伊德最后十年间，其追随者引入进一步加强自我力量的理论概念。农贝格(1930)自我合成功能观点、韦尔德(1930)多重功能原则，以及安娜·弗洛伊德(1936)关于自我防御功能的描述，均为自我作为一种心理经济学的强大力量的观点出了一份力。

345

不过，主要还是哈特曼思想赋予了自我对等于驱力的理论地位。哈特曼提出原发与继发的自主性自我功能概念，以及未分化基质中自我体质性根源的假设，强调适应过程的重要性，认为自我是一系列等级排列的功能，这些功能可能与内在冲突有关，也可以处于与其他心理系统的冲突之中，而且修正了能量假设，所有这一切均直接强化了自我力量以及现实关系的重要性。而且，哈特曼将自体概念引入精神分析结构理论，认为自体是客体在经验上的对应物，个体与客体有某种关系。哈特曼理论中的自体，是客体关系理论的重要方面，但本身不是一种精神结构。相反，是一种意象，一种在同一理论层次上形成他人表征的表征。从这个意义上说，他的观点是关系模型理论家(沙利文、冈特瑞普，以及其他理论家)所说的结构自体的替代，但是这个观点确实是第一次在驱力模型中强调了产生客体关系的内在世界。

关于客体关系内在世界的概念，尤其是自体概念，在马勒与雅各布森思想中得到了更加全面的发展。这些理论家通过保留自体作为一种表征的定义，同时更加重视其功能的重要性，均沿用了驱力模型的结构理论的调和策略。对马勒来说，稳定自体感的取得是成功发展的重要标志：在共生和分离—个体化阶段的满意体验是通过强有力的自体稳固来测量的，严重心理病理的特征就是没有取得这种稳固，也没有获得对他人的稳定感。雅各布森追随马勒，将自体看作是由好的早年客体关系决定的发展成就。她增加了一个框架，在这个框架内，自体的稳固建立，以及自体与他人表征之间清晰边界的建立，对于健康自我的形成起到了决定性作用。雅各布森关于自体的描述有着慎重的不确定性：尽管自体不是在理论上等同于自我、本我和超我的心理结构（这就使得雅各布森与驱力/结构模型的三分结构理论保持了密切的联系），自体在精神经济学中的确具有重要功能。因为自体，就像雅各布森和马勒（以及哈特曼含蓄地）定义的那样，本质上是一个关系概念，其发展与变迁所得到的理论上的重视就成为将早年客体关系结局整合进驱力/结构模型的一种方式。 *346*

*客体的本质与形成*。根据弗洛伊德模型，客体被看作是驱力要求的创造。外部世界（即心理结构之外的世界）的"东西"通过其满足源于驱力需要的能力而变成客体。这个"东西"可以是个体身体的一部分，可以是另一个人，或者可以是非人类环境的一部分，除了"东西"提供释放的机会之外，在这一点上没有特异性。在第二个双本能理论中，客体主要是从性驱力要求发展而来的，但是在某些情况下（俄狄浦斯期的竞争者可能就是一个最清晰的例子），客体也是攻击冲动的部分创造。

继结构模型形成之后，这个领域中的调和策略在弗洛伊德后期理论中有所预示。在弗洛伊德 1923 年之后某些著作中，客体作为现实人物与之前相比，以更加直接的方式进入视野，但是他在这个问题上仍然是模棱两可的，而且其著作的其余部分表明是驱力本身而非现实，决定了客体本质。真正的调和始于安娜·弗洛伊德对抗现实情境的防御概念。在她的模型中，儿童识别的攻击者是现实人物，尽管儿童对其攻击的感知可能是片面而歪曲的。哈特曼的"正常可预期的环境"概念通过增加现实的外部世界概念，概括了安娜·弗洛伊德的观点，现实外部世界将其自身的要求强加于发展中个体化的、独立的防御运作。"正常可预期的环境"是个事实，不是创造，尽管对哈特曼来说，环境中客体的特殊本质至少有一部分是由驱力运作决定的。

驱力模型对于客体本质的看法在马勒与雅各布森著作中有决定性改变。在马勒看来，哈特曼的"正常可预期的环境"从一出生就等同于"一般投入的母亲"，如果发展要不受损害地进行，这个现实世界中的人一定通过特殊方式与儿童联结。"一般投入的母亲"在发展的共生阶段变成儿童的客体；没有恰当母爱的照料，这种最初的客体关

347 系就不能发展。因此，马勒理论的共生客体必须是一个人，而且是一个以非常特殊方式对待儿童的人。这代表的是与早先驱力模型构想相比的决定性变化，在原先构想中，客体不必、非得是一个人。马勒留在驱力模型大框架的努力就体现在她认为，共生的依附不仅存在于现实中，也存在于幻想之中；从后者意义上说，是受到性与攻击变迁的决定性影响。雅各布森对自体与客体世界的描述暗中依赖马勒的框架。她没有对客体概念进行任何明确的再定义，但很显然，从她所描述的复杂交流来看，她是特指人来说的，而且她也抛弃了客体仅仅是驱力的创造这个观点。

在我们对驱力/结构模型演化与修正的整个描述中，我们强调其*内容*的问题，以及某些理论家将这个模型归于解释学的问题。我们强调模型含有关于人类成长、发展与体验的特殊观点，那些采取调和策略的作者之所以这样做，是因为他们希望保留这个观点。我们对主要精神分析模型的态度类似于沙菲尔新近采取的立场，他将他所谓的"故事情节"包含在不同理论中(1983)。在我们看来，驱力模型的故事情节常常是深深地埋藏在复杂的、技术的，甚至是机械的语言之中的，但是即便如此，面对模型正在进行的修正，它确实存在，并且还有助于保持模型的连续性。

我们观点中的一个主要意涵是，不考虑特定治疗师表达其特殊观点所用的语言，他采用的故事情节决定了他与这两种主要模型的关系。例如，沙菲尔在一系列关于经典元心理学重要评论(1976，1978，1983)中，提议清除绝大部分的主要术语，而这些术语是驱力模型理论家进行理论阐述的中心。他同样抛弃了能量与结构概念，认为这些概念导致具体化与拟人化，从而使得分析师远离其对人的特殊关注，认为人是正常与神经症行为的主导者。他抛弃驱力/结构模型的语言，似乎将自己置身于经典传统之外，而且许多正统分析师也是这样看他的。不过，就像我们对模型定义那样，沙菲尔理论非常符合正统的传统。他宣称在自己实践中，他使用"具有弗洛伊德式复述特点的故事情节"(1983, p. 223)，而且他经常警告不要过于按照字面意思理解病人对于家庭348 内外人际情景的报告，认为这可能将认同、投射与病人报告造成的歪曲混淆在一起(p. 151，258)。总而言之，他坚持认为"作为分析师，我们总是注重从婴儿式性心理与攻击的冲突，以及这些冲突变化的角度看待行为，被分析者持续地塑造这些冲突，使之与适合的环境相适应，并在这种环境中演绎这些冲突"(p. 91)。

沙菲尔的理论观点与柯恩伯格的理论观点形成鲜明对照，在新近的主要理论家中，柯恩伯格是最为坚持保留经典元心理学及其语言的人。不过，我们已经说明，在柯恩伯格的语言连续性下面，故事情节已经发生了根本变化。沙菲尔所发现的病人困难的核心——“婴儿式的性心理与攻击的冲突”，在柯恩伯格看来，继发于取得“好”或“坏”的情感价值的早年客体关系。他对传统术语的使用，混淆了这样的事实，即他在不同情况下改变了这些术语的最初含义，而且在不同情况下，他使用他的新定义将人际考虑纳入其理论核心中。因此，从解释学角度看，尽管公开摒弃了驱力/结构模型的理论风格，沙菲尔在经典传统中是以真正调和者身份出现的。尽管试图申明自己的忠诚，柯恩伯格是以转向关系模型理论家身份出现的。只有通过分析分析师关于人类体验的观点，我们才能准确评估其理论地位。

# 第四部分

# 影响

# 11. 混合模型策略：海因茨·科胡特与约瑟夫·桑德勒

崇高之美海啸山嗥，

在那想象低声细语的宫室中，

安静的理想却悄然而睡。

——查尔斯·狄更斯，《马丁·瞿述伟》

351

因为雅各布森与柯恩伯格的贡献，驱力/结构模型的能力达到了极限。雅各布森描述了自体与客体世界之间的复杂交流，及其对正常和病理性发展深远而复杂的影响，她的描述困难地建立在关于动机系统的假设之上，这个系统最终简化为性与攻击冲动。柯恩伯格试图使关系结构成为驱力概念的一部分，由此形成的理论从其自身来看是令人信服的，但违背了最初架构的许多基本假设。由于经典元心理学经历了从弗洛伊德到柯恩伯格的融合策略，驱力概念变得就像刘易斯·卡罗尔笔下的柴郡猫一样，精神存留，但是实体早已消失。对那些对驱力模型保持忠诚的人来说，问题依然存在：对于临床上客体关系中心性与理论上驱力中心性之间的尴尬搭配，该如何做呢？

当前有一种方法，在正统精神分析圈内引发相当大的争议，但一直以来也得到了更加折衷的心理治疗师的热情接纳，就是试图将理论模型混合在一起。与关系模型激进的修正主义不同，运用这种策略的作者不是抛弃对驱力本质的经典理解。然而，与仍然在驱力模型内工作的理论调和者不同，他们不是简单地试图将关系考虑整合进最终被本能行为统治的框架内。混合模型理论家试图将两种主要模型的基本假设放在一起；他们认为对人性的全面理解既要考虑到源于本能的动机，又要考虑源于关系的动机，两者在某种程度上被看作是独立的因素。遵循这种策略的分析师的难题，就在于找到某种连接两种模型的黏合剂。

352

## 海因茨·科胡特

科胡特是追求这种理论方法的非常重要且有影响力的作者。过去十年间,他的著作在精神分析界获得了无比的声望,而且已经超出了精神分析界。在其早期职业生涯中,他的理论与临床工作是牢固建立在正统驱力模型观点之上的。(他在1964年至1965年任美国精神分析协会的主席。)不过,随着其思想的发展,科胡特开始聚焦于一组严重心理障碍病人的治疗技术问题,这组病人一直以来被认为不能进入精神分析的过程。《自体的分析》出版于1971年,用带有特定发展来源的诊断目录来描写"自恋性人格障碍"。科胡特脱离了经典传统,认为这些病人是可以接受精神分析治疗的。

《自体的分析》的口吻与内容*强调*了驱力模型的连续性。科胡特建议进行某些技术改良,同时伴随应用于这组高度特异性病人的理论构想,所有这些与哈特曼自我心理学完全结合在一起。到1977年,科胡特在《自体的重建》中提出,驱力模型框架不能容纳他与自恋病人工作得到的所有观察。因此,他将他的理论称为"自体心理学",其理论的许多特征在他的第一本书中仍然是含蓄的,并提出这不是简单地对经典理论的修改,而是一种创新而全面的体系。

科胡特称之为"自体心理学"的关于人类体验的观点是根据源于关系/结构模型原则运作的:与温尼科特、费尔贝恩以及人际学派的观点惊人地相似。不过,这是一个"混合模型"理论,因为科胡特自始至终试图保留经典意义上的驱力概念,认为他的新构想不是替代而是补充了驱力理论。

*353*

### "自体心理学"

科胡特心理结构模型的基本成分是自体,"主动性的中心与印象的接收者"(1977, p. 99)。这个构想所赋予的自体功能,在经典驱力模型理论中是属于本我、自我与超我结构的。因此,自体概念的理论地位不同于哈特曼思想中的自体作用,甚至与雅各布森思想中的自体也不同。自体不再是一种表征,不再是自我活动的产物,而是自身就是主动的主体;因而比早先的观点承载了更多的理论重要性。

这个变化具有最重要的理论意义:它是科胡特吸收关系模型敏感性的载体。因为,如果与雅各布森的系统相比,自体在科胡特系统中具有新的、更重要的*功能*,自体的本质与起源是相似的。对雅各布森来说,自体从人际交流发展而来,而且终其一生调解个体与“客体世界”之间的交流。这在科胡特“自体心理学”中也是如此。正如戈德堡说的那样：“我们将自体理解为关系的所在地。”（1981，p. 11）这两个观点的区别在于，雅各布森是将自体概念当作表征来用的，从而保留了经典结构的功能中心性，科胡特承认自体的功能作用，将其关系的来源直接作为理论核心。

对科胡特来说，儿童一出生就进入一个共情的、有回应的人类环境中；与他人的联结是其心理生存所必需的，如同氧气对其身体的存在一样。自体的开始出现在“婴儿内在潜能与（父母）对婴儿的期望趋向一致”之时（1977，p. 99）。但是新生儿的自体是虚弱的、不定形的；这个自体随着时间的推移没有持久的结构或连续性，因此不能单独存在。这个自体需要他人的参与，来提供聚合感、恒常感与复原力。科胡特将这些他人——从婴儿的角度看还没有与自体分化——称之为“自体客体”，因为这些他人客观上是分离的人，他们发挥的作用后来将由个体自己的心理结构来执行。在儿童与其自体客体的融合中，有微妙而广泛的成人体验的参与，包括成人对儿童的体验。用科胡特的话说：“儿童初步的心理参与自体客体高度发达的心理组织中；儿童体验到自体客体的感觉状态，这些感觉状态通过触摸与语调，可能还有其他方式，传递给儿童，这些感觉就像儿童自己的感觉一样。”（1977，p. 86）自体客体通过婴儿需要的共情回应，为自体逐渐发展提供了必要体验，而且科胡特认为婴儿与自体客体之间的关系是心理发展与心理结构的基本要素。 *354*

婴儿寻找两种与早年自体客体的基本关系，科胡特将这两种关系解释为表达基本的自恋需要。首先，婴儿需要展示不断演变的能力，并因为这些能力得到赞赏；科胡特认为，这代表了婴儿健康的全能与夸大感。后来，婴儿需要形成至少是一位父母的理想化意象，并体验到与这个理想化自体客体的融合感。在最佳发展过程中会相继出现两种关系结构：夸大的、表现狂的自体意象与“镜映的”自体客体联结在一起（“我是完美的，而且你赞赏我”）；低调的自体意象与理想化自体客体融合在一起（“你是完美的，而且我是你的一部分”）。

在最佳情况下，不可避免地，因为父母不能镜映儿童或不能被理想化情况日益增加，自体与客体意象逐渐地从非常全面而古老的状态转变为更加复杂而有弹性的状态。如果这种情况是随着时间推移逐渐出现（有些类似温尼科特的“过得去的母亲”共情失败的模型），就出现自体客体关系的缓慢内化。（我们同意沃尔夫的看法，这个术语“比自体客体关系更加悦耳”[1980]，而且始终使用这个术语。）这个过程，科胡特称之为“转变内化作用”，就形成永久性心理结构，自体，包含从早年关系模式中得到的两个“极”。每一个极都可以形成健康而聚合的自体核心。因此，人格可以围绕夸大的、表现狂的倾向进行组织，表达为健康的抱负或坚定，而且是源于镜映的自体客体的，通常是母亲。要不然，理想化的自体客体关系就可能成为占主导地位的力量。通常情况下，如果人格源于与父亲的关系（尤其是男孩），就会表达为健康而坚定地持有的理想与价值。某个特定人格的本质既取决于自体这两极的内容，也取决于这两极之间的关系。如果一个极发生障碍，另一极的适当发展可以补偿。自体的任何一面得不到发展就会导致自恋的心理病理，特征是自体的缺陷感，以及不能保持稳定的自尊水平。

科胡特在其早期著作中将父母的作用描述为，只是为儿童提供*自恋满足*的自体客体，这样的解释意在将他的观点嵌入力比多模型框架中。在其后来著作中，父母的作用变得更广泛，所包含的远不止是简单地满足源于驱力的（甚至即使是自恋的）需要。在他的临床例证中，尽管他使用其最初构想的术语，很显然，科胡特所说的是包括一切与父母式人物联结的范围更广的概念。例如，到 1977 年，“镜映”概念指的是描绘母亲—儿童关系的所有交流，所包含的不仅是夸大的反映，也包括恒常性、滋养、一般的共情与尊重（1977, p. 146—147）。在关于与父亲关系的补偿性价值的著作中，科胡特包括的不仅是理想化，也包括亲密、共情、共享，以及其他好关系的维度。沃尔夫（1980）扩展了这个描述，详细叙述了他所说的“自体客体关系的发展线”，包括在分化过程的某个时点对“对立”自体客体的需要。因此，在科胡特及其追随者的发展之下，很显然，自体客体不仅发挥自恋的功能，也提供越来越多的复杂关系需要与互动。

355

父母背离最佳自体客体功能导致他们被儿童体验为“是对其自体完整的非共情的攻击者”（1977, p. 91）。微小或偶发的共情失败不是有害的；定期出现的过失促进关键的转变内化作用的过程。心理病理的病因，在科胡特看来，是*长期的*共情失败，可归因于父母的性格病理，逐渐削弱了儿童自体的健康发展。正如他所说的：“在绝大多数情况下，是父母的特定病因性人格，以及儿童成长氛围的特定病因性特征，造成了发展不良。”（1977, p. 187）特定创伤性事件以及对这些事件的记忆，是更加普遍的与父母关系障碍的结晶点。例如，父母的诱惑是破坏性的，不是因为行为本身，而是因为行为反映了父母长期缺乏共情。

科胡特更坚持费尔贝恩模型，认为明显的驱力相关固着，例如对食物、肛欲或俄狄浦斯期性欲的迷恋，反映了潜在的自体障碍。这些固着常常直接来源于类似的对于父母驱力相关的贯注，反映了*父母*潜在的自体障碍。患有自恋障碍的父母，被对食物、肛欲或过度性欲迷恋所掩盖和操纵、不能发挥共情的自体客体的作用；他们不能提供健康自体发展所必需的激励。父母不能共情地回应儿童出现的自体，儿童对自体客体的最初追求就分解为性与攻击关注，对应于父母的病理性贯注，因为儿童会使用任何可用的自体客体回应。 356

在这些构想中，科胡特将驱力是心理的基本成分替换为源于最早的儿童与客体世界之间的关系因素。儿童天生需要这些关系。他不是费尔贝恩意义上的客体寻找；自体客体的寻找不在于自体客体本身，而是作为内衡状态的载体。然而，自体客体关系的建立与保持提供了基本的动机能量。科胡特宣称“基本单元*从一开始*就是关于自体/自体客体单元的复杂体验与行动模式”（1977, p. 249）。非破坏性的坚定与非冲动性的力比多元素与儿童早年的客体寻找交织在一起并被纳入其中。当发展进行良好时，婴儿式的性欲与坚定是与共情的自体客体联结的主要构成部分。破坏性攻击或纯快乐追求的单个出现，标志着病理性解体已经发生了。

科胡特对分析过程的描绘与其理论立场中潜在的关系假设是一致的。分析情景不是按照一个中立观察者解释病人驱力与防御过程来定义，而是按照人际场来定义的，分析师在其中的参与是不可或缺的。他声称“自体心理学的基本主张（是），共情的或内省的观察者原则上定义了心理学场”（1977, p. 32n）。与温尼科特类似，自体障碍一般被理解为环境缺陷疾病；养育者没能让儿童建立并逐渐消融必要的自恋的自体客体结构，通过转变内化作用，在自体内产生健康的结构。没有这些体验就不可能有进一步的心理成长；自体障碍反映的是孤注一掷的，但必然是无效的支撑缺陷自体的努力。在分析中，病人要么通过镜映，要么通过理想化模式，建立一种自体客体移情。这提供了一种再次发展的机会：移情关系的转变内化作用可以成为补偿性自体结构的核心。

科胡特主张，对分析师来说，极其重要的是允许病人进驻并强化与分析师的关系，有可能使得因为早年自体客体失败所阻断的丧失的发展动力复原。病人最终放弃移情的自恋特征，这个过程是由分析师不可避免的共情失败促成的。病人就开始从更加现实的角度看待自己与分析师。同时，病人获得了形成自己抱负与理想的能力，不需要分析师作为自体客体来提供外在镜映或理想化机会。（科胡特后来提出，没有人能完全放弃对自体客体的需要。） 357

到1977年，科胡特扩展了其关于精神分析治疗行为作用机制的观点，将结构上的神经症病人包括在内。性格改变的实现不是通过解释，而是通过体验，对于分析师作为自体客体功能的“微内化作用”。他进一步提出，在经典驱力理论中操作分析师所产生的绝大部分治疗作用，源于他们对病人直觉与共情的接纳，即使他们自己并不认为治疗情景的这些特征具有治疗作用。尽管科胡特在其所有著作中轻视恰当解释的重要性，他的确认为有必要澄清病人自体结构缺陷的来源以及病人性格的病因性特征。他从两个方面将这一点与关于解释的正统观点作比较。首先，他的重建指的是关系结构，不是经典模型中解释必须触及的潜在驱力。其次，没有必要总是要搞清楚病因性体验的所有方面。有些可能充满了太多焦虑，病人就无法有效使用，而且科胡特关于补偿性结构理论的提出，某些不能通过重建矫正的早年发展失败，可以通过对移情性自体客体的满意体验得到充分改善。例如，对病人来说，因为可能太具有威胁性，所以不能承认母亲的心理病理深度以及其后不能提供充分的镜映。不过，从对分析师满意体验获得的不断增长的益处，可以使自体变得足够强大，就没有必要对于早年体验作出完整解释（见 Kohut，1977，1979）。

### 经典的元心理学与混合模型策略

科胡特是一位持续过渡的理论家。这些年以来，他的地位在重要方面发生了变化，而这其中的许多变化反映出他将关系创新与驱力/结构模型传统进行合并的持续挣扎。科胡特在两卷主要著作中提出两种非常不同的混合精神分析模型策略。

1971 年，他将力比多能量分成两种分离而独立的领域，在经典驱力理论框架内引入了理论与技术创新：自恋力比多与客体力比多。（弗洛伊德认为只有一*种*力比多，一种有限的能量来源。）两种力比多均投注客体，但客体是有极大差别的。自恋力比多投注自体客体，客体被体验为自体的延伸，发挥镜映与理想化的功能。客体力比多投注“真的”客体，客体被体验为与主体是真正分离的。因此，是联结的性质、客体相对自体的位置，区分了这两种力比多。科胡特将弗洛伊德力比多理论分成两个独立的发展线，一个导向客体爱的发展；另一个导向自体爱，或健康自恋的发展。

358

科胡特的关系创新在自恋力比多的范畴内，决定了早年自体客体关系。自体的成长产生自与父母式人物的交流，这些关系的特点不是冲动的满足，而是与父母特定形式互动的建立与转变。“自体障碍”代表的是自恋力比多发展线的扭曲。“客体力比多”保留在冲动、源于驱力愿望以及运作的领域。真实的客体关系是继发性发展的，因为科胡特所说的客体联结是以区别于客体的稳定自体形成为前提的，因此是一种相当复杂的发展成就。科胡特认为，经典驱力理论已经充分描绘了客体力比多领域；俄狄浦斯期“结构神经症”是客体力比多发展线的障碍。从他 1971 年的视角（科胡特后来将其称为“狭义的自体心理学”)看,俄狄浦斯期问题与自体发展之间有着顺序上的关系。内聚性自体发展是经典理论描述俄狄浦斯期挣扎体验的*先决条件*。对自体重要性的认识可以丰富我们对俄狄浦斯期问题的理解,但不认真考虑理论或临床的重要性就可能忽视这一点。俄狄浦斯期的问题包括原初的性与攻击冲动,以及对这些冲动的防御;自体,因为已经稳固,就不再是核心焦点。

科胡特在此保留了驱力理论,并通过限定概念模型在不同发展阶段的应用将这些模型混合在一起。这个策略在驱力模型传统中具有重要的发展意义。我们已经看到马勒区分了以分离—个体化的早年冲突为中心的心理病理(对应于科胡特所说的自体与自体客体之间的关系),与后来以性和攻击驱力与对此的防御(俄狄浦斯神经症)之间的冲突为中心的心理病理。柯恩伯格甚至进一步提出,早年客体关系的内在表征是驱力本身的基本单元,从而将马勒图式推广为正常发展的大体原则。尽管必须从自体与他人之间关系角度理解早年发展,这两种看法的含义是,一旦结构化已经达成,驱力模型是有适用性的。

*359*

不过,科胡特在其连续理论中的言辞比调和派驱力模型理论家更加刻板。他将驱力与对驱力的防御理解为后期发展的重要方面。自体形成,有赖于适当的与自体客体的关系,只在发展早期是重要的。与马勒和柯恩伯格不同,科胡特没有将驱力看作早年关系转变的结果。自体形成只是一个先决条件,而且与其他理论家相比,两个发展阶段之间存在更加鲜明的不连续性。

科胡特早期达成概念混合的努力提出的问题与其回答的问题一样多。自恋力比多运作表达的关系概念与客体力比多运作表达的驱力模型概念并存,似乎存在内在的不一致。一方面,他提出自体通过与自体客体的逐步分离和对自体客体的内化得以发展,自体与自体客体最初是未分化的;另一方面,他提出自体从一开始(如同驱力模型框架的要求)就在这些客体上投注性与攻击冲动,这在他自己的体系中意味着客体已经被体验为不同的、分开的。自恋与客体之间力比多模式的联结难以在科胡特初期构想范围内得到解释。而且,其从本能冲突得出“自恋障碍”与“结构神经症”之间简洁诊断的区分在政治上是机敏的,就在于其为特定诊断领域保留了驱力/结构模型。不过,这种区分似乎与科胡特关于自体发展的构想有着根本矛盾。如果驱力是反映原初关系结构解体的分裂产物,“结构神经症”如何在没有自体病理的同时包含关于驱力的冲突?因为这在定义上反映的是严重的自体病理。自体与“结构神经症”是本质上不同类型的心理病理,还是二者与自体客体的关系均涉及自体障碍,主要是量的区别?

360 1977年，科胡特试图澄清某些问题，他的做法是在批判本能驱力概念基础上，对经典元心理学进行更广泛的修改。他也引入第二种基于他所说的"互补性原则"混合策略。与费尔贝恩和沙利文的看法一致，他认为弗洛伊德驱力理论体现的是一种过时的、19世纪的科学哲学，是在可能了解客观"真实"前提下预测的。应用于精神分析调查与由此得出的假设，则反映出观察主体与被观察客体之间武断的分裂。对科胡特来说，非常类似沙利文模式，精神分析情景是通过临床医生的参与观察来描述的，精神分析作为一门科学，可以定义为对人类行为的研究，这种研究是在"反省与共情"基础上进行的。

科胡特的定义，可以与弗洛伊德和哈特曼早期思想相提并论，是更加宽泛的定义，因为它几乎单纯聚焦于方法学，但具有特殊理论作用。一旦我们建立了反省与共情方法，我们必须要问，我们可以*反思*或*共情*的是什么。作为科胡特所说的精神分析的观察者，我们可以反思与共情我们的病人对其生活事件的体验，以及他们赋予这些体验的意义。这些考虑使得科胡特对驱力模型的理论结构进行了最为广泛的攻击。他提出，因为驱力理论本质上是机械学说，故失去了人类体验得以运行的最为重要的水平。(在其死后出版的最终论文中，科胡特将关于驱力的看法描述为一种"模糊而无生机的概念"[1982, p. 401]。)他把驱力理论方法比作试图通过分析其颜料来理解一幅伟大的画作；失去的是绘画行为作为艺术本质上的复杂性以及关键的景致。因此，科胡特对于反思与共情的重视与其从驱力到关系问题的概念焦点的转变密切相关。

科胡特认为，因为驱力理论远离体验的特质，驱力理论与弗洛伊德/亚伯拉罕从中得出的性格分析在所有心理病理中缺少了关键问题，不是积极的力比多模式，而是自体状态。衰弱和碎片化的自体将防御性地被纯粹寻求快乐的目标占据。对于力比多冲突本质含义的理解只是停留在自体为之挣扎的问题范围内。驱力模型总是与有缺361 陷的自体发展的"解体产物"联系在一起。原初心理集合与动机是由自体与自体客体的关系构成的。也就是说，自体最初找寻的不是紧张的消除或本能的表达，而是与他人的联结、依附和联系。如果自体及其关系遭受严重损害，这些原初集合就会解体，而且退化为快乐的寻找与暴怒。因此，经典理论已经将严重心理病理结果作为其发展心理学的基石。

科胡特将其对驱力理论更加广泛的评论名之为"更广义的自体心理学"。其更加激进的本质在其对待俄狄浦斯期问题的立场上显得尤为突出，与1971年的讨论显著不同。他认为，健康的俄狄浦斯期体验包含喜悦，这种喜悦源于对新能力兴高采烈的练习，以及自体客体对这些新能力感到共享的骄傲。经典的描述是俄狄浦斯期卷入激烈冲突与残酷的竞争，反映的是自体客体没能最理想地参与儿童发展的继发性结果。如果父母能真正地共情，而且不受自身障碍影响，那么儿童的俄狄浦斯期体验基本上是喜悦的，而不是强烈的冲突体验。因而，俄狄浦斯期危机反映的是人际关系的失败，这个失败是由自体客体造成的。科胡特，像其他关系模型理论家一样，没有否认俄狄浦斯现象的普遍性，而是用不同的语境对其进行了解释。

科胡特在后来一篇文章中更进一步提出，俄狄浦斯期神经症*可能*反映的是不同类型的自体障碍。他认为弗洛伊德时代的自体障碍是由自体客体在童年后期有缺陷的回应造成的，当时父母受到儿童出现的性欲刺激或感到惊慌，并表现为诱惑或暴怒性竞争。这种自体障碍导致了"结构神经症"。因为延伸的家庭解体与其他社会或文化的转变，科胡特认为我们这个时代的自体障碍是由童年早期有缺陷的自体客体回应产生的，导致自恋性人格障碍。他提出用俄狄浦斯期与前俄狄浦斯期自体病理之间的区别来替代结构神经症与自恋人格障碍之间的区别，将两者理解为由纯粹的关系问题所导致的(1980, pp. 524—525)。这样的转变再次阐明了科胡特自体心理学在很大程度上发挥了替代驱力理论的作用，而不是对其的修改。他最终决定避免这样的举措，认为不应该"贸然"表态，而且显示出他倾向于较少考虑理论自身的价值，更多地遵从传统，做出其理论选择。他宣称："我受到某种程度的保守主义的影响……导致我保持我们科学的连续感。"(1980, p. 526)　*362*

"广义的自体心理学"包括各种发展现象。与序列的方式不同，自体心理学渗入人的全部组织之中。从这个视角看，人们为之挣扎的力比多冲突的本质含义最好不要理解为驱力的要求，而是不断演变的自体与自体客体的关系。自体作为一个理论结构并不涉及本能的表达；相反，自体寻求的是联结。"驱动性"的体验是业已衰弱自体的防御与重建的反应。驱力远非原初的内在动机力量，而是潜在心理病理的表现。

若科胡特理论就此打住，则非常像费尔贝恩理论。费尔贝恩以极其类似的术语将未调节的性与攻击冲动的出现描述为人际关系失败的结果。但是科胡特对驱力模型的忠诚(习以为常的，如果不是理论上的)使得他恢复了驱力中心作用。他认为自体心理学可以看作是从人类体验的不同维度进行探讨，而不是采用早先驱力模型理论。他将这两个维度分别命名为"不幸的人"和"内疚的人"。对于驱力理论内疚的人来说，被压抑的内容包括驱力与阉割焦虑。对于广义的自体心理学不幸的人来说，被压抑的内容包括自体分裂与解体的方面，中心的焦虑是围绕着整体毁灭的恐惧。科胡特根据其互补性原则来解释两者之间的关系。驱力模型与自体心理学模型发掘的是人类体验的复杂性的不同维度，即与本能力量的抗争，以及努力获得内聚、整合的自体。科胡特认为绝大多数的临床资料既可以根据驱力与冲突的问题解释，*也*可以根据自体心理学来解释。

我们已经见过雅各布森将源于互补性原则的理论策略用于精神分析并取得良好效果。她的关于快乐原则独立于经典经济学观点的概念，使得她将关系的考虑引入关于快乐体验的理论之中。她将控制快乐体验的原理与心理经济学原理联系在一起，这 *363* 种联系跟控制转换癔症的原理与神经学原理之间联系方式是一样的。心理学与神经学在此是彼此互补的关系：用不同视角看待同一个现象。

科胡特将关系概念与源于驱力的概念整合在一起的互补性原则的创新更成问题。他提出要整合的维度不仅*不是*真正的互补，反而是*相互排斥*的。科胡特在《自体的重建》中一直强调驱力是解体的产物，似乎*只是*健康自恋受挫的结果。性与攻击冲动不是基本的人类动机，而是扭曲的、解体的碎片。如果冲动是关系恶化的结果，你如何能同时并互补性地拥有冲动与关系？一个理论，将关系结构看作是原发性的，并将源于驱力的冲动看作是继发性的解体产物，无法补充将冲动看作关系基本单元的理论。科胡特使用互补性掩盖了选择的必要性。

科胡特也辩称绝大多数的临床资料可以根据驱力与冲突问题以及自体心理学来解释。但实际情况是，可以从两方面得出的解释并不是必然意味着这种做法就是有用的，或者这样做会给你的解释框架的解释力量增加什么。从这个意义上说，科胡特只是用一种内在不一致的方式将构想混合在一起。尽管科胡特提出了自己尖锐的批评，他用类比代数方程式的方式保卫驱力理论的效力：驱力理论模型可以解释结构的冲突，即使忽略了自体，因为冲突双方都忽略了自体，这种忽略的影响是均等且相互抵消的(1977, pp. 96—97)。这种辩论令人迷惑。你如何能在“无视参与的自体”(1977, p. 136)的同时仍然从本质上理解现象？如果驱力是原发联结解体的结果，一个将驱力看作是原发性的，而且将心理病理看作是由关于驱力衍生物冲突构成的理论，不会在本质上误解中心困难吗？科胡特辩称“要触及到的最深层不是驱力，而是自体组织的威胁”(1977, p. 123)。说冲突双方皆忽略了自体不具有代数学的意义，并不是提出这样的事实，这样也忽略了对科胡特所说的基本心理学问题。

“互补性原则”似乎很少用于整合两种兼容的、相互强化的观点，而是要保留在概念上与新框架兼容的旧框架。每个精神分析师都要做出选择，是否要将驱力或关系的力量置于其理论的中心。一旦科胡特认为驱力紧随关系失败之后，他已经接受了关系模型的基本假设，他对互补性原则的使用就变成了只是对他自己所放弃模型的致敬。 364

科胡特对理论连续性的深层关注，是其模型混合策略的基础和需要，在其整个思想中，有几处得到了明确表达。他将受制于经典精神分析关于人类的观点描述为"一大堆没有安全驯服的驱力"，他自己的著作中没有提到这个关于人类体验的观点。然而，"自体心理学没有否认这个有关人类观念的效力，怎么可能呢？这不仅是弗洛伊德的观念，而且也是如此众多的不同观点的观念，包括影响西方世界的基督教（讲述罪恶与救赎）的基本信念，达尔文进化论及其生物学应用（讲述从原始到进化成熟的发展）的观点"（1980，pp. 539 – 540）。科胡特提出，传统理论即使是错误的或误导性的，也必须要保留。《自体的重建》的两处脚注阐明了其对理论创新的控制与奠定。他在一篇文章中赞扬沙菲尔的理论贡献，但指责他没有考虑"如果要保留精神分析的'群体自体'，需要渐进的理论改变"（1977，p. 85n）。后来，他又对其在1971年临时使用弗洛伊德的"自恋力比多"与"客体力比多"术语，以及他在1977年合集中保留"表现癖"和"窥淫癖"术语进行了辩护，即使对他来说这些术语的意义已经非常不同于其最初使用的意义。这就使得"尽我们最大的努力保证精神分析的连续性"的重要性成为必要（p. 172n）。

科胡特推测，弗洛伊德自身的自恋问题是其没有关注自体发展中各种问题的原因；他进一步提出，之前对所有精神分析师进行的训练分析忽视了自体障碍。这就导致未被分析的"弗洛伊德—理想化"（1980，pp. 530 – 531）。科胡特在字里行间与脚注中表明，精神分析的"群体自体"必须逐渐抛弃最初理想化的创始理论家（自体客体）所建构的最初是理想化的、但已不再完全恰当的概念框架，但是太仓促地去理想化会瓦解并危及我们的群体内聚力。科胡特对于新旧整合问题的解决，是通过游走于他所认为的代表正统教条主义及其有限视野的斯库拉与代表赫尔墨斯主义及其瓦解连续性的卡律布狄斯之间，将精神分析团体置于隐喻的躺椅之上，并决定在某个特定时间多大程度的理想破灭才是最佳的。

**贡献与局限**

科胡特强调了丰富其他关系模型理论家理论建构的几个问题与观点。他对自体主观体验的统一性、连续性和整合性的关键重要性的重视是原创性的，而且具有极其重要的临床意义。与其他关系模型作者相比，科胡特一直强调的（根据他从经典自我 365

心理学所得到的理论遗产)不是关系本身,而是关系影响自体体验的方式。他的分析聚焦于未调节的古老的夸大与理想化对自体组织与统一造成的威胁。他将这些被压抑的婴儿式体验的残留物描述为同时伴有暗中破坏心理平衡的强烈兴奋;其再次出现带有重复最初自体客体失败创伤的威胁。他将包含自体障碍的大多数心理病理,看作是自体通过各种分裂与置换的运作,试图控制这种兴奋,同时避免自体衰竭与崩溃。他展示了分析师允许夸大和理想化在移情中出现并发展所遇到的困难,常常源于有关分析师自身分裂的夸大与被理想化的愿望的反移情焦虑,从而增加了我们对分析情景的理解。因为自体是围绕这些自恋内核结构发展的,科胡特认为我们所有人都在与这些问题斗争。

科胡特将"主观自体"置于精神动力理论建构的中心,虽然不是理论本身的进步,但也起到了与其他作者保持平衡的作用,尤其是那些受到克莱因传统影响的作者,他们使用充斥着具体化的结构概念与方法的精神动力的语言。科胡特强调"沉浸"在病人主观体验中的重要性,而且要尽可能使用"接近体验"的理论概念。他强调,重要的是*从病人的参照系*进行倾听。他对以现象学为基础的描述模式的使用给他的写作风格增添了一种简单与深刻(自 1977 年以后,他在那时开始将自体心理学作为一个独立的理论体系进行写作),极大地促进了其著作的影响与可读性。

科胡特提醒人们注意父母在反思婴儿的夸大与提供理想化机会中所发挥作用的重要性。夸大与理想化均一直未被之前的理论家注意到(见温尼科特关于婴儿全能感,以及克莱因关于早期客体关系中理想化功能的描述)。但是科胡特理论尤为实用之处,就在于强调这些体验正常发展的意义及其在创造性发展中的地位,他聚焦于父母的实际行为,而且通过转变内化作用的概念,在他提供的关于方式的描绘中,父母功能逐渐被内化为内在的资源(Kernberg, 1975,详见其对科胡特所说的婴儿的夸大与理想化是正常的发展阶段的评论。)

366

科胡特关于技术的著作促进了关系模型的重点从解释本身转向分析师对缺失的关键的发展体验的供应。通过强调共情反映,除了解释内容的重要性外,科胡特极大地促进了我们对解释方式、传递和时机重要性的理解。在其关于婴儿夸大与理想化构想中,他引入新的方法处理在移情中出现的这些现象,这些现象被看作是需要受到鼓励(被动地)的正常发展现象,而不是通过解释被快速解决的退行与防御的运作。

我们也必须注意科胡特关系模型中几个有问题的特点。首先要关注的是他反复夸张地宣称的唯一性与独创性。他建立的理论模型常常与其他关系模型理论家的思想有着惊人的相似。科胡特从来没有公开承认或考虑这些相似性，他表现得就好像在真空中工作，不断有新的突破。他有时承认存在相似之处，但将比较与整合留给了他人未来的"学术研究"(1977, p. xii)。如果他与他的合作者所宣称的唯一性不是这么的伟大，他倾向于追求自己的理论建构方向，没有受到要求归因于他人思想的限制，也是有道理的。实际上，科胡特在其最后著作中将他的贡献与机器的发明作了比较，认为其贡献构成了人类最大的生存希望(1980, p. 463—465)。

科胡特所描述的婴儿与养育者之间早年关系的许多特点重复了沙利文的构想。科胡特关于自体与自体客体之间关系的心理域的观点，与沙利文关于人际域和共存原则的构想极其相似，像沙利文一样，科胡特将他的方法学命名为"操作主义"(1982, p. 400)。将婴儿的新生自体看作婴儿固有潜能与自体客体期望之间互动的产物，让人想起沙利文关于父母对儿童的人格化及其对早年发展影响的讨论。科胡特讨论了儿童对于自体客体情绪状态的敏感性，显然会让人想起沙利文关于"共情联结"的概念。科胡特对于父母的特征病理及其对儿童发展的有害影响的重视，与我们讨论过的精神分析模型的许多特点是重叠的，从人际传统到费尔贝恩、温尼科特、冈特瑞普、马勒和雅各布森。例如，总体来说，科胡特在讨论创伤对儿童的影响时，甚至没有将创伤看作是分离的事件，而是变形的共情与扭曲关系的结晶点，让人回忆起弗罗姆-瑞茨曼(1950)儿乎用同样的术语讨论过创伤的作用。科胡特对于力比多理论与弗洛伊德/亚伯拉罕性格论的评论，以及他关于力比多模型模式反映潜在的自体状态的辩论，使人想起霍妮(1937, 1939)与弗洛姆(1941, 1947)著作中许多类似的辩论。他认为分析过程必然是互动的，并强调共情的观察者功能，非常类似于沙利文早年关于参与性观察的构想。随着科胡特追随者将其充满能量概念的最初观点翻译成更加易懂的术语，科胡特与沙利文之间的许多相似性变得愈加明确。例如，斯特洛(Stolorow & Lachmann, 1980)根据自尊调节提出了自恋的"功能性的"定义。

*367*

科胡特的理论建构与客体关系理论的英国传统的许多特点是一致的，尤其是费尔贝恩与温尼科特的思想。他辩称驱力不是基本的元素，而是构成了关系结构的恶化解体，在费尔贝恩著作中几乎以同样术语预示了这一点。科胡特极其重要的关于婴儿性欲与寻找快乐作用的讨论，即两者是自体客体关系结构的主要成分，模仿了费尔贝恩关于性欲区是联系客体通道的描述。科胡特关于儿童吸收父母婴儿式躯体投入的讨论，用不同的语言，显示出费尔贝恩关于对坏客体内化与依附的构想。科胡特关于早年婴儿式的夸大在发展中重要作用的描述，与温尼科特早年对这些问题的看法也有着惊人相似之处。二者均将婴儿式的全能感看作是自体发展的中心；均强调缓慢的、渐进的适应性父母失败的必要性，可以让发展得到持久的内在资源。我们提出这些相似之处，不是要贬低科胡特的贡献，精神分析理论发展史上还没听说有*纯粹*原创性的理论建构，甚至包括弗洛伊德的贡献，而是要平衡他对理论建构平行路线的忽略。

368 科胡特有意将他的思想与其他理论家分离开来的最新表达出现在如下表述中，他认为自体心理学尽管有“互补性原则”，在概念上与其他精神分析理论建构本质是不成一体的，包括马勒、温尼科特，以及其他所有在自我心理学和英国客体关系学派的传统中的作者。科胡特作出这个声明的根据是什么?

他认为，所有其他精神分析发展理论，以及“所有不是以自体心理学观点为指导的儿童观察学派”，是在普遍假设之上进行理论建构:“人类从儿童期到成年期的生活，是从无助、依赖与丢脸的依附位置向前移动至有力量、独立与自豪的自主位置……想当然地认为成年期不受欢迎的特征，成人心理组织中的缺陷，必须被概念化为心理幼稚症的表现。”科胡特坚持认为这个普遍假设与他自己的观点是相抵触的，他强调了这个生命历程中对自体客体的需要。他由此反对任何认为婴儿是共生、未整合或依赖的观点。婴儿“不是依赖、依附或虚弱的，而是独立、坚定而强壮的，只要婴儿通过与共情回应的自体客体的接触，呼吸到对方提供的心理氧气，婴儿在心理上就是完整的，而且，从这个意义上说，与只要感觉到被回应就变得完整、独立而强壮的成人并无二致”(1980，p. 480,481)。

其他理论家所描述的关系结构与体验，诸如施皮茨描述的面对陌生人的焦虑，温尼科特注意到的伸手去拿无回应母亲的替代物，或者马勒描述的分离—个体化期间的焦虑起伏，在科胡特看来是自体—自体客体单元障碍导致的继发性现象。他认为，即使具有最高水平心理功能的成人也需要自体客体，他指出奥尼尔、尼采，甚至是弗洛伊德，尤其在创造性活动最旺盛时期，也对自体客体有依赖。科胡特提出，对于这个现象的认识要求我们重新评估心理健康的标准，重新考虑我们对自主性的重视。他的自体心理学，重视人一生中对自体客体关系的持续需要，强调婴儿式要求不仅是疾病的来源，也是“健康与生产力的源泉”(1980，p. 496)，避免了所有其他精神动力理论固有的隐蔽的“发展道德观”。

369 我们认为这个争论是科胡特对自己的理论以及他所拒绝接受的其他作者理论思想的歪曲。科胡特将自体发展表述为本质上是线性的进程。说人终其一生存在对自体客体关系的持续需要，但没有提到这些关系*内*的任何变化，科胡特所有关于发展的构想显示出健康的进程，从“古老的”、“婴儿式的”自体客体关系形式进展到更加成熟的、分化的弹性形式。转变内化作用的关键过程促进了这种与他人关系的移动，从极度需要自体客体支撑自体的缺陷，到这些资源在自体*内*的内化，给人一种自体产生的连续与统一感。为了描绘这些过程，科胡特将发展描述为从成瘾性的依赖到更加具有弹性与独立性的移动。他的密切合作者沃尔夫，将自体客体关系向着成熟的“发展线”（斜体是我们标注的）描述为：“替代人、人格解体与象征、为成人创造了自体客体关系的整个基质，接管了最初高度个人化的、具体而集中的与童年期古老自体客体的关系。”（1980，p. 130）因此，虽然一直存在对他人的需要，需要的性质已经改变。

科胡特关于心理病理的定义是根据自体缺陷以及由此导致的客体关系的古老与婴儿式的本质来表述的。除非科胡特是在辩论，与其不受自体心理学的影响，倒不如全盘接受自体心理学（这将使精神分析成为一项非常无意义的事业），他宣称已经完成价值中立的发展心理学就是误导性的。这没有掩饰他对于艺术创造性观点的价值；有创造力的人似乎常常从其人格中混乱的领域汲取激情。（Rilke 就是因为这个原因而回避精神分析的一个人。）不过，婴儿式关系模式的保留，尽管对创造过程有促进作用，也常常会引起麻烦，而且就像科胡特本人所表现的那样，会阻碍自体统一感与自尊稳定感的保持。

其他发展理论因何被科胡特视为简单的线性发展而遭其摒弃，并将婴儿式体验的所有残留视为具有确定无疑的害处与道德上的嫌疑究竟怎么样呢？用于代表两种主要精神分析模型的作者思想中过度重视自主与分离，例如，哈特曼、马勒、弗洛姆与霍妮，这种陈述有一定的正确性。不过，科胡特没有注意到，某些理论家，跟他一样，在某种程度上强调了婴儿式体验作为成人激情与创造力来源和先决条件的重要性。哈罗德·瑟尔斯经常强调与他人融合的体验在分析与日常生活中的价值（Searles，1965，见他对雅各布森重视分离的评论）。马丁·伯格曼（1971）阐明了共生的娱乐作用在成人爱的能力中的重要性；克莱因及其追随者不断提到好的内在客体关系的生产与重建功能是成人功能的基础；温尼科特强调主观的和过渡性客体在所有真正创造过程中的首要性；费尔贝恩感觉持续的与他人的互相依赖在成熟中作用是如此重要，以至于他将心理健康命名为“成熟依赖”阶段。

*370*

在科胡特的作品中就好像这些作者视心理成熟为一种完全自足的孤独而分裂的状态，任何对他人的需要都被看作是极其可耻的道德缺陷。他宣称：“我们整个一生都需要镜映性的接纳、与理想的融合、像我一样的他人的支持性存在……你永远不可能完全自主与独立……自体只有在自体客体基质中才能生存……对他们的寻找并引出他们的共情支持并不是不成熟与可鄙的。”(1980, pp. 494—495)当然,因与其理论不相容而被科胡特摒弃的那些理论作者(包括那些反对坚持认为“发展的道德”也很重要的作者)将会全心全意地接受这样的陈述。

科胡特的关系模型中其他有问题的特征涉及到体系自身的内在方面。他建立了一种对精神健康的幻想,有完美的本质,与之相连的对好的父母养育的描绘,而这同样也是无法实现的。用一种类似冈特瑞普著作中见到的乌托邦式的表达语调,科胡特展望了本质上没有冲突存在的可能性,在其中,健康的表现狂与健康的窥淫癖就成为自主的、喜悦的、创造性的自体基础。只会有微不足道的自恋的脆弱,因为自体是统一的、有弹性的,而且严重冲突(自体统一性解体的产物)可能是未知的。科胡特对健康的俄狄浦斯期的描绘突出了这种精神健康的幻想。如果父母提供必要的体验,其他理论家所描述的诸如对依赖的渴求、贪婪、嫉羡,对于分离的冲突,忠诚于父母的挣扎,陌生人焦虑等等如此盛行的现象,都将不会出现。科胡特认为,既然完美回应失败的增长是必要的,而且实际上会促进结构的建构,正常可期待的自体客体失败不会产生这些现象。

科胡特相信其他理论家描述的各种挣扎已经是自体组织严重解体的产物,本身就是父母自体病理的产物,严重污染了作为自体客体的作用。这个标准在我们面对现实时作用是有限的。没有人知道有人可以完全不受对依赖的渴求、贪婪、嫉羡,对于分离的冲突,分开的忠诚于认同等的影响,而且我们对科胡特关于健康发展的幻想表示怀疑。这些有问题的现象是退化的产物,还是生命所不可避免的部分?我们感觉从更为经济的概念来说,是要承认,不管是儿童还是成人,不管父母的养育是多么的完美,生命都充满了挣扎与冲突。偏离驱力理论,将“驱动力”称之为退化产物,除了洋溢着欢乐,科胡特还赋予生命以继发性地位。

371

科胡特自体心理学最终的一个弱点是其解释性焦点的狭窄。科胡特关于“自恋力比多”构想中创新性概念的来源,其对关系结构和发展的描述总是向着“自恋的”问题的方向倾斜,用镜映与理想化来定义。儿童对于父母的愿望与感觉的复杂性统一分成两类:对共情性镜映的渴望与理想化父母的机会。结果,在科胡特的案例描述中,具有发展意义的人似乎常常是概略与模糊的人物形象,主要是根据其作为自恋满足者与挫败者的作用来表现其重要性。例如,绝大多数的案例资料显示出父母人格的总体缺陷,包括抑郁、退缩、情感空洞、激烈的情感变动,以及与儿童机械的联结。你可能会怀疑这个显著的维度是理想化破碎与反映婴儿式夸大的失败，还是缺乏任何真正的情感联系。同样，科胡特保留了他在1971年的构想，即不管是在儿童期还是在分析中，自体结构全部是由自恋融合与逐渐增长的失望而形成的。父母与孩子之间从*来就没有任何实际的约定*，相对于夸大与理想化的真人之间也从来没有任何的相遇。你也许会怀疑父母与孩子之间缺乏接触可能不在科胡特报告的障碍的最底层。他的解释选择范围常常好像是局限于经典的俄狄浦斯期或自恋的问题。

为了尽可能越过弗洛伊德基于客体力比多冲突对神经症性心理病理的描述，科胡特扩展了自恋概念，超出了其使用范围，将其与人际关系的其他特征分割开来。这就导致夸大的镜映与现实的关心与认可之间，以及理想化与尊重的承诺之间的关键区别的模糊。最初的自恋与客体爱(经典结构神经症领域)被分割开来；那么一切都被理解为源于自恋的障碍。科胡特的自体心理学诞生于经典的自恋概念，使其解释的框架偏离了自体与他人之间关系中其他独特但总是相互依存的维度，这些维度在其他关系模型理论中发挥了更为显著的作用。 *372*

## 约瑟夫·桑德勒的混合模型

尽管做了几个不同的尝试，科胡特与他的合作者一直没有成功将驱力/结构模型与关系/结构模型放在一起并令人信服地合并在一起。科胡特只是在混合理论时走错了方向，还是他的困难引发了对混合精神分析模型可行性的怀疑？桑德勒在其著作中对令人好奇的理论建构的发展进行了简短的讨论，对于这个难题有所阐述。

过去的二十年中，桑德勒和他的合作者逐渐建立了一种关于动机与心理病理的理论，这个理论越来越多地利用关系模型作为其假设与整体的要旨。(因为叙述桑德勒那么多合作者的贡献会比较麻烦且令人分心，我们使用他的名字来代表他自己与他的合作者。)然而，桑德勒虽然明确表明自己是一个理论模型的编撰者与保护者，他既没有明确地脱离驱力理论的元心理学，也没有试图修正与扩展驱力概念以容纳他的贡献。相反，他尝试基本上原封不动地保留驱力模型，并增加关系模型的假设。即使是带着认真整合的努力完成这个任务，他的努力还是凸显了模型混合所固有的某些困难。要取得两种模型之间的平衡是很困难的，而要保持平衡甚至会更难。按时间顺序追溯桑德勒思想，我们发现他在混合模型的平衡中存在逐渐的转变。在其早期论文中，关系模型的概念只是简单地添加到最初的驱力理论基础之中，就像年代久远但已经风化的大厦的新外观一样。桑德勒思想的中点是他将关系模型假设与最初的驱力模型构想并列而置，就好像他拥有了两根坚固的承重梁，一根旧的，一根新的，对于理 373 论来说是同等重要的。这就等同于真正的模型混合。不过，在其最新论文中，这种对称再次转变，因为桑德勒越来越重视关系模型构想，旧的驱力理论概念发挥的是装饰作用，而不是结构支撑作用，就像是出于美学和怀旧目的将旧的谷仓梁放于现代建筑中一样。

桑德勒早期整合努力的基础，建立在哈特曼将“客体表征”概念详尽阐述为一系列关于“表征世界”的构想之上。尽管斯托洛与阿特伍德(1979)已经将这个概念发展成在现象学上替代驱力理论元心理学的理论，桑德勒本人没有以这种方式使用表征世界的概念。桑德勒在1962年引入这个概念时，他完全是在驱力模型中运作的，而且他的自体与客体表征概念最初有助于澄清经典理论中重要但总是处于次要地位的客体概念。表征世界概念作为更加常规项目——汉普斯特德指数研究的一部分，是由桑德勒和森布拉特建立的，其目的是澄清与区分所使用的基本而易变的精神分析概念，诸如“超我”、“认同”、“内摄”，等等。造成这些术语使用易变性的部分原因，是克莱因理论携带的大量的内在客体与过程涌入精神分析文献。通过澄清这些概念的使用，并使用“表征世界”的建构，桑德勒设法用驱力模型术语来容纳文献中对于内在客体日益增加的重视。

桑德勒提出，随着儿童对于自己以及其生活世界的逐渐了解，儿童发展出向自己描述体验的相对稳定方式。这些体验不是简单的飞逝而过的、不会留下持久印象的知觉；也不是对离散体验的简单记忆。表征是对过去体验有组织的编辑，是关于知觉与意象相对持久的印象和集合体，是儿童从各种体验中挑选出来并反过来为儿童提供一种认知的地图，是一种主观景观，儿童在其中可以找出并塑造其体验的戏剧中的人物和事件。桑德勒指出，没有客体表征的建立，去谈客体*内化*甚至是不可能的。父母只有被理解、感知并留下主观印象之后，才能被“吸收”。不过，被保留为表征的不仅仅是客体。桑德勒认为，儿童发展各种表征，包括自己各个方面的表征——自己的身体、对 374 驱力的压力和情感的体验。因此，自体与客体表征，从种种印象挑选而来，构成概念与持久意象的网络，一个为儿童的体验提供基本组织框架的“表征世界”。

桑德勒最初通常是在弗洛伊德结构模型框架中使用表征世界的概念。尽管这个概念越来越承认客体关系的重要性，客体关系依然是驱力的衍生物。桑德勒认为表征世界的创建是自我功能的产物。表征世界本身并不活跃；不具有动机属性。自体与客体表征是自我从体验中得出的，反过来被自我用作“指导自我采取适当的适应或防御行为的一系列指示”(Sandler & Rosenblatt, 1962, p. 136)。自体表征是表征世界内的一个组织。本我冲动通过体验与自体和客体表征联系在一起。冲动通过愿望被觉察，愿望通过满足体验与各种自体和客体意象联系在一起。桑德勒认为，*所有*愿望包括自体与客体表征，以及某些预期的自体与客体互动。(克莱因和费尔贝恩的影响在此十分明显。)你永远不会看到驱力目标只是简单地寻求满足。所有驱力目标通过愿望寻求满足，所有愿望包含关于自体与他人之间具有“渴望互动”的幻想。客体关系发挥驱力满足的功能；所满足的不是简单的躯体紧张，而是一种愿望，这个愿望由自体与他人意象用特定的、幻想的关系结构联系在一起。因此，驱力满足，在桑德勒体系中，天生就是与客体联结的。总而言之，找寻客体与找寻满足需要的客体本质上是一样的。

1978 年，桑德勒明显背离这种看法，主张不能将驱力看作人类动机的唯一来源，也不能将客体关系简单地看作驱力过程的衍生物。他认为将客体关系定义为对客体能量投注(力比多或攻击)的经典做法是不适当的，而且过于简单。基于马勒、温尼科特，以及其他发展性与儿童观察性精神分析作者的思想，他认为客体关系的首要性、无处不在与多重功能，使得任何根据驱力投注来理解其意义的努力无说服力。

桑德勒认为人类是由愿望驱动的，但愿望不是全部源于本能冲动。基于驱力愿望，需要追寻满足，总体来说是广义的动机愿望下的一个亚群。桑德勒宣称“心灵中出现的许多愿望是对非本能动机力量的反应”(Sandler & Sandler, 1978, p. 286)。基于驱力愿望是由*内在*刺激促成的，而许多种类的愿望是由他人世界中的事件或包含除驱力之外其他过程的内在刺激促成的。因此，桑德勒将“愿望”概念用作一系列不确定愿望的做法，非常类似于弗洛伊德在建立驱力/结构模型之前对这个术语的使用。 *375*

桑德勒提供了一个客体关系发展史，不同于雅各布森以及英国学派作者对驱力变迁的构想。儿童从一开始就是客体导向的，反映出“儿童早年对外在客体反应的特定而固有的基础……由天生有组织的与*潜在*客体表征相关的知觉与反应倾向(构成)”(Sandler, 1978, p. 293；斜体是原文标注的)。桑德勒强调“潜在”这个词，可能是要将自己的观点与克莱因的观点区别开来；儿童并不具有对于他人的非固有认识，而是一种对他人的趋向，一系列预设的反应。儿童作出的生命中的第一个区分，是逐渐区分两种广义的整体的情感状态，即快乐与不快乐。尽管桑德勒没有清楚明白地说明，很显然，他没有根据驱力的满足或挫败来定义这些状态，而是根据儿童与其客体之间更加一般与总体的状况来定义的，非常类似于温尼科特与沙利文对于婴儿与母亲之间最早的互动的描述。正是出于这两种总体的体验，最初不需要自体与他人之间的分化，最初的客体就形成了，桑德勒将其命名为“原初客体”。起初，这个过程需要一种未分化的“快乐与不快乐本身作为客体的区分”(Sandler & Sandler, 1978, p. 292)，但是逐渐出现更加限定与分离的自体与客体表征以及“渴望的互动”。儿童最早的动机倾向就是努力保持与好的原初客体的关系，并使得与坏的原初客体的关系不复存在。与原初客体的这些关系是包含所有继发客体关系的各种愿望的原型。

桑德勒描述了重建早年客体关系的重复性尝试。他根据“现实化需要”来理解这种重复，实现渴望的关系结构(1981)。他认为，再次体验过去关系令人满意方面的愿望是持续不断的，所以如果要实现这个愿望，就会持续存在按照这些构造来组织当前互动的尝试，诱发他人扮演互补性角色。客体选择的过程包括来自他人“角色反应”的测试：如果我用如此这般的方式行动，他们就会如此这般地反应，再次创造出最初令人满意的互动(Sandler, 1976)。因此，我们持续地在相互“角色反应”基础上选择他人并被他人选择，不断尝试诱发他人扮演必要的角色。这个过程形成精神分析情景中移情建立的基础，以及理解反移情中各种吸引力的基础，因为分析师变成了再次上演与角色再现的载体。

376

桑德勒认为无处不在的试图再次体验早年令人满意的客体关系是人类大部分行为与体验的基础，包括梦，梦中愿望的实现不仅关系到驱力满足，也包括标志早年体验成功实现的“知觉身份”(见 Freud, 1900)的建立。他开始越来越重视对实际人际关系的研究，这些关系是早年自体与客体表征以及早年客体关系实现的舞台。我们需要“考虑各种隐藏的方式，人们试图用这些方式实现其意识和潜意识的愿望，以及个体幻想愿望中内在的客体关系”(Sandler & Sandler, 1978, p. 291)。

就其思想的这一点而言，桑德勒可以被看作是真正的混合模型理论家。他挑战了驱力是人类体验与行为专门动机来源的看法，并确定关系需要与愿望具有动机首要性以及自己的发展史。驱力逼迫就成了更加普遍的“愿望”现象的一个亚型，有些愿望源自驱力，有些愿望源自客体找寻与客体保持，与驱力满足是分开的。桑德勒在这一理论中引入驱力模型假设与关系假设似乎同等重要的框架。然而，即使在这一点上，他的微妙对称也暴露出不稳定迹象，其关于关系问题的理论似乎要赋予这些问题最大限度的优先权，而不是源于驱力的过程。

在桑德勒看来，客体关系为个体提供一种与其周围人际世界的基本联结感，这是情感上的平静与安全感所必需的。桑德勒将这种关系安全的基本需要确立为精神生活的*高级动机原则*。安全需要构成精神组织内基本的调节原则，超越并抢占所有其他关注之事，包括对快乐的追寻。保持安全感情感状态的调节是精神过程最重要的目标。基本的安全需要，是由独立而不同于驱力满足的客体关系的建立构成的，自身呈现出一种“确认”需要：“通过与环境以及自己的自体互动，个体不断地获得特殊形式的满足，不断给自己提供某种营养品或滋养品……为了提供安全的背景，对这种‘营养’的需要，对确认与保证的需要，必须不断得到满足。”(1978, p. 286)桑德勒认为，对确认的需要带有重要的动机属性，尤其对那些在与他人关系中经历慢性焦虑和不安全感的人来说。在这样情形下，当前关系没有提供必要的肯定，就会存在重建早年客体关系情形的尝试，常常是以隐藏的形式呈现，导致很多我们将其看作强迫与症状性行为模式。 377

为了赋予安全与自尊需要以基本的调节功能，桑德勒推翻了他试图创造的微妙平衡，即将源于驱力的愿望与关系的愿望建立在同等动机基础之上。关系需要不能独立于驱力相关需要，同时又带着不容置疑的对安全需要的首要性进行运作，因为桑德勒指出安全是人类一直关注的事情。他在最近著作中更加明确地表达了向着关系模型方向的这种转变：“保持或维持这些情感需要是首要的精神功能，为了保持安全感或舒适，可能不得不牺牲获得直接性欲满足的渴望。精神分析关于控制情感状态的动机心理学，我认为，应该替代以本能驱力释放观点为基础的心理学。”(1981, p. 188)[①]因此，桑德勒似乎在抛弃将精神分析概念建立在驱力模型与关系模型的双重假设之上的努力。尽管他没有明确抛弃驱力模型的语言与概念，其理论重心已经转变，而且其理论建构的重要性完全得到了关系模型假设的支持。

桑德勒一直是精神分析思想史上最微妙与全面的综合者之一。他建立的关系模型版本呈现出清晰的、令人信服的、对许多理论与实践发展的综合，我们已经在这一章节描写了这一点。像英国学派理论家一样，他强调与他人关系的首要性；如同费尔贝恩，他对自体与客体表征的描述加入了渴望的互动；如同沙利文，他强调了实际事件的重要性，以及他人之间互动的重要性，以及引诱他人扮演被渴望的角色的重要性。克莱因与费尔贝恩很大程度上是在处理幻想，沙利文很大程度上停留在描述实际发生的事情，而桑德勒是将一部分的实际互动与关于潜意识幻想以及早年客体关系重复的假 378

① 默顿·吉尔注意到，桑德勒对情感的重视起到了联系驱力理论与关系理论的桥梁作用。在经典的模型中，情感是驱力的表征。如果根据主观状态看待情感，情感可以理解为自体与他人关系状态(个人的交流)的表征。

设联合在一起。然而，尽管桑德勒有着综合者的技能，但他将各种关系的构想与早期驱力模型假设整合在一起的努力却是短命的、不稳定的。他建立一个真正的混合模型的努力，就像科胡特一样，显然是失败的。这些失败表明驱力/结构模型与关系/结构模型之间存在内在的不相容，既不能克服也无法回避。

# 12. 诊断与技术：深层分歧

开头肯定就是
结尾——因为我们不知道任何
超越我们自身复杂性的
单纯而简朴的东西。

——威廉·卡洛斯·威廉斯,《裴特森》

379

我们在本书开始就提到了这样的观察，即今天的精神分析的特点就是，理论方法激增，每个理论都有其自己的构想、语言与视角。从最初精神分析理论设计者的一元化、整体的体系涌现出大量竞争的模型、思想与概念，似乎充其量彼此之间具有复杂而模糊的关系。每个传统的拥护者均聚焦于自己的学派，不去考虑替代性观点的价值。这有将精神分析分解为一个个狂热的信仰忠诚之岛的危险。

这种混乱背后是更加深层的兴趣与理解的分歧。尽管存在差异，所有当代理论家都在关注一个普遍问题：如何解释在所有临床工作中处理与他人关系的突出重要性。为客体关系在理论中找个位置一直是整个精神分析历史的中心概念问题，因为弗洛伊德最初驱力理论将心理能量释放看作基本的概念基础，与他人的关系被赋予的地位既不是中心性的，也不是显而易见的。每位主要的精神分析理论家必须就这个问题表明自己的态度。

有两个主要策略调解客体关系临床首要性与驱力理论首要性之间的关系。*调和策略*试图扩展最初的驱力模型，更加看重早年与他人关系的作用，同时保留驱力的中心动机地位。*激进替换的策略*将与他人的关系置于理论中心，所建立的模型认为所有动机，包括性与攻击冲动，均源于寻求关系与保持关系的变迁。驱力概念在这个模型中被完全抛弃了。

380

每一位理论家，明里暗里地宣告，要么是对驱力/结构模型的忠诚，要么是对关系/

结构模型的忠诚。这种忠诚决定其理论策略。驱力模型的拥护者关注的是将其理论假设与临床资料相调和,这些临床资料总是涉及彼此关系中的他人,真实的或者幻想的。关系模型拥护者关注的是使前后一致的替代方案适应长期存在的驱力模型的假设。第三种方法,即"模型混合"策略,试图通过将关系理论建构与经典体系并列在一起,巧妙地避开了对二者的选择。驱力模型原则既没有被抛弃,也没有被扩展,而是被保留下来并与关系模型的观察和构想混合在一起。这种解决方法是不稳定的,有时是勉强的。理论建构显然是受到这个或那个模型的吸引,并最终作出选择。

我们提出具有地图作用的方法,在繁杂的当代精神分析理论中有自我定位的作用,并找到自己的出路,一种穿越精神分析思想史主要维度的读者指南。所有指南价值取决于其效用;我们的指南基于其效用,既强调所有我们讨论的理论家关注点的相似性,也强调他们因忠诚于不同模型而导致的在焦点、敏感度与语言上的差异性。我们已经说明弗洛伊德从与后来的关系原则极其相似的早年理论转向了驱力模型自身的建立。他后期的许多概念,例如现实原则、升华、自恋与修正的焦虑理论,代表了他将驱力概念保留为理论中心的努力,同时赋予早年与他人的关系以日益增长的作用。

哈特曼、马勒、雅各布森与柯恩伯格的绝大部分著作一直指向同样的目标。哈特曼关于自我运作,以及调解我们与外部世界关系和在某种程度上源于早年客体关系结构的阐述,加深了我们对环境在心理经济学中作用的认识。其适应的概念引入了补充驱力影响的动机力量,同时尽可能不修改驱力概念。马勒关于发展运动理论,即从与母亲共生融合开始,历经分离与个体化的各个阶段,详细描述了哈特曼总体概略的"正常可预期的环境";也阐明了适应生活所固有的发展任务。马勒框架呈现了用自体与客体关系结构转变来表达的发展观点,但这些转变最终是由驱力要求的不断转变决定的。雅各布森,在其令人信服的关于自体与客体世界互动的描绘中,为马勒观察资料增加了理论深度。她的思想为经典理论增加了现象学水平的理论建构,使得她可以将自己与马勒的创新性关系原则整合进驱力理论框架中。最后,柯恩伯格将马勒和雅各布森观点与梅兰妮·克莱因和费尔贝恩观点混合在一起,使其形成以情感而非驱力代表人类动机基本来源的观点。随着情感在与他人关系中的实现,情感就成为驱力自身基础,尽管一旦形成,驱力所发挥的作用就像在经典模型中的作用一样。柯恩伯格理论保留了驱力/结构模型语言,但其敏感性既与弗洛伊德最早的观点,也与关系模型的基本原则密切相关。

381

我们的做法是使探索第二种传统,激进替代策略的不同版本成为了可能。我们讨论了梅兰妮·克莱因思想过渡性本质，包括其越来越多的关系假设，发现其贡献中许多难懂且有问题的特征，因为她试图发展关系概念，同时又保留驱力模型假设：情感生活的突出特征从中演化而来。因此，她的忠诚导致她假定存在一种对客体先验性的认识，以及非常早期的复杂认知能力。与其截然不同的是，沙利文与费尔贝恩完全脱离了驱力模型，尽管二人有着不同敏感性以及不同哲学与语言学传统。沙利文思想绝大部分是在纯粹关系背景下重新解释弗洛伊德的临床观察。同样地，费尔贝恩提出了精神功能模型，弗洛伊德快乐原则与强迫性重复在其中被理解为达成更加基本目标的手段：客体联结的建立与保持。温尼科特也建立了纯粹的关系/结构理论，尽管不是以这样的方式明确地呈现的。只有在其忠诚的框架内才能理解他将自己的创新与先前理论并列在一起的做法，这种对经典传统的忠诚不足以影响其思想的基本结构，但足以显示没有连续性的存在。忠诚中的类似分裂是巴林特放弃其关系模型的逻辑基础。模型概念也可能将科胡特的著作置于更大背景之中：看到他的许多构想与关系理论家的构想有惊人的相似之处，看到其本质上是关系模型的独一无二特征，理解因为他对模型混合的全心投入而造成的其著作中非常令人困惑的特征。最后，我们提供了追踪桑德勒构想随时间而转变的参照系，其理论建构重心从驱力/结构模型转向了关系/结构模型。 *382*

我们已经说明所有精神分析模型有一个基本一致之处，导致我们提出要对这个难以捉摸的术语“精神分析”下一个定义。所讨论到的每一位理论家均信奉一种关于人类生活过程的动力性观点，认为我们的生命是由各种动机力量的复杂互动决定的，这些力量之间的互动可能是一致的，也有可能是冲突的。每一位都相信关于潜意识的概念(尽管沙利文对这个术语有点犹豫)，赞同促进我们行动的许多或绝大部分动机在我们正常意识之外起作用。每一位都认为研究人类最有效方式是要通过认真的、合作的调查来界定精神分析情景。

那么，这些就是精神分析看法的定义性特点。精神分析中的模型各不相同，就在于每个模型赋予起作用的动力性力量的*内容*各不相同，尤其是最普遍的被压抑的潜意识的一部分。在驱力/结构模型理论家看来，由系统发育所决定的性与攻击冲动的衍生物构成了被压抑的潜意识内容，因为这样或那样的原因，这些冲动认为是社会结构“不能接受的”。在关系/结构模型理论家看来，潜意识是由同样被排斥的自体与他人的特定意象构成的。这每一个构想均包含关于跟他人关系作用的特定看法。最好根据相对于传统驱力的概念定位关于客体关系观察和构想的潜在策略，来理解整个精神分析思想史中理论的趋同与分歧。

说到“策略”与“定位”，似乎有蓄意与有意谋划的嫌疑，虽然我们丝毫没有这个意思。所有精神分析理论家都在某个模型之中运作，具备这样或那样的“形而上学的忠诚”。对驱力模型的拥护者来说，自然就是调和策略；对关系模型理论家来说，自然就是激进替代策略。二者均根据假定为基本与真实的一系列假设进行思考，并根据他们已经接受的信念，试图调解新旧观点、新旧资料。这两种模型拥护者之间的分歧为何如此旷日持久？为何没有一个可以简单地被证明为“最真实的”，或接近真实？

383

## 模型与心理诊断

精神分析理论为什么不能简单地通过可获取的资料进行验证？驱力模型和关系模型所指的问题与决定生活中心理病理的问题是不同的。只是收集对临床实践中遇到的各种病人描述，然后根据诊断类别进行分类，并选定某个模型来解释绝大部分病人的心理病理，不能这样做吗？不幸的是，事情并非如此简单。将临床资料与理论分开是极其困难，也许是不可能的。精神分析观察者看待病人的方式、他描述病人挣扎的方式、他将病人放入的诊断类型，所有这一切都要视观察者优先考虑的关于人类体验基本构成的理论假设，即他所信奉的理论模型而定。

仔细考虑下面的例子。在驱力模型内，在自我心理学家修正出现之前，心理病理是根据性功能损害来理解的。这个视角，自然是从性能量转换是所有人类行为根源的观点得来的，源于弗洛伊德早期评论“神经症是对心理变态的否认”(1905a)。因此，费尼切尔(1945)认为神经症病人*根据定义*必须是性功能受到了损害。而且，他*观察到*没有哪个神经症病人能达到完全的生殖器高潮：病人找到合适异性恋配偶的能力、性交的能力、达到高潮的能力，或者完全享受这种体验的能力，一定存在某种障碍。在凯伦·霍妮看来，性幻想不一定是潜意识的主要内容，而且神经症既非必然也非通常是性功能障碍的结果。她*观察到*(1937)许多神经症病人是完全能体验到极度兴奋的愉悦的，她在这一点上与费尼切尔是完全不同的。这是两位敏锐且富有经验的临床医生，每一位都遵从自己的理论要求，无法赞同在无经验观察者看来是非常明确的事实。

384

为了理解精神分析诊断，我们必须理解精神分析理论。弗洛伊德的精神分析最初是一种用来缓解神经症症状的治疗。他看到病人患有表面上没有意义的、无法解释的症状：强迫思维、强迫仪式行为、转换反应和癔症性神游状态。遇到这些病人的结果就是，弗洛伊德得出结论：这些明显的症状下面潜在的基本困难总是强烈的与驱力相关的冲突。驱力，被体验为渴望的冲动，在自我与超我调解下与现实要求发生冲突。冲突发生在两种对立的驱力（力比多与攻击）之间，被体验为针对他人或在三种心理结构相互对立的要求之间的矛盾冲动。冲突导致“妥协的形成”，表现为症状或重复性的自我挫败的性格特质。成人的神经症心理病理可以理解为基于俄狄浦斯期冲突的婴儿式神经症的派生物。这些冲突至少是以最低限度的、稳定而整合的自我为前提条件的；病人具有自我感，在与他人互动中感觉自己是一个统一而持久的个体，体验到他人也具有同样特质。没有达到这种自体与客体恒常性水平的病人，尤其是那些患有更加严重心理病理的病人，被认为不能接受精神分析方法的治疗。因此，精神分析作为一种治疗方法，是基于病人的困难源于驱力衍生的冲动所造成的冲突。

许多精神分析理论修正的来源，包括那些导致关系模型出现的修正，在很大程度上是分析师与那些被认为是更加严重病人一起工作的临床经验，而不是那些经典精神分析方法认为可以治疗的病人。这些病人，不管是被诊断为精神分裂症（沙利文）、分裂样的（费尔贝恩）、边缘性的（科恩伯格），还是自恋性的（科胡特），一直被理解为普遍具有发展缺陷，使得这些病人对自己和他人不能有一致性的体验，被看作是经典的、充满冲突的俄狄浦斯期神经症。与这样的病人一起工作的分析师已经超越了俄狄浦斯期冲突，聚焦于病人与他人关系中非常早期的障碍，这些障碍使得病人不能以完整的自体与完整的他人联结（甚至是冲突性的）。因此，与日益增长的对客体关系的重视相一致，今天的分析师达成了一定程度的共识，即需要根据个体与他人早年关系中的障碍来预测心理病理，至少是对以驱力以及接踵而至的冲突为基础的心理病理的增补。不过，各个理论家所形成的对这一点普遍重视的态度在很大程度上取决于理论家对待模型的立场。理论规定诊断思维的一个重要方式，就在于其选择用来命名更加严重心理病理的术语。

385

考虑到“自恋”的疾病分类在某些美国分析师著作中的普遍性，与“分裂样人格障碍”在英国学派中的普遍性，几乎找不到美国临床医生的著作会提及分裂样心理病理，而英国的作者也很少提到自恋障碍。诸如冈特瑞普的英国作者所介绍的“分裂样病人”临床案例，明显类似于诸如科胡特的美国作者所讨论的“自恋性人格障碍”临床案例。

这种术语学上的区别绝不是建立在临床描述与现象学基础之上的，而是取决于对驱力模型不同的忠诚度。“自恋”，尽管近些年有了极大的修订（Jacobson，1964；

Kernberg, 1975),包含特定的驱力变迁,但自恋作为一个诊断称号却让人想起力比多理论;另一方面,“分裂样”提到分裂,是自我或自体在早年客体关系特定集合的分裂。“分裂样”作为一个诊断称号意味着早年客体关系中的原始防御,并回避对驱力任何必要的提及。而“自恋”一词倾向于被那些宣称忠诚于驱力模型(科恩伯格)和混合模型理论家(科胡特)用作诊断术语,很想保持与驱力理论的联结。“分裂样”倾向于被关系模型的拥护者(费尔贝恩、冈特瑞普)用作诊断术语,很想明确表明与驱力理论的决裂。关于自恋障碍的构想让人想起力比多发展的某个特定阶段,这个阶段具有重要的病因学意义(甚至如同柯恩伯格一样,即使原发性自恋不再属于发展范式的部分)。“分裂样”障碍的构想强调客体关系是胜过驱力影响的病因性因素。理论家以非常不同的概念假设与思想归属为起点,将这两种不同的诊断与相应的构想应用于本质上类似的病人。

诊断存在争议的第二个领域,其解决方法视作者对待两种模型之间辩证关系的态度而定,就是一群被有效地理解为“俄狄浦斯期神经症”病人的存在。在费尔贝恩看来,俄狄浦斯期神经症是不存在的,这个立场与他作为关系模型最纯粹表达的支持者的身份是非常一致的。在其理论中,*所有*神经症与精神病的问题均源于儿童与其养育者之间连接的母体。“分裂样”现象因而是所有心理病理的核心,伴有基于驱力与防御(俄狄浦斯期神经症)的明显冲突,体现的是更基本的潜在的关系困难。因此,精神分析治疗的解释方法不在于驱力衍生的冲突的修通,而是有缺陷的概念化以及关于自体与他人体验的修复。俄狄浦斯期神经症作为一个独特的疾病分类条目在费尔贝恩的著作中就消失了。

386

对驱力模型保持忠诚的理论家必然保留解释为功能冲突的俄狄浦斯期神经症的概念。这一点在科胡特(1977)著作中可能最清楚,这些情形被特别视作一个独特的诊断条目,并用经典的驱力与结构概念进行解释。这些障碍与“自恋”障碍形成对照,后者需要一个新的源于关系模型的解释体系(自体心理学)。对科胡特来说,与费尔贝恩不同,这两个分类与两个理论永远不会交接在一起。它们是并列存在的,使得作者也可以保留与最初模型的联结,又可以引入关系模型构想来解释可能更加严重的心理病理。这样做的理论限制到底有多大?在兰格尔最近发表的一篇文章中有明确说明,这篇文章专门对科胡特自体理论进行强烈批判,并捍卫驱力模型的元心理学。兰格尔声称弗洛伊德“早年将心理病理分为移情神经症与自恋神经症,是他作出的没有接受时间检验的一个临床观察。随着临床经验的累积,没有自恋冲突的移情神经症是不存在的，患有自恋神经症而不能形成移情的病人也是不存在的”(1982, p. 866)。兰格尔的辩论试图从最根本的资料基础来削弱科胡特理论，而且他的评论也表明了理论倾向如何影响了诊断的判断。

柯恩伯格在著作中明显做了一种非常不同的整合这两种心理病理观念的努力。为了区分“高水平”与“低水平”性格障碍，柯恩伯格保留了俄狄浦斯期的概念，同时整合了从关系模型理论家那里得来的领悟。“高水平”障碍，类似于经典的俄狄浦斯期神经症，是根据个体依靠压抑作为基本的防御运作来定义的。压抑能力意味着存在整合的自我，以及完整而统一的自体与完整而统一的他人的联结。科恩伯格所说的“低水平”障碍，被描绘为基本依靠以自体与客体表征分裂为中心的防御技术。这些个体没有建立统一的自体与统一的他人之间的关系而且分析的目标是对造成这种发展失败缺陷的修复。也就是说，分析的目标不是要改善冲突，而是改善在与他人互动中体验自己的能力的困难。跟科胡特一样，科恩伯格没有用源自早年客体关系困难的分类来替代俄狄浦斯期神经症的诊断分类(以及潜在的冲突理论)；他所说的“低水平”障碍是补充而不是替代早期的框架。 387

就是同一个病人，在不同派别理论家眼中，也是非常不同的生物。弗洛伊德看病人，看到某个人在与潜在的关于性与攻击冲动冲突进行搏斗，产生古怪的症状。费尔贝恩看到同一个病人在与普遍的关于依附与忠诚于早年重要他人的潜在冲突进行搏斗，产生同样的症状。科胡特与弗洛伊德一样看待病人，然而是在不同背景下，看到病人表现的不是普遍形式心理病理，而是体现人类这两种激烈搏斗的其中之一。科恩伯格与弗洛伊德一样看待同一个病人，然而是在不同心理生活史之下，通过早年客体关系的转化与巩固，达到其当前俄狄浦斯期的搏斗。

诊断不会也不能先于并独立于理论忠诚而存在。让我们研究一下最近使用诊断证实理论的努力，这还是兰格尔提出的。就在一篇1982年的文章中，兰格尔引用了他自己早年(1954)对瑞茨曼(1954)坚持认为俄狄浦斯期冲突是罕见的这一说法的回应。兰格尔回答道“所使用的技术决定了所能达到的心理内部病理的深度……指向外层的心理治疗，甚至是精神分析，就不能带有权威地宣称俄狄浦斯期冲突是例外”(1982, p. 865)。他声称，只有使用特定的技术，才能发现“最深层的”资料，技术的有效性是通过其揭示这些特定资料的能力证明的！而且，技术的使用以及资料的“深度”均为某个特定理论观点的派生物！没有关系模型分析师会同意俄狄浦斯期问题代表的是心理“深度”；然而，兰格尔能够消除这些分析师的争论，因为争论本身*证明*理论家使用了不恰当的技术手段。他的立场是同义反复的、无懈可击且理论界定的。只有在这两种主要精神分析模型之间更加紧张的背景下，才能全面理解关于诊断的差别与争议。

388

## 模型与精神分析技术

精神分析治疗的临床过程是怎样的？根据其解释分析过程，解释精神分析背景下所发生的一切，以及病人改变方式的效度来评价这两种模型，是不可能的吗？就像兰格尔论点所呈现的那样，技术绝不可能脱离对理论的忠诚。我们一直在跟踪记录正式的理论建构，主要理论家建立基本假设的方式，并由此创建解释框架。所作出的选择对临床医生概念化其工作的方式有深刻影响。（概念模型与分析师的实际操作之间也存在更加错综复杂的关系。）你理解的人类体验本质与人类行为基本动机的方式，会贯穿于你对精神分析情景和分析过程本质的理解之中。驱力模型与关系模型体现出对人性根本不同的看法，由此发展出来的技术理论在基本假设上有着类似分歧。

对驱力模型分析师来说，病人带着自我完备的被封存的致病的冲突进入治疗。分析的目的就是阐明这些冲突，使潜意识内容意识化。在驱力模型中，分析师相对于病人的位置类似于个体的客体位置。由于客体对于源于驱力的目标来说是外在的，分析师对于神经症过程来说也是外在的。弗洛伊德所说的“空白屏幕”与“反射的镜子”意在强调对精神分析情景的这种理解（1912d）。

在驱力模型中运作的理论家实际上是用过去的置换（移情）来理解病人与分析师之间的所有关系。移情是完全由病人发展史预先决定的；其内容的作用是对于早年客体的要求以及对抗这些要求的防御。分析师只要作出最小的干预，并有一个适合接受分析的病人，这些早年的问题就会呈现，最初是零碎的，但最终会形成移情神经症。联想过程的中断被概念化为阻抗，源于充满冲突的冲动产生的焦虑。“不想知道”的渴望妨碍了治疗工作。

对反移情，即分析师对于病人强烈感受的理解，类似于对病人移情的理解。反移情是内源性的，代表的是分析师未解决的神经症冲突。病人某个特征对于反移情的唯389一影响就是一个扳机，其影响仅限于触动了分析师被压抑的潜意识内容（这个作用类似于日间残留对梦形成的影响）。分析师的反移情感受的任何表达或见诸行动都会妨碍治疗，因为会干扰移情的发展。反移情，跟移情一样，只是需要更多分析的征兆。

对关系模型分析师来说，精神分析情景天生就是二元的；分析中的事件不能理解为预先设置的，也不能理解为病人神经症的动力结构显露。相反，是由病人与分析师之间互动创造的。就像在驱力模型中一样，源自病人过去关系的一系列角色被投射到分析师身上。他有时扮演的是旧客体角色，有时扮演的是病人自体的某些方面。不过，这种建构不同于驱力模型，因为分析师永远不能完全在移情“之外”发挥作用。作为一个特定的人，分析师不仅参与各种模式，而且也促进了这些模式的发生。分析师无论做什么都会塑造移情范式，不管他回应还是不回应病人。分析师的参与对病人施加了影响力，而且分析师发挥了移情共同创造者的作用。同样，病人对分析师的体验以及针对分析师的行为也对分析师施加了影响力，分析师为了理解病人的关系模式可以有效地利用对这些影响力的觉察。因此，反移情为理解这些占主导地位的移情结构提供了关键线索，因为移情与反移情是相互促进且彼此渗透的。反移情是病人与分析师互动的必然产物，而不是源于分析师自身婴儿式驱力相关冲突的简单干扰。

除了重复过去的、经常是自我挫败的模式外，病人还体验到他与分析师的关系还有其他的东西发生。一种“真正的情感联系”(Fairbairn, 1940, p. 16)建立起来了，伴有一种病人的人际交往历史中所未知的亲密感与自由感。这使得病人可以超越因为焦虑(沙利文)或对坏客体的依附(费尔贝恩)而保留的过去的关系界限。在关系模型对技术的处理中，“阻抗”不是病人拒绝觉察其精神内容，而是对于分析师这个人的反应。这是一种包含谨慎的、蓄意破坏性的与病人感觉具有威胁性的他人关系模式的关系过程。分析师的任务不是置身于病人心理展现过程之外，因为根据模型的基本假设，这在理论上是不可能的，而是要与病人建立关系，干预、参与并转化病因性的关系模式。

390

对于人类发展的根本不同的理解，指引这两个模型对于精神分析的治疗行为采取了同样不相容的处理方法。在驱力/结构模型中，发展是根据婴儿式冲动(部分驱力)整合为结构化的、整体的目标来概念化的。这些目标就被置于自我控制之下，自我对于组织、引导、延迟或满足特定需要发挥了决定性作用。因为这样或那样的原因，驱力没有被置于自我的充分控制之下，就会产生病因性冲突。精神分析治疗通过使潜意识内容意识化可以促进这种削弱的发展，从而加强自我对婴儿式驱力要求的影响。因此，分析目标与分析治疗行为，就像弗洛伊德所做的那样，仍然是通过提升自我对驱力的理解与支配权来强化自我力量。

因为分析的目标是理解，分析师的作用是解释病人的防御和产生这些防御的潜在冲动。这使得冲突在自我注意之下在意识领域展现出来。有意识的选择替代了潜意识的防御。通过对自己的深入理解，这种理解包括之前对其人格否认方面的觉察与尊重，病人更加能抛弃旧的、不可能的且令人挫败的目标，并接受对自己来说可以达到的真实的目标。

驱力/结构模型中移情的治疗作用自然是在对增长理解的重视之后。移情，尤其是在分析师不参与之下，是过去冲突在当前的再现，通过再现，就可以进行解释。解释导致领悟力，领悟力本身就具有疗愈作用。尽管病人可能通过别的方式体验分析的有用之处，例如可能是宣泄性的或支持性的，这些不是分析改变的部分。真正分析改变只能来自理解，因为只有理解才能修复被病因性防御所打断的发展过程。

对关系模型分析师来说，不亚于那些驱力模型分析师，精神分析的治疗行为建立在分析补救发展失败的能力之上。不过，既然早年关系的性质在这个模型中被看作具有关键的发展意义，分析关系的性质也就被看作具有基本的治疗作用。病人被看作曾经生活在一个充满古老客体关系的封闭世界中，导致了神经症性自我实现的预言能力。通过与病人新的互动，治疗师能进入这个先前封闭的世界，并为病人开启新的关系可能性。尽管分析师会解释，会交流信息，不能理解为单靠信息就会产生改变。围绕这种交流（例如，觉察到分析师不带评判的理解、没有冲击的关心，觉察到分析师受到影响后没有被淹没，也没有进行报复）建立的关系本质就具有基本的疗愈作用。

391

在关系模型中，不同理论家对分析关系的影响作出不同的解读。费尔贝恩强调分析师成为“好客体”的重要性，是病人放弃与坏客体联结的前提条件（尽管他没有明确说明建立这种好客体关系的确切机制）。克莱因传统的作者倾向于强调这样的方式：解释行为自身可以转变病人与分析师之间关系。詹姆斯·斯特拉奇，其早期著作（1934）提供了一个从经典的技术理论转到后期的关系模型的关键过渡，将移情解释看作是“变化的”。通过强迫病人看到其对分析师的强烈感受是过去的置换，这些解释就有可能使病人将分析师看作某个真实而不同的人、某个新人。病人能接受并表达先前被压抑的材料，只是因为他将分析师体验为不同于刻板人物的客体，这些刻板人物是其严厉的超我有条理地投射出来的。有效解释的必要条件是分析师被内化为真实的、友善的人物。

拉克尔（1968）同样强调解释的关系转化力量。病人在其内在客体关系背景下体验分析师，他将此投射到分析情境中。分析师通过试验性认同逐渐理解这些自体与客体意象的投射，之后向病人解释这些投射。在解释移情时，分析师含蓄地，有时是明确地说：我跟你内在的坏客体或你自己被否认的部分是不一样的；我在试图理解你，使我们能用更加有意义的方式相互影响。对拉克尔来说，解释是一种转化关系的联结与关注的行为。

人际传统中的关系学派作者倾向于淡化解释本身。沙利文强调分析师将自己确立为不同于病人生活中早年他人的重要性，黑文斯（1976）将这个技术称为“反投射”，并详尽阐述为一种系统的治疗方法。莱文森（1972）认为分析师被病人的人际整合“系统”所转化。分析师变成病人所期待的样子，被病人用精确但非生产性方式所听到和体验到。他提出，分析师通过觉察其在病人系统中的反应与参与，吸引病人的参与，以阐明双方共同参与了病人困难的延续。分析师与病人一起努力去理解发生在彼此间的一切，这种参与得以奏效。这种理解使得分析师，然后是病人，能“经得住转化”，并可以建立新的关系。科胡特，其技术改进源自其混合模型理论的更为关系性的方面，将分析师的特定*行为*看作对过去发展失败的补救。病人*体验*到分析师的镜映，以及分析师允许自己被理想化，这才是至关重要的。这个观点，尽管明确源自科胡特的发展理论，与其他的关系模型理论持有共同的看法，深信正是对分析师实际的人际体验（可能会提高自我理解，也许不会）实施了治疗作用。 392

任何一位理论家或临床医生理解精神分析治疗行动的方式，在很大程度上取决于其理论。当分析师作出解释时，他同时也参与了与病人的人际交流。就像弗里德曼所说的那样：“告诉病人他在做什么是客体的反应。这样做会促成客体（分析师）的概念与病人行动的概念，以及病人本质的概念。但是纯粹的解释做不到这一点……解释的意义总是某个被感知为某种人的反应的意义。”（1978a，pp. 561—562）

因此，解释事件至少有两个主要维度：信息的传递以及在传递信息行为中，病人与分析师之间关系的加深或改变。正确的解释必然包含深层与共情的联结。分析师对病人深层与共情的理解传递关于病人、分析师或两者互动的信息。你想象不出分析过程中会存在诸如“无内容的共情”或“没有共情的理解”的概念。有意义的解释与深层的关系必然是包含彼此的。某个特定的技术理论强调的是分析行为的哪一个维度？这是一个受到理论模型的更基本假设影响的先验性选择。驱力模型理论家，即使那些通过调和策略扩展了模型的理论家，倾向强调解释事件的信息方面。相反，关系模型理论家倾向强调解释事件的关系转化方面。关于分析过程不同建构之间的争论反映的是理论模型之间的深层分歧。 393

如同主要精神分析模型之间的差异引起了理论整合的尝试一样，也引起了混合分析过程建构的尝试。这些努力，近年来已经取得了巨大的声望，极力原封不动地保留驱力模型治疗理论，同时增加许多源自关系模型的贡献。采用了两种基本策略来实现这种混合：将精神分析分成两种本质不同的治疗，引入关系过程作为以领悟力为导向的解释的前提条件。

第一个策略建立的基础是，认为存在两种不同的分析治疗：一种以领悟力为中心，另一种以关系为中心。这种区别是根据刚刚讨论的诊断的分裂来断定的。有些病人在弗洛伊德建立的驱力与冲突理论背景下是可以理解的；这些病人通过解释获得领悟力。其他更加严重的病人在早年与他人关系存在缺陷，导致自体结构存在严重的缺陷；这些病人需要分析师以特殊互动形式的参与，产生对发展忽视与扭曲的疗愈。

通过这种策略，将弗洛伊德对神经症与分析过程的理解无可争议地保留在其最初的元心理学框架之中，同时引入了关于严重病理学的重要而创新的贡献。科胡特在诊断“自恋性人格障碍”时就使用了这种策略，以区别于经典的移情神经症。对于后者，394 遭受结构冲突之苦，重视关于移情的解释导致领悟力的经典技术是合适的。不过，患有“自恋性人格障碍”的病人，遭受的是心理结构自身*内部*的缺陷之苦，是早年与父母式人物关系障碍造成的后果。这样的病人需要的不仅仅是解释，而是与分析师关系中的独特体验，来弥补早年的关系缺陷。因此，移情神经症病人的疗愈需要领悟力与记忆；自恋性人格障碍病人的疗愈需要某种关系的建立与转化。即使没有被压抑资料的完整回忆与修通，后者也可以有疗效。

斯托洛与拉赫曼同样将病人分成了两组。他们坚持认为“有必要将心理内部冲突产生的心理病理与发展空虚、缺陷和抑制残留的心理病理区分开来”。对于前者，不是那么严重的那组病人来说，精神分析治疗的经典模型是适合的，要求“解释性与攻击的愿望以及对抗这些愿望的防御”(1980, p. 171, 175)。对于后者，那组更加严重的病人来说，病人与分析师建立原始的自体客体关系，为自己提供机会修复因为父母的心理病理造成婴儿期对其的忽视。在此，与分析师的关系是关键，且必须在最少解释的情况下得到保留和保护，使得缺失的发展体验再现。斯托洛与拉赫曼坚持认为“这种原始状态的维持是自体与客体表征的逐渐分化、整合与稳固不可或缺的”。对于更加严重的病人来说，因其具有巨大的发展缺陷以及自体与客体分化和合成的极度损害，分析师必须做的远不止是提供与保护原始自体客体关系的形成。他必须“清楚地向病人表达这些通常寂静的过程，为有缺陷的区分与整合功能提供模板”(p. 174, 175)。因此，对于患有结构冲突的病人来说，分析师的基本功能是一个解释者；病人通过发展对其冲突的领悟力得以成长。对于障碍更加严重的病人来说，分析师的基本功能是提供一种关系。“分析师接受其自体客体的角色，病人就会最终内化逐步建立的共情联结，

分析师能够为病人自我观察能力的提高作出贡献。"(p. 182)

在混合治疗模型的第一种策略中,关于心理病理严重度的诊断区分使得经典模型得以保留,并为更加严重的病人引入关系模型。边缘性与自恋性障碍诊断采用的就是这种方式。通过与较严重的诊断条目的联结,为理解客体关系及其对分析关系的影响作出了许多贡献。这种策略的一个有趣特征就是,一旦引入这种新方法,诊断的蔓延就形成了:越来越多的病人就被看作是边缘的、自恋的、前生殖器期的、分裂样的,等等。 *395*

保留经典的技术理论并引入关系贡献的第二个策略一直是建立在这样的论点之上的,即病人与分析师之间关系是分析过程的关键,但作为产生领悟力解释的*前提条件*,被保存为根本的治疗手段。格林森关于"工作同盟"的概念一直是这种理论最复杂的发展。他首先区分病人与分析师之间不断发展的关系的两个主要维度,移情与工作同盟①。移情是由病人的早年客体关系在分析师身上的置换构成,被寻求本能满足所激发。格林森坚持认为"本能的挫败与寻求满足是移情现象的基本动机"(1967, p. 177)。相反,工作同盟是由*新*客体关系发展构成的,建立在病人"合理的自我"与分析师"分析自我"之间合作的基础之上。

格林森提出了一个本质上是经典的治疗模型,其中的治疗行为在于对产生领悟力与记忆的移情解释。不过,他提出,*为了进行解释*,工作同盟必须存在,并且描述了使发展这种新客体关系成为可能的那种分析行为。他强调分析师的温暖与回应、人性与怜悯、对于其治疗意图的体验,以及对于治疗手段与过程富有同情心解释的重要性。因此,被关系模型视为具有疗愈作用的许多因素得到格林森重视,但被看作分析师解释功能的前提条件。病人与分析师关系的两个维度被简洁地分离开来:移情与移情解释产生领悟力构成一个维度;一个形成新关系的初步工作同盟构成另一个维度。 *396*

不过,这种简洁的二分法,像混合模型理论构建的许多策略一样,经不起推敲。工作同盟是*如何*形成的?格林森提出,经过三至六个月的治疗之后,那些不那么严重的病人似乎就自动演化出了工作同盟,这之后,他特别宣称,工作同盟实际源于移情解释本身:"只有经过一些有效的移情阻抗的分析之后,病人似乎才能建立部分的工作同盟。"(p. 204)对于更加严重的病人来说,强烈的移情反应包括对真正对话的破坏,以及对工作同盟建立的有意干扰。分析师通过澄清这些扭曲,试图主动地与病人联系并建

① 格林森也谈到病人与分析师之间的真实关系,是由对分析师的特定品质与局限的现实感受构成。在1967年,他认为真实关系在治疗中发挥了微弱作用,只是在一开始与结束时才有重要作用。在后期论文中,他更加重视真实关系,不定地将其置于工作同盟的"核心",并看作是移情解决的结果。

立工作同盟。在此发生了什么？格林森描述为工作同盟的这种联结是作为移情解释的产物而建立的。就是说原先被假定为前提，现在变成了结果！格林森将移情与工作同盟确立为分析过程的两个独立的维度，这种分开使得他可以保留以解释与领悟力为基础的经典模型，同时引入关系的问题作为前提条件。不过，正像他自己明确展示的那样，同盟*无法*与移情分开；是通过移情解释创造出来的。因此，移情解释转变了病人与分析师之间的关系，从而允许进一步的解释。领悟力与关系相互渗透的方式比格林森所说的复杂得多。简单引入关系的关注作为解释行为的前提条件，模糊了格林森实际赋予这些关注在分析过程中的中心功能。

尽管格林森将工作同盟整合进精神分析技术的经典模型的努力给他造成了内在矛盾，他的著作确实反映出驱力模型内考虑病人—分析师互动中关系与明确非移情方面的发展趋势。罗瓦尔德(1960)根据分析师解释行为的关系维度重新概念化了精神分析的治疗行为，包括"经典的"对神经症病人的分析。他认为，人是通过内化自己及其环境中的他人之间的互动得以成长的。母亲提供某些组织与调节功能；儿童对这些功能的认同就成为儿童自己发展能力的基础。同样，分析师的解释为病人提供"整合体验"，调解婴儿式意义体系与高级有条理认知过程之间的关系。病人内化这些与分析师之间的整合体验；因此所产生的变化是建立在"内化互动过程"基础之上的(p. 30)。不过，罗瓦尔德明确表示他的构想并不构成一种新的技术手段；相反，是源于关于解释过程的新观点。吉尔(1980，1982)强调病人对于分析师反应的当前与精确的方面，而不是对于移情起源性基础的全神贯注，同样指出了精神分析关系新的、有治疗作用的特征。沙菲尔(1983)与斯彭斯(1982)将病人与分析师的合作理解为创造了对病人生活史的解释。二人均相信精神分析的治疗作用最终存在于分析师的解释行为之中。不过，每个人都以自己的方式抛弃了分析师作为病人内在显露的心理素材的精确解释者的正统模型。每个人都认为病人的素材是病人与某个*特定*分析师的*共同*产物，而且只有在两个人相互交流之下才会有意义。

397

这两种精神分析模型提供了不同理解分析过程的方式。它们是否也暗含了关于分析该如何做的不同建议？在此回答这个问题是非常困难的，因为临床设置的私密性与技术概念的模糊性使得一个分析师几乎不可能非常了解另一位分析师是如何工作的。驱力模型要求中立，但如何保持中立才是中立？关系模型要求参与，但如何参与才是参与，应该采取什么样的方式参与？大范围内的因素，包括分析师的人格、分析师对于自己的分析师与督导的体验(包括他对这种体验的移情性解释)，以及他独特的临床判断，所有这一切对其决定如何去做有决定性作用。而且，对于任何一位分析师来说，他认为他所使用的方法与实际做出来的方法之间经常(可能总是)存在相当大的差距。弗洛伊德的病人最近报告的他们对弗洛伊德的体验(Kardiner，1977；Blanton，1971)，以及弗洛伊德自己的案例研究(1909b，1918b)清楚地表明他在分析过程中是一个主动参与者。弗洛伊德既没有隐藏其广泛的个人爱好，也没有隐藏强烈支持病人的观点，而且，他与这些病人的关系不仅包含作为分析师的身份，也包含朋友、老师与主导者的身份。另一方面，冈特瑞普(1975)报告的费尔贝恩对他的分析表明，尽管费尔贝恩强调分析师作为新客体的身份，费尔贝恩是一位非常疏远的、一丝不苟的权威人物，在分析中总体上是一个关于冈特瑞普所否认愿望的超然的解释者。

然而，尽管存在模糊性，我们可以指出这两种模型产生的特定的技术指令。驱力模型，重视病人冲突不要受到外界影响，强调分析师创造非干扰性氛围，并尊重病人的自主性。就这一点被整合进技术手段而言，是鼓励沉默、认真的聆听，不愿意快速对病人的产物作出解释。通过聚焦于反移情现象的神经症方面，这个模型极力主张分析师觉察其自身的困难可能减弱完全分析询问的方式。关系模型，强调分析师参与的不可避免性，鼓励临床医生留意他与病人之间相互影响的方式。这会提升他将反移情作为共情工具的能力。在这个模型假设下运作的分析师可以具有更大的自由来使用其所有的感受与体验，以促进病人的成长。如果驱力模型强调对自主性的尊重，关系模型则强调尊重人类关系的错综复杂性，以及分析师所做(或所不做)的一切都不可避免地对病人产生影响。 *398*

这些在重点上的细微差别毫无疑问是相互排斥的。分析过程显然不能用作选择理论模型的基础。分析情景的本质及其建立的方式是分析师理论忠诚的产物。在依赖其理论模型基础上，他可能会有不同的运作，从而构成特定种类的分析情景，而且与持有不同信仰的分析师相比，他肯定会对所发生的一切有不同的理解。就像诊断过程一样，分析过程是视其理论信仰而定的。

## 模型：深层分歧

精神分析模型之间的分裂为何如此严重，如此旷日持久？今天的驱力模型拥护者，在塑造调和策略时，与弗洛伊德一样忠诚于驱力模型。关系模型拥护者，在塑造最初的激进替代的综合策略时，与沙利文一样忠诚于关系模型。这种分裂为何如此牢固?

你也许会主张理论分歧只是政治风格的作用,是保守者与激进者之间的差异,前者相信制度与传统代表的是多年以来的智慧,应该只在绝对必要和具有很大风险的情况下才能修补,后者则认为制度与传统对自由思想具有抑制性影响。埃德蒙·伯克,最为雄辩的政治保守主义者,是这样描述英国体制的:"我们的体制建立在微妙的平衡之上,平衡的两端均有峭壁与深渊。在出现危险的倾斜向一端移动时,可能会有颠覆这一端的危险。政府的每一个重大变革项目,如同我们的身体一样复杂,是困难重重的;考虑周全的人不会轻易决定,谨慎的人不会轻易行动,诚实的人则不会轻易承诺。"(1770, p. 416)

399

用"元心理学"替代"体制",伯克的警告可以作为驱力模型拥护者的座右铭,他们非常担心会有失去弗洛伊德伟大贡献的主旨,以及打破构成经典精神分析理论的微妙与复杂平衡的危险。卡尔·马克思表达了不同的观点:"所有死去的几代人的传统像噩梦一般压在活着的人头上。"(1852, p. 15)他的极度痛苦可以作为关系模型拥护者的座右铭,他们感觉经典理论是一种死去的负担,阻碍人们发展富于想象力且建设性方法去解决临床实践与理论建构问题。当然,这种政治风格的不同对精神分析团体对模型的忠诚有些影响。

你也许会进一步辩称,对精神分析理论家的精神分析的解释置之不理,就其对模型的忠诚以及政治风格而论,是由精神动力所决定的。弗洛伊德是精神分析之"父";所有后来的精神分析师必定与他有关系,而这个关系是由其俄狄浦斯期的动力决定的。这样的争论可以(而且一直)用于两个方面,如何选择取决于他的立场。那些反对弗洛伊德理论的分析师实现了对父亲的谋杀愿望;那些捍卫弗洛伊德理论的分析师则实现了对父亲的理想化的服从。这样的解释,就像对政治做派的分析一样,与整个精神分析史上模型的持久性有某种明确的关联。不过,其解释的力量是有限的,因为一个人对突出的精神动力问题(神经症性的违抗或神经症性的服从)判断是其自身立场或价值的直接结果。

对弗洛伊德的移情不是影响精神分析信奉的唯一移情。精神分析不是一个简单的智力或学术的学科。要学习理论并进入从业者团体,你要接受持有特定政治信仰的培训分析师、实践模型与策略的拥护者所进行的培训性分析。每位接受精神分析的人对自己的最终理解至少部分受到培训分析师世界观的影响。培训分析师关于人类基本挣扎的假设易于成为接受分析的人理解自身体验、历史与动机的基础,由此也成为

400

初出茅庐的分析师对待其病人的方法。刚入门的精神分析师将理论建构问题与技术问题转变为与其自己的分析师的世界观的深度认同，而且在这种认同中有着个人利害关系。精神分析中理论信奉的坚持以及路线影响的持久性，有一部分是这些中介性认同的作用结果。然而，精神分析师*确实*会改变其观点：这种解释似乎也不足以完全解释模型的连续性。

人类的处境包含一个基本的自相矛盾。一方面，人以个体化的形式存在。每个人出生，度过岁月，然后死去。每个个体有其特异性的生活体验，由其体质条件、潜能与命运的机缘巧合交织而成。我们每个人都生活在自己的主观世界之中，追求个人快乐与私密幻想，建构自己的生命线，在生命终结之时，随之消失。另一方面，人们必然且不可避免地生活在人类社会之中。没有父母的养育，婴儿不能独活。儿童发展的绝大部分过程是由与他人互动的内化构成的。尽管可能存在野蛮的儿童，短期内生活在人类社会之外，其作为完整人类的身份是有疑问的；野蛮的男人或女人是不存在的。极度隐居的遁世者用从他人那儿学来的语言进行思考，在受到早年社会关系影响的范畴内体验世界。人类社会与文化超越了个体寿命；从某种意义上说，社会创造了个体生活，赋予其实质与意义。

人本质上是个体化的动物；人本质上又是社会化的动物。西方社会与政治哲学史就是以这两种关于人类体验本质之间的冲突为中心的。一个思想学派，可以在英国18世纪哲学（形成美国政治制度的基础）中找到其完整的表达，将人类的满足与目标本质上是私人化与个体化的观点作为其假设。霍布斯与洛克认为，人类追求各自不同的目标，而这些原子论的、不和谐的追求可能会彼此干扰。正如霍布斯所言："我将人类的普遍倾向表述为永久的、无休止的对争权夺利的渴望，只有在死后才会停止。"（1651，p. 64）每个人都建立自己的世界，追求自己的快乐，寻找自己的满足。401 由寻找个人满足的"自然"人创造的"自然状态"是巨大混乱之一，是战争的状态。每个人都试图扩展其获得物，最大化其快乐，而且，在这种自我扩展中，践踏了旁人的私有财产的边界。在这个过程中，所有人的需要与满足都被置于危险之中。国家的功能是保障私人财产与个人满足不受侵犯。这就要求每个公民失去某种自由；在签署社会契约时，他减少自己的选择权，限制自己的活动范围。虽然如此，这种牺牲对保存其生命、快乐与财产是不可或缺的，所有这一切在自然战争状态中都处于永久危险之中。洛克说："为了避免这种战争状态……是*人类投身于社会*，并摆脱这种自然状态*的一个最大的原因*。"（1690，p. 323；斜体是原文所标注的）

在《自由的两个概念》这篇经典文章中，以赛亚·伯林描述了作为英国政治哲学原则的“消极的自由”的概念。人类生活的意义在于个体的成就感。国家的基本功能，不管是仿照霍布斯方式的绝对君主制度，还是仿照洛克方式的民主制度，是保留个人成就的可能性。因此，国家不会提供任何积极的东西；社会也不能增加任何个体成就所必需的东西。国家阻止消极的东西，以及对个体满足的干扰，这样做就可以保证人类存在的意义。“如果我们不‘降低或否认我们的本质’，我们必须保留一块个人自由的最小的领域。”(Berlin, 1958, p. 11)你概念化社会与国家功能的方式取决于你关于人性的观点，在消极自由的传统内，每个人被看作在寻找个人的满足，这些满足与旁人的满足丝毫不相容或整合。这种观点建立在更加适用于英国保守党的假设基础上，一种“政府必须拯救人性”的理论(Bredvold, 1962, p. 145)。

第二个政治哲学学派，其根源可追溯至亚里士多德，通过卢梭、黑格尔以及其他欧洲大陆哲学家的努力而发展起来，并在马克思的人类历史观中达到极点，持有的假设是人类的满足与目标只有在社会中才可以实现。人本质上是社会性的；不能说他可以脱离他人而有意义地存在。人性只有在他人的关系、互动以及参与中才能得到完全的实现。这个观点中的自然状态与英国哲学家持有的看法极为不同。个体目标没有被看作相互抵触并不可避免地导致战争状态。认为人性包含自然的亲和感与相互的关心。社会参与开启了新的、高级形式的存在，在其中，“人们可以相互完善并相互启迪”(Rousseau, 1755, p. 119)。通过社会契约，个体超越其个人的、隔离的存在，变成更加宽广、有意义存在的一部分，“一个更大的总体，在某种意义上，他从中吸取生命与存在”(Rousseau, 1762, p. 58)。只有在同伴的认可与参与下，人才能变成完整的人。伯林将支撑这种欧洲大陆政治哲学传统的原则描述为“积极自由”的概念。人类生活的意义只有通过社会成就才有可能实现。个体自身不能创造完整的人类生活。国家为公民提供单独个体无法提供的必不可少的“积极”功能。伯林认为政治哲学的传统建立在对“构成自体、个人、人”的不同观点之上(p. 19)。对于积极自由的理论家来说，人类个体自身是不完整的。根据黑格尔观点，国家赋予个体“自我感”(1952, p. 37)。人脱离国家就不成其为人，就会成为其全部潜能受到干扰的、成长受阻碍的产物。马克思在大约早于沙利文建立人际精神分析的一个世纪前提出：“人的本质并不是每个人固有的抽象物。实际上是社会关系的整体。”(1845, p. 244)

402

驱力/结构模型与关系/结构模型体现了精神分析观点最近发展的知识领域中这两种主要的西方哲学传统。心理驱力模型，像消极自由的国家模型一样，采用的基本假设是，个体心理，即心理结构，是精神功能研究最有意义、最有用的单元。这种个体单元，在弗洛伊德看来，如同霍布斯的看法一样，是受到追求个人快乐与力量、个人满足的愿望支配的。在其晚年（1930）的悲观主义中，弗洛伊德变成了一个彻头彻尾的霍布斯主义者。人类不可能生活在未开化的状态中，避免同样谋求私利的同伴所带来的持续威胁与危险。社会组织是生存所必须的必要条件，而其代价则是巨大的本能克制。人不能生活在社会之外，但社会在本质上是与人性相抵触的，并妨碍其最大且最全面满足的可能。社会化的人是安全而顺从的，并在社会允许和保护的有限范围内得到满足。在心理驱力/结构模型和国家的消极自由模型中，人类为了个人愿望的满足在个体化水平上实现其成就。 403

心理关系/结构模型，就像国家的积极自由模型一样，将人类的存在不能在个体水平上得到有意义理解的原则作为其基本假设，也就是如沙利文所言，不能对人进行“孤立地描述”（1950, p. 220）。在沙利文和费尔贝恩看来，如同卢梭和马克思的看法，人类的本质是使个体与他人联系，而且只有在这些关系中，人才能变成我们认为的人的样子。单独的人是不可想象的；不存在社会范围之外的人性。在心理关系/结构模型和国家的积极自由模型中，人的成就是在建立和保持与他人关系中实现的。

将我们这本书中所追溯的精神分析模型的分歧，置于西方哲学传统中关于人性理论分歧的大背景下，既阐明了精神分析中模型的持久性，也阐明了试图综合模型所遇到的困难。驱力模型和关系模型的坚持与坚韧，就在于事实上两者均利用了这两种最基本的、最有说服力的关于人类体验的观点，这两种观点统治了我们的文明，并进入我们每个人的思想之中。我们的讨论始于这样的观察，即人类生活反映出一种自相矛盾，我们不可避免地是个体的生物；我们不可避免地是社会的生物。精神分析理论家，就像政治哲学家一样，在这个自相矛盾的这个或那个方面之上建立模型。为何不在两个方面之上？科胡特和桑德勒以不同方式在发展混合模型理论过程中就做了这种尝试，而且我们也探索了他们遇到的困难。模型混合是不稳固的，因为建立两种模型的潜在假设本质上是不相容的。精神分析模型，就像政治哲学一样，是建立在这样的认识之上，即“我们有意或无意地受到构成满足的人类生活的东西的指引”（Berlin, 1958, p. 55）。驱力模型与关系模型建立在不同的认识之上，而且每一个都有其完整的描述。伯林指出混合模型在政治哲学上的无效性：“这不是关于单一概念的两种不同解释，而是看待生活目的的两种深度分歧与不相容的态度。也要认识到这一点，即使

404 在实践中，经常有必要达成两者之间的妥协。*因为每一个都提出绝对的要求*。两者的这些要求均不能得到完全满足……每一个所寻求的满足是最根本的价值，不管是历史上的还是道德上的，有同等的权利归入人类的最大利益。"（1952，pp. 51—53；斜体是我们标注的）精神分析模型建立在关于人类状态的同样不相容的主张之上。

质疑任何一个模型是"正确"或"错误的"，既没有用，也不恰当。每一个模型都是复杂的、优美的、有弹性的，足以解释所有现象。驱力模型将个体的快乐寻求与驱力释放确立为人类存在的基础；其余的人类行为与体验，包括社会性需要与行为，源于驱力的运行与变迁。关系模型将关系结构确立为人类存在的基础；所有其他的人类行为与体验，包括强迫与冲动的性欲和攻击，都是关系的衍生物。每一个模型都建立了不同的自然秩序；每一个模型都可以解释一切。每一个模型都将另一个模型并入其中。根据库恩的说法，模型是"不能比较的"；它们建立在本质上不同的先验假设之上。其拥护者之间的任何对话，尽管有助于强行促成对两种模型更加全面的表达，最终都不能有意义地解决问题。

关系模型支持者认为，尽管弗洛伊德对意识表面下的强烈冲突的描绘，开启了深入并深刻理解人类体验之门，他关于这些冲突的潜在*内容*的看法是错误的。在关系理论家看来，所有人努力建立并保持与他人的关系，从最早与其父母建立联系的努力，到当前在成人生活中加强安全与有意义的亲密关系的努力。临床工作中充满他人，这些分析师认为：不能用的、必须与兄弟姐妹共享的父母，永远不能提供儿童渴望得到的注意。儿童对父母爱恨交加，父母反过来对儿童也是爱恨交加。儿童害怕疏远父母，父母自身似乎却为生活的拼搏所累。他想去帮助、拯救父母；他幻想拥有比现实中认识的更棒的父母。对其他成人的体验碎片、在与他人关系中关于自己的意象、理想他人的幻想、关于自己的夸大幻想，以及源于真实与想象体验的内在心声，所有这些就变成了自体的精华所在。矛盾的要求引起极其痛苦的分离的忠诚，无法解决的不相容的忠诚。对这个派别的理论家来说，在我们生活的每个时刻，他人的无处不在，不管是真实的还是想象的，过去的还是现在的，需要一个关系模型理论，而且永远不可能被认为
405 客体关系是原始本能驱力的一个功能的理论充分包括在内。人们需要与他人联系，不是为了快乐与减少紧张，而就只是为了*联系*。经常不是通过快乐而是在痛苦中寻求联系。建立关系本身才是关键，不是寻求快乐。对那些在关系/结构模型范畴内进行思考的临床医生与理论家来说，说快乐寻求是所有与他人关系的根本就是歪曲资料，这实在是太还原论的做法。

对驱力模型理论家来说，恰恰就是驱力概念解释了我们每个人对他人的强烈依附。儿童为什么与父母有如此强烈的联系？为什么共享父母如此之难？为什么要求如此强烈，憎恨如此严重？驱力代表了基本的人类激情；产生我们所拥有的最深沉、最强烈的感觉。正是我们从家庭成员中获得的本能满足，使我们卷入对这些满足的终生挣扎之中。就是放弃这些得到满足的早期渠道，使得我们后来建立的关系问题多多。任何理论都必须假定某种基本的动机力量，不管是弗洛伊德说的性与攻击的激情，沙利文说的焦虑回避，还是鲍尔比所说的依附。这样的满足，从另一个角度看，必然是还原论的。重要的是基本力量应该接近我们人的本性，并有足够的弹性解释一系列的现象。在驱力模型理论家看来，没有哪个力量能像驱力一样达到这种理论目标。他们不仅吸取生物学的遗产，而且解释了与个人无关的性与攻击冲动的临床优势，这些冲动似乎指向无关紧要的客体。

纯粹的快乐寻求与纯粹的暴怒包含在关系模型之中，不是作为需要调节并继发性地获得客体的基本力量，而是对客体相关失败的反应。当可以寻找与他人的联系和丰富的情感交流时，性快乐就成为许多交流形式之一。当客体寻找严重受阻时，就会导致冲动与攻击。儿童（和后来的成人）试图通过变态且强迫的性欲、权力与控制与他人建立关系。性只是孤注一掷地与另一个人建立关系的载体；更基本的人际需要就被性欲化了。在对曾经拥有的与某个人的亲密情感的愤世嫉俗的绝望之中，只要有某种联系、某种认可，与某个人有短暂的快乐（或甚至是痛苦）就够了。而且，在关系模型拥护者看来，驱力理论的享乐主义视角是与人类行为的真相矛盾的。人在找到快乐方面是众所周知的无能；不断制造令自己不快乐的情形。仅仅不惜任何代价与人联系的基本需要，就可以解释不快乐为何在这么多人的生活中永久存在。 *406*

对驱力模型理论家来说，从本能冲突以及随后的焦虑与内疚来看，可以对痛苦体验的重复有着更有意义的理解。儿童如此强烈地渴望得到驱力的最早客体，同时害怕因渴望被禁止的满足而遭到报复，这种影响是如此之大，以至于追求任何快乐都会带来令人瘫痪的古老焦虑。这些婴儿式的恐惧与婴儿式的危险情景的永久存在，造成了病人所抱怨的重复性神经症的痛苦。事实上，在客观、良性氛围下长大的儿童，甚至也会害怕报复，表明这些恐惧是建立在*被投射*的攻击之上的。问题在儿童的内心，在其与强有力的、冲突性的本能需要的搏斗之中，不只是，甚至主要是在环境剥夺与失败之中。驱力理论特别适合解释儿童扭曲其人际世界的普遍方式。因为客体是由驱力衍生的愿望所创造的，客体反映的是渴望的情形，远非实际存在的情形。

关系模型通过指出寻求联结的固有困难来解释儿童对其客体的扭曲。人类的处境可以是令人恐惧的、势不可挡的，尤其对小孩子来说。父母关注方面所提供的终究是不够的。丧失的部分是通过幻想、分裂与扭曲来弥补的。重要的不仅仅是他人对儿童来说意味着什么，而且还有儿童希望他人成为什么样子。早年认知充满扭曲。皮亚杰与其他认知理论家已经阐明，交感有效的感知与思维能力的发展是长期而复杂的。尽管认知发展不受情感因素和心理动力性挣扎的影响，早年原始形式的认知是不可避免的、普遍存在的。儿童对自己和父母的感知是碎片样的、即时即刻的、不同凡响的。早年的感知与认知，缺乏时间、空间以及客体恒常性感觉，加深了早年客体关系中挣扎的痛苦程度。对关系模型理论家来说，你不需要依靠驱力解释人际现实的扭曲。

驱力模型和关系模型是对人类体验的完整而全面的解释。这两种模型赖以建立的假设构成两种不相容的关于生活与人类体验本质的观点。尽管这些假设不受制于经验的证明，但可以通过许多标准进行评估。库恩建立了五个检验理论的标准：精确、一致、范围、简单与有作用。不过，不可能达成关于两个基本模型哪一个整体上更优越的一致看法。正如库恩指出的那样，诸如范围、简单与有作用的评估标准不能由任何的科学普遍决定，也不能由纯粹的客观性来决定。你对理论成立基础的评价至少部分取决于你的主观判断，以及评估者自身的价值观与预设。

407

除了库恩的标准，也许比这更重要的是，对精神分析理论的评估是一件个人选择的事情。理论听上去是否令人信服，还是在于其潜在的人类生活观。这个理论让你信服吗？理论似乎解释了你最深层的需要、渴望与恐惧吗？在你的临床工作中，理论提供了令人信服的关于病人，而且与你自己对病人体验相一致的解释了吗？许多主观因素导致个人化的反应：你自己的生活史与培训，与你一起工作的病人的种类，你的培训分析师与督导师的生活史与培训，等等。因为理论忠诚中潜在的价值观取决于复杂的主观因素，并不意味着理论是随意的。不过，精神分析中理论选择所潜在的主观因素的复杂性确实使得不同模型拥护者之间的交流变得困难。库恩认为所有学科都是如此："不同理论支持者之间的交流难免是不完全的……每一方所认定的事实部分取决于他所拥护的理论，而且……个体的理论忠诚的转变通常最好描述为信仰转变，而不是选择。"(1977, p. 338)

像精神分析这么复杂的学科，要预测其未来的方向是很困难的。也许，驱力/结构模型将被证明是令人信服的，并有足够的适应性，将客体关系研究得到的所有资料与概念合并进其范畴内。在这种情况下，关系/结构模型将会消亡，所发挥的作用就是刺激并促进早期理论的扩展。另一方面，关系模型将被证明越来越令人信服，越来越具有扩展性与兼容性，为理论与实践提供一个更加包容的、更加吸引人的框架。如果是这样，驱力模型将逐渐失去其拥护者，变成一件重要的、高雅的，但不再有功能的古董。

我们怀疑这两种情形均不会出现。人类作为高度个体化与社会化生物的双重本质的自相矛盾，深深根植于我们的文明并且根深蒂固，不能简单地从这个或那个方向得到解决。更有可能的情况似乎是，驱力模型与关系模型会并存下去，经历持续的修正与转化，这两种关于人类体验观点之间丰富的相互作用，将会产生创造性的对话。我们希望，我们的努力将会有助于形成更加有意义的对话。 408

# 参考文献


Abraham, K. 1908. The psychosexual differences between hysteria and dementia praecox. In *Selected papers of Karl Abraham*. London: Hogarth Press, 1968.

____ 1919. A particular form of neurotic resistance against the psycho-analytic method. In *The evolution of psychoanalytic technique*, ed. M. Bergman and F. Hartman. New York: Basic Books, 1976.

____ 1924. The influence of oral erotism on character-formation. In *Selected papers of Karl Abraham*. London: Hogarth Press, 1968.

Ansbacher, H., and R. Ansbacher. 1956. *The individual psychology of Alfred Adler: A systematic presentation in selections from his writings*. New York: Basic Books.

Arlow, J., and C. Brenner. 1964. *Psychoanalytic concepts and the structural theory*. New York: International Universities Press.

Balint, M. Unless otherwise noted, all references can be found in *Primary love and psycho-analytic technique*. New York: Liveright, 1965. (*PLPT*)

____ 1935. Pregenital organization of the libido. *PLPT*.

____ 1937. Early developmental states of the ego. *PLPT*.

____ 1948. Sandor Ferenczi, obit. In *Problems of human pleasure and behavior*. New York: Liveright, 1956.

____ 1951. On love and hate. *PLPT*.

____ 1952. The paranoid and depressive syndromes. *PLPT*.

____ 1956. Pleasure, object and libido. In *Problems of human pleasure and behavior*. New York: Liveright, 1956.

____ 1968. *The basic fault*. London: Tavistock.

Barnett, J. 1980. Interpersonal processes, cognition and the analysis of character. *Contemporary Psychoanalysis* 16: 397 - 416.

Benjamin, J. 1966. The contribution of Heinz Hartmann. In *Psychoanalysis: a general psychology*, ed. R.M. Loewenstein. New York: International Universities Press.

Bergmann, M. 1971. Psychoanalytic observations on the capacity to love. In *Separation-individuation: essays in honor of Margaret S. Mahler*, ed. J. McDevitt and C. Settlage. New York: International Universities Press.

Berlin, I. 1958. *Two concepts of liberty*. Oxford: Clarendon Press.

Bettelheim, B. 1982. *Freud and man's soul*. New York: Alfred A. Knopf.

Bibring, E. 1936. The development and problems of the theory of the instincts. *International Journal of Psychoanalysis* 22: 102 - 131, 1941.

____ 1947. The so-called English School of psycho-analysis. *Psychoanalytic Quarterly* 16: 69 - 93.

Bion, W. R. 1957. Differentiation of the psychotic from the nonpsychotic personalities. In *Second thoughts*. New York: Jason Aronson, 1967.

Blanck, G. and R. Blanck. 1974. *Ego psychology: theory and practice*. New York: Columbia University Press.

Blanton, S. 1971. *Diary of my analysis with Sigmund Freud*. New York: Hawthorn Books.

Bleuler, E. 1912. *Dementia praecox or the group of schizophrenias*. New York: International Universities Press, 1950.

Bloom, H. 1973. *The anxiety of influence*. New York: Oxford University Press.

Blum, H. 1982. Theories of the self and psychoanalytic concepts: discussion. *Journal of the American Psychoanalytic Association* 30: 959 - 978.

Bowlby, J. 1958. The nature of the child's tie to his mother. *International Journal of Psychoanalysis* 39: 350 - 373.

____ 1960. Grief and mourning in infancy and early childhood. *Psychoanalytic Study of the Child 15*: 9 - 52.

____ 1969. *Attachment*. Volume one of *Attachment and loss*. New York: Basic Books.

____ 1973. *Separation: anxiety and anger*. Volume two of *Attachment and loss*. New York: Basic Books.

____ 1980. *Loss: sadness and depression*. Volume three of *Attachment and loss*. New York: Basic books.

Brazelton, T. B. 1981. Neonatal assessment. In *The course of life: psychoanalytic contributions toward understanding human development*, volume 1, ed. S. I. Greenspan and G. H. Pollock. Washington, D.C.: U.S. Government Printing Office.

Bredvold, L. 1962. *The intellectual milieu of John Dryden*. Ann Arbor: University of Michigan Press.

Brenner, C. 1976. *Psychoanalytic technique and psychic conflict*. New York: International Universities Press.

____ 1978. The components of psychic conflict and its consequences in mental life. Delivered as the 28th Freud Anniversary Lecture, New York Psychoanalytic Institute, April 11, 1978.

Brentano, F. 1924. *Psychologie vom empirischen standpunkt*, ed. O. Kraus. Leipzig.

Breuer, J., and S. Freud. 1895. *Studies on hysteria*. In *The standard edition of the complete psychological works of Sigmund Freud*, volume 2. London: Hogarth Press.

Bridgeman, P. W. 1927. *The logic of modern physics*. New York: Macmillan.

Burke, E. 1770. Thoughts on the cause of the present discontents. Quoted in *Encyclopedia Britannica*, volume 4, 1959, p. 416.

Chapman, A. H. 1976. *Harry Stack Sullivan: the man and his work*. New York: G. P. Putnam's Sons.

Eissler, R., and K. Eissler. 1966. Heinz Hartmann: a biographical sketch. In *Psychoanalysis: a general psychology,* ed. R. M. Loewenstein. New York: International Universities Press.

Erikson, E. 1950. *Childhood and society*. New York: Norton.

____ 1962. Reality and actuality. *Journal of the American Psychoanalytic Association* 10: 451 - 474.

FAIRBAIRN, W. R. D. Unless otherwise noted, all references can be found in *An object-relations theory of the personality.* New York: Basic Books. 1952. (*ORTP*)

____ 1939. Is aggression an irreducible factor? *British Journal of Medical Psychology* 18: 163 - 170.

____ 1940. Schizoid factors in the personality. *ORTP.*

____ 1941. A revised psychopathology of the psychoses and psychoneuroses. *ORTP.*

____ 1943a. Repression and the return of bad objects (with special reference to the "war neuroses"). *ORTP.*

____ 1943b. The war neuroses — their nature and significance. *ORTP.*

____ 1944. Endopsychic structure considered in terms of object-relationships. *ORTP.*

____ 1946. Object-relationships and dynamic structure. *ORTP.*

____ 1949. Steps in the development of an object-relations theory of the personality. *ORTP.*

____ 1951. Addendum to endopsychic structure considered in terms of object-relationships. *ORTP.*

____ 1952. *ORTP.*

____ 1954. Observations on the nature of hysterical states. *British Journal of Medical Psychology* 27: 105 - 125.

Fenichel, O. 1945. *The psychoanalytic theory of neurosis.* New York: Norton.

Ferenczi, S. 1921. Psycho-analytic observations on tic. In *Further contributions to the theory and technique of psycho-analysis,* 3rd edition. London: Hogarth Press, 1969.

Freud, A. 1927. Four lectures on child analysis. In *The writings of Anna Freud,* volume 1. New York: International Universities Press, 1974.

____ 1936. *The ego and the mechanisms of defense.* New York: International Universities Press.

____ 1960. Discussion of "Grief and mourning in infancy and early childhood" by J. Bowlby. *Psychoanalytic Study of the Child* 15: 53 - 62.

____ 1965. *Normality and pathology in childhood.* New York: International Universities Press.

____ 1966. Heinz Hartmann's influence on my work. In *Psychoanalysis: a general psychology,* ed. R.M. Loewenstein. New York: International Universities Press.

FREUD, S. All references are to *The standard edition of the complete psychological works of Sigmund Freud,* volumes 1 - 24. London: Hogarth Press, 1953 - 1974. (*SE*)

____ 1894. The neuro-psychoses of defense. *SE,* 3: 43 - 61.

____ 1895a. Project for a scientific psychology. *SE,* 1: 283 - 387.

____ 1895b. On the grounds for detaching a particular syndrome from neurasthenia under the description "anxiety neurosis." *SE*, 3: 85 - 117.
____ 1895c. A reply to criticisms of my paper on anxiety neurosis. *SE*, 3: 119 - 139.
____ 1896a. Further remarks on the neuro-psychoses of defense. *SE*, 3: 159 - 185.
____ 1896b. The aetiology of hysteria. *SE*, 3: 187 - 221.
____ 1896c. Heredity and the aetiology of neuroses. *SE*, 3: 141 - 156.
____ 1898. Sexuality in the aetiology of the neuroses. *SE*, 3: 259 - 285.
____ 1900. *The interpretation of dreams*. *SE*, 4 and 5.
____ 1905a. *Three essays on the theory of sexuality*. *SE*, 7: 125 - 245.
____ 1905b. Fragment of an analysis of a case of hysteria. *SE*, 7: 1 - 122.
____ 1905c. *Jokes and their relation to the unconscious*. *SE*, 8.
____ 1906. My views on the part played by sexuality in the aetiology of the neuroses. *SE*, 7: 269 - 279.
____ 1909a. Analysis of a phobia in a five-year-old boy. *SE*, 10: 1 - 149.
____ 1909b. Notes upon a case of obsessional neurosis. *SE*, 10: 151 - 318.
____ 1910a. The psychoanalytic view of psychogenic disturbance of vision. *SE*, 11: 209 - 218.
____ 1910b. A special type of choice of object made by men. *SE*, 11: 163 - 175.
____ 1910c. *Leonardo da Vinci and a memory of his childhood*, *SE*, 11: 57 - 137.
____ 1910d. Five lectures on psycho-analysis. *SE*, 11: 7 - 55.
____ 1911a. Formulations on the two principles of mental functioning. *SE*, 12: 218 - 226.
____ 1911b. Psycho-analytic notes on an autobiographical account of a case of paranoia (dementia paranoides). *SE*, 12: 1 - 82.
____ 1912a. A note on the unconscious in psycho-analysis. *SE*, 12: 255 - 266.
____ 1912b. On the universal tendency to debasement in the sphere of love. *SE*, 11: 177 - 190.
____ 1912c. Types of onset of neurosis. *SE*, 12: 227 - 238.
____ 1912d. Recommendations to physicians practicing psycho-analysis. *SE*, 12: 109 - 120.
____ 1912 - 1913. *Totem and taboo*. *SE*, 13: 1 - 162.
____ 1913. The disposition to obsessional neuroses: a contribution to the problem of choice of neurosis. *SE*, 12: 311 - 326.
____ 1914a. On narcissism: an introduction. *SE*, 14: 67 - 102.
____ 1914b. On the history of the psycho-analytic movement. *SE*, 14: 1 - 66.
____ 1915a. Instincts and their vicissitudes. *SE*, 14: 117 - 140.
____ 1915b. Repression. *SE*, 14: 141 - 158.
____ 1915c. The unconscious. *SE*, 14: 159 - 215.
____ 1917a. Mourning and melancholia. *SE*, 14: 237 - 258.
____ 1917b. A metapsychological supplement to the theory of dreams. *SE*, 14: 217 - 235.
____ 1917c. On transformations of instinct as exemplified in anal erotism. *SE*, 17: 125 - 133.
____ 1918a. The taboo of virginity. *SE*, 11: 191 - 208.
____ 1918b. From the history of an infantile neurosis. *SE*, 17: 3 - 122.
____ 1920a. *Beyond the pleasure principle*. *SE*, 18: 3 - 64.

____ 1920b. The psychogenesis of a case of homosexuality in a woman. *SE*, 18: 145 - 172.
____ 1921. *Group psychology and the analysis of the ego*. *SE*, 18: 65 - 143.
____ 1923a. *The ego and the id*. *SE*, 19, 1 - 66.
____ 1923b. The infantile genital organization of the libido: an interpolation into the theory of sexuality. *SE*, 19: 139 - 145.
____ 1924a. The economic problem of masochism. *SE*, 19: 155 - 170.
____ 1924b. Neurosis and psychosis. *SE*, 19: 147 - 153.
____ 1924c. The loss of reality in neurosis and psychosis. *SE*, 19: 181 - 187.
____ 1924d. The dissolution of the Oedipus complex. *SE*, 19: 171 - 179.
____ 1925a. Some psychical consequences of the anatomical distinction between the sexes. *SE*, 19: 241 - 258.
____ 1925b. Negation. *SE*, 19: 233 - 239.
____ 1926a. *Inhibitions, symptoms and anxiety*. *SE*, 20: 75 - 175.
____ 1926b. The question of lay analysis: conversations with an impartial person. *SE*, 20: 177 - 258.
____ 1926c. Psycho-analysis. *SE*. 20: 259 - 270.
____ 1927. Fetishism. *SE*, 21: 147 - 157.
____ 1930. *Civilization and its discontents*. *SE*, 21: 59 - 145.
____ 1931. Female sexuality. *SE*, 21: 221 - 243.
____ 1933. *New introductory lectures on psycho-analysis*. *SE*, 22: 1 - 182.
____ 1937. Analysis terminable and interminable. 23: 209 - 253.
____ 1937 - 1939. *Moses and monotheism*. *SE*, 23: 1 - 137.
____ 1938. Splitting of the ego in the process of defense. *SE*, 23: 275 - 278.
____ 1940. *An outline of psycho-analysis*. *SE*, 23: 139 - 207.
____ 1950. Extracts from the Fliess Papers. *SE*, 1: 173 - 280.
Friedman, L. 1978a. Trends in the psychoanalytic theory of treatment. *Psychoanalytic Quarterly* 47: 524 - 567.
____ 1978b. Piaget and psychotherapy. *Journal of the American Academy of Psychoanalysis* 6: 175 - 192.
Fromm, E. 1941. *Escape from freedom*. New York: Avon.
____ 1947. *Man for himself* Greenwich, Conn.: Fawcett.
____ 1955. *The sane society*. Greenwich, Conn.: Fawcett.
____ 1962. *Beyond the chains of illusion*. New York: Simon and Schuster.
____ 1970. *The crisis of psychoanalysis*. Greenwich, Conn.: Fawcett.
Fromm-Reichmann, F. 1950. *Principles of intensive psychotherapy*. Chicago: University of Chicago Press.
____ 1954. Psychoanalytic and general dynamic conceptions of theory and therapy: differences and similarities. *Journal of the American Psychoanalytic Association* 2: 711 - 721.
Gedo, J. 1979. *Beyond interpretation: toward a revised theory for psychoanalysis*. New York: International Universities Press.

____ and A. Goldberg. 1973. *Models of the mind: a psychoanalytic theory*. Chicago: University of Chicago Press.

Gero, G. 1981. Edith Jacobson's work on depression in historical perspective. In *Object and self: a developmental approach. Essays in honor of Edith Jacobson*, ed. S. Tuttman, C. Kaye, and M. Zimmerman. New York: International Universities Press.

Gill, M. 1976. Metapsychology is not psychology. In *Psychology versus metapsychology: psychoanalytic essays in memory of George S. Klein*, ed. M. Gill and P. Holzman. *Psychological Issues*, Monograph 36. New York: International Universities Press.

____ 1982. *Analysis of transference*, volume 1. New York: International Universities Press.

____ 1983. The point of view of psychoanalysis: energy discharge or person. *Psychoanalysis and Contemporary Thought* 6: in press.

Glover, E. 1961. Some recent trends in psychoanalytic theory. *Psychoanalytic Quarterly* 30: 86 - 107.

Goldberg, A. 1980. Introductory remarks. In *Advances in self psychology*, ed. A. Goldberg. New York: International Universities Press.

____ 1981. One theory or more. *Contemporary Psychoanalysis* 17: 626 - 638.

Greenacre, P. 1957. The childhood of the artist: libidinal phase development and giftedness. *Psychoanalytic Study of the Child* 12: 27 - 72.

____ 1958. Early physical determinants in the development of the sense of identity. *Journal of the American Psychoanalytic Association* 6: 612 - 627.

Greenberg, J. 1981. Prescription or description: the therapeutic action of psychoanalysis. *Contemporary Psychoanalysis* 17: 239 - 257.

Greenson, R. 1967. *The technique and practice of psychoanalysis*, volume 1. New York: International Universities Press.

____ 1971. The "real" relationship between the patient and the psychoanalyst. In *Explorations in Psychoanalysis*. New York: International Universities Press, 1978.

____ and M. Wexler. 1969. The nontransference relationship in the psychoanalytic situation. In *Explorations in Psychoanalysis*. New York: International Universities Press, 1978.

Guntrip, H. 1961. *Personality structure and human interaction: the developing synthesis of psychodynamic theory*. New York: International Universities Press.

____ 1969. *Schizoid phenomena, object relations and the self*. New York: International Universities Press.

____ 1971. *Psychoanalytic theory, therapy and the self*. New York: Basic Books.

____ 1975. My experience of analysis with Fairbairn and Winnicott. *International Review of Psychoanalysis* 2: 145 - 156.

HARTMANN, H. Unless otherwise noted, references are from *Essays on ego psychology*. New York: International Universities Press, 1964. (*EEP*); or from *Papers on psychoanalytic psychology*. *Psychological Issues*, Monograph 14. New York: International Universities Press, 1964. (*PPP*)

____ 1927. Understanding and explanation. *EEP*.

____ 1927 [1964]. Concept formation in psychoanalysis. *Psychoanalytic Study of the Child 19*: 11 - 47.
____ 1933. An experimental contribution to the psychology of obsessive-compulsive neurosis. *EEP*.
____ 1934 - 1935. Psychiatric studies of twins. *EEP*.
____ 1939a. *Ego psychology and the problem of adaptation*. New York: International Universities Press.
____ 1939b. Psychoanalysis and the concept of health. *EEP*.
____ 1944. Psychoanalysis and sociology. *EEP*.
____ 1947. On rational and irrational action. *EEP*.
____ 1948. Comments on the psychoanalytic theory of instinctual drives. *EEP*.
____ 1950a. Comments on the psychoanalytic theory of the ego. *EEP*.
____ 1950b. Psychoanalysis and developmental psychology. *EEP*.
____ 1950c. The application of psychoanalytic concepts to social science. *EEP*.
____ 1951. Technical implications of ego psychology. *EEP*.
____ 1952. The mutual influences in the development of ego and id. *EEP*.
____ 1953. Contribution to the metapsychology of schizophrenia. *EEP*.
____ 1955. Notes on the theory of sublimation. *EEP*.
____ 1956a. Notes on the reality principle. *EEP*.
____ 1956b. The development of the ego concept in Freud's work. *EEP*.
____ 1958. Comments on the scientific aspects of psychoanalysis. *EEP*.
____ 1959. Psychoanalysis as a scientific theory. *EEP*.
____ 1960. *Psychoanalysis and moral values*. New York: International Universities Press.
____ and E. Kris. 1945. The genetic approach in psychoanalysis. *PPP*.
____ E. Kris, and R. Loewenstein. 1946. Comments on the formation of psychic structure. *PPP*.
____ 1949. Notes on the theory of aggression. *PPP*.
____ 1951. Some psychoanalytic comments on "culture and personality." *PPP*.
____ 1953. The function of theory in psychoanalysis. *PPP*.
____ and R. Loewcnstein. 1962. Notes on the superego. *PPP*.
Havens, L. 1976. *Participant observation*. New York: Jason Aronson.
____ and J. Frank, Jr. 1971. Review of P. Mullahy, *Psychoanalysis and interpersonal psychiatry*. *American Journal of Psychiatry* 127: 1704 - 1705.
Hegel, G. 1821. *Hegel's philosophy of right*, trans. T.M. Knox. Oxford: Clarendon. 1952.
Heimann, P. 1952a. Certain functions of introjection and projection in early infancy. In *Developments in psycho-analysis*, ed. M. Klein, P. Heimann, and J. Riviere. London: Hogarth Press.
____ 1952b. Notes on the theory of the life and death instincts. In *Developments in psycho-analysis*, ed. M. Klein, P. Heimann, and J. Riviere. London: Hogarth Press.
Hobbes, T. 1651. *Leviathan*. Oxford: Basil Blackwell. N. d.

Holt, R. 1976. Drive or wish? A reconsideration of the psychoanalytic theory of motivation. In *Psychology versus metapsychology: psychoanalytic essays in memory of George S. Klein*, ed. M. Gill and P. Holzman. *Psychological Issues*, Monograph 36. New York: International Universities Press.

Horney, K. 1937. *The neurotic personality of our time*. New York: Norton.

____ 1939. *New ways in psychoanalysis*. New York: Norton.

Isaacs, S. 1943. The nature and function of phantasy. In M. Klein, P. Heimann, S. Isaacs, and J. Riviere, *Developments in psycho-analysis*. London: Hogarth Press, 1952.

Jacobson, E. 1943. Depression: the Oedipus conflict in the development of depressive mechanisms. *Psychoanalytic Quarterly* 12: 541 - 560.

____ 1946a. The effect of disappointment on ego and super-ego formation in normal and depressive development. *Psychoanalytic Review* 33: 129 - 147.

____ 1946b. A case of sterility. *Psychoanalytic Quarterly* 15: 330 - 350.

____ 1949. Observations on the psychological effect of imprisonment on female political prisoners. In *Searchlight on delinquency*, ed. K. R. Eissler. New York: International Universities Press.

____ 1953. The affects and their pleasure-unpleasure qualities in relation to the psychic discharge process. In *Drives, affects, behavior*, ed. R. M. Loewenstein. New York: International Universities Press.

____ 1954a. The self and the object world. *Psychoanalytic Study of the Child 9*: 75 - 127.

____ 1954b. Transference problems in the psychoanalytic treatment of severely depressed patients. *Journal of the American Psychoanalytic Association* 2: 595 - 606.

____ 1954c. Contribution to the metapsychology of psychotic identifications. *Journal of the American Psychoanalytic Association 2*: 239 - 262.

____ 1954d. On psychotic identifications. *International Journal of Psycho-Analysis* 35: 102 - 108.

____ 1955. Review of Sullivan's *Interpersonal theory of psychiatry*. *Journal of the American Psychoanalytic Association* 3: 149 - 156.

____ 1959. Depersonalization. *Journal of the American Psychoanalytic Association* 7: 581 - 610.

____ 1964. *The self and the object world*. New York: International Universities Press.

____ 1967. *Psychotic conflict and reality*. New York: International Universities Press.

____ 1971. *Depression: comparitive studies of normal, neurotic and psychotic conditions*. New York: International Universities Press.

Jung, C.G. 1913. *The theory of psychoanalysis*. In C.G. Jung, *Critique of psychoanalysis*. Princeton, N.J.: Princeton University Press, 1975.

Kardiner, A. 1977. *My analysis with Freud: reminiscences*. New York: Norton.

Kernberg, O. 1975. *Borderline conditions and pathological narcissism*. New York: Jason Aronson.

____ 1976. *Object relations theory and clinical psychoanalysis*. New York: Jason Aronson.

____ 1979. An overview of Edith Jacobson's contributions. *Journal of the American Psychoanalytic Association* 27: 793 - 819.

____ 1980. *Internal world and external reality*. New York: Jason Aronson.

____ 1982. Self, ego, affects, and drives. *Journal of the American Psychoanalytic Association* 30: 893 - 917.

Khan, M. 1975. Introduction to D. W. Winnicott, *Through paediatrics to psychoanalysis*. London: Hogarth Press.

Klein, G. 1976. *Psychoanalytic theory: an exploration of essentials*. New York: International Universities Press.

KLEIN, M. Unless otherwise noted, references are from *Contributions to psychoanalysis, 1921 -1945*. New York: McGraw-Hill, 1964. (*CP*) or from *Envy and gratitude and other works, 1946 - 1963*. New York: Delacorte Press, 1975. (*EG*)

____ 1923. The role of the school in the libidinal development of the child. *CP*.

____ 1925. A contribution to the psychogenesis of tics. *CP*.

____ 1928. Early stages of the Oedipus conflict. *CP*.

____ 1929. Infantile anxiety-situations reflected in a work of art and in the creative impulse. *CP*.

____ 1930. The importance of symbol-formation in the development of the ego. *CP*.

____ 1931. A contribution to the theory of intellectual inhibitions. *CP*.

____ 1932. *The psycho-analysis of children*. London: Hogarth Press.

____ 1933. The early development of conscience in the child. *CP*.

____ 1935. A contribution to the psychogenesis of manic-depressive states. *CP*.

____ 1936. The psychotherapy of the psychoses. *CP*.

____ 1940. Mourning and its relation to manic-depressive states. *CP*.

____ 1945. The Oedipus complex in light of early anxieties. *CP*.

____ 1946. Notes on some schizoid mechanisms. *EG*.

____ 1948. On the theory of anxiety and guilt. *EG*.

____ 1952a. The mutual influences in the development of ego and id. *EG*.

____ 1952b. The origins of transference. *EG*.

____ 1952c. Some theoretical conclusions regarding the emotional life of the infant. *EG*.

____ 1952d. On observing the behavior of young infants. *EG*.

____ 1957. *Envy and gratitude*. *EG*.

____ 1958. On the development of mental functioning. *EG*.

____ 1959. Our adult world and its roots in infancy. *EG*.

____ 1960. A note on depression in the schizophrenic. *EG*.

____ 1964. Love, guilt and reparation. In M. Klein and J. Riviere, *Love, hate and reparation*. New York: W. W. Norton and Co., 1964.

Klein, M. and D. Tribich. 1981. Kernberg's object-relations theory: a critical evaluation. *International Journal of Psychoanalysis* 62: 27 - 43.

Klenbort, I. 1978. Another look at Sullivan's concept of individuality. *Contemporary*

Psychoanalysis 14: 125 - 135.

Kohut, H. 1971. *The analysis of the self*. New York: International Universities Press.

____ 1977. *The restoration of the self*. New York: International Universities Press.

____ 1980. Summarizing reflections. In *Advances in self psychology*, ed. A. Goldberg. New York: International Universities Press.

____ 1982. Introspection, empathy and the semi-circle of mental health. *International Journal of Psycho-Analysis* 63: 395 - 407.

Konner, M. 1982. *The tangled wing: biological constraints on the human spirit*. New York: Holt, Rinehart and Winston.

Kris, E. 1952. *Psychoanalytic explorations in art*. New York: International Universities Press.

Kuhn, T. 1962. *The structure of scientific revolutions*, 2nd edition. Chicago: University of Chicago Press.

____ 1977. *The essential tension*. Chicago: University of Chicago Press.

Laing, R. and A. Esterson. 1964. *Sanity, madness and the family*. London: Tavistock.

Lampl-de Groot, J. 1928. The evolution of the Oedipus complex in women. *International Journal of Psychoanalysis* 9: 332 - 345.

Levenson, E. 1972. *The fallacy of understanding*. New York: Basic Books.

Lichtenberg, J. 1979. Factors in the development of the sense of the object. *Journal of the American Psychoanalytic Association 27*: 375 - 386.

Lichtenstein, H. 1977. *The dilemma of human identity*. New York: Jason Aronson.

Lifton, R. 1976. From analysis to formation: toward a shift in psychoanalytic paradigm. *Journal of the American Academy of Psychoanalysis* 4: 65 - 94.

Locke, J. 1690. *Two treatises of government*. New York: Mentor, 1947.

Loewald, H. 1960. On the therapeutic action of psychoanalysis. *International Journal of Psychoanalysis* 58: 463 - 472.

Loewenstein, R. 1966. Heinz Hartmann: psychology of the ego. In *Psychoanalytic pioneers*, ed. F. Alexander et al. New York: Basic Books.

Maccoby, M. 1972. Developments in Erich Fromm's approach to psychoanalysis. Address delivered to the William Alanson White Psychoanalytic Society, New York, December 6, 1972.

Mahler [Schoenberger], M. 1941. Discussion of Dr. Silberpfennig's paper: Mother types encountered in child guidance clinics. *American Journal of Orthopsychiatry* 11: 484.

____ 1942. Pseudoimbicility: a magic cap of invisibility. *Psychoanalytic Quarterly* 11: 149 - 164.

Mahler, M. 1946. Ego psychology applied to behavior problems. In *Modern trends in child psychiatry*, ed. N. D. C. Lewis and B. L. Pacella. New York: International Universities Press.

____ 1949. A psychoanalytic evaluation of tic in psychopathology of children: symptomatic tic and tic syndrome. *Psychoanalytic Study of the Child* 3 - 4: 279 - 310.

____ 1952. On child psychosis and schizophrenia: autistic and symbiotic infantile psychoses. *Psychoanalytic Study of the Child* 7: 286 – 305.

____ 1958a. Autism and symbiosis: two extreme disturbances of identity. *International Journal of Psychoanalysis* 39: 77 – 83.

____ 1958b. On two crucial phases of integration of the sense of identity: separation-individuation and bisexual identity. *Journal of the American Psychoanalytic Association* 6: 136 – 139.

____ 1960. Symposium on psychotic object-relationship: III. Perceptual de-differentiation and psychotic "object relationship." *International Journal of Psychoanalysis* 41: 548 – 553.

____ 1961. On sadness and grief in infancy and childhood: loss and restoration of the symbiotic love object. *Psychoanalytic Study of the Child* 16: 332 – 351.

____ 1963. Thoughts about development and individuation. *Psychoanalytic Study of the Child* 18: 307 – 324.

____ 1965. On the significance of the normal separation-individuation phase: with reference to research in symbiotic child psychosis. In *Drives, affects, behavior,* volume 2, ed. M. Schur. New York: International Universities Press.

____ 1966. Notes on the development of basic moods: the depressive affect. In *Psychoanalysis — a general psychology: essays in honor of Heinz Hartmann,* ed. R. Loewenstein, L. Newman, M. Schur, and A. Solnit. New York: International Universities Press.

____ 1967. On human symbiosis and the vicissitudes of individuation. *Journal of the American Psychoanalytic Association* 15: 740 – 763.

____ 1968. *On human symbiosis and the vicissitudes of individuation,* volume 1, *Infantile psychosis.* New York: International Universities Press.

____ 1971. A study of the separation-individuation process and its possible application to borderline phenomena in the psychoanalytic situation. *Psychoanalytic Study of the Child* 26: 403 – 424.

____ 1972a. Rapprochement subphase of the separation-individuation process. *Psychoanalytic Quarterly* 41: 487 – 506.

____ 1972b. On the first three subphases of the separation-individuation process. *International Journal of Psychoanalysis* 53: 333 – 338.

____ 1974. Symbiosis and individuation: the psychological birth of the human infant. In *The selected papers of Margaret S. Mahler,* volume 2. New York: Jason Aronson.

____ 1975. On the current status of the infantile neurosis. In *The selected papers of Margaret S. Mahler,* volume 2. New York: Jason Aronson.

____ and M. Furer. 1963. Certain aspects of the separation-individuation phase. *Psychoanalytic Quarterly* 32: 1 – 14.

____ M. Furer, and C. Settlage. 1959. Severe emotional disturbances in childhood psychosis. In *American Handbook of Psychiatry,* volume 1, ed. S. Arieti. New York: Basic Books.

____ and B. Gosliner. 1955. On symbiotic child psychosis: genetic, dynamic and restitutive aspects. *Psychoanalytic Study of the Child* 10: 195 – 212.

____ J. Luke, and W. Daltroff. 1945. Clinical and follow-up study of tic syndrome in children. *American Journal of Orthopsychiatry* 15: 631 - 647.

____ and J. McDevitt. 1968. Observations on adaptation and defense in statu nascendi: developmental precursors in the first two years of life. *Psychoanalytic Quarterly* 37: 1 - 21.

____ 1982. Thoughts on the emergence of the sense of self, with particular emphasis on the body self. *Journal of the American Psychoanalytic Association* 30: 827 - 848.

____ F. Pine, and A. Bergman. 1975. The psychological birth of the human infant: symbiosis and individuation. New York: Basic Books.

____ and R. Rabinovitch. 1956. The effects of marital conflict on child development. In *Neurotic interaction in marriage*, ed. V.W. Eisenstein. New York: Basic Books.

____ J. Ross, and Z. DeFries. 1949. Clinical studies in benign and malignant cases of childhood psychosis (schizophrenia-like). *American Journal of Orthopsychiatry* 19: 292 - 305.

Marcuse, H. 1955. *Eros and Civilization*. Boston: Beacon Press.

Marx, K. 1845. Theses on Feuerbach. In *Basic writings on politics and philosophy: Karl Marx and Friedrich Engels*, ed. L. Feuer. Garden City, N.Y.: Anchor, 1959.

____ 1852. *The eighteenth brumaire of Louis Bonaparte*. New York: International Publishers, 1963.

Masterman, M. 1970. The nature of a paradigm. In *Criticism and the growth of knowledge*, ed. I. Lakatos and A. Musgrave. Cambridge: Cambridge University Press.

McDevitt, J., and C. Settlage. 1971. Editor's foreword to *Separation-individuation: essays in honor of Margaret S. Mahler*. New York: International Universities Press.

Meissner, W. 1976. A note on internalization as process. *Psychoanalytic Quarterly* 45: 374 - 393.

____ 1980. A note on projective identification. *Journal of the American Psychoanalytic Association* 28: 43 - 68.

Meltzer, D. 1974. Mutism in infantile autism, schizophrenia and manic-depressive states. *International Journal of Psychoanalysis* 55: 397 - 404.

Mendez, A., and R. Fine. 1976. A short history of the British school of object relations and ego psychology. *Bulletin of the Menninger Clinic* 40: 357 - 382.

Mitchell, S. 1981. The origin and nature of the "object" in Klein and Fairbairn. *Contemporary Psychoanalysis* 17: 374 - 398.

Modell, A. 1968. *Object love and reality*. New York: International Universities Press.

Muslin, H. 1979. Transference in the Rat Man case: the transference in transition. *Journal of the American Psychoanalytic Association* 27: 561 - 578.

____ and M. Gill. 1978. Transference in the Dora case. *Journal of the American Psychoanalytic Association* 26: 311 - 328.

Nunberg, H. 1930. The synthetic function of the ego. In *Practice and theory of psychoanalysis*. New York: International Universities Press, 1960.

Ornston, D. 1982. Strachey's influence: a preliminary report. *International Journal of*

*Psycho-Analysis* 63: 409 - 426.

Perry, H. S. 1964. Introduction to H. S. Sullivan, *The fusion of psychiatry and social science*. New York: Norton.

____ 1982. *Psychiatrist of America: the life of Harry Stack Sullivan*. Cambridge, Mass.: Harvard University Press.

Piaget, J. 1937. *The construction of reality in the child*. New York: Basic Books, 1954.

Racker, H. 1968. *Transference and countertransference*. New York: International Universities Press.

Rangell, L. 1954. Similarities and differences between psychoanalysis and dynamic psychotherapy. *Journal of the American Psychoanalytic Association* 2: 734 - 744.

____ 1965. The scope of Heinz Hartmann. *International Journal of Psychoanalysis* 46: 5 -30.

____ 1982. The self in psychoanalytic theory. *Journal of the American Psychoanalytic Society* 30: 863 - 891.

Rank, O. 1929. *The trauma of birth*. New York: Harper and Row, 1973.

RAPAPORT, D. Unless otherwise noted, all references are from *The collected papers of David Rapaport*, ed. M. Gill. New York: Basic Books, 1967. (*CPDR*)

____ 1951a. The autonomy of the ego. *CPDR*.

____ 1951b. The conceptual model of psychoanalysis. *CPDR*.

____ 1957. A theoretical analysis of the superego concept. *CPDR*.

____ 1958. A historical survey of psychoanalytic ego psychology. *CPDR*.

____ and M. Gill. 1959. The points of view and assumptions of metapsychology. *CPDR*.

Richards, A. 1982. The superordinate self in psychoanalytic theory and in the self psychologies. *Journal of the American Psychoanalytic Association* 30: 939 - 957.

Ricoeur, P. 1970. *Freud and philosophy: an essay on interpretation*. New Haven: Yale University Press.

Riviere, J. 1936a. On the genesis of psychical conflict in early infancy. *International Journal of Psychoanalysis* 55: 397 - 404.

____ 1936b. A contribution to the analysis of the negative therapeutic reaction. *International Journal of Psychoanalysis* 17: 304 - 320.

Rosenfeld, H. 1965. *Psychotic states: a psychoanalytic approach*. New York: International Universities Press.

Ross, N. 1970. The primacy of genitality in the light of ego psychology. *Journal of the American Psychoanalytic Association* 18: 267 - 284.

Rousseau, J. 1755. *Discourse on the origin and foundations of inequality*. In *The first and second discourses*. New York: St. Martin's, 1964.

____ 1762. *The social contract*. Chicago: Gateway, 1954.

Sandler, J. 1976. Countertransference and role-responsiveness. *International Review of Psycho-Analysis* 3: 43 - 47.

____ 1981. Unconscious wishes and human relationships. *Contemporary Psycho-analysis* 17: 180 - 196.

____ and B. Rosenblatt. 1962. The concept of the representational world. *Psychoanalytic Study of the Child* 17: 128 - 145.

____ and A. Sandler. 1978. On the development of object relationships and affects. *International Journal of Psychoanalysis* 59: 285 - 296.

Schachtel, E. 1959. *Metamorphosis.* New York: Basic Books.

Schafer, R. 1968. *Aspects of internalization.* New York: International Universities Press.

____ 1972. Internationalization: process or fantasy? *Psychoanalytic Study of the Child* 27: 411 - 436.

____ 1976. *A new language for psychoanalysis.* New Haven: Yale University Press.

____ 1978. *Language and insight.* New Haven: Yale University Press.

____ 1979. On becoming an analyst of one persuasion or another. *Contemporary Psychoanalysis* 15: 345 - 368.

____ 1983. *The analytic attitude.* New York: Basic Books.

Searles, H. 1965. Identity development in Edith Jacobson's *The self and the object world. International Journal of Psychoanalysis* 46: 529 - 532.

Segal, H. 1964. *Introduction to the work of Melanie Klein.* New York: Basic Books.

____ 1979. *Klein.* Glasgow: Fontana/Collins.

____ 1981. *The work of Hanna Segal.* New York: Jason Aronson.

Shapiro, D. 1981. *Autonomy and rigid character.* New York: Basic Books.

Spence, D. 1982. *Narrative truth and historical truth: meaning and interpretation in psychoanalysis.* New York: Norton.

Spitz, R. 1945. Hospitalism: an inquiry into the genesis of psychiatric conditions in early childhood. *Psychoanalytic Study of the Child* 1: 53 - 73.

____ 1946. Anaclitic depression: an inquiry into the genesis of psychiatric conditions in early childhood, II. *Psychoanalytic Study of the Child 2:* 313 - 342.

____ 1965. *The first year of life.* New York: International Universities Press.

Stern, D. 1974. The goal and structure of mother-infant play. *Journal of the American Academy of Child Psychiatry* 22: 268 - 278.

____ 1977. The first relationship: mother and infant. Cambridge, Mass.: Harvard University Press.

Stierlin, H. 1970. The functions of inner objects. *International Journal of Psychoanalysis* 51: 321 - 329.

Stolorow, R., and G. Atwood. 1979. *Faces in a cloud: subjectivity in personality theory.* New York: Jason Aronson

Stolorow, R., and F. Lachmann. 1980. *Psychoanalysis of developmental arrests.* New York: International Press.

Strachey, J. 1934. The nature of the therapeutic action of psychoanalysis. *International Journal of Psychoanalysis* 15: 127 - 159.

____ 1966. Notes on some technical terms whose translation calls for comment. In *The standard edition of the complete psychological works of Sigmund Freud*, volume 1. London:

Hogarth Press.
Sugarman, A. 1977. Object-relations theory: a reconciliation of phenomenology and ego psychology. *Bulletin of the Menninger Clinic* 41: 113 - 130.
SULLIVAN, H. S. Unless otherwise noted, references are from *Schizophrenia as a human process*. New York: Norton, 1962. (*SHP*) or from *The fusion of psychiatry and social science*. New York: Norton, 1964. (*FPSS*)
____ 1924. Schizophrenia: its conservative and malignant features. *SHP*.
____ 1925a. Peculiarity of thought in schizophrenia. *SHP*.
____ 1925b. The oral complex. *Psychoanalytic Review* 12: 31 - 38.
____ 1927. Tentative criteria of malignancy in schizophrenia. *SHP*.
____ 1929. Archaic sexual culture and schizophrenia. *SHP*.
____ 1930. Socio-psychiatric research. *SHP*.
____ 1931. The modified psychoanalytic treatment of schizophrenia. *SHP*.
____ 1934. Psychiatric training as a prerequisite to psychoanalytic practice. *SHP*.
____ 1936. A note on the implications of psychiatry on the study of interpersonal relations for investigators in the social sciences. *FPSS*.
____ 1938a. The data of psychiatry. *FPSS*.
____ 1938b. Anti-semitism. *FPSS*.
____ 1940. *Conceptions of modern psychiatry*. New York: Norton.
____ 1948. Beliefs versus a rational psychiatry. *FPSS*.
____ 1950a. The illusion of personal individuality. *FPSS*.
____ 1950b. Tensions interpersonal and international: a psychiatrist's view. *FPSS*.
____ 1953. *The interpersonal theory of psychiatry*. New York: Norton.
____ 1956. *Clinical studies in psychiatry*. New York: Norton.
____ 1972. *Personal psychopathology*. New York: Norton.
Sulloway, F. 1979. *Freud: biologist of the mind*. New York: Basic Books.
Suppe, F. 1977. *The structure of scientific theories*, 2nd edition. Chicago University of Illinois Press.
Thomas, A., and S. Chess. 1980. *The dynamics of psychological development*. New York: Brunner-Mazel.
Thompson, C. 1964. *Interpersonal Psychoanalysis*, ed. M. Green. New York: Basic Books.
Waelder, R. 1930. The principle of multiple function. *Psychoanalytic Quarterly* 15: 45 - 62, 1936.
WINNICOTT, D. W. Unless otherwise noted, references are from the *Through paediatrics to psycho-analysis*. London: Hogarth Press, 1958. (*TPP*) or from *The maturational process and the facilitating environment*. New York: International Universities Press, 1965. (*MPFE*)
____ 1936. Appetite and emotional development. *TPP*.
____ 1941. The observation of infants in a set situation. *TPP*.
____ 1945. Primitive emotional development. *TPP*.

____ 1947. Hate in the countertransference. *TPP.*
____ 1948a. Paediatrics and psychiatry. *TPP.*
____ 1948b. Reparation in respect of mother's organized defense against depression. *TPP.*
____ 1949a. Mind and its relation to the psyche-soma. *TPP.*
____ 1949b. Birth memories, birth trauma, and anxiety. *TPP.*
____ 1950. Aggression in relation to emotional development. *TPP.*
____ 1951. Transitional objects and transitional phenomena. *TPP.*
____ 1952a. Anxiety associated with insecurity. *TPP.*
____ 1952b. Psychoses and child care. *TPP.*
____ 1954a. Metapsychological and clinical aspects of regression within the psychoanalytical setup. *TPP.*
____ 1954b. The depressive position in normal emotional development. *TPP.*
____ 1956a. Primary maternal preoccupation. *TPP.*
____ 1956b. The antisocial tendency. *TPP.*
____ 1956c. Paediatrics and childhood neurosis. *TPP.*
____ 1958a. The sense of guilt. *MPFE.*
____ 1958b. The capacity to be alone. *MPFE.*
____ 1959. Classification: is there a psycho-analytic contribution to psychiatric classification? *MPFE*
____ 1960a. The theory of the parent-infant relationship. *MPFE.*
____ 1960b. Ego distortion in terms of true and false self. *MPFE.*
____ 1962a. Ego integration in child development. *MPFE.*
____ 1962b. A personal view of the Kleinian contribution. *MPFE.*
____ 1963. Communicating and not communicating leading to a study of certain opposites. *MPFE.*
____ 1965a. *MPFE.*
____ 1965b. *The family and individual development.* London: Tavistock.
____ 1971. *Playing and reality.* Middlesex, England: Penguin.
____ and M. Khan. 1953. A review of Fairbairn's *Psychoanalytic studies of the personality. International Journal of Psychoanalysis* 34: 329 - 333.
Witenberg, E. 1979. Are object relations as much fun as interpersonal relations? Or vice versa? Address delivered to the William Alanson White Psychoanalytic Society, New York.
Wolf, E. 1980. On the developmental line of selfobject relations. In *Advances in self psychology,* ed. A. Goldberg. New York: International Universities Press.
Wolstein, B. 1971. Interpersonal relations without individuality. *Contemporary Psychoanalysis* 8: 75 - 80.

# 索 引*



* 索引中的数字,为原版书页码,中文版请按边码检索。——编辑注